SUPERANDO OS SUPERMEMES

Rebecca D. Costa

Prefácio de E. O. Wilson

SUPERANDO OS SUPERMEMES

Um alerta que nos traz soluções sobre:

Como evitar a nossa extinção, transformar o modo como pensamos o mundo e salvar o planeta para as gerações futuras

Tradução

JEFERSON LUIZ CAMARGO

Editora Cultrix

Título original: *The Watchman's Rattle.*

Publicado originalmente em inglês por Vanguard Press.
Texto de acordo com as novas regras ortográficas da língua portuguesa.
1ª edição 2012.

Coordenação editorial: Denise de C. Rocha Delela e Roseli de S. Ferraz
Preparação de originais: Marta Almeida de Sá
Revisão: Entrelinhas Editorial
Diagramação: Entrelinhas Editorial

Dados Internacionais de Catalogação na Publicação (CIP)
(Câmara Brasileira do Livro, SP, Brasil)

Costa, Rebecca D.
Superando os supermemes : um alerta que nos traz soluções sobre : como evitar a nossa extinção – / Rebecca D. Costa ; prefácio de E. O. Wilson ; tradução Jeferson Luiz Camargo. – São Paulo : Cultrix, 2012.

Título original: The watchman's rattle : thinking our way out of extinction.
ISBN 978-85-316-1186-5

1. Cérebro – Evolução 2. Civilização 3. Complexidade (Filosofia) 4. Comportamento humano 5. Evolução humana 6. Memética 7. Psicologia genética 8. Sociobiologia 9. Solução de problemas I. Wilson, Edward O. II. Título.

12-03995 CDD-304.5

Índices para catálogo sistemático:
1. Vírus da mente global : Sociobiologia 304.5

Direitos de tradução para o Brasil, adquiridos com exclusividade pela
EDITORA PENSAMENTO-CULTRIX LTDA.
Rua Dr. Mário Vicente, 368 — 04270-000 — São Paulo, SP
Fone: (11) 2066-9000 — Fax: (11) 2066-9008
E-mail: atendimento@editoracultrix.com.br
http://www.editoracultrix.com.br
que se reserva a propriedade literária desta tradução.
Foi feito o depósito legal.

Para Bailey, Ben e Camden

Sumário

Nota do editor

São raras as ocasiões em que um manuscrito chega à mesa de um editor e gera uma enorme expectativa em toda a empresa. Todo esse entusiasmo se deve à perspectiva de publicar um livro que não apenas mudará para sempre o modo como vemos a sociedade, mas que também nos ensinará a fazê-la florescer no futuro.

Quando *Superando os supermemes* chegou às minhas mãos, achei o livro extraordinariamente estimulante e provocador. Fiquei imediatamente intrigado por seus conceitos ousados e inovadores. Em *Superando os supermemes*, a grande pensadora Rebecca Costa compartilha sua admirável visão do futuro por meio de um texto absorvente e pessoal; todas as questões por ela abordadas provocarão discussões calorosas e saudáveis, e o livro certamente causará muita polêmica.

Em *Superando os supermemes*, Rebecca Costa afirma que a crescente complexidade da nossa vida pessoal, a capacidade tecnológica e as políticas públicas criaram uma situação tão ameaçadora, em termos globais, que já extrapolou a capacidade do nosso cérebro de lidar com elas. A autora mostra como tendemos a lidar com os sintomas dessas complexidades, em vez de buscar soluções em longo prazo, tornando-nos, assim, suscetíveis a consequências nefastas. A insistência em soluções rápidas e improvisadas fará com que, enquanto sociedade, nossa capacidade de resolver os problemas mais desafiadores diminua total e drasticamente, turvando nossa visão da complexidade dos desafios. Depois de identificar e articular essa dinâmica, Costa apresenta novas provas e pesquisas que mostram como podemos reverter essa espiral decrescente – ela nos oferece os instrumentos capazes de nos ajudar a introduzir mudanças concretas e duradouras para podermos enfrentar os desafios aparentemente invencíveis com que nos deparamos atualmente.

A Vanguard Press sente-se orgulhosa por publicar esta obra de Rebecca Costa, uma nova e significativa contribuição para mudar as regras do jogo em uma das questões cruciais de nossa época. Espero que o leitor se deixe fascinar e iluminar por suas palavras tanto quanto nós o fizemos.

Atenciosamente,
Roger Cooper
Vice-presidente da Vanguard Press

Prefácio de Edward O. Wilson

Em *Superando os supermemes*, Rebecca Costa apresenta uma visão da difícil situação humana com a qual estou de pleno acordo. O choque de religiões e civilizações, diz ela, não é a causa de nossas dificuldades, mas uma de suas consequências. O mesmo se pode dizer da escassez de água, das mudanças climáticas, do declínio da energia baseada no carbono, de nossa alegre destruição do que resta do meio ambiente natural e de todas as outras calamidades com que já estamos lidando ou que se avizinham perigosamente. A causa fundamental de todas essas ameaças iminentes é a complexidade da civilização em si, que não pode ser entendida e tratada pelos instrumentos cognitivos que até aqui optamos por usar.

Chegamos a essa situação, diz-nos a autora, porque a humanidade carece de uma percepção adequada de sua própria história. Não encaramos honestamente as questões centrais da filosofia e da religião, que estão inscritas, em termos simples, em uma das obras-primas que Paul Gauguin pintou no Taiti: De onde viemos? Quem somos? Para onde vamos? Por história, Costa entende corretamente não apenas este ou aquele país, mas, sim, a ascensão e a queda de civilizações antigas e, em última análise, os 6 milhões de anos de evolução biológica da linhagem humana em complexa relação com o resto da biosfera.

Da longa distância percorrida pela evolução biológica surgiram os elementos genéticos da natureza humana. Esse período, durante o qual adquirimos nossas emoções e capacidades cognitivas, nada mais é que um piscar de olhos na história humana, deflagrada pela revolução neolítica há 10 mil anos. Os últimos três milênios presenciaram o aumento exponencial de tudo que a evolução cultural nos legou: explosão populacional, mais eficiência no trabalho, no conhecimento e na tecnologia; por outro lado, infelizmente, também nos coube enfrentar o esgotamento dos recursos naturais, a destruição do ambiente natural remanescente e um aumento da capacidade bélica de um número cada vez maior de grupos e nações.

Os otimistas de plantão gostam de dizer que as previsões do fim dos tempos são tão velhas quanto a palavra escrita e que nunca se concretizam. Eles acreditam que o gênio e o espírito da humanidade sempre encontraram um jeito de resolver seus problemas e que voltarão a fazer isso quando for preciso. Em resumo, não há com que se preocupar. Contudo, pensar assim é ignorar a realidade da mudança exponencial. Se você tiver um tempo de duplicação* de qualquer entidade ou processo – vinte anos, digamos –, para um grande número desses períodos o mundo como um todo permanecerá não saturado e controlável. Contudo, em algum ponto de qualquer crescimento exponencial, o próximo tempo de duplicação produzirá um aumento absoluto que ultrapassará rapidamente todo o espaço e todos os recursos remanescentes. Nesse ponto, as opções de acomodação também se reduzirão de forma drástica.

Há muita verdade no enigma frequentemente citado das folhas de nenúfar. Um lago (ou oceano, tanto faz) começa com uma única folha de nenúfar. Cada folha se duplica diariamente; o referido espaço estará cheio em trinta dias. Quando estará só meio cheio? No 29º dia. A partir do dia seguinte, o 30º, o crescimento subsequente será tão rápido que, se prosseguir, vai saturar o lago e tudo que nele houver em questão de horas.

Estou do lado de Rebecca Costa e outros – que prefiro chamar de "realistas em busca de uma solução", e não de "arautos do fim dos tempos" – que dizem que, em consequência da exponenciação, a humanidade não dispõe de muito tempo para resolver as coisas. Para resolver nossos problemas não devemos continuar a usar emoções e respostas que foram apropriadas para nossos ancestrais, mas que hoje nos colocam em situação de risco iminente. Em vez disso, devemos usar o conhecimento e a razão e olhar honestamente para nós próprios enquanto espécie. Precisamos entender a complexidade cada vez maior de nossas diferentes organizações sociais e políticas e encontrar soluções. Em *Superando os supermemes*, Rebecca Costa insiste em afirmar que, mediante o uso dos melhores instrumentos de nossa natureza genética, é exatamente isso que devemos fazer.

Introdução

Num dia chuvoso e frio de primavera, eu estava sentada na sala de E. O. Wilson, na parte de trás do Museu de História Natural de Harvard, quando ele se voltou para mim e disse: "É perigoso afirmar o óbvio".[1] Era uma advertência assustadora, advinda do mais renomado naturalista do mundo e do único cientista que fora atacado fisicamente em território norte-americano por causa de suas opiniões.

Wilson estava prevendo o que vinha pela frente: análises implacáveis, críticas, oposição irracional e tentativas de me desqualificar por eu ter usado termos como "evolução" e "obstáculos biológicos" para explicar por que governos, líderes e especialistas chegaram a um impasse.

Todos sabem, porém, que não mais podemos fazer vista grossa a nossos problemas. O mundo que estamos deixando para nossos filhos está em condições muito piores do que aquele que herdamos. Algo de perigoso está acontecendo, mas ainda não conseguimos detectar exatamente onde está o perigo.

Portanto, com o charme característico dos sulistas, Wilson estava simplesmente confirmando aquilo de que eu já desconfiava havia muito tempo: uma vez que descobríssemos o motivo do impasse, ele também pareceria óbvio. É o que sempre acontece com a verdade.

Sendo assim, teria sido impossível escrever *Superando os supermemes* até 2006. Seis peças de um quebra-cabeça precisavam se encaixar, e havia 150 anos que elas estavam em processo de elaboração.

A primeira peça desse quebra-cabeça surgiu em 1859, com a publicação de *A origem das espécies*.[2] Darwin revelou o lento e contínuo ritmo em que todas as formas de vida, inclusive os seres humanos, respondem a seu meio ambiente para aumentar suas oportunidades de sobrevivência. Até hoje, sua descoberta continua sendo o mais importante princípio científico a reger a vida na Terra.

Depois, em 1953, veio a descoberta de James Watson e Francis Crick:[3] a dupla hélice do DNA. Juntos, eles descobriram a mecânica de como as teorias de Darwin funcionavam, e pela primeira vez foi possível rastrear a gênese biológica de todos os organismos vivos. Da noite para o dia, a evolução passou de um princípio adotado para um fato comprovável.

Quando E. O. Wilson publicou seu polêmico livro *Sociobiology: The New Synthesis*,[4] em 1975, eu já estava no terceiro ano da University of California. Segundo Wilson, a herança genética desempenha um papel importante no modo como nos comportamos como indivíduos e em grupos. Os seres humanos não nascem como "tábulas rasas". Nascemos com predisposições e instintos estruturais que visam garantir a sobrevivência de nossa espécie. A seleção natural tem forte presença na explicação de características do homem moderno – como agressão, altruísmo, acumulação, competição e até escolha de parceiros.

Um ano depois, Richard Dawkins lançou seu livro *The Selfish Gene*, de abordagem muito mais radical. Para Dawkins, a luta pela sobrevivência acontece entre pools de genes, e não entre espécies. De modo egoísta, os genes querem e precisam se perpetuar. Por esse motivo, eles manipulam o comportamento humano para garantir a continuidade, chegando, inclusive, a se tornar destrutivos para o grupo.

As revelações de Wilson e Dawkins viraram minha formação acadêmica de cabeça para baixo. Dividida entre minha paixão pela biologia e a vontade de seguir uma carreira que me permitisse promover o bem-estar do ser humano, passei meses discutindo com a universidade sobre a possibilidade de mudar meu diploma de sociologia para sociobiologia. Mas a resposta era categórica: "Dois livros, por mais importantes que sejam, não justificam um novo título acadêmico". E assim, em 1977, junto com vários outros alunos, aceitei com relutância o primeiro bacharelado em ciência oferecido na área de "ciências sociais agregadas".

Em seguida a essa vitória pouco significativa, voltei para casa. Ali, sem que eu soubesse, vinha tomando forma a quinta peça do quebra-cabeça: a vertiginosa complexidade da condição humana.

Na década de 1970, minha família morava no norte da Califórnia, numa região cheia de pomares de damasco e ameixas, riachos límpidos e montanhas encimadas por relvados e carvalhos centenários. Ninguém imaginava que essa paisagem rural em breve se tornaria o marco zero de uma nova era na tecnologia. Porém, na época em que cheguei a Santa Clara, em 1977, o "Vale do Silício" já estava a caminho.

A primeira empresa a me oferecer trabalho[6] pertencia a um grupo de cientistas que se julgavam capazes de convencer desenhistas e engenheiros a parar de fazer seus trabalhos à mão. A Calma Corporation chamava sua tecnologia de "Projeto Auxiliado por Computador" (*Computer-Aided Design*, CAD). Seu objetivo era criar produtos mais baratos, seguros e eficientes, usando estações de trabalho informatizadas para criar modelos tridimensionais, em vez de contar apenas com desenhos e projetos manuais, nos quais o erro é uma possibilidade constante.

Meu trabalho era traduzir dados técnicos confusos para uma linguagem que o leigo pudesse entender. Passei muitas noites em claro com cientistas de Stanford, Berkeley e do MIT, tentando resumir suas pesquisas em forma de itens. Era o trabalho dos meus sonhos: involuntariamente, a sociobiologia tinha me preparado para atuar como ponte entre a ciência e a sociedade. Afinal de contas, a tecnologia precisava ser acessível aos seres humanos reais para que só então eles passassem a usá-la.

O projeto auxiliado por computador decolou com a mesma rapidez com que os semicondutores e os computadores pessoais começaram a ser amplamente difundidos entre a população. Em cinco anos, empresas de todas as partes do mundo – de fabricantes de cintos de segurança a construtores de centrais nucleares – já estavam criando seus produtos em computadores. As pessoas foram pegas de surpresa por essa transformação radical, histórica e abrupta.

Depois, numa guinada do destino, a Calma foi comprada pela General Electric. De um momento para o outro, minha ex-empresa viu-se ligada ao projeto visionário do ícone Jack Welch: a criação da "fábrica do futuro". Nossa nova missão era ajudar a GE a fazer uma transição bem-sucedida, transformando-a de um desajeitado gigante manufatureiro em uma das empresas com a tecnologia mais ágil e sofisticada do século XX. Era com grande prazer que eu apresentava meus relatórios aos mais altos executivos de Welch, comumente chamados de "Gangue dos Cinco", que me ensinaram a pensar com estratégia e sistematicidade – a buscar padrões no meio de tendências aparentemente díspares.

Estávamos então na década de 1980, em plena explosão do Vale do Silício. O hardware e o software de computador mudavam a uma velocidade de nanossegundos, e a comunicação por internet e celular já se insinuava no horizonte. O capitalismo de risco era a chama que alimentava o progresso, e novas empresas começavam a surgir por toda parte. Em pouco tempo, sucumbi ao chamado constante e irresistível dos recrutadores de executivos experientes. A GE conseguiu me atrair para uma pequena empresa que introduziu o primeiro mecanismo de fibra óptica do mundo; mais tarde, juntei-me a um empreendimento pioneiro em redes de comunicações e computadores. Quando abri minha própria empresa e comecei a trabalhar com a Apple Computer, a Hewlett-Packard, a Oracle, a 3M, a Amdahl e a Seibel Systems, a inovação e a complexidade já eram um estilo de vida inquestionável. As novas tecnologias vinham sendo adotadas com rapidez cada vez maior, e ninguém parava para se perguntar se esse índice explosivo de transformações era sustentável. Partíamos do pressuposto de que era.

A última peça do quebra-cabeça chegou anos depois, em 2006, quando os neurocientistas Michael Merzenich, John Kounios e Mark Jung-Beeman publicaram, independentemente, suas pesquisas fundamentais sobre como o cérebro humano lida com problemas complexos. Sua investigação sobre as condições que levam ao funcionamento cognitivo superior foi crucial para o entendimento do modo como nos adaptamos à rapidez da mudança e da complexidade.

Todas essas descobertas foram necessárias – evolução, genética, sociobiologia, memética, neurociência e meu trabalho no turbilhão do Vale do Silício – para que eu chegasse às razões biológicas da ascensão e queda das civilizações.

Hoje, as questões que ameaçam a existência humana são evidentes: uma recessão global, vírus pandêmicos poderosos, terrorismo, escalada do crime, mudança climática, rápido esgotamento dos recursos da Terra, proliferação nuclear e decadência da educação. Embora essa lista pareça assustadora à primeira vista, também é verdade que nunca estivemos numa posição tão favorável a evitar um padrão repetitivo de declínio.

Foram esses os motivos que me levaram a escrever *Superando os supermemes*.

No passado, os cidadãos comuns se ofereciam voluntariamente para trabalhar como vigilantes e proteger o bem-estar de suas comunidades. Patrulhavam ruas e bairros, faróis e instituições importantes, atentos aos primeiros sinais de perigo. O mais incrível é que esses primeiros guardas-noturnos não portavam armas. Levavam matracas de madeira que faziam um som alto e estridente, destinado a pedir ajuda. O som da matraca do vigilante era um alarme – um chamado aos cidadãos, exortando-os a sair da cama e juntar-se rapidamente às forças que enfrentavam os perigos.

Este livro é o som da matraca do vigilante na calada da noite. Um pedido de ajuda. Uma exortação à mudança de rumos da humanidade, mostrando-lhe como pode usar esta que é a maior arma de conhecimento coletivo de que dispomos: o cérebro humano.

Rebecca D. Costa
Big Sur, Califórnia
11 de abril de 2010

Nunca ouvi um som que, ao cortar os ares,
prenunciasse mais problemas e a necessidade de ajuda
do que o estalido agudo da matraca do vigilante,
reverberando nas ruas na calada da noite.

– Edward H. Savage, 1865

— 1 —

Um padrão de complexidade e colapso

Por que as civilizações se movem em espiral

Na manhã de 29 de agosto de 2004, tive um insight importante. Lembro-me da data porque eu estava no meu carro, dirigindo-me para acompanhar o nascimento de meu sobrinho Ben.

Enquanto corria para o hospital, eu digitava o endereço na tela do meu GPS, ligava meu Blackberry no acendedor de cigarros, carregava meu iPod, ligava o laptop em outra tomada, ajeitava o fone de ouvido e o cinto de segurança e tentava tomar meu café. Durante todo esse tempo, eu dirigia um veículo de duas toneladas a quase 100 quilômetros por hora.

Foi quando caiu minha ficha.

A vida havia ficado realmente muito complicada.

Houve uma época, e nem faz tanto tempo, em que tudo que eu tinha se resumia a um talão de cheques e uma conta de poupança. Mas hoje, além disso, eu me pego tentando lidar com CDs, títulos de dívida, fundos mútuos, fundos de investimento imobiliário, fundos transacionados em bolsa, conta individual de aposentadoria*, pensões, seguridade social e commodities, como a gasolina,

* No original, IRAs (*Individual Retirement Accounts*), sistema ligeiramente parecido com nossa previdência privada. (N. do T.)

que parece influenciar o valor de todas as outras coisas. Tenho quatro cartões de crédito diferentes, cada um dos quais me atribui pontos misteriosos, milhas aéreas, locação de veículos grátis, noites extras em hotéis e descontos globais dos quais mal consigo me lembrar. Como se isso não bastasse, as empresas de meus cartões de crédito agora viraram bancos, e as agências de viagens querem que eu compre ingressos de cinema, faça reservas para jantar e pague tudo com cheques.

E há também o quadro mais amplo.

Segundo o Departamento de Estado do meu país, há 45 grupos terroristas em atividade no Oriente Médio, e todos eles querem acabar comigo. Num dia bom, consigo me lembrar do nome de três. E, já que estou numa lista, permitam que eu seja a primeira a admitir que não consigo entender se um programa nacional de saúde é uma coisa boa para mim ou para os Estados Unidos, pois não tenho tempo de examiná-lo em profundidade. Na verdade, não me considero habilitada a votar em nenhum programa de nenhuma eleição. Embora eu me preocupe com o efeito que o aquecimento global e a escalada da dívida do governo vão ter sobre o futuro dos meus filhos, não sei mais como lidar com essas coisas.

O mundo está começando a ficar muito parecido com o interior do meu carro.

Mas veja bem: do ponto de vista evolutivo, o progresso social avança a passos rápidos. Bastam algumas semanas para que surjam novidades nos telefones celulares, nas leis ou nas hipotecas. E, a uma velocidade extraordinária, presenciamos descobertas científicas fantásticas, desde o genoma humano até as células de combustíveis e as galáxias do espaço exterior. Contudo, o cérebro – o aparato que processa fundamentalmente todas essas novas informações – evolui ao longo de milhões de anos. Assim, enquanto o mundo vem se transformando em picossegundos, o cérebro luta para acompanhar todas essas mudanças.

O que vai acontecer se ele não conseguir acompanhá-las? Será que a complexidade pode correr na frente das capacidades biológicas do cérebro?

Em seu livro Making Things Work,[1] Yaneer Bar-Yam, presidente do New England Complex Systems Institute e professor da Harvard University, explica o motivo pelo qual a complexidade apresenta uma ameaça: "O princípio básico é que a complexidade do organismo tem de acompanhar a complexidade do meio ambiente em todas as escalas, a fim de aumentar a probabilidade de sobrevivência". Ele então explica por que as probabilidades parecem tão antagônicas a nossa espécie: "O que é um meio ambiente complexo? Um meio ambiente complexo é aquele que exige que se faça a escolha certa para ser bem-sucedido. Se houver muitas possibilidades equivocadas, e só algumas forem as certas, precisaremos escolher estas últimas para conseguirmos sobreviver".

As possibilidades equivocadas são muito superiores às certas? Partindo de um físico cordial de Harvard, isso parece profético.

Eis aqui, porém, a pergunta que não quer calar: será que o aumento vertiginoso da complexidade é um fenômeno dos nossos tempos? Ou será que as populações de sociedades avançadas – como a maia, a romana ou khmer, além de outras – tiveram a mesma relação problemática com o progresso?

E, ainda que isso seja verdade, o que podemos concluir? Isso não significa que essa relação tenha tido qualquer coisa a ver com seu colapso.

Ou será que teve?

Uma florescente civilização de 3 mil anos

Entre 2600 e 900 d.C., a civilização maia, muito avançada,[2] espalhava-se pelo que hoje é o México, Guatemala, Honduras, El Salvador e Belize. Os arqueólogos especulam que o império chegou a ter 15 milhões de habitantes, com densidades populacionais como as da Chicago atual.

Imagine uma sociedade enorme e florescente – localizada no meio de um dos ambientes mais hostis que a humanidade já conheceu –, sem nenhum dos recursos tecnológicos e confortos materiais dos quais dependemos atualmente: sem eletricidade, caminhões, telefone ou polícia. Como coordenar milhões de pessoas que viviam num espaço geográfico tão vasto? Como distribuir alimentos? Como lidar com o lixo, com o tratamento da água e a educação?

Muitos sabem que os maias eram exímios oleiros, tecelões, arquitetos e agricultores, mas mesmo para os padrões modernos o prodigioso alcance da civilização maia representou um salto incompreensível. Apesar dos colossais desafios do meio ambiente, os maias criaram um sofisticado sistema de calendário cilíndrico, cartas celestes para rastrearem os padrões climáticos, a mais avançada língua escrita desenvolvida naquela época, para poderem expressar ideias complexas, e uma matemática que incluía o revolucionário conceito de "zero". Eles também construíram projetos hidráulicos complexos, que incluíam um extraordinário labirinto de reservatórios públicos, canais, açudes e barragens contra enchentes. Em praticamente todas as frentes, os maias progrediram rapidamente, fazendo descobertas fantásticas em termos de inovações tecnológicas, organizacionais e artísticas.

E então, cerca de mil anos atrás, em algum momento entre 750 d.C. e 850 d.C., a maioria do povo maia desapareceu de repente. *Numa única geração, toda a sociedade entrou em colapso.* Por quê?

A teoria mais aceita é de que a civilização maia encontrou uma "morte súbita" em consequência de uma violenta estiagem.

O professor Gerald Haug é o mais famoso proponente dessa concepção. Sedimentos marinhos da Bacia de Cariaco mostram que três longas estiagens correspondem ao mesmo período de tempo que os maias abandonaram as cidades. "Esses dados sugerem que uma escassez de chuvas em escala secular criou dificuldades incontornáveis para os recursos da região, um problema que foi exacerbado pela ocorrência abrupta de longos períodos de seca."[3]

Contudo, outros cientistas afirmam que, quando a desnutrição e as doenças provocadas pela água começaram a se alastrar, as condições trazidas pela seca simplesmente aumentaram as tensões existentes entre a realeza dominante e as classes trabalhadoras. O povo maia revoltou-se contra seus governantes e teve início o êxodo das cidades.

Outros estudiosos mencionam a disseminação de um único vírus como a causa principal do colapso, enquanto alguns especialistas insistem em afirmar que a escassez de alimentos apenas agravou um histórico de guerras civis entre facções antagônicas da sociedade maia.

Segundo Michael D. Lemonick, um especialista na cultura maia: "Uma guerra incontrolável talvez tenha sido uma das causas principais do colapso definitivo dos maias. Nos séculos posteriores ao ano 250 – o começo daquilo que se chama de Período Clássico da civilização maia –, os conflitos que eram comuns entre as cidades-Estado rivais transformaram-se em guerras violentas que reduziram cidades imponentes a cidades-fantasmas".[4]

O renomado arquiteto Michael Coe, de Yale, concorda com Lemonick: "Os maias eram obcecados pela guerra".[5]

Contudo, na opinião de Jared Diamond, autor de *Collapse: How Societies Choose to Fail or Succeed* e professor de fisiologia e geografia na UCLA, a ascensão e queda das sociedades pode ser explicada por uma mudança dramática das condições ambientais.[6] Diamond explica o progresso inicial da civilização maia levando em consideração as condições favoráveis no que diz respeito a água, alimentos, temperaturas, minerais, entre outros fatores, todas elas passíveis de fazer prosperar uma pequena sociedade. Por outro lado, quando a população aumentou e uma ou mais dessas condições se modificaram, o progresso foi interrompido, a situação se deteriorou e os cidadãos debandaram. No caso dos maias, o desflorestamento pode ter sido o estopim de uma desastrosa cadeia de eventos.

Do meu ponto de vista, concordo com Diamond, Haug, Lemonick, Coe e, ao fazê-lo, estou naturalmente de acordo com todas as teorias relativas aos acontecimentos que levaram ao colapso dos maias.

Como isso é possível? Simples. Não estou particularmente interessada no que aconteceu. Minha curiosidade remete ao *porquê* dos acontecimentos – e à possibilidade de que eles tenham, de fato, ocorrido da noite para o dia.

O que aconteceu antes do(s) acontecimento(s) derradeiro(s) cujo resultado foi o colapso dos impérios maia, romano, egípcio, khmer, ming e bizantino? Será que essas sociedades adotaram comportamentos – modos de pensar – que as tornaram *vulneráveis à decadência*? E, se isso realmente ocorreu, por que estamos repetindo esse mesmo padrão em nossos dias?

Sacudindo a poeira da evolução

Hoje, os historiadores e cientistas que estudam as civilizações antigas citam fatores ambientais, superpopulação, guerras, doenças, política e escassez de energia e alimentos como as razões do colapso. E embora essas explicações sejam factuais, elas também deixam de fora o princípio mais importante da vida na Terra: *a evolução. O processo e a velocidade em que a mudança biológica ocorre entre uma geração e a seguinte.*

É nos princípios que regem a velocidade com que o organismo humano pode se adaptar biologicamente que se encontra o mais importante insight sobre o que leva as civilizações a ser bem-sucedidas e se extinguir, e esses princípios também nos oferecem a mais confiável das previsões sobre nosso próprio destino.

As capacidades biológicas – as características genéticas de cada organismo humano – constituem o único denominador comum em qualquer civilização e, assim, devem necessariamente desempenhar um papel nos resultados de qualquer civilização.

Contudo, apesar de sabermos disso, quando se trata de explicar como e por que as civilizações desaparecem, nosso raciocínio continua centrado em todos os fatores, exceto na evolução. Tratamos as descobertas de Charles Darwin em 1859 como se elas só dissessem respeito a nossos ancestrais das cavernas ou a animais rastejantes das Ilhas Galápagos. A evolução foi marginalizada – aprisionada nos bastidores dos departamentos de zoologia, tratada como a precursora da microbiologia e relegada ao que vemos em nossos espelhos retrovisores, e não como algo que está bem à nossa frente e que vemos pelo para-brisa.

Por que a evolução deixou de fazer parte das discussões?

Porque, há mais de 150 anos, os cientistas não conseguem explicar como os princípios que regem a evolução explicam o rápido progresso das sociedades humanas por um breve período, seguido pela paralisia e pelo declínio cataclísmico. Em algum ponto dessa trajetória, os biólogos transferiram a tarefa de entender a relação entre a evolução e o homem moderno a psicólogos e sociólogos, que rapidamente formularam suas próprias teorias. Portanto, as ramificações da evolução na vida cotidiana, nas políticas públicas e nos problemas recorrentes e insolúveis nunca conseguiram se consolidar. Como resultado, além de alguns entusiastas do movimento ecológico e de seus irmãos naturalistas, os princípios evolucionários acabaram por se tornar irrelevantes.

Pense nisso. Nunca ouvimos dizer nada a respeito do efeito que a evolução exerce sobre a solução dos problemas globais discutidos em Capitol Hill*, nas reuniões do conselho administrativo das corporações ou nos departamentos de engenharia ou física das universidades. Ninguém menciona a evolução durante as eleições nacionais, nos programas de entrevistas da TV ou nos tribunais, a não ser no acanhado contexto das tentativas de acirrar o velho e cansado debate entre criacionismo e ciência. Agimos como se a evolução fosse algo que aconteceu no passado ou com outra espécie, e que, desse modo, não desempenha nenhum papel nos desatinos da humanidade de nossos dias. Em resumo, a evolução tornou-se um "já era" – um par de sapatos que não servem mais, uma tia que se mandou para outro bairro ou um cachorro velho que dorme na varanda dos fundos.

---

* Maior e mais antigo bairro histórico residencial de Washington, D.C. (N. do T.)

Contudo, para resolver os problemas extremamente complexos e os perigosos problemas globais que hoje temos de enfrentar, precisamos, em primeiro lugar, admitir a relação crucial entre a mudança evolutiva e a condição humana moderna. Para dar uma resposta definitiva à pergunta com que os estudiosos se debatem há séculos (por que os seres humanos seguem tão reincidente e compulsivamente o mesmo padrão de colapso?) precisamos entrar em acordo com o modo como estamos condicionados a nos comportar, independentemente de nacionalidade, raça, inteligência, riqueza ou conveniência política. Precisamos examinar as aptidões fisiológicas – e também as limitações – do organismo humano em si.

Afinal, o homem moderno tem capacidades muito diferentes das de nossos ancestrais de mais ou menos 5 milhões de anos atrás. E, se pensarmos nos próximos 5 milhões de anos, teremos de concluir que o ser humano desenvolverá aptidões que farão nosso estilo de vida atual parecer igualmente primitivo. A humanidade é uma "obra em progresso", o que significa que, num dado momento do tempo, nosso aparato biológico pode introduzir transformações extraordinárias em nossa espécie.

Extraordinárias até que ponto?

A história deixa claro que às vezes enfrentamos obstáculos que retardam o progresso muito antes do(s) evento(s) específico(s) a que se atribui o colapso de uma civilização – alguma obstrução recorrente que é, ao mesmo tempo, natural e previsível: *a inconstância dos índices de transformação entre a lenta evolução da biologia humana e a rapidez com que as sociedades avançam pode levar a uma eventual paralisação do progresso.*

No caso dos maias, eles se tornaram incapazes de descobrir o caminho que os levaria à solução de problemas grande e bastante complexos porque chegaram a um ponto em que os métodos tradicionais da solução de problemas efetuada pelo cérebro esquerdo e o direito – que o organismo humano desenvolveu ao longo de muitos milhões de anos – não mais lhes permitiam lidar bem com suas mais graves ameaças.

Em outras palavras, a complexidade e a magnitude dos problemas enfrentados pelos maias em seus últimos tempos – mudança climática, inquietação civil, escassez de alimentos, rápida disseminação de vírus e explosão populacional – extrapolaram sua capacidade de deduzir fatos, analisá-los, inovar, planejar e agir de modo a interromper seu curso. Seus problemas simplesmente se tornaram complexos demais.

O ponto a partir do qual uma sociedade não consegue mais descobrir uma saída para seus problemas é chamado de *limite cognitivo*.

E, uma vez atingido esse limite cognitivo, uma sociedade começa a passar problemas não resolvidos de uma geração para a outra, até que, finalmente, um ou mais desses problemas empurram a civilização para seu limite. É *aí* que se encontra a verdadeira razão do colapso.

Um obstáculo evolutivo recorrente

Pense no *limite cognitivo* nos seguintes termos: o ritmo em que o cérebro humano pode desenvolver novas faculdades é milhões de anos mais lento do que o ritmo em que os seres humanos podem gerar mudanças e produzir novas informações. Portanto, de um ponto de vista estritamente biológico, ao cérebro humano só resta ficar para trás. É simplesmente impossível que um órgão que exige milhões de anos para se adaptar possa manter-se em dia com a mudança que agora ocorre em picossegundos.

John Stanton, comentarista da CBS, ABC e CNN em Washington, D.C., e autor de *Evolutionary Cognitive Neuroscience*, resume a questão:

> A duração do mundo, que parece tão familiar a você e a mim – um mundo com estradas, escolas, mercearias, fábricas, fazendas e Estados nacionais –, nada mais é que um piscar de olhos quando a comparamos à totalidade da nossa história evolutiva. A era do

> computador só é um pouco mais velha do que o universitário típico, e a revolução industrial tem meros duzentos anos. A agricultura surgiu na Terra há apenas 10 mil anos, e foi só há cerca de 5 mil anos que metade da população humana começou a cultivar a terra, em vez de dedicar-se apenas à caça e à coleta.[7]

Stanton compara esse ritmo à velocidade da evolução: "A seleção natural é um processo lento e não houve um número suficiente de gerações para que ela criasse circuitos bem adaptados à nossa vida pós-industrial".

É curioso que ainda estejamos propensos a aceitar limites físicos em todas as outras áreas, *com exceção* do cérebro humano. Aceitamos o fato de que um ser humano não consiga erguer mais de 2 mil quilos, correr dois quilômetros em trinta segundos ou ficar debaixo d'água mais do que alguns minutos. Também admitimos as provas arqueológicas segundo as quais o cérebro humano evoluiu rapidamente nos últimos 25 milhões de anos. Temos museus cheios de esqueletos comprovadores de que nossos primitivos ancestrais não desfrutavam das capacidades cognitivas de que hoje dispomos. Acrescente-se a isso o fato de que a maioria de nós concorda que o cérebro continuará a evoluir no futuro; vai adaptar-se e sofrer mutações em resposta a condições ambientais em rápido processo de mutação, embora ninguém saiba dizer ao certo de que modo isso acontecerá.[8]

Portanto, não é lógico inferir que temos, hoje, limites cognitivos?

Parece irracional presumir que os métodos de resolver problemas usando o cérebro esquerdo e o direito, com os quais evoluímos até hoje, não nos tenham preparado para lidar com problemas extremamente complexos como a mudança do clima, o terrorismo, os vírus pandêmicos e a proliferação nuclear, sobretudo levando-se em conta que todos esses problemas compartilham uma característica óbvia:

são questões multidimensionais e caóticas, envolvendo um inúmeras variáveis cujo modo de funcionamento tem extrema variabilidade. Na verdade, nossos problemas ficaram tão grandes e tão complexos que os especialistas já não sabem identificá-los direito. Em resultado, os líderes tornaram-se muito dependentes de sofisticados modelos de computador – do tipo usado para fazer previsões em física quântica – quando querem idealizar milhares de cenários catastróficos possíveis: *E se* uma bomba suja* conseguir chegar ao nosso território? *E se* um vírus pandêmico aniquilasse toda uma importante área metropolitana? *E se* as duas calotas polares derreterem? Não se pensa mais nos termos simples de causa e efeito. Nada de rapidez no diagnóstico e no remédio. Nada da simplicidade da solução de problemas a cargo do cérebro esquerdo e do direito.

A questão principal é esta: quando o que está em pauta é a evolução do organismo humano, não importa se estamos falando sobre as capacidades do cérebro, com que rapidez conseguimos correr dois quilômetros ou se dispomos de todo o aparato necessário para dirigir, falar ao celular e tomar café ao mesmo tempo. Nossas capacidades biológicas determinam nossa velocidade e até onde conseguimos chegar.

Por conseguinte, a diferença entre uma cultura avançada que sobrevive e outra que se extingue pode reduzir-se apenas à simples questão de saber se uma sociedade desenvolve, ou não, novas maneiras de triunfar sobre um limite cognitivo recorrente por natureza. Até que ponto entendemos bem nossas limitações fisiológicas, nossas predisposições biológicas e o que nos resta dos impulsos e instintos pré-históricos? Adotamos medidas profiláticas para lidar com eles? Ou colocamos de

* Termo que designa um explosivo não nuclear que espalha material radioativo armazenado em seu interior e que, ao explodir, provoca contaminação e doenças parecidas com as que ocorrem quando uma pessoa é contaminada pela radiação de uma bomba atômica. (N. do T.)

lado os princípios da evolução e repetimos um padrão inconsciente de complexidade e colapso?

Os primeiros sinais

O estudo das civilizações primitivas sugere que dois sinais reveladores ocorrem antes do(s) incidente(s) específico(s) a que se atribui seu colapso.

O primeiro sinal é o impasse. Ele ocorre quando as civilizações se tornam incapazes de compreender ou resolver problemas grandes e complexos, apesar de reconhecer, antecipadamente, que esses problemas podem levar ao seu fim.

Por exemplo, hoje sabemos que os maias viveram em condições de seca, guerra civil e crescente escassez de alimentos por milhares de anos antes de seu colapso. Contudo, o conhecimento prévio desses problemas foi quase inútil. Os maias não eram capazes de discernir a complexidade de suas circunstâncias e, por esse motivo, tinham poucas possibilidades de reverter a deterioração de suas condições. Em vez disso, eles fizeram aquilo que toda grande civilização faz quando chega ao limite cognitivo: simplesmente transferiram seus graves problemas de uma geração para outra, enquanto esses problemas continuavam a aumentar em magnitude e perigo.

Quando isso acontece, um limite cognitivo comporta-se muito mais como uma poderosa contracorrente.

Como as contracorrentes são invisíveis, a única maneira de saber que fomos apanhados por uma corrente fatal consiste em *parar de avançar*. Por mais esforços que façamos, não conseguimos progredir.

Do mesmo modo, o primeiro sinal de que uma sociedade está ameaçada é o impasse. Uma civilização insiste em usar métodos antigos, usados para resolver problemas menores e mais simples, para resolver questões muito mais abrangentes e complexas. Embora esses métodos falhem sistematicamente, agimos como um nadador que, apanhado pela contracorrente, teima em buscar variações de métodos que há muito tempo não servem mais.

Hoje, estamos diante do mesmo limite cognitivo enfrentado pelas civilizações maia, romana, khmer e muitas outras, igualmente avançadas. Os problemas mais graves que hoje nos cabe resolver já estão conosco há muitas gerações. Contudo, em vez de apelar a nossos recursos, a nossa inteligência e às tecnologias coletivas para resolvê-los, estamos caindo na armadilha de mitigar alguns sintomas perturbadores em vez de implementar curas permanentes. E, ao fazê-lo, repetimos o mesmo padrão de sempre, transferindo-os para as gerações subsequentes. Em outras palavras, quando a questão diz respeito à mudança de clima, ao terrorismo, à dívida de governo e a outras ameaças onipresentes, simplesmente patinamos contra a poderosa contracorrente de nossas limitações cognitivas.

Uma vez mais, o dr. Bar-Yam vem iluminar a natureza indócil e complexa de nossos problemas: "Os problemas complexos são os problemas que persistem – aqueles que ricocheteiam e voltam a nos assediar".[9] Em outras palavras, os problemas complexos, que não podem ser resolvidos, acabam por se manifestar em forma de paralisia.[10] A chegada ao impasse é o primeiro sinal de que uma sociedade atingiu seu limite cognitivo.

Depois, quando as circunstâncias ficam mais desesperadoras, surge o segundo sintoma: *a substituição do conhecimento e dos fatos pelas crenças.*[11]

Quando somos apanhados por uma contracorrente, *acreditamos* que, se apenas nos empenharmos mais e nadarmos com mais força até a praia, não seremos vencidos pela corrente. Apesar da comprovação empírica de que nada está funcionando, recusamo-nos a abrir mão de nossa *crença* e continuamos a nadar em direção à costa ao mesmo tempo que vamos ficando cada vez mais exaustos e começamos a entrar em pânico. Nenhuma informação, nenhum dado ou fato nos fará abandonar nossa convicção – nem mesmo a ameaça da morte.

Os seres humanos são organismos que sempre necessitaram tanto de crenças quanto de conhecimentos. Desenhamos criaturas místicas nas cavernas para que nos ajudassem a capturar grandes presas, oferecemos sacrifícios a forças invisíveis para que nossas colheitas fossem fartas e esculpimos ídolos que poderiam aumentar nossa fertilidade. Ao longo de séculos, praticamos rituais para que as chuvas voltassem, reunimos grandes exércitos em nossas preces e praticamos a sangria em busca da cura para as doenças. Na verdade, é impossível encontrar um único exemplo de uma época em que os seres humanos não tenham adotado crenças não comprovadas. Pouco importa se nosso objeto de estudo sejam sociedades humanas no coração das selvas sul-americanas, as remotas ilhas de Bali ou os países mais industrializados do mundo; as crenças fazem parte da vida cotidiana. Então, diante da impossibilidade de encontrar um só exemplo de uma sociedade sem crenças, nos resta concluir que elas, e a busca do conhecimento, pertencem à biologia humana tanto quanto a necessidade de água, oxigênio e alimentação. *Crenças não são adquiridas; elas são inatas.** *Não são opcionais; são uma necessidade humana básica.*

Mas também é verdade que, ao longo da história, substituímos crenças por fatos sempre que o conhecimento adquirido nos permite fazê-lo.

E o que eu quero dizer quando falo em crenças? As crenças são apenas ideias que não foram comprovadas. Segundo o dr. James Watson, Prêmio Nobel junto com Francis Crick pela descoberta da estrutura do DNA, nós

* A autora alude ao debate *nurture/nature*, em que o primeiro termo remete à ideia de que somos o que a educação nos faz ser (o *adquirido*), e o segundo, à ideia de que somos o que nossa herança genética determinou (o *inato*). Esse debate entre as perspectivas empirista e inatista já polarizou a psicologia do desenvolvimento, mas hoje predominam as tentativas de síntese, isto é, tanto *nurture* quanto *nature* seriam aspectos fundamentais para a compreensão integral do ser humano. (N. do T.)

precisamos de crenças para poder funcionar, até mesmo para atravessar uma rua: a luz fica verde e precisamos acreditar que os motoristas obedecerão ao sinal, parando para podermos passar.[12] Se não tivéssemos nenhuma crença, seríamos obrigados a esperar até que todos os carros parassem, e só então atravessaríamos a rua. Sem crenças, teríamos de questionar todo e qualquer pressuposto, toda e qualquer ação, e isso nos transformaria em seres extremamente disfuncionais. Não abriríamos a torneira da pia da cozinha se não acreditássemos que ela vai jorrar água; não marcaríamos nenhuma visita ao dentista se não acreditássemos que estaremos vivos daqui a uma semana, e não depositaríamos dinheiro no banco se não acreditássemos que ele estará ali quando precisarmos.

Desse modo, as crenças humanas não se restringem à religião. Temos um amplo espectro de crenças que nos ajudam a funcionar a cada minuto de cada dia.

Mas também somos um organismo que requer *conhecimento*; dados comprovados para tomarmos decisões racionais e resolver problemas. Não há dúvida de que é bem mais difícil adquirir conhecimento do que acolher crenças. A aquisição de conhecimento exige processos cognitivos complexos, como abstração, pesquisa, aprendizado, inferência, análise, síntese, tomada de decisões e discernimento. O conhecimento também requer debate, aplicação, interpretação e escrutínio. Comparada à adoção de crenças, a aquisição de fatos é um processo árduo e espinhoso.

Uma sociedade progride rapidamente quando as duas necessidades humanas – a crença e o conhecimento – se encontram e se harmonizam. Em outras palavras, progredimos quando fatos e crenças coexistem lado a lado sem que nenhum assuma o controle de nossa existência.

Contudo, à medida que os processos sociais, as instituições, as tecnologias e descobertas ficam mais complexos, mais difícil se torna a aquisição do conhecimento.[13]

De repente, a água que nos chegava de um poço passa a jorrar de uma torneira, e não precisamos mais saber qual é sua origem, como ela foi processada e distribuída, qual seu preço real. O mesmo se aplica ao nosso sistema monetário, às leis, aos impostos, à televisão via satélite e ao terrorismo. Cada aspecto da vida torna-se mais e mais complexo. Não apenas aumenta o número de coisas que devemos compreender, mas a complexidade delas também cresce exponencialmente. Assim, o volume de conhecimentos que nosso cérebro precisa adquirir para chegar a um entendimento real de tudo torna-se rapidamente avassalador.

Quando a complexidade impossibilita a obtenção de conhecimento, a única opção que nos resta é nos submeter às crenças; aceitamos pressupostos e ideias não comprovados sobre nossa existência, nosso mundo. Este é o segundo sintoma: a substituição do fato pela crença e o abandono gradual da evidência empírica.

Quando uma sociedade começa a mostrar os dois primeiros sinais – o impasse e a substituição dos fatos pelas crenças –, está montado o cenário para o colapso.

Apanhada pelas forças de uma contracorrente, uma sociedade termina por travar uma luta desesperada contra as limitações cognitivas, tentando obter segurança até que, ao fim e ao cabo, como um nadador que insiste em avançar para a costa em linha reta, fica exausta e sucumbe.

Quando uma civilização se vê diante de um limite cognitivo e começa a substituir o conhecimento pelas crenças, a calamidade *específica* que deflagra o colapso não está muito longe. Quer o colapso chegue em forma de estiagem, vírus pandêmicos ou guerras, o verdadeiro culpado é um limite cognitivo que impede que os problemas graves sejam racionalmente entendidos ou enfrentados. Fatos e comprovações são postos de lado em favor de remédios não comprovados, e isso desencadeia uma rápida espiral de acontecimentos catastróficos.

Aqui está, porém, o motivo pelo qual a relação entre complexidade e colapso é importante para que a humanidade a reconheça desta vez: os sinais de um limite cognitivo começam a aparecer muito antes do colapso, de modo que há muito tempo para agir.

Um olhar em retrospecto nos mostrará que os cientistas descobriram uma profusão de evidências de que os líderes maias estiveram cientes, por muitos séculos, de sua tênue dependência das chuvas. Os períodos de escassez de água não só foram bem compreendidos, mas também registrados, e planos foram traçados para lidar com eles. Os maias reforçavam a preservação durante os anos em que chovia muito pouco, controlando com firmeza os tipos de cereais cultivados nessas épocas, o uso público da água e o racionamento de alimentos. Durante a primeira metade de seu reinado de 3 mil anos, os maias continuaram a construir grandes reservatórios e cisternas subterrâneos em que armazenavam a água da chuva para os meses de seca. Tão impressionantes quanto seus templos ornamentados, seus sistemas hidráulicos para coletar e armazenar água eram obras-primas de concepção e engenharia.

Infelizmente, a conservação é uma medida paliativa que em geral se torna confusa enquanto solução duradoura. As estratégias de conservação são limitadas porque, no fim das contas, não podemos conservar em um nível abaixo de zero: quando as chuvas param, simplesmente não há água para armazenar.

Enquanto os níveis pluviométricos continuavam a baixar, 15 milhões de cidadãos maias nunca admitiram a deterioração de suas condições. A população explodia, a necessidade de água aumentava rapidamente e a precipitação pluviométrica anual estava em declínio. O armazenamento era uma boa estratégia a curto prazo, mas não era o mesmo que empenhar todas as energias da sociedade na busca da solução de um problema cujas consequências catastróficas eles podiam antever. Três mil anos é muito tempo para uma civilização implementar uma pletora de soluções. Os maias podiam ter enviado grupos para explorar outros locais, construído mais poços, deslocado grandes segmentos da população e até mesmo construído, mais rapidamente, mais reservatórios e cisternas. Qualquer dessas iniciativas teria aliviado as pressões da seca. Contudo, o problema da mudança climática era demasiadamente complexo para ser compreendido, mais ainda para ser resolvido, e a civilização maia simplesmente chegou a um impasse.

Com o tempo, todas as soluções práticas de problemas complexos – como a seca, a inquietação política e as doenças – foram drasticamente abandonadas em favor da devoção. Quando os maias entraram na segunda fase do colapso – a substituição de fatos por crenças –, o sacrifício ritualista tornou-se a solução unilateral de *tudo* que ameaçava sua sociedade.[14] Hoje temos provas inquestionáveis, desenterradas de cavernas e dos mais profundos túneis subterrâneos, de que a mutilação, a tortura e o assassinato terminaram por se expandir a tal ponto que passaram a incluir crianças inocentes de ambos os sexos. Segundo o repórter Mark Stevenson, em "Archaeologists Unearth Evidence of Human Sacrifice" ["Arqueólogos Encontram Provas de Sacrifício Humano"], "as vítimas tinham o coração arrancado ou eram decapitadas, mortas com flechas, apedrejadas até a morte, esmagadas, esfoladas, enterradas vivas e arremessadas da parte mais alta dos templos. As crianças, em parte por serem consideradas puras e castas, parecem ter sido as vítimas preferenciais".[15]

Durante algum tempo, algumas cidadelas maias resistiram à tentação de se entregar totalmente às crenças.

Uma pequena comunidade maia, a Lamanai, situada onde hoje fica Belize, sobreviveu à existência de muitas cidades maias por três séculos porque continuou a buscar soluções lógicas para a seca.[16]

Há pouco tempo, arqueólogos descobriram uma engenhosa rede de cisternas subterrâneas que os lamanais criaram para canalizar a pouca água do lençol freático em grandes recipientes subterrâneos. Esses recipientes impediam que a água evaporasse e forneciam refrigeração natural aos alimentos cada vez mais escassos. Há fortes indícios de que os lamanais continuaram a produzir seus sistemas de armazenamento subterrâneo de água até nos piores períodos da seca, quando outras cidades maias já se haviam voltado à busca exclusiva de soluções místicas.

Os lamanais se distinguem pela busca incessante de conhecimento, e pelo apego a crenças; estavam decididos a resolver os problemas tanto em seu aspecto científico quanto ritualisticamente, em vez de abrir mão de uma postura em favor da outra. Se a seca não tivesse persistido, é provável que os lamanais tivessem sobrevivido ao grande colapso maia.

Infelizmente, à medida que a escassez de água se agravava, os lamanais também caíram na armadilha de substituir os fatos por crenças. Quando as cisternas subterrâneas secaram, eles também começaram a usá-las como câmaras sacrificais. Embora os arqueólogos tenham concluído que essas medidas drásticas ocorreram muito mais tarde entre as comunidades lamanais do que entre as maias, a descoberta recente de restos mutilados de mulheres e crianças hoje confirma que, com o tempo, os lamanais seguiram os passos de outras facções maias.

Eis então o verdadeiro mistério: em vez de persistir nos rituais que não davam resultado, por que o Império Maia não continuou procurando soluções racionais para a seca? Pois esse era um problema que, como eles já sabiam havia séculos, poderia levar a sua extinção. Hoje temos a resposta.

Eles depararam com um limite cognitivo: *À medida que aumentava a complexidade de sua situação, os maias nunca desenvolveram técnicas voltadas para a solução de problemas complexos. Assim, quando os métodos destinados a resolver problemas mais simples começaram a falhar, as crenças não demoraram a tomar o lugar do conhecimento.*

E então, à medida que as gerações se sucediam umas às outras, os problemas com secas, doenças e inquietação civil adquiriram as dimensões dos próprios templos maias, até que, finalmente, um ou vários problemas conspiraram para erradicar uma civilização outrora poderosa e florescente.

Impõe-se, portanto, a pergunta: será que hoje estamos mais bem preparados para lidar com um problema complexo como a seca?

Dúvidas e seca

Moro na costa central da Califórnia, onde a seca é uma preocupação real e crescente.

Numa entrevista recente ao *Los Angeles Times*, o secretário de Energia dos Estados Unidos e Prêmio Nobel [de Física] dr. Steven Chu assim expressou a urgência da situação: "Acho que o público norte-americano ainda não se deu conta do que pode realmente acontecer. Estamos diante de um cenário em que não há mais agricultura na Califórnia. Na verdade, não sei como as cidades poderão continuar a crescer. Espero que o público norte-americano acorde".[17]

Na última década, o desenvolvimento foi drasticamente reduzido na costa da Califórnia porque as casas têm pouquíssima água para enfrentar os meses de verão. A água doce de que todos nós dependemos vem de uma pequena quantidade de chuva em janeiro, fevereiro e março. Nem mais nem menos. Por mais belo que seja o panorama pintado por nossos líderes políticos, a verdadeira situação é essa. Se examinarmos a tendência dos últimos trinta anos, veremos de imediato que a situação vem piorando um pouco a cada ano.

Temos uma bomba-relógio nas mãos, mas na Califórnia a tratamos como tratamos a ameaça dos terremotos: fingimos que não vão acontecer.

No condado de Monterey, onde moro, já faz pelo menos três décadas que ocorre um debate público sobre a construção de usinas de dessalinização, a perfuração de mais poços e o desvio de mais água doce dos córregos e rios locais. Porém, cada ano de trabalho em busca de uma solução permanente, como a dessalinização, é postergado em favor de mais estudos, e as iniciativas de preservação são intensificadas no início de cada primavera. As sanções econômicas também são aplicadas sazonalmente, a fim de desestimular o consumo de água. Quando as coisas ficam realmente graves, a água é racionada. Já faz seis anos que fomos orientados a não regar a grama nem os jardins em julho. No ano passado, reduzi meu uso de água à metade, deixei que minhas plantas morressem e vi minha conta de água triplicar de valor.

Foi uma experiência desanimadora.

Quando compareço às reuniões do conselho de recursos hídricos e tento explicar por que a conservação não é uma solução permanente, mas apenas uma mitigação em curto prazo, fica evidente que provoco um mal-estar imediato. "Acabe com seu gramado e escolha plantas resistentes à seca para o seu jardim", dizem eles.

Eu bem que gostaria que tudo fosse tão simples assim. Se fosse, os maias ainda estariam por aqui.

A conservação exige muito do nosso tempo, mas retarda o inevitável quando as causas principais se agravam. Infelizmente, quanto mais vemos o tempo como uma espécie de investimento, mais nos damos conta de que, na verdade, não estamos resolvendo problema algum.

A mitigação bem-sucedida é perigosa porque pode ser facilmente confundida com uma solução permanente assim que os sintomas de curto prazo forem resolvidos.

Embora eu insista em abordar a questão do ponto de vista histórico – muito mais amplo –, do problema da água na costa da Califórnia, meus esforços são frustrados a cada tentativa.

Certa vez, fiquei três meses preparando um texto com mapas, diagramas e gráficos que mostravam a diminuição de nosso suprimento de água em mananciais e rios específicos num período de vinte anos. As tendências eram inegáveis e a solução era clara: *precisamos produzir mais água*. Não é possível manter nosso sistema de vida como se o problema não existisse. Contudo, "criar" água potável é uma tarefa politicamente controversa e difícil. Sentimo-nos bem mais confortáveis com a conservação contínua, ainda que, logicamente, saibamos que esse procedimento não conseguirá nos manter indefinidamente. Somos nadadores tentando enfrentar a poderosa contracorrente de um limite cognitivo.

Em 11 de outubro de 2009, o *The New York Times* publicou um artigo intitulado "California Lawmakers Again Fail to Reach Water Deal" ["Legisladores californianos fracassam novamente em chegar a um acordo sobre a água"]:

> Sábado, houve uma nova reunião dos legisladores californianos que esperam chegar a um acordo para modernizar o sistema de abastecimento de água do Estado, que não muda há várias décadas, mas a reunião terminou sem que se encontrassem soluções para um punhado de problemas cruciais. Os legisladores não foram além da demonstração de reações calorosas depois de seu encontro de quatro horas com o governador Arnold Schwarzenegger, apesar de o governador ter afirmado, um dia antes, que eles estavam no limiar de uma revolução histórica na questão dos recursos hídricos. "Infelizmente, os avanços foram mínimos", disse o líder Sam Blakeslee, de R-San Luis Obispo, ao deixar a reunião. A rede de reservatórios e canais do Estado foi criada no mandato do governador Pat Brown, nos anos 1960. Schwarzenegger e muitos outros afirmaram que o sistema é inadequado para a população atual e para milhões de pessoas que provavelmente virão a usá-lo nos próximos anos.[18]

Já faz cinco anos que frequento as reuniões do conselho de recursos hídricos em minha região. Durante esse tempo, não geramos uma única gota de água. Temos a necessidade. Temos a tecnologia. Mas o que não temos é a capacidade de agir quando nos vemos diante de um problema social complexo. Assim, as ideias adequadas para se resolver o problema avançam em passo de tartaruga e acabam morrendo em algum comitê, por mais eficientes que elas possam ser. Chegará o dia em que a crise da água estará tão grave que o resultado lógico será o pânico.

Tendo em vista as experiências pelas quais eu mesma passo hoje em dia, fico imaginando se não terá havido um punhado de maias ansiosos por resolver um problema enorme e multidimensional com seriedade, mas que também se viram contrariados a cada tentativa – ou, no caso deles, que acabaram sendo sacrificados no ponto mais alto de algum templo.

Quer se trate do problema da água na Califórnia ou da mudança climática global, da crise bancária mundial, da violência das gangues ou de uma guerra religiosa cuja origem remonta a séculos, nossas ações ficam restritas ao recurso da mitigação para tratar sintomas a curto prazo. À medida que nossos problemas passam de uma geração para a outra, tornando-se cada vez maiores e mais difíceis, seria mais correto que nos preocupássemos com a possibilidade de que um deles venha a ter consequências catastróficas. Por algum motivo, porém, continuamos a seguir em frente como se esses problemas pudessem algum dia se resolver sozinhos em vez de se agravar.

Assim, somos mais semelhantes a antigas civilizações do que gostaríamos. Como perdemos nossa capacidade de entender a complexidade, estamos cada vez mais nos deixando engolir por ela. Do mesmo modo que os maias, temos uma tendência natural a adotar crenças e soluções simplistas para problemas sociais e ambientais extremamente complexos.

O dr. E. O. Wilson, professor de biologia em Harvard e homem que a revista *Time* chamou de uma das 25 personalidades mais importantes do século passado, sintetizou esse paradoxo em 2009, quando afirmou que "o verdadeiro problema da humanidade é o seguinte: temos emoções paleolíticas, instituições medievais e tecnologia própria de um deus".

Wilson vê a imagem em sua totalidade. Quando aumenta a diferença entre o ritmo lento da evolução e a velocidade do progresso humano, o limite cognitivo não é o único obstáculo que temos de encarar.[19]

A persistência dos instintos humanos

Os biólogos evolucionistas concordam plenamente que muitos vestígios das emoções, instintos, impulsos, tendências e desejos pré-históricos humanos – dos quais nossa sobrevivência outrora dependia – persistem muito além de sua utilidade no mundo moderno. Assim como acontece com a evolução do cérebro humano, as predisposições genéticas herdadas precisam de muitos milhões de anos para se adaptar e mudar.

A evolução é um processo lento, contínuo e impreciso. Isso significa que, em qualquer ponto específico do tempo, nossos instintos – as mesmas predisposições biológicas que permitiram a sobrevivência de nosso ***pool*** genético – estão fora de sincronia com os que são necessários para resolver a contento os desafios modernos. Eis o motivo pelo qual a adaptação e a mutação acontecem: *quando o que temos não é o ideal para nosso meio ambiente, nós mudamos.*

Permitam-me apresentar mais um exemplo de como a lenta evolução dos instintos inibe o progresso e desempenha um papel no colapso de sociedades avançadas.

Nos últimos 5 milhões de anos, aprendemos a reagir extremamente bem a ameaças imediatas. Assim que detectamos perigo, nossa adrenalina entra em ação: nosso corpo é invadido por estimulantes e agimos prontamente. Os biólogos e psicólogos chamam essa poderosa reação de "lutar ou fugir", pois a fisiologia humana se prepara instantaneamente para atacar ou fugir.

Essa reação é tão forte que, nos casos extremos de lutar ou fugir, sabe-se que os seres humanos conseguem levantar, com uma só mão, um carro de aproximadamente uma tonelada e meia. O jornalista Josh Clark descreve uma surpreendente reação à ameaça imediata: "Em 1982, em Lawrenceville, Geórgia, Angela Cavallo levantou um Chevrolet de 1964 que escapara do macaco e caíra sobre seu filho Tony enquanto ele trabalhava debaixo do carro. A senhora Cavallo ergueu o carro a uma altura suficiente para que dois vizinhos recolocassem o macaco e tirassem Tony de debaixo do carro".[20]

Nossa imediata e eficiente reação ao perigo explica-se pela pronta reação da parte do nosso cérebro que chamamos de hipotálamo. Quando o hipotálamo detecta uma ameaça, envia mensagens químicas às glândulas adrenais que ativam os hormônios destinados a criar um estado de excitação imediato. Portanto, a despeito do tipo de emergência com que depararmos, nosso corpo está programado para entrar rapidamente em ação.

Na verdade, quanto mais rápida fosse a reação de nossos ancestrais a um perigo iminente, mais provável seria sua sobrevivência. Segue-se daí que somos todos descendentes de ancestrais que fugiam, se escondiam, eram bem-sucedidos na luta e detectavam as ameaças melhor do que outros. Travis Gibbs, o autor de *Renewal*, expõe a questão de outro modo: "A genética simplesmente se lembrou por nós e passou adiante o que tinha funcionado". As reações rápidas funcionavam, e então esse instinto foi se aperfeiçoando ao longo do tempo.

Consequentemente, hoje somos mais eficientes para reagir a problemas imediatos do que a problemas vagos e distantes.

Simplesmente não somos estruturados para reagir a ameaças de longo alcance. Quando não há perigo imediato, não ocorre nenhuma mudança em nossa química corporal, nenhuma situação de "lutar e fugir", nenhum senso de urgência.

Nicholas D. Kristoff, colunista do *The New York Times*, descreve assim a questão: "Se você deparar com uma cobra, quase todo o cérebro entrará em prontidão assim que a 'ameaça' for processada. Contudo, se alguém lhe disser que as emissões de carbono terminarão por destruir a Terra do modo como a conhecemos, somente a pequena parte do cérebro que se concentra no futuro – uma porção do córtex pré-frontal – irá sentir-se estimulada".[21]

Apesar de todas as informações que temos sobre a exploração dos recursos naturais de nosso planeta, a escalada das mudanças climáticas e da dívida global e os riscos de armazenar lixo nuclear em depósitos subterrâneos, não reagimos com eficácia a problemas distantes, mesmo quando uma ameaça catastrófica esteja implícita neles. Do ponto de vista evolucionário, simplesmente não estamos aqui por um tempo suficiente para conseguirmos reagir a ameaças distantes. Sem dúvida, podemos afirmar que reagimos mais responsavelmente aos problemas sociais e ambientais do que os maias, mas não há nenhuma surpresa nisso. Com a sucessão das civilizações, nossa capacidade de entender e reagir a ameaças de longo alcance aperfeiçoa-se um pouco mais. Esta é a natureza da evolução: as mudanças em nossos instintos e fisiologia são graduais, minúsculas e lentas, mas ocorrem avanços a cada geração, a cada nova civilização.

Portanto, no que diz respeito ao ritmo desigual entre evolução e complexidade, não apenas a cognição fica para trás, mas os instintos pré-históricos também desempenham um papel crucial no padrão de colapso, recorrente por natureza. Os instintos biológicos prejudiciais perduram por muitas gerações, criando obstáculos naturais ao progresso.

É perturbador pensar que civilizações inteiras colapsam e recomeçam por terem chegado aos limites de suas capacidades biológicas herdadas. No entanto, a história dos impérios maia, romano e khmer fornecem indícios muito fortes de que os obstáculos evolucionários terminam por desencadear uma sucessão de acontecimentos que vão terminar em extinção.

Complexidade e os romanos

O dr. Joseph Tainter faz uma descrição eloquente e realista da queda do Império Romano em seu livro *The Collapse of Complex Societies*.[22]

Como eu, Tainter rejeita explicações centradas numa única causa, como o recrutamento de mercenários bárbaros que enfraqueceram o exército romano, ou princípios econômicos frágeis, que teriam levado à escassez de alimentos e ao abandono das cidades, ou à Peste Antonina* (que chegou a matar metade da população entre 165 e 180 d.C.). Na opinião de Tainter, esses fatos simplesmente fizeram ruir uma civilização que já estava à beira do colapso, embora os padrões desse colapso já fossem perceptíveis bem antes da derrocada final.

Tainter diz que a complexidade é uma instituição voraz: quanto maiores e mais complexos os problemas se tornam, mais recursos são necessários para combatê-los. Por fim, a sociedade torna-se incapaz de acumular recursos suficientes para se defender de problemas que já ficaram durante muito tempo por resolver.

Tainter apresenta como exemplo o declínio mensurável da produção agrícola romana ao longo de várias gerações. Como a produção vinha declinando e a população aumentava, a "energia *per capita*" começou a arrefecer a uma velocidade perigosa. Os romanos conseguiram atenuar os efeitos dessa escassez de alimentos por um breve período, conquistando seus vizinhos, o que levou a um aumento imediato da produção de

* Assim chamada por ter surgido quando o imperador Marco Aurélio, da linhagem dos antoninos, dirigia o Império. (N. do T.)

metais, de grãos, e de escravos e recursos necessários à manutenção do progresso. À medida que o império cresceu, porém, "o custo de manter as comunicações, guarnições, os governos civis etc. também aumentou. Por fim, o preço ficou tão alto que desafios como a invasão dos hunos e a perda de colheitas não mais se resolviam por meio da simples conquista de mais territórios. Nesse momento, o império fragmentou-se em unidades menores".

Será que o Império Romano tornou-se uma espécie de peso morto, difícil de administrar? Ou será que a população aumentou demais, diversificou-se e passou a exigir um único governo central?

Tainter acredita que a guerra, a perda de colheitas, as doenças e a agitação política talvez pareçam ter sido a causa da queda do Império Romano, mas que, na verdade, "a diminuição dos rendimentos e investimentos em meio à complexidade social" foi a causa principal. Quando os sistemas de comércio, governança e defesa tornaram-se mais complexos, a "energia" necessária para administrá-los simplesmente extrapolou a capacidade do povo romano.

E então, mais uma vez, quando a sociedade chegou a um impasse, as crenças começaram a predominar sobre os fatos e o pensamento racional. Com a persistência de problemas graves e complexos, a crença de que os romanos eram uma raça superior tornou-se maior.

Quando os romanos se convenceram da virtuosa posição que ocupavam no mundo e prevaleceu a crença na natureza sagrada do sangue, pouco a pouco funções essenciais, como a defesa militar, passaram a ser usadas contra povos desvalidos. Os instintos humanos em forma de avareza, indulgência e hedonismo aumentaram vertiginosamente, ao mesmo tempo que aumentava uma perigosa dependência de escravos estrangeiros. A crença romana na superioridade racial impediu que eles sequer cogitassem uma revolta de povos inferiores.

Impossível!

Desse modo, muito antes de os hunos terem invadido Roma, as condições para o colapso já se haviam estabelecido.

O colapso do povo khmer

Recentemente, os arqueólogos começaram a juntar as peças do desaparecimento do grande Império Khmer, do século XIII, situado no coração das florestas do que hoje se conhece como Camboja. Famoso por conta do maior templo religioso da época, Angkor Wat, o Império Khmer estendia-se por cerca de 650 quilômetros e tinha quase 1 milhão de habitantes. Segundo o autor e estudioso Richard Stone, o Angkor representava "o mais extenso complexo urbano do mundo pré-industrial".

Hoje, porém, os estudiosos descrevem o colapso da sociedade de Angkor como "uma história exemplar de ousadia tecnológica". Segundo as novas descobertas arqueológicas, "Angkor foi condenado pela própria engenhosidade que transformou um grupo de feudos sem importância num império".

O que aconteceu, então?

A história de Angkor repete sombriamente o colapso do Império Maia a meio mundo de distância.

Como os maias, o sucesso do Império Khmer dependia totalmente do controle do fluxo e da disponibilidade de água. A cada ano, durante a monção de sudoeste, a água descia pelas encostas, inundando rios, planícies aráveis e vilarejos. Por um lado, era preciso desviar essas águas para que não causassem danos catastróficos a casas e plantações férteis. Por outro, era preciso represá-las para que o império pudesse sobreviver à estação seca, que também chegava regularmente ano após ano. Para lidar com a monção de sudoeste e com a seca, os engenheiros khmers criaram sistemas hidráulicos muito engenhosos, que redirecionavam o excesso de água para grandes reservatórios artificiais.

Novas evidências arqueológicas revelam que o Império Khmer realizou proezas inacreditáveis em engenharia hidráulica: "Os engenheiros khmers construíram uma rede de canais, fossos, lagos e reservatórios (...) inclusive um reservatório chamado Baray Ocidental, com oito quilômetros de extensão e mais de dois de largura".[23] Para construir esse terceiro e mais sofisticado dos grandes reservatórios de água de Angkor mil anos atrás, quase 200 mil operários khmers foram necessários para aterrar cerca de 16 milhões de metros cúbicos de terra em barragens de quase cem metros de largura e da altura de um edifício de três andares.

Hoje, os cientistas ficam maravilhados com a complexa rede de desaguadouros, fossos, canais, reservatórios, lagos e sistemas de alerta concebidos e construídos pelos engenheiros khmers. Quase não se discute o fato de essa tecnologia hidráulica ter sido a base do sucesso do próprio império. Água de boa qualidade significava boas colheitas, que significavam alimento disponível por aproximadamente um ano. Depois de adquirir a tecnologia que lhe permitia armazenar água e alimento, o império expandiu-se rapidamente.

Então, depois de dois séculos de extraordinária capacidade de administrar a questão da água, dois acontecimentos catastróficos aconteceram – um deles, criado pelo homem, o outro, orquestrado pela natureza.

Segundo o dr. Roland Fletcher, arqueólogo da University of Sydney e codiretor do Grande Projeto Angkor, a sucessão de fatos começou com um trágico erro de engenharia.

Há fortes indícios de que os engenheiros resolveram alterar o curso do rio Siem Reap e que, para isso, construíram uma represa cujo objetivo seria levar água do rio para um reservatório recém-construído na época. Os engenheiros, porém, não fizeram bons cálculos e a represa ficou muito rasa. Quando as monções de sudoeste chegaram, a represa transformou-se em um enorme desaguadouro. A água começou a cair em canais abandonados, provocando danos catastróficos a outras partes do sistema. Quando a represa se rompeu e seus efeitos nefastos se espalharam, a água dirigida a outros reservatórios também diminuiu.

Imagine o caos, a destruição e aflição dos engenheiros que haviam sido tão bem-sucedidos em construir e manter um dos mais complexos sistemas hidráulicos jamais imaginados. Esse trágico fracasso deve ter sido tão horrível quanto a experiência que tivemos com o Furacão Katrina. O fluxo incontrolável das águas pode transformar-se em uma força devastadora e indomável, quer provenha de uma moderna barragem contra enchentes ou de uma represa khmer mal projetada.

Os registros mostram que os khmers consumiram gerações na tentativa de reparar o sistema de abastecimento e canalização da água, "que se tornou cada vez mais complicado e ingovernável". Ano após ano, o sistema do qual dependia toda a existência do império continuou a deteriorar-se, até que a represa chegou ao colapso total, deflagrando uma sucessão cataclísmica de outros fracassos.

Então veio o segundo acontecimento: uma série de secas e megamonções de sudoeste atormentou o Império Khmer entre 1362 e 1392, retornando também entre 1415 e 1449. De acordo com Fletcher, essas condições extremas (causadas pelo que os cientistas chamam de "Pequena Era do Gelo") teriam "arruinado o sistema de abastecimento de água".

Como havia ocorrido com os maias, os problemas com a água trouxeram escassez de alimentos e doenças, contribuindo para a subnutrição dos soldados do exército khmer, que perdeu a capacidade de repelir ataques. Também há indícios de agitação civil e revoltas.

Não importa o que levou ao colapso dos khmers, talvez esse povo tivesse continuado a progredir se a complexidade dos problemas ambientais e de engenharia com que depararam não tivesse preparado o caminho para a infiltração das crenças no sobrenatural. Quando as condições se agravaram, os khmers, como os maias, começaram a dirigir toda a fé para o fetichismo, aumentnado, e muito, os sacrifícios. E, quando os fatos foram substituídos por crenças, as soluções racionais perderam toda importância.

Complexidade e colapso

Encontraremos um padrão semelhante de colapso em qualquer civilização avançada – quer se trate da maia, romana ou khmer. No começo, cada sociedade consegue superar obstáculos e desafios ambientais aparentemente intransponíveis. Elas parecem adquirir o controle de seu meio, estabilizar a questão do alimento e da água e criar sistemas que garantam a segurança de suas comunidades. Contra todas as probabilidades, a inovação, a diversidade e a criatividade florescem. *Nessas sociedades, é possível mostrar que tanto as crenças quanto a busca do conhecimento coexistem pacificamente.*

Então, com o passar do tempo, a complexidade se acelera e os fatos ficam difíceis e, em alguns casos, impossíveis. A sociedade torna-se incapaz de resolver os problemas, particularmente os que não apresentam ameaça imediata. Depois, quando as condições se agravam e a sobrevivência fica mais incerta, a sociedade começa a transferir riscos iminentes de uma geração para a outra. Por fim, ao buscar soluções, a sociedade passa a depender da mitigação em curto prazo e de crenças não comprovadas.

Até hoje, nunca compreendemos as verdadeiras consequências do ritmo desigual das mudanças entre a evolução e o desenvolvimento social. Nunca ocorreu aos nossos ancestrais que eles eram incapazes de obter as informações necessárias para resolver os problemas mais graves e complexos ou que seriam adotadas crenças em lugar de fatos e conhecimentos.

Hoje, porém, compreendemos tanto o padrão de colapso quanto os obstáculos evolutivos ao progresso.

Portanto, podemos agir.

Será que agiremos?

Felizmente, há muitas comprovações a nosso favor.

— 2 —

Um presente da evolução

O avanço extraordinário da neurociência

NA EDIÇÃO DE 28 de julho de 2008 da revista *New Yorker*, o autor de obras científicas Jonah Lehrer descreve o modo como rompemos o limite cognitivo em seu artigo "The Eureka Hunt: Why do good ideas come to us when they do?" ["O Insight: Por que as boas ideias nos ocorrem, quando isso acontece?"].[1] Lehrer conta a história de Wag Dodge, um lendário bombeiro aéreo do estado de Montana.

Em 5 de agosto de 1949, um dos dias mais quentes já registrados na história de Montana, tempestades de raios causaram um início de incêndio nos arredores de Missoula, na Garganta de Mann.

Naquele dia, dezesseis membros de uma brigada de bombeiros aéreos liderada pelo capitão Wag Dodge partiram de Missoula num C-47, para extinguir um incêndio que se alastrava em pequenas áreas. Era uma missão de rotina, semelhante às missões que ocorrem nos incêndios florestais que a equipe já havia enfrentado centenas de vezes.

Quando os bombeiros chegaram ao solo, o incêndio estava queimando árvores de um lado da garganta. Num instante, porém, o vento mudou e tomou a direção deles. Formou-se uma violenta corrente de ar ascendente. O fogo rapidamente bloqueou a única via de acesso ao rio e começou a avançar a "mais de duzentos metros por minuto" na direção dos homens.

Dodge ordenou-lhes que largassem seus equipamentos e corressem.

Os homens se dispersaram e correram, tentando escalar as paredes íngremes da montanha. Porém, quando Dodge viu que as chamas estavam a menos de cinquenta metros de distância, percebeu que seria impossível ultrapassar o incêndio. Num momento que só podemos chamar de insight, Dodge tomou a decisão de correr em direção ao fogo, jogando palitos de fósforo acesos enquanto corria.

Lembre-se, era o ano de 1949. Tentar controlar um incêndio com palitos de fósforo era coisa de algum suicida maníaco.

Pelo menos, é o que parecia.

Rapidamente, Dodge incendiou a relva ao seu redor, pedindo aos gritos que os membros de sua brigada fizessem o mesmo. Em seguida, ele se agachou no meio da área queimada. Respirando através de um lenço úmido, Dodge cobriu o pescoço e a cabeça com seu casaco e esperou que a ventania infernal passasse sobre ele.

Naquele dia, treze bombeiros aéreos morreram na Garganta de Mann. Somente Dodge e outros dois que se abrigaram nas fendas da montanha sobreviveram para contar uma das piores tragédias já ocorridas na história dos incêndios florestais nos Estados Unidos.

Mais tarde, quando Dodge, o mais velho dos bombeiros, foi entrevistado por investigadores, ele não conseguia explicar por que motivo ele tinha aberto um aceiro e se deitado ali. Ele admitiu que essa ideia nunca havia lhe passado pela cabeça antes daquele dia fatídico na Garganta de Mann. O que mais intrigou Dodge e os especialistas foi que a ideia de eliminar o combustível lhe ocorreu tão repentinamente, mesmo num momento em que as chamas fatais já estavam tão próximas. No entanto, assim que pensou em fazer isso, Dodge foi tomado por uma inspiração imperiosa de que aquilo *funcionaria*. Ele nunca hesitou nem parou para considerar os riscos. Na verdade, estava tão certo de ter descoberto um jeito de escapar que ordenou a seus homens que seguissem seu exemplo.

Porém o que tornou esse lampejo de Dodge extraordinário foi que, até seu insight em 1949, ninguém tinha pensado em abrir um aceiro como zona de segurança pessoal.

Quando a fumaça da Garganta de Mann começou a baixar, a história de Dodge espalhou-se rapidamente e não demorou muito para que essas zonas de segurança – hoje conhecidas como "abrigo de incêndio florestal" – começassem a ser adotadas como treinamento padrão de bombeiros de todas as partes do mundo.

Depois, em 1985, quarenta anos após a tragédia de Mann Gulch, 73 bombeiros perto de Salmon, no estado de Indiana, viram-se privados de qualquer forma de fuga durante um incêndio que mais tarde ficou conhecido como o abominável Incêndio Butte.[2]

Dessa vez, porém, os homens estavam preparados.

Eles queimaram e se refugiaram em zonas de segurança individuais por mais de duas horas, enquanto uma terrível coroa de fogo os engolfava em suas chamas, em cinzas, fumaça e calor insuportável. Apesar de ser um incêndio muito maior do que o da Garganta Mann, todos os bombeiros de Butte sobreviveram. Só cinco foram hospitalizados por exaustão térmica, um resultado substancialmente diferente das sessenta vidas que, segundo os especialistas, teriam sido perdidas sem o insight de Dodge.

A epifania de Dodge é tão vital para os bombeiros que regularmente arriscam a própria vida quanto a teoria da relatividade de Einstein é para os físicos e as descobertas de Darwin são para os biólogos. Em cada caso, a solução de um problema de extrema complexidade tornou-se repentinamente simples, nobre e inquestionável. E, em cada caso, suas epifanias tiveram desmembramentos de grande alcance.

Mas esses não foram os únicos denominadores comuns.

Em cada caso, o lampejo intuitivo "caiu do céu". Em cada caso, não havia dúvidas sobre a exatidão das certezas às quais se chegara. Em cada caso, o Q.I., a bagagem cultural e as pessoas envolvidas eram extremamente variados. Em cada caso, regras, experiências e conhecimentos anteriores parecem ter sido temporariamente postos de lado na busca por territórios ainda não mapeados. E também, em cada caso, o inovador foi incapaz de explicar como chegou à sua descoberta; os passos que tinham levado às revelações eram impossíveis de ser rastreados.

O que levou Wag Dodge, um bombeiro aéreo que vivia modestamente em uma cidadezinha de Montana, a ter um insight que mudaria para sempre a história do combate aos incêndios? E o que dizer das descobertas espontâneas feitas por Newton, Benjamin Franklin e os Prêmios Nobel James Watson, Francis Crick, Muhammad Yunus e Charles Townes? Que mecanismo levou essas pessoas a extrapolar uma complexidade aparentemente invencível, permitindo que elas ultrapassassem um limite cognitivo tão irredutível?

Seis décadas depois do incêndio na Garganta de Mann, os neurocientistas finalmente têm a resposta.

Eles descobriram que nosso cérebro trabalha de três maneiras para resolver problemas. Usamos o lado esquerdo do cérebro para fazer análises metódicas e desconstrutivas, e o lado direito para atacar os problemas por meio da síntese. E hoje temos provas da existência de um terceiro processo cognitivo até então desconhecido, o insight, uma faculdade exclusivamente destinada à solução de problemas extremamente intrincados e complexos.

Esquerdo, direito e insight

Entender os três métodos usados pelo homem moderno para resolver problemas é mais fácil quando pensamos neles como três lojas em que o cérebro pode fazer compras.[3]

Nas prateleiras de uma das lojas, os produtos estão perfeitamente alinhados por ordem alfabética, com indicações impecáveis sobre tamanho, cor e tipo. Nos corredores, tudo está sistematicamente rotulado e organizado. Esse é o lado esquerdo do nosso cérebro – o lado analítico.

Quando usamos o lado esquerdo do cérebro para lidar com um problema, nós coletamos e organizamos dados, eliminando soluções à medida que procedemos ao estreitamento sequencial de nossas opções. Depois, escolhemos uma opção. O lado esquerdo do cérebro usa um processo rastreável de análise e desconstrução baseado na lógica. É desse modo que ensinamos crianças, animais, computadores e robôs a pensar.

No segundo andar, em vez da organização primorosa das fileiras, encontramos *showrooms* nos quais os produtos estão dispostos artisticamente. Uma poltrona está ao lado de uma mesa com abajur e duas cadeiras, e há um quadro na parede. Há também uma mesinha de centro com revistas, uma *bonbonnière* e um vaso com flores. Esse é o lado direito de nosso cérebro – o lado criativo. Contém os mesmos produtos que encontramos no lado esquerdo do cérebro, mas nele tudo está organizado com esmero.

O lado direito do cérebro tem na síntese sua especialidade, trabalhando com a informação implícita. O trabalho do lado direto do cérebro consiste em interpretar sugestões sutis e estabelecer conexões criativas entre o que observamos e o que sabemos. Além da lógica do lado esquerdo do cérebro, a síntese teve um papel importante na sobrevivência de nossos ancestrais. Como resultado, nossa capacidade de processar informações implícitas e chegar a conclusões não lineares também se desenvolveu com eficiência. Por exemplo, o lado direito do cérebro é extremamente hábil em detectar impostores.

Por quê?

Nos tempos pré-históricos, a capacidade de detectar impostores era crucial para nossa existência.[4] Os impostores roubavam alimentos, fingiam trabalhar, escondiam coisas e comida. Esse tipo de comportamento subversivo punha em risco a capacidade de sobrevivência do resto da tribo. Assim, por muitas gerações, o organismo humano foi aperfeiçoando sua capacidade de "perceber" um impostor. Ainda que possamos não ser capazes de articular ou justificar o sentimento de desconfiança diante de um estranho, nossos instintos herdados rapidamente interpretam uma pletora de indicações físicas como o gestual, o movimento dos olhos, o tom de voz, a dilatação das pupilas e a transpiração, sempre que encontramos um impostor. Esses sinais sutis são sintetizados pelo lado direito do cérebro, que imediatamente produz em nós sentimentos de inquietação e desconfiança.

Vamos imaginar, por exemplo, que apanhamos um impostor em flagrante e precisamos aplicar-lhe um castigo.

O mais provável é que utilizemos o lado esquerdo do cérebro, racional e analítico, para a escolha do castigo apropriado. Buscamos informações sobre as leis, estudamos os fatos relativos ao caso, avaliamos os prós e os contras e, por fim, delimitamos as opções. E então escolhemos.

Em outras palavras, a identificação de um impostor pode envolver a síntese de muitas indicações obscuras pelo lado direito do cérebro, mas, quando se trata de fazer justiça, geralmente empregamos a lógica do cérebro esquerdo: dois problemas diferentes, duas maneiras diferentes de o cérebro resolvê-los.

O que acontece, porém, quando o cérebro vai às compras e não consegue encontrar nenhuma resposta em nenhuma das duas lojas? Quando um problema é complicado demais para a solução cotidiana de problemas pelo cérebro esquerdo e pelo direito?

É aí que entra a terceira loja. Nela não ha produtos nas prateleiras, nem departamentos organizados, nem *showrooms* produzidos com engenho e arte – só encontramos ali um gigantesco edifício vazio. Nessa loja, simplesmente imaginamos as características do produto que queremos e, então – bingo! –, ela aparece. É assim que funciona o insight.

Quando usamos o insight, começamos com uma ideia daquilo que estamos procurando e, em seguida, deixamos que nossa mente ande a esmo – às vezes, por um período muito breve de tempo, às vezes, mais demoradamente. Então, numa iluminação repentina, o cérebro começa a navegar por um monte de dados e cenários possíveis, até que... PIMBA! Usamos o lado esquerdo do cérebro para fazer análises organizadas e desconstrutivas, e o lado direito para resolver problemas de modo criativo, por meio da síntese. E hoje temos provas de um terceiro processo cognitivo, até então desconhecido, que chamamos de insight, uma capacidade destinada exclusivamente à solução de problemas extremamente exigentes e complexos. Fazemos conexões que anteriormente nos escapavam, e a resposta exata que buscávamos aparece, só que *melhor*.

Portanto, voltando ao exemplo de como descobrimos e castigamos um impostor, com que se pareceria uma solução obtida por insight? Uma história verídica e divertida ilustra a notável diferença que um único insight pode fazer.

Em 1974, uma dupla de agentes a serviço da divisão antifraude do FBI teve um encontro incomum com um impostor. Depois de ficar anos em busca de um grande falsificador, impostor e vigarista por 26 países – uma história interessante, apresentada no filme *Prenda-me se For Capaz*, de Steven Spielberg –, os investigadores chegaram à perturbadora conclusão de que estavam seguindo um dos mais talentosos vigaristas jamais caçados pelo FBI.[5] Com apenas 16 anos, Frank William Abagnale estava dando um baile em agentes experientes dos Estados Unidos, da França, da Suécia e de dezenas de outros países que queriam recuperar seu dinheiro. O que mais incomodava os agentes era que sabiam que aquele jovem inteligentíssimo só estava no começo de sua carreira. A cada jogada bem-sucedida, ficava mais claro que Abagnale vinha aperfeiçoando seu ofício: ficava mais esperto e habilidoso, e seus golpes eram cada vez maiores e mais ousados. Era preciso aplicar a lei rapidamente para tirar Abagnale de circulação.

Teve início, então, uma caçada humana internacional para pegar o adolescente Frank William Abagnale.

Em 1969, depois que Abagnale se fizera passar por médico, piloto de avião e professor universitário, depois de ter trabalhado na Procuradoria do Estado da Louisiana e cometido fraudes contra bancos de várias partes do mundo, a polícia francesa finalmente conseguiu prendê-lo. Depois de extraditado para a Suécia, ele foi deportado para os Estados Unidos, onde foi rapidamente condenado a doze anos de prisão: um caso simples e rápido.

Normalmente, isso representaria o fim da história de Frank Abagnale.

Contudo, esse caso extraordinário provocou uma excepcional e irônica mudança de rumos.

Os agentes do FBI que haviam caçado Abagnale por quase uma década tiveram um súbito insight: *por que não usar um criminoso para pegar outro*?

Como?

Imagine, por um instante, a conversa entre um punhado de agentes – os mesmos em que Abagnale tinha passado a perna durante anos – que pleiteavam a libertação de Abagnale para que ele pudesse trabalhar dentro de uma das agências de seguros mais sérias do mundo. Absurdo!

Absurdo... Será mesmo?

Depois de cumprir pouco mais de quatro anos de uma condenação de doze anos, Frank William Abagnale foi oficialmente solto, permanecendo sob a custódia do FBI. Sua libertação, porém, tinha uma condição: ele deveria ajudar agentes especiais do FBI a rastrear seus casos mais difíceis de fraudes monetárias. A parceria foi um sucesso.

Nos 35 anos seguintes, Abagnale ajudou o FBI a ficar um passo além de outros grandes fraudadores. Mesmo depois que o número de casos diminuiu, ele continuou ensinando na academia do FBI e fazendo palestras em gabinetes regionais de todo o país. Abagnale gostou tanto de seu novo papel que fundou uma das mais bem-sucedidas empresas de prevenção e detecção de fraudes do mundo, a Abagnale & Associates, Inc. Atualmente, essa empresa tem sua sede em Tulsa, no estado de Oklahoma, e oferece instrumentos de segurança e consultorias a mais de 14 mil instituições, inclusive ao seu cliente favorito, o FBI.

Numa surpreendente mudança de rumo, passaram a ver com novos olhos seus casos mais importantes. Eles comprovaram que, em certas situações, fazer parcerias dava melhores resultados do que levar a julgamento. *Sua descoberta transformou um ladrão talentoso em uma grande vantagem*. E embora alguns mencionem tentativas anteriores, por parte dos agentes legais, de fazer parcerias com arrombadores de cofres e informantes de rua, nunca se fez nada em escala semelhante à iniciativa do FBI. Esse é o motivo pelo qual até hoje a história de Frank William Abagnale continua lendária entre os funcionarios do Departamento de Justiça.

Nao é dificil distinguir um insight de uma boa ideia.[6] A solução de situações complexas chega em forma de uma epifania. Sejam os bombeiros de Wag Dodge, a parceria do FBI com um criminoso brilhante ou a maçã que caiu na cabeça de Newton e o levou à descoberta da gravidade, um traço distintivo do insight é que as ideias profundamente transformadoras chegam de modo espontâneo – tanto é assim que os neurocientistas costumam referir-se ao insight como um "momento 'ahá!' ou 'eureca!'".

Insight e impasse

A palavra "eureca" vem da história de Arquimedes, que teria entrado numa banheira e, ao verificar que a água subia e caía pelas bordas, teve um momento de insight que o levou a associar esse comportamento da água com o princípio de deslocamento. Segundo a lenda, Arquimedes teria gritado "Eureca!" no momento em que lhe ocorreu a epifania.

Os momentos "ahá!" e "eureca!" quase sempre ocorrem logo depois de alguém sentir que está travado. Sentir-se travado significa apenas que o grau de dificuldade de um problema não lhe permite ser resolvido por meio da análise (cérebro esquerdo) nem da síntese (cérebro direito). Em outras palavras, fizemos compras em duas das três lojas, mas não encontramos a solução procurada.

Quando estamos no meio da tentativa de resolver um problema e nos sentimos travados, não há como saber se nosso impasse é passageiro ou permanente. Por esse motivo, estar travado pode significar uma de três coisas:

- Não dispomos das informações, dos recursos e do tempo necessários para resolver um problema.
- Chegamos ao limite biológico da capacidade do cérebro humano.
- Não há nenhuma solução possível.

Quando não conseguimos resolver um problema, a "culpa" é de uma dessas razões. Qual delas, porém?

Só o tempo pode dizer. Mas... Quanto tempo?

Às vezes, só temos alguns segundos para resolver um problema, como no caso de Wag Dodge. Outras vezes, dispomos de alguns anos, como aconteceu com os agentes enquanto decidiam o que fazer com Frank Abagnale. Também pode acontecer, como no caso dos maias, de termos milhares de anos para resolver um problema ambiental ameaçador. Porém, seja qual for o tempo de que dispomos, estar travado é uma situação que parece não ter saída.

Parece evidente que, *quando o organismo humano atinge um limite cognitivo, pouco importa se temos segundos ou séculos*. A magnitude e complexidade do problema a ser resolvido simplesmente extrapolam a capacidade de resolver problemas que os dois hemisférios cerebrais desenvolveram ao longo de milhões de anos.

Felizmente, porém, o impasse pode ser resolvido, e muitas vezes é o que acontece.

Tudo de que se precisa é o insight, *a lenta correção da evolução.*

A cada nova civilização, o meio que o organismo humano deve dominar torna-se mais complexo. Criam-se novas tecnologias, fazem-se novas descobertas e concebem-se sistemas mais complexos de ordem e interação social. Uma maneira de ver o progresso é pensar em cada nova civilização como beneficiária de milhões de anos-homem de conhecimento gerado pelas civilizações anteriores. Portanto, as sociedades não partem do zero; ao contrário, elas repousam sobre os ombros das pessoas que vieram antes delas. Isso parece óbvio.

Contudo, talvez não seja óbvio que as leis que regem a evolução determinem que, com o passar do tempo, o cérebro humano tenha de se adaptar a um meio que se torna exponencialmente mais complexo e perigoso. O cérebro *precisa* desenvolver novas capacidades em resposta a um mundo multidimensional, rapidíssimo e com excesso de opções, que agora passa a desafiá-lo.

Sem novos processos cognitivos, como o insight, o cérebro humano atinge inevitavelmente um limite quantitativo da complexidade que ele consegue entender. O hemisfério esquerdo do cérebro chega ao impasse porque não existe nenhum sistema lógico capaz de reduzir uma vastidão de opções. O hemisfério direito, que se especializa na síntese de dados implícitos, começa a interpretar milhões de fatos obscuros e desconexos, numa tentativa de dar sentido a determinada situação. Começamos a encadear indícios e a identificar padrões que simplesmente não fazem sentido. Uma vez que os processos dos hemisférios esquerdo e direito chegam a um impasse, temos um sinal de que atingimos nosso *limite cognitivo.*

Portanto, se o limite cognitivo for responsável pela profusão de comportamentos que levam ao colapso, tudo de que precisamos para romper o padrão é garantir que nossa capacidade de entender e administrar a complexidade não fique atrás de nossa capacidade de criá-la. *Quando desenvolvemos novas ferramentas cognitivas, como o* insight, *podemos evitar toda e qualquer ocorrência de um limite cognitivo.*

Eis aqui, portanto, a questão crucial: o insight evoluirá com rapidez suficiente para resolver nossos problemas mais graves?

A evolução e o cérebro humano

As velocidades de avanço da evolução são extremamente variáveis.

Às vezes, a adaptação e a mutação ocorrem com muita rapidez e eficiência. Em outros momentos, a evolução faz um jogo protelatório de tentativa e erro. No que diz respeito ao organismo humano, temos fortes indícios da ocorrência de evolução ao mesmo tempo rápida e lenta, inapta e eficiente.

Para entender a velocidade com que as mudanças biológicas acontecem, primeiro devemos examinar o que a genética e a paleontologia modernas nos dizem sobre a fascinante jornada empreendida pelo organismo humano para se tornar o homem moderno.[7]

Sabemos que o primeiro fato importante na evolução humana aconteceu há aproximadamente 3 bilhões de anos, quando as moléculas no oceano começaram a formar células simples. Com o tempo, algumas das células se replicaram e uniram forças para formar organismos mais complexos. A transição de organismos unicelulares para multicelulares deflagrou uma cadeia extraordinária e prolífica de eventos que resultaram em todas as formas de vida que hoje conhecemos em nosso planeta.

Depois, mais ou menos 450 milhões de anos atrás, ocorreu o segundo evento fundamental na evolução humana: desenvolvemos as características necessárias para sair da água. Certos animais que viviam no oceano desenvolveram maior mobilidade e pele mais grossa do que a de outros, e esses atributos permitiram que eles se aventurassem pela terra, onde aprenderam a se reproduzir e crescer. Nossos ancestrais primitivos estavam entre essas criaturas.

Um terceiro marco fundamental ocorreu há cerca de 65 milhões de anos, quando muitas espécies na superfície da Terra, inclusive os dinossauros, desapareceram de repente. Os cientistas ainda divergem sobre o *porquê* de animais tão grandes terem desaparecido ao mesmo tempo, não há nenhuma dúvida de que essa extinção em massa realmente aconteceu. Foi durante esse período frio e escuro que os animais de sangue quente, os mamíferos, começaram a prosperar. Com tantas espécies erradicadas, a competição por alimento e o número de predadores eram mínimos, criando condições ideais para que os mamíferos se desenvolvessem em termos de tamanho, variedade e quantidade.

Depois, houve um quarto marco fundamental na evolução humana, pouco depois de os humanos terem se diferenciado de seus parentes mais próximos, os chimpanzés: levantamo-nos e começamos a andar sobre dois pés. Essa importante transformação levou a um grande número de mudanças fisiológicas rápidas.

Foi nessa época, há mais ou menos 5 milhões de anos, que o cérebro humano sofreu sua mudança mais significativa. Com o desenvolvimento da locomoção sobre duas pernas, nosso cérebro começou a adaptar-se muito rapidamente a uma avalanche de novas complexidades sensoriais.

Segundo Philip Brownell, renomado biólogo e professor na Oregon State University, "uma sucessão de eventos ocorreu a partir de nosso bipedalismo: a liberdade das mãos, que agora podiam carregar coisas, fazê-las e defender-se dos inimigos. A capacidade de ver os predadores, bem como as presas, a partir de pontos bem distantes deles. Estereoscopia. Equilíbrio. E uma das mudanças mais importantes, a explosão do neocórtex, especificamente o lobo frontal, responsável pelo processamento de dados, pela abstração, solução dos problemas e planificação".[8]

Para Brownell, a mudança de atitude que ocorreu quando os humanos deixaram de andar sobre quatro pés e tornaram-se bípedes provocou um influxo de dados sensoriais que exigiam do cérebro uma resposta. De que nos serviria a nova capacidade de ver e farejar inimigos a quase dois quilômetros de distância se não pudéssemos processar as informações e fazer alguma coisa a partir delas (por exemplo, correr, esconder-se ou atacar pela retaguarda)?

Porém, a complexidade sensorial não foi a única mudança a que o cérebro humano tinha de responder.

Brownell aponta outro motivo da rápida evolução do cérebro humano: o desenvolvimento de sofisticadas unidades sociais. Com a formação de novas e maiores comunidades humanas, aumentou a complexidade em termos de comunicação, coordenação, planejamento, preparo de alimentos, luta, manutenção da ordem e adoção de crenças. Desse modo, além de processar a complexidade sensorial, o cérebro também estava se adaptando a novos níveis de complexidade *social*.

Em defesa de Brownell, em 2004, o Howard Hughes Medical Institute da University of Chicago publicou um artigo que descrevia a pesquisa do dr. Bruce Lahn, professor de genética humana: "O fato de a linhagem humana ter passado por um processo seletivo tão intenso, que a dotou de um cérebro melhor, sem que o mesmo acontecesse com as outras espécies, ainda é uma questão em aberto. Lahn acredita que as respostas a essa importante pergunta não virão apenas das ciências biológicas, mas também das ciências sociais. O que alimentou a rápida evolução do cérebro talvez tenha sido a complexidade das estruturas sociais e do comportamento cultural dos humanos".[9] Há fortes indícios de que, como as pressões ambientais e sociais que o cérebro humano sofreu durante esse período foram consideráveis, o cérebro começou a passar por mudanças rápidas. Nem todo o cérebro, porém. Especificamente, *o córtex frontal, a área que processa a complexidade.*

Como temos conhecimento disso?

Os paleontólogos que estudam a evolução chamam a atenção para o rápido crescimento do "torus supraorbital" encontrado no crânio de nossos ancestrais primitivos. A saliência dessa parte do crânio frontal superior era necessária para acomodar um córtex frontal em processo de rápido crescimento.

Entre cerca de 4 milhões a 5 milhões de anos, essa área transformou-se em um terço do cérebro humano. Em termos evolutivos, foi uma mutação extremamente rápida – tão rápida que os paleontólogos e biólogos se referem a esse período como "evento especial da evolução" ou "evolução rápida".

O rápido desenvolvimento do córtex frontal preparou o terreno para o salto seguinte na evolução humana, *o desenvolvimento da solução de problemas por meio do* insight – em termos da perpetuação da espécie humana, um fato não menos importante do que o bipedalismo.

Como sabemos que o insight é o "quinto salto"?

Embora milhões de anos de evolução humana ainda sejam necessários para provar categoricamente que o desenvolvimento do insight é uma resposta biológica à complexidade, pesquisas recentes já sugerem que o insight está evoluindo.

Primeiro, o insight é um processo cognitivo encrustado dentro do mesmo córtex frontal que outrora se desenvolveu a uma velocidade sem precedentes, em reação a novos níveis de complexidade sensorial e social.

Segundo, o insight é mais bem equipado para lidar com a complexidade do que a análise do cérebro esquerdo e a síntese do cérebro direito. Onde outros métodos cognitivos fracassam, o insight supera todas as expectativas.

Terceiro, tem-se observado a utilização do insight em todos os seres humanos, independentemente de educação, cultura, raça ou formação. Isso indica que o insight é um traço biológico, e não uma capacidade adquirida.

John Lehrer, autor de obras científicas, admite a relação entre a rápida evolução do córtex frontal e o insight: "Pressionado contra os ossos da fronte, o córtex pré-frontal passou por uma dramática expansão durante a evolução humana, de modo a representar atualmente um terço do cérebro. Embora essa área costume ser associada aos aspectos mais especializados da cognição humana, como o raciocínio abstrato, ela também desempenha um papel crucial no processo de insight".[10]

Contudo, se o insight é uma resposta evolutiva à complexidade, não será provável que ainda leve outros 5 milhões de anos para se desenvolver? Não foi esse o tempo de que o córtex frontal precisou para evoluir?

Sim, é verdade que a evolução é um processo lento, mas também é verdade que, ao contrário das civilizações primitivas, a sociedade moderna não depende totalmente da evolução para nos ajudar a superar o limite cognitivo. Temos muitas vantagens que faltavam às culturas antigas.

Pela primeira vez na história, temos um claro entendimento do padrão de colapso – um padrão desconhecido pelas sociedades anteriores. Podemos identificar os sintomas de um limite cognitivo e, desse modo, proteger-nos contra eles.

Também temos mais tecnologia, conhecimentos e opções do que as civilizações anteriores.

Por último, descobrimos um terceiro processo cognitivo – o insight – e estamos nos acercando rapidamente do como, do porquê e do quando esse extraordinário processo é ativado.

Embora o insight seja uma nova descoberta da neurociência, no momento presente estamos, pouco a pouco, desconstruindo o manual de instruções de um dos mais poderosos processos do cérebro humano.

Por exemplo, o insight pode parecer um acidente – uma epifania inesperada –, mas é, na verdade, uma função cognitiva natural e observável.

Graças aos avanços modernos em imagens por ressonância magnética (RM) e na tecnologia do eletroencefalograma (EEG), podemos observar as oscilações elétricas que ocorrem no cérebro quando nos desencumbimos de tarefas e resolvemos uma grande variedade de problemas. Nos últimos anos, esse tipo de informação desmitificou muitos dos mitos que tínhamos sobre doenças mentais, dificuldades de aprendizagem, relação entre envelhecimento e demência e, até mesmo, sobre como nosso cérebro reage quando agimos instintivamente, sem ponderação e prudência.

O dr. John Kounios, professor de psicologia na Drexel University, e o dr. Jung-Beeman, professor adjunto da mesma disciplina na Northwestern University, usam a tecnologia de RM e EEG para verificar como o insight funciona no cérebro humano.[11] Depois de submeterem pessoas com diferentes históricos de vida a problemas cada vez mais difíceis, ao mesmo tempo que monitoram a atividade elétrica de diversas partes do cérebro, eles descobriram que *o* insight *é um processo cognitivo identificável e reprodutível.*

Quando nos vemos diante de um problema complexo, sabe-se que num primeiro momento tentamos usar as estratégias dominantes e conhecidas dos hemisférios esquerdo e direito do cérebro. Quando elas falham, às vezes nosso cérebro recorre ao insight para resolver o problema. Isso leva a uma súbita capacidade de "perceber conexões que anteriormente nos escapavam". Em outras palavras, o insight age da mesma maneira que a solução normal de problemas sobre os esteroides:

é um processo cognitivo fulminante, abrangente e poderoso com o qual já nascemos.

Usando o poder do insight

Não há dúvida de que o simples fato de ficar à espera de que a evolução nos ajude a transpor o limite cognitivo não vai nos trazer nenhuma resposta. As civilizações antigas que tiveram um fim cataclísmico acreditavam que métodos primitivos de solução de problemas iriam salvá-las dos desastres que rondavam sua existência. Sem novas capacidades cognitivas, porém, nenhuma dessas civilizações conseguiu sobreviver ao abismo cada vez maior entre o ritmo das mudanças evolucionárias e a escalada da complexidade. Hoje, encontramo-nos num dilema semelhante. Chegamos a um impasse. Problemas graves – como a mudança climática, um vírus pandêmico, o terrorismo, as drogas e a violência – tornaram-se piores a cada geração, e parece não haver nenhuma solução permanente no horizonte do provável.

Contudo, será mesmo verdade que não há soluções permanentes?

Ainda que não saibamos como controlar os insights e que eles ocorram menos frequentemente do que as soluções tradicionais, baseadas no funcionamento dos dois hemisférios do cérebro, o fato é que os insights produzem resultados inspiradores todos os dias.

Portanto, o primeiro passo para extrapolar o limite cognitivo consiste em reconhecer uma solução encontrada por meio do insight.

A tarefa, porém, não é das mais fáceis.

Por exemplo, enquanto escrevo este livro, os cientistas mais renomados do mundo concordam que há uma relação entre as emissões de carbono e a mudança climática. A *intensidade* com que essa relação influencia o aquecimento (ou resfriamento) global é uma questão ainda sujeita a um debate considerável, mas, em 2007, as provas reunidas pelo International Panel on Climate Change (IPCC,

Painel Internacional sobre Mudanças Climáticas) – associando o aquecimento global às emissões de carbono – eram tão fortes que até os mais fervorosos adversários adotaram posições menos intransigentes.

As emissões de carbono são um subproduto lastimável da queima de combustíveis como carvão e petróleo. Seja o carro que dirigimos, a fábrica onde trabalhamos ou o ar-condicionado de nossa casa, o fato é que queimamos carvão e gás o tempo todo.

Como resultado, todos os países industrializados criaram algum tipo de programa que lhes dê condições de passar a usar combustíveis ambientalmente amigáveis. Alguns desses países são mais agressivos do que outros, mas hoje, felizmente, nem mesmo a China se permite ignorar os riscos para o planeta.

Contudo, apesar dos grandes avanços em energia solar, eólica e das ondas, os governos das nações industrializadas ainda estão, na maior parte, usando a energia nuclear, especialmente uma nova modalidade: os reatores nucleares rápidos refrigerados por sódio, uma tecnologia que foi um fracasso comercial por mais de cinquenta anos (as usinas Fermi I, nos Estados Unidos, Moju, no Japão, e Phenix e Superphenix, na França).[12]

Basta seguir o dinheiro para descobrir o caminho percorrido pelo Departamento de Energia dos Estados Unidos. No governo Obama, a energia nuclear foi chamada de "grande vencedora" na proposta orçamentária do Departamento de Energia para 2011. Somado aos US$ 36 bilhões em garantias de empréstimos federais para a construção de novas centrais nucleares, o orçamento total para a energia nuclear subiu para US$ 54 bilhões. Mais importante ainda, esses números não incluem a cota destinada à energia nuclear no orçamento de US$ 5,1 bilhões destinados à pesquisa e ao desenvolvimento de "tecnologias altamente inovadoras".

Compare isso aos US$ 3 bilhões ou US$ 5 bilhões em garantias de empréstimos federais para todos os projetos de energia renovável, um orçamento irrisório de US$ 302 milhões para energia solar e US$ 123 milhões para energia eólica. Observe que as últimas cifras são em milhões, não em bilhões. No total, para cada dólar investido em hidroenergia, energia solar e eólica, aproximadamente US$ 10 serão destinados à pesquisa e à construção de centrais nucleares.

O fato é que, deixando de lado as garantias de empréstimos federais, o governo dos Estados Unidos apresentou orçamentos quase iguais para os programas de energia renovável e proteção contra intempéries.

A mesma tendência existe em outros países desenvolvidos.

Até 2010, aproximadamente 15% da energia fornecida à população do Canadá foi gerada por dezoito reatores nucleares ativos.[13] Nos próximos dez anos, esse país pretende construir mais nove usinas – um aumento de 50% na geração de energia nuclear.

O mesmo se pode dizer da França, onde 75% da energia do país provêm de 59 usinas nucleares.[14] A China também anunciou planos de construir quarenta usinas nucleares nos próximos quinze anos, como parte de sua recente campanha em favor da energia limpa.[15]

Em quase todos os países, a energia nuclear foi erradamente apresentada como uma "energia limpa, renovável", simplesmente porque não produz emissões de carbono. Embora isso possa ser verdade, também é fato que as usinas nucleares podem produzir um subproduto muito mais perigoso do que o carbono: o lixo radioativo.

Poucos sabem disso, mas as usinas nucleares devem interromper suas atividades a cada dezoito meses para substituir suas hastes de combustível. As hastes velhas contêm venenos de curta duração e nível baixo, mas também um material radioativo extremamente tóxico, chamado Np-237, cuja sobrevida é superior a 2 milhões de anos. Sem contar as instalações nucleares que já estão na prancheta dos projetistas, hoje produzimos "o equivalente a cem ônibus de dois andares" de lixo nuclear por ano – lixo que precisa ser armazenado em algum lugar.

É evidente que a energia nuclear não tem nada de "limpa". *Estamos simplesmente colocando poluição no subsolo em vez de liberá-la no ar.*

Para alguns, enterrar bombas-relógio radioativas parece ser uma ideia melhor do que poluir a atmosfera. Para outros, é como se estivéssemos trocando um tipo de poluição por outro, e o preço disso terá de ser pago pelas próximas gerações. Estamos nos encaminhando para o mesmo beco sem saída em que já nos metemos ao acreditar que a solução de nossas necessidades de energia em curto prazo estaria no petróleo e no carvão.

Se há um problema que precisa desesperadamente de um insight, esse problema é nossa necessidade cada vez maior de energia limpa.

Há pouco tempo, assisti a uma entrevista com o secretário de Energia dos Estados Unidos, Steven Chu, na qual ele discutia a necessidade de energia renovável e a lei Waxman-Markey, que estava em pauta no Congresso.[16] A certa altura, o entrevistador confessou que não entendia a lei Waxman-Markey apesar de ter tentado lê-la várias vezes. Ele perguntou a Chu se ele tinha algumas ideias mais simples, que pudessem ter algum efeito sobre as emissões de carbono e o aquecimento global – algo que as pessoas pudessem realmente entender e pôr em prática.

Chu sorriu e respondeu tranquilamente que, se todos os telhados e as estradas fossem pintados de branco, isso equivaleria a *tirar onze bilhões de carros das estradas por onze anos.*

"Uma ninharia", concluiu ele.

Em vez de construir outras centenas de usinas nucleares, gerando mais lixo radioativo, não seria muito melhor pintar nossos telhados e nossas estradas de branco? Não demoraria quase nada, e os resultados seriam imediatos. Os carros não esquentariam tanto e usariam menos energia. Estradas mais frias também significam menos desgaste de pneus. Os raios do sol seriam refletidos, e não absorvidos, o que provocaria uma redução imediata da temperatura do globo. A demanda por aparelhos de ar-condicionado cairia 20%.

Segundo Art Rosenfeld, que trabalha na California Energy Commission [Comissão de Energia da Califórnia] e vem defendendo os "telhados resfriados" há mais de vinte anos, nós poderíamos cortar 24 bilhões de toneladas métricas de poluição por dióxido de carbono em vinte anos.[17] Ele explica: "Foi isso que o mundo inteiro emitiu o ano passado." É rápido, inofensivo e, segundo a repórter Felicity Barringer, do *The New York Times*, "constitui a vanguarda de um movimento que apregoa os 'telhados resfriados' como uma das armas mais promissoras contra a mudança climática".

Agora temos de nos fazer uma pergunta difícil: por que essa lei não foi debatida no Congresso nos últimos seis meses, em vez da lei Waxman-Markey, que só alguns especialistas conseguem entender?

As iniciativas atuais para a redução de carbono são tão complicadas que fazem o código tributário parecer fácil. Precisaremos de um exército de advogados trabalhando em tempo integral para inserir a lei Waxman-Markey, e os leigos praticamente não têm com que contribuir. Mas todos entendem o significado de tetos e rodovias pintados de branco.

Ainda mais desconcertante é o fato de Chu, Rosenfeld e Barringer não serem os únicos que têm uma solução inteligente para o aquecimento global.

Em seu *best-seller* de 2009, *SuperFreakonomics*, Stephen Dubner e Steven Levitt defendem um ponto de vista alternativo.[18] Em vez de tentar mudar o comportamento de todos os seres humanos em relação ao planeta, por que não tentar descobrir o que seria necessário para *resfriá-lo* rapidamente? Vista a partir desse ângulo, a solução parece bem diferente.

A última vez que a Terra sofreu uma grande queda de temperatura foi durante a Era Glacial. Erupções vulcânicas liberaram tantos fragmentos de rocha na atmosfera que a luz do sol foi bloqueada. Esse bloqueio levou o planeta a um rápido resfriamento. Com base em dados históricos, Dubner e Levitt propõem a liberação de dióxido de enxofre na estratosfera para formar partículas de sulfato que, mais uma vez, bloqueariam a luz solar. Em outras palavras, eles propõem "sombrear a Terra" para estimular o resfriamento. Segundo esses dois especialistas, esse projeto custaria cerca de US$ 250 milhões no primeiro ano e US$ 100 milhões a cada ano subsequente. Compare-se isso com o custo estimado de US$ 1,2 trilhão por ano que seriam necessários para efetuar uma drástica emissão de carbono – um plano cujo efeito seria significativamente menor. Em resumo, resfriar a Terra é mais simples, mais barato e mais eficiente do que impedi-la de se tornar mais quente.

A exemplo da sugestão de pintar todos os telhados e as rodovias de branco, Dubner e Levitt propõem uma solução criativa, com base empírica e nobre, que, como era de se prever, foi recebida com enorme oposição. Da noite para o dia, a geoengenharia tornou-se o paradigma da contínua interferência do homem na natureza, e os cientistas e as organizações de proteção do meio ambiente se uniram no ataque à noção de resfriamento global. Infelizmente, o movimento verde, outrora imaculado, caiu na mesma armadilha em que afirmava que seus adversários haviam caído: substituíram fatos por crenças irracionais e, ao fazê-lo, deixaram que a ecologia passasse de ciência a religião.

Escolhi Chu e Dubner como exemplos porque eles provam que frequentemente temos insights poderosos que podem exercer um impacto imediato sobre questões extremamente complexas e perigosas, como a mudança climática, a água potável, as guerras entre gangues ou a proliferação nuclear. Podemos fazer uma descoberta tecnológica súbita e luminosa ou fazer uma descoberta científica que nos ofereça uma solução eficaz. Muitos desses insights parecem eficazes, categóricos e brilhantes em sua simplicidade. Também são práticos, exequíveis e de fácil comprovação.

Por algum motivo, porém, nós não agimos.

Por que não?

O que impede nosso avanço?

— 3 —

A supremacia dos supermemes

O poder das crenças

NUMA ENTREVISTA recente, Dean Kamen, iconoclasta e mundialmente conhecido como inventor do transportador humano Segway*, explicou por que tantos problemas graves continuam a existir: "Nosso sucesso ou fracasso não dependerá da tecnologia. Já temos a tecnologia, isso é fácil. Muito mais difícil é mudar as *atitudes* das pessoas".[1]

Como diz Kamen, já sabemos quais são nossos grandes desafios e também temos uma boa ideia do que é preciso fazer para resolvê-los. Mais do que em qualquer outra época da história humana, temos o conhecimento, os recursos e a tecnologia – inclusive os insights espontâneos – necessários à continuidade do progresso.

Para onde quer que se olhe, porém, nossas "atitudes" parecem ser o verdadeiro obstáculo.

Isso acontece porque, do ponto vista da evolução, não somos tão diferentes das pessoas que viveram em tempos remotos. Podemos ter computadores, aviões e secadores de cabelo, mas não vamos misturar as coisas: o modo como os seres humanos pensam e o modo como nos comportamos não mudaram muito. Essencialmente, ainda estamos presos no mesmo traje espacial, reagindo e processando informações de

---

* Misto de patinete com motoneta, de duas rodas, criado como o veículo de transporte ideal para as grandes cidades. (N. do T.)

modo primitivo, quase sempre previsível. Ainda guerreamos contra outras tribos, roubamos os parceiros uns dos outros, monopolizamos muitas coisas e comemos mais do que o necessário. Ainda vivemos como se houvesse uma quantidade infinita de água potável para beber, muito ar puro para respirar e muitas árvores para cortar. E ainda queremos que tanto o conhecimento como as crenças floresçam.

Contudo, como nossas *atitudes* impedem nosso avanço?

A resposta pode ser encontrada na pequena palavra *meme*.[2]

Meme é qualquer informação, pensamento, sentimento ou comportamento de ampla aceitação. Os memes podem ser tradições, teorias, predileções e até o senso comum ou os slogans. "Não se exponha a perigos" é um meme, assim como esfregar dois pedaços de madeira para fazer uma fogueira. A macarena, o envio de mensagens escritas e, no Ocidente, a prática de encher a banheira com água quando estamos cheios de problemas também são memes. Um meme pode ser uma moda passageira, dessas que só duram uma semana, ou uma superstição que dura séculos. Alguns memes são factuais, outros são falsos. Alguns são simples de entender, outros são muito complexos. E alguns memes são úteis, enquanto outros, como o racismo, causam muito mal ao mundo.

A dra. Susan Blackmore, autora de *The Meme Machine* e professora na University of the West of England, descreve o modo como os memes são transmitidos: "Os memes viajam longitudinalmente, durante gerações, mas também viajam na horizontal, como os vírus de uma epidemia".[3]

Recentemente, meu sobrinho de 5 anos me fez pensar na durabilidade dos memes quando eu o levei a uma piscina perto de casa. "Não", disse ele, "não pode entrar na água agora porque comeu um sanduíche!"

Tão novinho e já repetindo tolices.

"Depois de comer, espere uma hora para ir nadar" é um meme que vem passando fielmente de uma geração a outra há mais de um século, ainda que o mito de "ter cãibras" depois de comer e entrar na água em seguida tenha sido cientificamente desmascarado por especialistas. Mas isso não impediu que a informação passasse de uma pessoa a outra como se fosse uma dica muito importante de sobrevivência.

O estudo dos memes – a memética – oferece uma valiosa estrutura para entendermos como a cultura, o conhecimento, as crenças e os comportamentos se disseminam até se transformarem num estilo de vida de ampla aceitação.

Depois de três décadas, porém, qualquer referência aos memes é uma garantia infalível de receber um olhar irônico da comunidade científica.

A controvérsia sobre os memes

A ideia de memes foi tomada de empréstimo de Darwin. Em seu importante livro de 1976, *The Selfish Gene*, o dr. Richard Dawkins, pai da teoria dos memes e professor da Oxford University, explicou como os princípios de Darwin da Seleção Natural tinham uma aplicação que extrapolava a herança de características e instintos físicos. Dawkins afirmava que as "unidades de informação", chamadas de memes, também competiam pela sobrevivência.[4]

Como os genes, através da variação, mutação e herança, os memes aumentam ou reduzem seu sucesso reprodutivo à medida que migram de um organismo humano para outro.

Dawkins foi o primeiro a definir o meme como "uma unidade de transmissão ou imitação cultural".

Mas o que é, exatamente, uma unidade?

Ninguém sabe.

De minha parte, trato os memes do mesmo modo como os físicos tratam a existência da matéria escura e dos quarks. Na mecânica quântica, não é incomum descobrir novas leis que explicam o universo pela suposição de que uma força ou um objeto hipotético existem. Com esse tipo de pressuposto "E se...", começamos a procurar a peça que falta. Sabemos quais características ela teria, como se comportaria, até mesmo onde poderia estar. Frequentemente, porém – como no caso da matéria escura –, a verdade é que terminamos por nunca encontrá-la. E o que fazemos, então? *Fingimos* que ela existe. E fazemos isso porque centenas de outras teorias funcionam melhor se coisas como a matéria escura e os *quarks* realmente existirem.

Também usamos essa abordagem em outras ciências.

Por exemplo, muitas pessoas se surpreendem ao saberem que Charles Darwin escreveu *A origem das espécies* muito antes que alguém soubesse da existência dos genes. A Darwin pode ter faltado o ingrediente-chave para explicar exatamente de que modo a evolução funcionava, mas isso não o impediu de observar que alguma coisa na natureza fazia com que certas espécies triunfassem e outras fracassassem. Na época, ele chamava de "pangênese" essas partículas míticas que se misturavam quando os animais acasalavam. Contudo, a hipótese de Darwin rapidamente perdeu força por causa do escrutínio da ciência de sua época. Muitos anos se passaram depois da publicação de *A origem das espécies* até que Gregor Mendel, um monge que vivia num mosteiro isolado na Tchecoslováquia*, descobriu como os genes realmente funcionavam. Felizmente, essa falta de informação não impediu que Darwin formulasse suas hipóteses.

Apesar da ampla definição que Dawkins faz dos memes e do evidente desafio de determinar "unidades" mensuráveis de imitação, pode-

* Em 1993, o país dividiu-se em duas unidades nacionais, a República Tcheca e a República Eslovaca. (N. do T.)

mos estar de acordo quanto a um aspecto observável: *com a sucessão das gerações, alguns conhecimentos, comportamentos e crenças ficam mais fortes, alguns enfraquecem e outros se extinguem.*

Por exemplo, com a proliferação de doenças sexualmente transmissíveis e o recente aumento da gravidez de adolescentes, a valorização da castidade parece estar ganhando força. Por outro lado, com a investida de blogs, mensagens escritas, YouTube e sites de redes sociais, como o Twitter e o Facebook, "guarde suas ideias para si mesmo" é um modo de pensar que já beira a extinção.

Mas também existem outros memes, muitos bem mais sérios.

Geração após geração, perpetuamos crenças inexatas sobre outras religiões, raças e culturas. Também continuamos a crer que a energia verde é mais cara do que a energia que causa danos ao meio ambiente, ainda que esse modo de ver as coisas tenha sido fortemente refutado por um grande número de economistas e corporações. Ainda depositamos muito mais confiança num executivo formado por alguma das melhores universidades do que em alguém que só tenha experiência prática. Acreditamos que o rápido é melhor do que o lento, o caro, melhor do que o barato, e que o orgânico é mais seguro do que outros métodos de cultivo da terra. E muitas pessoas ainda insistem em afirmar que esses princípios da evolução são falsos, a despeito de toda a comprovação científica reunida no último século e meio.

Em *Virus of the Mind**, um grande best-seller, Richard Brodie refere-se aos memes como "vírus" por causa de sua capacidade de infectar rapidamente o pensamento racional: "Seus pensamentos nem sempre são ideias originalmente suas. Você 'pega' pensamentos – fica contagiado por eles, quer diretamente, por meio de outras pessoas, quer por via indireta, por obra do vírus da mente".[5]

* *Vírus da mente*, publicado pela Editora Cultrix, São Paulo, 2010. (N. do T.)

Sabe-se que o organismo humano replica memes de todos os assuntos, importantes e irrelevantes, superficiais e instrumentais, corretos e incorretos, por breves períodos de tempo e por muitas gerações, tanto em nosso benefício quanto em nosso detrimento.

Porém, o que determina o sucesso reprodutivo de um meme?

Assim como acontece com os genes, alguns memes são passivos, enquanto outros se tornam passivos e predominantes. A diferença entre um meme que floresce – que se torna unilateralmente aceito – e aquele que morre é determinada por sua compatibilidade com memes poderosos e dominantes, os chamados "supermemes".

De meme a supermeme

Um supermeme é qualquer crença ou comportamento que se torna tão dominante, tão difícil de erradicar, que contamina ou elimina todas as outras crenças e os comportamentos numa sociedade.

Um modo de imaginar como são os supermemes consiste em vê-los como supereditores poderosos – crenças e comportamentos que influenciam tudo que fazemos e pensamos. Os supermemes transformam-se em crenças inquestionáveis sobre qualquer assunto – economia, religião, justiça, natureza, até mesmo sobre a educação dos nossos filhos.

No caso dos maias, quando eles atingiram o limite cognitivo e se tornaram incapazes de resolver seus problemas mais complexos, o fetichismo passou a ditar todas as modalidades de pensamento e comportamento.[6] O fetichismo pode ter começado como um simples meme, coexistindo lado a lado com outras iniciativas práticas, como a construção de reservatórios, poços subterrâneos, conservação e métodos inovadores de armazenamento de alimentos, mas, quando as condições ficaram desesperadoras, a diversidade de iniciativas foi posta de lado e substituída por um ponto de vista único e limitado. Em outras palavras, o fetichismo passou de meme a supermeme. E, quando o fetichismo foi adotado como última solução para os problemas dos maias, a busca de soluções alternativas chegou abruptamente ao fim.

Contudo, essa atração por megacrenças e soluções únicas não foi exclusiva dos maias.

A complexidade também levou a crenças generalizadas em 476, depois da queda do Império Romano, quando os seres humanos entraram num período intolerável conhecido como Idade Média.[7] Durante essa época, a ordem foi restaurada e realizou-se a "primeira urbanização sustentável da Europa do Norte e do Ocidente europeu". Na verdade, os historiadores consideram a Idade Média um período importante no desenvolvimento da civilização moderna e assinalam que muitas das fronteiras que hoje definem os países europeus foram estabelecidas nessa época.

Porém, à medida que aumentava a complexidade da vida urbana na Europa, o cristianismo deixou de ser apenas uma das muitas crenças (memes) e transformou-se num poderoso supermeme que determinava todas as funções cívicas. Os modos alternativos de pensar e venerar foram rapidamente extintos. Quando os outros estilos de vida foram reprimidos, o dogma cristão tornou-se tão poderoso que culminou nas Cruzadas, um período violento da história humana durante o qual a intolerância atingiu níveis até então desconhecidos. Milhões de pessoas foram mortas em decorrência de perseguição religiosa. Cientistas e pensadores foram presos, torturados e executados. E, uma vez mais, o progresso chegou ao fim.

A história está cheia de exemplos em que supermemes poderosos transformaram-se em entraves ao progresso: a antiga e irredutível crença de que o mundo era achatado, a crença unilateral de que o Sol girava ao redor da Terra, a crença inabalável de que a sangria venosa era mais passível de curar do que de matar os pacientes a ela submetidos. A lista é imensa.

É por esse motivo que, uma vez dominante, um supermeme faz com que as pessoas tenham muita dificuldade de pensar de outra maneira. Esse é o paradoxo das crenças incorporadas e inquestionáveis: continuamos a crer que algo é verdadeiro mesmo quando todas as evidências apontam para o contrário.

Por que será que isso acontece?

O conforto das crenças

É importante lembrar que *os supermemes são frequentemente uma resposta ao aumento da complexidade*. As supercrenças restabelecem a ordem e o sentido das coisas, motivo pelo qual agem como um medicamento poderoso para o que nos aflige.

Segundo Jean-Jacques Rousseau, filósofo do século XVIII, "a mente decide de um jeito ou de outro, apesar de si mesma, e prefere ser enganada a não acreditar em nada".

Rousseau estava certo: os seres humanos *precisam* acreditar. E, diante da complexidade, eles se tornam menos seletivos no que diz respeito ao que estão dispostos a aceitar como fato.

Recentemente, pude ver como é fácil, para um meme, disseminar-se e confundir-se com os fatos: fui apresentada a David J. Leinweber, guru financeiro e autor de *Nerds on Wall Street*.[8] Trata-se de um cavalheiro bem-vestido e muito afável, sempre com algo de novo a dizer sobre qualquer assunto, o que explica perfeitamente bem o fato de ele ter se transformado em uma estrela nessa área que, em outros aspectos, é implacável e cruel.

Certo dia, só por brincadeira, Leinweber resolveu examinar as relações estatísticas entre o desempenho da Bolsa de Valores de Nova York e outros campos totalmente alheios a ela.

Não demorou muito para que ele fizesse uma estranha descoberta: os movimentos da bolsa de valores coincidiam com a produção de manteiga em Bangladesh em aproximadamente 75% do tempo. Essa coincidência era tão notável que Leinweber resolveu ver o que aconteceria se ele acrescentasse uma segunda tendência: a produção de queijo nos Estados Unidos. É claro que a correlação saltou para espantosos 95%.

Como as coisas estavam fluindo bem, Leinweber achou melhor não parar por ali.

Ele inseriu um terceiro indicador, a população global de ovelhas, e, veja só, as três tendências históricas correspondiam ao "sobe e desce" da bolsa de valores norte-americana em *99%* do tempo.

Incrível.

Leinweber sabia muito bem que esses indicadores eram totalmente absurdos. Ele se propôs a fazer o seguinte exercício: mostrar os riscos de confiar em correlações engraçadas, mas sem nenhuma relação entre si, quando é preciso tomar decisões financeiras.

Leinweber descreveu assim sua pesquisa eclética: "Era parecido com procurar coelhinhos nas nuvens, inserindo dados até conseguir encontrar alguma coisa. Todos sabiam que, dependendo da quantidade de inserção, mais cedo ou mais tarde encontrariam um coelhinho, mas ele não seria mais real do que aquele que se desmancha no horizonte".

Pouco depois de ter publicado sua pesquisa, porém, uma coisa espetacular aconteceu a David Leinweber.

Quanto mais ele falava sobre a bizarra correlação de 99%, mais interessados ficavam os especialistas de Wall Street. Grandes investidores e administradores de carteiras de valores exigiam saber mais sobre como funcionavam essas relações, clamando por mais detalhes. Da noite para o dia, Leinweber viu-se assediado por pedidos para que ele definisse a fórmula com mais precisão, em termos práticos que então pudessem ser usados para prever flutuações de mercado no futuro.

Leinweber transformou-se na sensação do momento – ele representava o próximo gênio financeiro, com um novo jeito de ganhar fortunas em Wall Street.

O exercício estava de ponta-cabeça.

Como isso podia ter acontecido?

Em todas as civilizações avançadas, as crenças superam o conhecimento quando se torna muito difícil de obter, e a história de Leinweber é apenas mais um exemplo disso. Quando os sistemas financeiros que regem Wall Street ficaram demasiadamente complexos para ser entendidos, até mesmo por especialistas, eles se voltaram para um "mago" que parecia capaz de simplificar a questão. Em outras palavras, *pareceu-lhes melhor contar com a produção de manteiga em Bangladesh do que ficar totalmente à deriva.*

É por esse motivo que, diante de mercados financeiros caóticos, os investidores de grande experiência seguiram cegamente Bernard Madoff até o fundo do poço. É por isso também que analistas e personalidades muito conhecidas – como Warren Buffett, Jim Cramer e Neil Cavuto – conseguem provocar, com um único comentário bem colocado, a subida ou a queda de ações. Todos os dias, legiões de devotos contam com as palavras dessas pessoas como se elas viessem das Escrituras Sagradas.

Ocorre, porém, que esse comportamento irracional não se limita aos mercados financeiros.

Também gastamos bilhões de dólares, ano após ano, em medicamentos homeopáticos de efeitos comprovadamente inexistentes. Investimos mais em planos de saúde, apólices de seguro para nossas casas, carros e barcos, seguros contra incêndio, inundações e outras coisas do que nunca antes na história humana, ainda que as probabilidades de perdas catastróficas diminuam a cada hora, a nosso favor. Na Califórnia, continuamos a construir mais campos de golfe, como se a crescente escassez de recursos hídricos fosse resolver-se sozinha a qualquer momento.

O que nos leva a adotar crenças irracionais não apenas como indivíduos, mas também como grupos?

Nossa vulnerabilidade às crenças torna-se maior à medida que nossa capacidade de adquirir conhecimentos perde força. Ao depararmos com uma complexidade que supera as capacidades físicas do cérebro, ficamos suscetíveis a ideologias não comprovadas e começamos a nos submeter à perigosa mentalidade "de rebanho".

O contágio do conformismo

Isso nos leva ao segundo motivo pelo qual os supermemes se espalham como vírus: é muito mais fácil conformar-se do que tomar uma decisão consciente sobre todas as questões, quer seja decidir a cor de nosso telhado, o melhor carro ou a maneira mais eficiente de educar nossos filhos. Quanto mais complexa se torna a vida, mais difícil fica adquirir o conhecimento necessário para tomarmos as decisões certas. E a complexidade das decisões não é o único problema que enfrentamos, pois elas também aumentam em número e é preciso decidir cada vez mais rápido. Desse ponto de vista, não admira que o comportamento e o pensamento de grupo se mostrem tão sedutores. A alternativa é ficar imobilizado por tanta informação, tantas escolhas e tanta dificuldade.

Quando as condições ficam caóticas e incompreensíveis, passa a ser natural nos associarmos à maioria. Deixamos o grupo decidir porque acreditamos que haja uma sabedoria natural na decisão tomada por grupos. Os resultados do "pensamento de grupo" podem ser históricos e perturbadores, como nos casos da Alemanha nazista, de Mi Lai e, mais recentemente, da prisão de Abu Ghraib. Contudo, o pensamento de grupo não fica absolutamente restrito às atrocidades humanas; ele também explica o grande sucesso das bonecas com cara de repolho*, da *disco music* na década de 1970 e da compra desenfreada de arroz em 2008, quando vazaram notícias de que haveria escassez do produto.

Ainda mais importante é que, numa economia global, o conformismo não conhece fronteiras nacionais. Os supermemes se espalham à velocidade do raio de um país ao outro, a despeito da cultura, da história e de outros memes preexistentes.

Um dos melhores exemplos da tendência à uniformidade mundial vem das fotos em preto e branco de John Spence Weir, que tem documentado a história moderna do México há cinquenta anos.[9] Em uma conversa recente, ele fez uma triste e assustadora confissão:

> Na verdade, a história do México é a história da eliminação da cor. Houve uma época em que todas as casas eram roxas, cor-de-rosa, amarelas e laranja. As roupas e cestas, os mercados e as pessoas também eram coloridos.
> Hoje, porém, ninguém mais quer uma casa roxa com venezianas amarelas. Tudo é bege: roupas, lojas, muros de jardim. Os ricos querem que suas casas se pareçam com as dos Estados Unidos. Por isso, começaram a pintá-las de bege. Se eu tenho algum arrependimento, esse é o de não ter fotografado o México em cores, mas, sim, em preto e branco. Perdi a história toda.

Temos aí uma confissão alarmante de um homem que passou a vida fotografando a cultura evanescente de uma nação em preto e branco.

O fenômeno que Weir observou no México pode ter uma explicação biológica simples. Os especialistas em comportamento humano especulam que o impulso de uniformidade comportamental pode ser

* *Cabbage Patch Dolls*, linha de bonecas de pano que foi criada em 1978 e fez grande sucesso. (N. do T.)

um instinto natural que nos foi legado por nossos ancestrais. Eles sugerem que as oportunidades de sobrevivência aumentaram quando passamos a agir mais como grupos unificados do que como indivíduos isolados. O trabalho em grupo permitia que capturássemos presas maiores e nos defendêssemos com mais eficácia contra os grandes predadores. Portanto, a exemplo dos lobos e chacais, nossos ancestrais contavam com a força do bando para garantir seu bem-estar. Se isso for verdade, fica implícito que talvez sejamos biologicamente predispostos a nos sujeitar aos desejos e comportamentos do grupo. E isso talvez explique por que somos naturalmente vulneráveis aos supermemes.

Quer nosso desejo de sujeição ao grupo seja motivado pelo bem-estar, quer seja biologicamente herdado ou apenas uma tendência natural a seguir o caminho da menor resistência, uma coisa é certa: quando o que está em jogo é a sobrevivência, a singularidade pode ser menos complexa do que a diversidade, mas ela é também perigosa.

Singularidade e extinção

Na natureza, a diversidade existe por uma razão prática: *uma espécie que desenvolve uma vasta gama de características e comportamentos – que amplia sua diversidade – aumenta suas chances de sobreviver a uma vasta gama de desafios do meio ambiente.*

Quando ocorrem mudanças, sejam elas quais forem – seca, novos predadores, escassez de alimento, alterações violentas de temperatura –, as probabilidades de sobreviver são maiores para uma espécie que se diversificou do que para outra que não o tenha feito.

Em termos evolucionários, a diversidade age como uma *apólice de seguro* genética – uma proteção contra a total erradicação de uma espécie. Isso explica o porquê da existência de mais de uma variedade de peixe, pássaro e formiga. Todos desenvolveram estratégias diferentes para reagirem ao meio ambiente, e então, quando as mudanças acontecem, eles têm as características necessárias à adaptação.

Deixe-me apresentar um exemplo de como a diversidade é vital à sobrevivência. Na década de 1990, como um dos preparativos para escrever este livro, vendi minha empresa no Vale do Silício e mudei para o Big Sur, no litoral da Califórnia, um lugar isolado e protegido pelo governo federal – um santuário da smith's blue, uma borboleta em risco de extinção.

Na época em que comprei minha casa ali, eu não sabia quase nada sobre borboletas. Pouco depois de mudar, porém, tive a oportunidade de conhecer Dick Arnold, o renomado entomologista e especialista em borboletas smith's blue. Esse encontro deu início a uma série de acontecimentos inesperados.

Dick explicou que, por razões desconhecidas, a frágil smith's blue dependia de uma única fonte de alimento: uma espécie de trigo-sarraceno de aparência eriçada que cresce naturalmente em toda a costa da Califórnia.[10] No século passado, o desenvolvimento e a invasão de plantas não nativas destruíram grande parte da população desse tipo de trigo. Porém, ao contrário de outras borboletas que sobrevivem de outros tipos de vegetação quando seu alimento favorito escasseia, a smith's blue não conseguiu incluir a diversidade em sua dieta. Assim, o desaparecimento do trigo levou consigo a população dessas borboletas.

Minhas visitas com Dick Arnold, com o biólogo local Jeff Norman e especialistas do Federal Fish and Wildlife Office [Departamento Federal de Pesca e Vida Selvagem] levaram-me a começar a coletar sementes dessa espécie de trigo, numa tentativa de disseminar a planta. Criei um fundo de doações, contratei um horticultor para cuidar das plantas e um biólogo para monitorar o desenvolvimento das borboletas no local. Depois de oito anos de grandes aborrecimentos com o serviço de água e saneamento local, cujas normas não admitiam o consumo de água com paisagismo, tenho o prazer de dizer que houve uma verdadeira explosão dessa espécie de trigo, tanto no santuário quanto nas encostas vizinhas. As borboletas smith's blue reaparecem ano após ano, em número cada vez maior.

Contudo, essa história da smith's blue tem um lado mais triste.

Do ponto de vista biológico, devo admitir que estou amparando artificialmente uma espécie que, por livre vontade, reduziu sua opção de alimento a uma única planta. E, no que diz respeito à natureza, qualquer tendência à singularidade torna uma espécie vulnerável à extinção. Do ponto de vista político, pode ser conveniente atribuir a culpa pelo número cada vez menor de borboletas smith's blue exclusivamente à invasão do homem, mas a verdade é que ela própria se colocou em risco ao optar pela não diversificação.

Na natureza, a singularidade tem consequências perigosas.

Porém, as leis que regem a singularidade e a sobrevivência não se restringem a uma borboleta tão pequena. Os seres humanos também estão sujeitos a esses mesmos princípios.

É de conhecimento geral que a diversificação de nossas carteiras de negócios e das linhas de produtos de nossas empresas é uma estratégia necessária para nos garantirmos contra mudanças futuras. Também queremos mais diversidade nas estratégias esportivas, na educação, nas lojas de departamentos e nos cardápios dos restaurantes. Em cada caso, *diversidade* é sinônimo de aumento de nossas opções, flexibilidade e capacidade de sobrevivência.

O dr. Yaneer Bar-Yam, da Harvard University, expõe o papel crítico que a diversidade desempenha quando a complexidade aumenta: "Diante de desafios complexos, um sistema funciona bem quando possui *alta variedade*. Podemos compreender isso no caso da economia moderna e da inovação tecnológica e corporativa".[11]

Uma variedade de memes garante a continuidade do sucesso de uma civilização. Quanto maior a diversidade de ideias, tecnologias e crenças dentre as quais uma sociedade pode fazer suas escolhas, mais provável será que essa sociedade possa responder com eficiência a mudanças súbitas ou drásticas em seu meio ambiente social e físico. Há, porém, uma armadilha: quanto maior for a diversidade, maior será a complexidade.

Inversamente, quando uma civilização dá sinais de uniformidade, temos aí um indício de que ela adotou supermemes, numa tentativa de reduzir a complexidade por meio da eliminação da diversidade.

O poder destrutivo dos supermemes

Os supermemes eliminam a diversidade da mesma maneira que cadeias como McDonald's, Walmart e The Gap acabam com as empresas de menor porte. Elas homogeneízam e simplificam as escolhas. Enquanto as cadeias de atacado produzem conformidade em nossa alimentação e nosso vestuário, os supermemes acabam com a variedade daquilo que sabemos e em que acreditamos, bem como do nosso modo de agir.

Com o tempo, os supermemes tornam-se tão onipresentes que começam a agir como filtros pelos quais outros memes devem passar, sobrevivendo apenas os comportamentos, as ideias e crenças compatíveis com o superméme. Isso explica por que tantas ideias brilhantes e soluções criativas têm dificuldade para se concretizar. Isso não tem nada a ver com a ideia em si. Como afirmou Dean Kamen, os verdadeiros obstáculos são nossas "atitudes" – os supermemes que nos levam a pensar e a nos comportar desta ou daquela maneira.[12] Mas isso não significa que um superméme não possa ser superado.

Você se lembra do caso do criminoso genial Frank Abagnale?[13] O supermeme que poderia ter mantido Abagnale atrás das grades era a ideia de "justiça" que predominava na época – a crença judaico-cristã no "olho por olho". Ainda hoje, essa ideologia (um supermeme) permeia todos os aspectos do sistema judiciário dos Estados Unidos, impondo obstáculos a outras maneiras inovadoras de lidar com transgressores e reabilitá-los.

Isso é o que torna a história de Abagnale tão notável. Os agentes que lutaram por sua libertação precoce superaram uma crença profundamente entranhada: a ideia consensual de que um criminoso deve *pagar* sua dívida dentro das quatro paredes de uma cela, ao lado de outros criminosos, privado do respeito, dos prazeres e direitos reservados aos cidadãos cumpridores da lei. Outras maneiras produtivas de um criminoso pagar sua dívida, como trabalhar para o FBI, simplesmente não entravam no rol das opções, pelo menos não até o momento em que os dois agentes contestaram a mentalidade vigente.

Haverá outros exemplos em que os supermemes tenham levado à singularidade? Outras crenças e outros comportamentos que, de tão amplamente aceitos, tenham esmagado involuntariamente a diversidade?

Singularidade econômica

Houve uma época em que as distâncias geográficas entre os países eram tudo de que se precisava para retardar ou impedir a globalização dos memes. Hoje, porém, avanços sem precedentes nos meios de transporte e comunicação permitem que as informações, crenças e tendências viajem para muito mais longe e com muito mais rapidez do que antes.

Tomemos a economia como exemplo.

É fascinante constatar como as economias de muitos países industrializados se tornaram semelhantes em poucas décadas.[14] Quase todos os países têm um braço central de governo que controla firmemente as taxas de juros, a circulação da moeda, as importações e exportações e muitas outras coisas. Eles também usam instituições econômicas idênticas para supervisionar o comércio – mercados de ações, debêntures, instrumentos da dívida pública, sistema bancário regido por normas governamentais, capital de risco etc. –, com diferenças mínimas na legislação que rege seus respectivos sistemas financeiros. Os rendimentos e as aquisições são tributados como a principal fonte de renda para o governo, e exige-se que os cidadãos cumpram uma grande variedade de normas e obtenham licenças específicas para exercerem suas atividades comerciais. É claro que há nuances técnicas e políticas entre, digamos, os Estados Unidos e a China, mas as semelhanças entre o aumento, o controle e a administração do capital, assim como entre o *modus operandi* das transações econômicas, superam muito essas diferenças cosméticas. Hoje, mais do que nunca e onde quer que se esteja, impera o provérbio "Amigos, amigos, negócios à parte".

Com o fim da Guerra Fria, a maioria dos países assimilou muito das instituições e dos procedimentos financeiros associados ao capitalismo. Houve uma razão prática para isso: *a uniformidade aciona o comércio*. A economia global simplesmente avança com maior rapidez e eficiência quando os mesmos princípios econômicos são usados, a despeito das diferenças culturais e políticas.

Em resumo, os sistemas comuns de comércio pavimentaram o caminho para que houvesse maior facilidade e rapidez da cooperação econômica. Em resultado, todos os países estão hoje empenhados na obtenção da singularidade econômica, ainda que ao preço da desestabilização dos mercados globais.

A história de meu irmão Mike demonstra por que a uniformidade econômica entre países exerce tanto fascínio.

Há alguns anos, pouco antes de fazer 45 anos, meu irmão tinha uma carreira bem-sucedida como engenheiro de pesquisa e desenvolvimento no Vale do Silício, onde trabalhava para empresas gigantes como Ford Aerospace, Fairchild Semiconductor e Lam Research. Pouco antes dos 40, ele conheceu uma jovem brilhante e foi abençoado com o nascimento de três garotos. Tinha um bom emprego, uma família saudável e muitos amigos. A vida era boa.

E então, em 2008, a economia deu uma guinada para pior. Mike e sua esposa tomaram a difícil decisão de pegar a família e mudar para o estado de Idaho, onde o custo de vida seria a metade do que era na Califórnia. Sua casa nova e espaçosa tinha um escritório acima da garagem, e meu irmão logo se apropriou dele. Quando não estava trocando fraldas, preparando refeições ou levando as crianças à escola, Mike examinava as anotações que havia feito ao longo de sua carreira. Estavam cheias de ideias que ele havia deixado para desenvolver algum dia. Meses depois, ele finalmente se concentrou num pequeno parafuso metálico para veículos de lazer com tração nas quatro rodas.

Embora Mike não tivesse nenhuma experiência de lançar-se em aventuras empresariais ou de aprender outro idioma, em trinta dias ele conseguiu enviar uma descrição geral dos componentes eletrônicos de seu protótipo a uma dezena de indústrias chinesas. Em cerca de dois meses, ele já dispunha de protótipos prontos para serem testados e contratou uma empresa estrangeira para produzir embalagens plásticas para vendas a varejo. E então, depois de três meses de seu sonho inicial, ele passa o dia no escritório acima da garagem, entrevistando profissionais da indústria de autopeças de várias partes do mundo e negociando acordos de licença de fabricação com empresários da outra metade do planeta.

O preço da uniformidade

Vivemos tempos espantosos, nos quais a criação de uma empresa internacional se tornou tão rápida e fácil que até mesmo um principiante pode atrair uma clientela internacional em poucos meses.

Embora a uniformidade do comércio global seja uma atividade em rápida expansão para empresários como meu irmão, a diminuição da diversidade econômica também tem um lado sinistro: faz com que as nações se tornem mais interdependentes e, desse modo, mais vulneráveis a mudanças súbitas. Assim como o dilema da borboleta smith's blue, a transformação da diversidade econômica em singularidade aumenta muito nossa probabilidade de um colapso unilateral.

Vejamos, por exemplo, o mercado de ações global. Na última semana de julho de 2007, o mercado de ações dos Estados Unidos caiu quase 5%. Foi a maior queda desde o "11 de setembro". Na mesma semana, o FTSE* de Londres despencou 5,6%, a TA de Israel, 7%, e o câmbio australiano caiu 3%. Essas quedas foram imediatamente acompanhadas pelos mercados de ações de Hong Kong, da Coreia do Sul, de Tóquio e Cingapura; todos eles perderam de 3% a 4%.

Embora o tamanho dos altos e baixos apresente variações entre os mercados internacionais, as tendências ascendentes e descendentes são hoje regularmente reproduzidas por todos os câmbios mundiais em ciclos de 24 horas. Quase todos os mercados de ações globais seguem a mesma tendência diária.

O que explica os padrões semelhantes de mercados de ações supostamente independentes, cada qual representando corporações supostamente independentes?

---

* Principal indicador da Bolsa de Valores de Londres, de propriedade conjunta do Financial Times e da London Stock Exchange. (N. do T.)

Se os súbitos saltos dos preços das ações tivessem por base a economia racional, teríamos de concluir que, durante o mesmíssimo período de tempo de 24 horas, empresas de todos os tamanhos, em todo e qualquer setor industrial e em todos os países do mundo teriam feito algo que tivesse levado o valor de suas empresas a cair simultaneamente.

Improvável. Mais ainda nos dias subsequentes.

Portanto, haverá algum princípio econômico que tenha o poder de influenciar todas as empresas, moedas e economias do mundo?

O que fica claro é que há poucos acontecimentos cataclísmicos capazes de alterar o valor de todas as empresas de todos os quadrantes do planeta. No resto do tempo, os mercados reagem – temerosos ou efusivamente – de acordo com os rumores, as previsões e especulações. E, uma vez que as economias de todo o mundo se tornaram mais uniformes, a reação a *crenças* irracionais também se tornou parecida.

Não há como negar que, quando as economias dos países mais ricos começam a ficar parecidas, os riscos de contágio e de colapso financeiro global aumentam. Em muitos aspectos, vemo-nos diante dos mesmos perigos enfrentados pela minúscula borboleta smith's blue: teremos estreitado voluntariamente nossas opções, a ponto de pôr em risco nossa capacidade de sobrevivência.

Do meu ponto de vista, a recente cascata de mercados financeiros globais que levou a uma recessão mundial não teria sido possível uma geração atrás, quando Rússia, China e República Democrática Alemã operavam economias extremamente diferentes. Até os primórdios da década de 1970, a China mantinha uma rígida política isolacionista, enquanto a Rússia e a República Democrática Alemã continuavam aferradas ao controle centralizado da produção, da economia e do comércio. Durante esse período de diversificação econômica, a retração de um mercado financeiro tinha um efeito muito menor sobre outros países porque, em grande medida, sua diversidade os protegia do inconstante "sobe e desce" de uma economia mundial de grande volubilidade. O comércio entre as nações pode ter sido mais desafiador, mas a diversidade dos sistemas econômicos oferecia uma garantia necessária contra um perigoso efeito propagador.

Então, no segundo trimestre de 2010, o perigo da singularidade econômica mostrou mais uma vez sua verdadeira face quando a Grécia anunciou que estava no limiar da inadimplência de sua dívida gigantesca, provocando a queda de vários mercados do mundo. De repente, as consequências da adoção de uma moeda única, o euro, para acionar as relações comerciais ficaram claras: a estabilidade econômica estava condicionada à solvência de *todos* os países que haviam adotado o euro, de modo que a inadimplência de um país teria consequências desastrosas para os outros. Junto ao Fundo Monetário Internacional, os membros da Zona do Euro não tiveram nenhuma escolha a não ser aprovar um pacote de US$ 147 bilhões, destinado a dar à Grécia uma sobrevida de três anos. Foi uma boa mitigação, mas terá contribuído para lidar com os riscos da eliminação da diversidade econômica? É provável que não.

A uniformidade na economia não é a única maneira de os países se tornarem suscetíveis ao contágio. Hoje, com o aumento da complexidade de questões como o aquecimento global, os vírus pandêmicos e outros problemas mundiais, os governos de todos os países veem-se diante do mesmo *impasse*. Afinal de contas, sob a nacionalidade de cada cidadão existe um organismo humano, sujeito, tanto quanto qualquer outra forma de vida do planeta, ao mesmo ritmo lento das mudanças evolucionárias. Assim, graças à ampliação do fosso entre nossas capacidades cognitivas e a magnitude dos problemas que precisamos resolver, os cidadãos de todas as partes do mundo estão começando a substituir o conhecimento por supercrenças muito semelhantes entre si – os chamados supermemes.

O que nos leva a um raciocínio circular: se a complexidade dá origem aos supermemes, os supermemes produzem a singularidade e a singularidade leva à extinção, como faremos para interromper o ciclo?

Manter os memes como tais

O mais importante a entender sobre os supermemes é o seguinte: *os supermemes são criados pelo homem, impostos pelo homem e mantidos pelo homem, razão pela qual podem ser evitados e desfeitos.*

A consciência é uma das maneiras de desarmar os supermemes. Uma vez conscientizados dos supermemes, estamos fadados a percebê-los por toda parte. Líderes de governo, a mídia, atores e professores começam a falar sobre eles. As conversas sobre crenças multilaterais surgem nas reuniões de negócios, ao redor da mesa da cozinha, nos programas de entrevistas da televisão e nas reuniões cívicas. Depois de expostos, os supermemes param de funcionar.

O autor Richard Brodie reconhece o poder da consciência da seguinte maneira: "As pessoas que entendem a memética terão uma vantagem cada vez maior na vida, sobretudo para impedir que sejam manipuladas ou que outras levem vantagem sobre elas. Se você entender melhor de que modo sua mente funciona, poderá navegar melhor por um mundo de manipulação sutil cada vez maior".

Conclui-se, portanto, que a melhor defesa contra a manipulação é a consciência. Quanto mais compreendermos como e por que os memes se transformam em supermemes, bem como o modo como eles impedem os progressos, menos provável será que os deixemos controlar nossos pensamentos e tornar-se um obstáculo.

Outra maneira de eliminar as supercrenças repressivas é fazer uma mudança radical de paradigma. Isso pode assumir a forma de uma revolução cultural violenta, como aconteceu em Cuba, nos anos 1950, ou de um documento inspirador como a Declaração de Direitos e Garantias ["Bill of Rights"] ou *A origem das espécies*, de Darwin. Às vezes, uma descoberta científica revolucionária desacelera o impulso de crenças onipresentes: a Tabela Periódica dos Elementos, a dupla hélice do DNA, a internet. A história humana está cheia de exemplos em que crenças arraigadas foram extirpadas por uma descoberta ou inovação poderosa, bem como por um exército.

Uma terceira maneira de nos prevenirmos contra os supermemes consiste em eliminar o motivo que provocou seu surgimento inicial. Os supermemes surgem como resultado da chegada a um limite cognitivo. Portanto, quando desenvolvemos novas habilidades cognitivas – como o insight –, a complexidade torna-se controlável. O insight nos defende dos riscos das ideologias dominadoras, acabando com nossa necessidade de adotá-las.

Não basta, porém, estimular o insight.

Hoje reconhecemos que os supermemes poderosos têm a capacidade de censurar ou destruir toda grande solução intuitiva, por mais eficaz que ela possa ser. Seja a ideia de Steve Chu de pintar as estradas e os telhados de branco, ou o empenho de Dubner e Levitt em evitar o aquecimento global, o fato é que as supercrenças sem nenhuma comprovação impedem a adoção de soluções valiosas.

A esse respeito, o homem moderno encontra-se em posição semelhante à que existiu em sociedades avançadas, como a maia, romana ou khmer. Muitas soluções brilhantes para nossos maiores problemas já estão ao nosso alcance. Dispomos das tecnologias, ideias, teorias, inovações, invenções e dos insights para enfrentar com sucesso nossos maiores desafios. Mas os supermemes atravancam nosso caminho. Eles formam uma barreira irracional entre aquilo em que acreditamos e aquilo que temos consciência de que precisamos fazer.

— 4 —

Oposição irracional

O primeiro supermeme

Fiquei frente a frente com o primeiro de cinco supermemes modernos em 2004 quando voei para Manhattan a fim de participar de dois dias de reuniões de negócios.

Na época, minha filha estudava na New York University e eu queria jantar com ela e colocar-me em dia com as coisas que interessam às garotas que saem de casa pela primeira vez: rapazes, política, rapazes, moda, rapazes, músicas e filmes dos quais eu nunca tinha ouvido falar – tudo isso seguido por uma longa conversa sobre rapazes.

Porém, quando cheguei ao hotel, encontrei uma gravação em que ela dizia que não poderia ir.

Fiquei arrasada.

A mensagem dela era curta e carinhosa: na última hora, alguns alunos tinham-na convidado para participar de um protesto contra a Guerra do Iraque e, como esse seria seu primeiro protesto, ela não sabia direito quanto tempo iria durar. "Faça o que tem de fazer e jante sozinha. Chegarei aí assim que puder", dizia ela. Logo a seguir, como que prevendo minha decepção, ela fazia uma breve observação: "Sinto muito, mamãe, mas acho que preciso fazer isso... Sabe como é? Mostrar que não sou alienada...".

Isso me deixou muito orgulhosa. Eu havia criado uma jovem saudável e atuante, e agora merecia minha sobremesa: o dever cívico em primeiro lugar, só depois o encontro com a mamãe.

E assim, exausta depois de ter cruzado quase a metade do país, peguei um refrigerante no frigobar, fui para a cama e liguei a TV para ver os manifestantes – que, por coincidência, se aglomeravam nas ruas logo abaixo do meu quarto.

Minutos depois – refrigerante na mão, casaco e sapatos ainda no corpo –, peguei no sono.

Quando acordei, os manifestantes já enchiam dez quarteirões do sul de Manhattan. A polícia montada havia começado a fechar os cruzamentos, ao mesmo tempo em que, por toda parte, guardas de trânsito com escudos de plástico orientavam uma profusão de táxis e turistas confusos. Os comerciantes já haviam fechado suas lojas. Carros da imprensa estacionavam nas calçadas e as equipes ajustavam suas câmeras enquanto repórteres histéricos corriam para a multidão. Depois, às 17 horas, milhares de funcionários que deixavam seu trabalho começaram a encher as calçadas, aumentando a confusão. Perto de um parque, um pequeno grupo começou a gritar "Parem... a... guerra!", e outros logo se juntaram a eles. Quando o staccato ficou mais alto, reverberando contra os edifícios altíssimos, helicópteros da polícia pousaram para orientar o trânsito.

Agora só havia um punhado de estudantes.[1] A notícia já estava em todas as emissoras de televisão.

E então, de repente, em uma dessas maravilhosas e inexplicáveis coincidências, vi o rosto da minha filha na TV.

Um repórter, quase a fazendo engolir o microfone, gritou: "Por que você está aqui? O que foi que a trouxe aqui hoje?".

Sentei-me na cama.

Fiquei observando aquela jovem caloura da New York University enquanto ela pegava o microfone para defender o movimento antiguerra. Muito convicta e com grande domínio de si, minha filha declarou que o motivo original para a declaração de guerra fora a existência de "armas de destruição em massa", mas que agora, depois da constatação de que essas armas não existiam, os Estados Unidos não tinham nenhum motivo para permanecer no Iraque. "Nenhum presidente tem o direito de inventar motivos para declarar guerra", disse ela.

Quem era aquela bela e articulada jovem no noticiário da noite? Mais uma vez, fiquei cheia de admiração.

Em seguida, porém, o repórter fez uma pergunta mais relevante: "E como devemos sair do Iraque?".

A primeira resposta dela foi um olhar de surpresa. "Como?"

O repórter repetiu calmamente a pergunta.

"Não sei. Mas é indiscutível que precisamos sair." E então, curiosamente, ela reafirmou os motivos pelos quais se opunha à guerra. Não parecia preocupada com o fato de não ter respondido à pergunta.

Fascinada, fiquei observando o repórter passar de uma pessoa a outra – velhos, jovens, cultos, ricos, pobres, executivos e estudantes. Em quase todos os casos, os manifestantes apresentavam razões bem articuladas em defesa de sua posição antiguerra. Todavia, quando a pergunta era sobre o melhor plano de retirada, a maioria se mostrava contrária a qualquer plano e voltava a reafirmar sua posição.

Interessante.

AS PESSOAS QUE PARTICIPAM DE PROTESTOS PÚBLICOS não são apenas passionais e bem-intencionadas; em geral, também são bem informadas. Achei incoerente que essas mesmas pessoas não defendessem nenhuma solução real e concreta. Elas se mostravam passionais a respeito daquilo a que se opunham, mas, quando se tratava de propor um curso de ação alternativo, pareciam atrapalhadas.

Ocorreu-me que eu estava testemunhando alguma nova forma de *impasse*: se somos contra a guerra e também, simultaneamente, contra qualquer plano de retirada, como faremos para avançar? Por definição, isso é um impasse.

Comecei a pensar se esse fenômeno também não se aplicaria a outras questões complexas. Haveria algum supermeme – alguma crença, algum valor ou um comportamento universal – que nos impedia de adotar soluções reais?

Passei anos vasculhando textos opinativos de jornais, noticiários e entrevistas de TV, em busca de um padrão. Em todos os casos, o apresentador, o âncora, o escritor, o entrevistador, o entrevistado, os leitores e espectadores em geral pareciam categóricos a respeito daquilo a que se opunham, mas pouquíssimas pessoas (se é que havia alguma) apresentavam e defendiam uma solução. Na verdade, para cada pessoa favorável a um plano concreto havia 25 outras que o atacavam violentamente. A correlação entre críticos e defensores era totalmente assimétrica. Quanto mais eu ouvia, mais me dava conta de como era fácil para as pessoas falar sobre o que consideravam errado, inexato, incorreto, injusto, abominável ou impraticável.

Fiquei com a impressão de que somos *contra* um monte de coisas.

Por exemplo, quase todos nós concordamos que alguma coisa deve ser feita a respeito das emissões de carbono. Mas também somos radicalmente contra o aumento do preço do petróleo ou a obrigação de comprar carros menores. E quase todos nós somos contra o aumento dos impostos, mas ao mesmo tempo queremos um sistema de saúde grátis, boas estradas e segurança social, além da proteção ilimitada da polícia e do corpo de bombeiros. Somos contrários ao socorro financeiro às grandes empresas, mas não queremos que o governo permita que elas afundem ou cortem mais empregos. Somos contra a concessão de hipotecas aos pobres, mas também queremos mais valorização e maiores preços para os bens imóveis. As corporações exigem uma maior parcela do mercado global, mas não querem reduzir os preços ou sacrificar os lucros em curto prazo para obtê-la. Os aposentados querem maiores lucros de suas carteiras de investimentos, mas não querem assumir nenhum risco nem pagar impostos sobre seus ganhos.

A lista do que não queremos, das coisas com que não concordamos e daquilo de que não gostamos é imensa, reduzindo as coisas que queremos a um número bastante irrisório.

O problema de "simplesmente dizer não"

Quando fica muito mais fácil descrever as coisas que não aceitamos do que as que defendemos, indica que a oposição passou da condição de meme para a de supermeme.

A oposição irracional ocorre quando o ato de rejeitar, criticar, suprimir, ignorar, desvirtuar, marginalizar e contestar soluções racionais torna-se a norma aceita.

Contudo, a oposição unilateral a todas as soluções tem consequências terríveis para a continuidade do progresso.

Lembra-se do bombeiro Wag Dodge? Imagine, por um instante, se ele tivesse rejeitado sua revelação de que fazer uma pequena fogueira ao seu redor iria salvá-lo de um incêndio extremamente perigoso. Imagine se Darwin tivesse abandonado a ideia da evolução simplesmente porque ele não tinha como provar a existência dos genes. Imagine se a teoria da relatividade de Einstein tivesse sido rechaçada porque não era compatível com a física newtoniana clássica.

Ao longo da história humana, a oposição tem ajudado a produzir mudanças; mas ela também pode ser um obstáculo poderoso e terrível ao progresso.

Nada de novo sob o sol.

Quando o pensamento e o comportamento divergentes são apenas memes, a tenacidade e a força dos indícios podem ser tudo de que se precisa para permitir o predomínio das soluções racionais. *Porém, quando a oposição se transforma em supermeme, as soluções para nossas maiores ameaças podem ser inviabilizadas, considerando que os recursos necessários para fazer frente à oposição talvez possam se tornar simplesmente insuperáveis.*

O efeito poderoso que a oposição exerce na imobilização do progresso chegou recentemente aos Estados Unidos em mais um caloroso debate público que, no fim das contas, resultou num beco sem saída: nada de solução, ação ou progresso.

Para os que desconhecem a região do Vale Central da Califórnia, essa área é chamada de "cesta de pão da Califórnia". Conhecido por sua próspera indústria de laticínios, suas fazendas de criação de gado e seus pomares, o vale é claramente flanqueado por duas rodovias: a Highway 99 a leste e a State Highway 101 a oeste. As duas artérias começam em Los Angeles e atravessam todo o estado, formando uma via de comunicação paralela ao longo da área central da Califórnia.

Há pouco tempo, o estado anunciou planos de construir uma nova prisão no Vale Central.

A superpopulação carcerária gerou problemas de saúde e segurança tão graves para detentos e funcionários que, numa iniciativa assustadora, juízes federais exigiram que o governo federal libertasse 57 mil prisioneiros.[2] De um dia para o outro, o aumento da criminalidade tornou-se o assunto principal das manchetes, substituindo até mesmo os escândalos das celebridades. De repente, todo mundo ficou nervoso.

O governador decidiu rapidamente que o Vale Central seria o lugar ideal para se construir uma nova penitenciária. Grandes autoestradas facilitavam o transporte dos prisioneiros, a entrega de suprimentos, o deslocamento dos funcionários e as visitas de familiares. Além disso, as grandes áreas de terra plana, necessárias para tornar uma prisão segura, eram relativamente baratas, assim como a mão de obra. A infraestrutura elétrica, de saneamento e proteção contra incêndios também estava disponível. Havia excelentes razões para construir mais um presídio no Vale Central.

Não demorou muito, porém, para que a decisão do Estado rapidamente provocasse grande inquietação entre vizinhos que, em tempos normais, mal se falavam.[3] Praticamente da noite para o dia, organizaram-se reuniões comunitárias e distribuíram-se petições contrárias à construção de uma penitenciária que poderia se tornar um pesadelo para famílias, escolas e moradores idosos. Outras objeções incluíam o efeito negativo sobre o valor das propriedades, o ônus para a aplicação das leis locais e o futuro das atividades comerciais dos arredores. Quase sem exceção, todos os que moravam e trabalhavam na região se opuseram à ideia da construção de um presídio perto de casa.

Porém, quando lhes perguntavam que alternativa o estado deveria tomar, os moradores não ofereciam nenhuma sugestão. Pior ainda, muitos ficavam irritados com a pergunta, como se o estado só tivesse más intenções. A questão é que eles *não queriam* que o presídio fosse construído ali, e aparentemente essa era a *única* coisa que tinham a dizer. Na verdade, ninguém era contra a construção de presídios. Todos eles favoreciam a aplicação mais rigorosa da lei e as condenações mais duras. Todos concordavam que novas construções eram necessárias para abrigar os criminosos em condições humanas – desde que isso não acontecesse em seu quintal.

Contudo, será que esse comportamento difere em algum aspecto da conduta dos manifestantes contra a Guerra do Iraque, que rejeitam todo e qualquer plano de retirada das tropas? Ou dos políticos que se opõem a uma opção do sistema de saúde pública, mas não apresentam nenhuma solução para a assistência a milhões de cidadãos idosos, sem cobertura de planos de saúde? O que dizer das pessoas que querem energia nuclear barata, mas rejeitam categoricamente o armazenamento de lixo radioativo perto de suas comunidades? Ou dos especialistas e líderes que criticam todos os planos para interromper o derramamento de petróleo no Golfo?

Em minha opinião, todos eles padecem do mesmo problema: *a oposição tornou-se o novo substituto da defesa de uma causa.*

Vejamos, por exemplo, o problema da superlotação carcerária.

Não existe prova mais evidente de que nossa sociedade moderna está reprimida pela oposição do que pelo crescimento do número de criminosos cujo problema nós postergamos ano após ano. A construção de mais presídios é uma confissão pública de que abandonamos todas as outras possibilidades de fazer a prevenção do crime. É possível dizer que hoje usamos os mesmos processos de mitigação a que recorreram maias, romanos e *khmers*: encarceramento e punição. Prender e torturar pessoas por seus crimes não é nenhuma novidade. Não funcionou em tempos primitivos, tanto quanto não funciona em nossos dias. Mesmo assim, perseveramos nesse caminho como se ele representasse um modo infalível de lidar com os problemas criminais que afligem nossa sociedade cada vez mais intensamente.

De fato, os presídios californianos ficaram tão abarrotados que em 2006 os próprios detentos decidiram contra-atacar. Num caso histórico, os detentos processaram o estado da Califórnia, exigindo a imposição de limites à população carcerária. Com duas vezes mais presos do que suas capacidades comportam, afirmavam eles, os presídios apresentavam um "grave risco" para reclusos e guardas. Eles ganharam a causa e o estado foi obrigado a não aceitar mais nenhum preso.

Dois anos depois, porém, as condições se deterioraram.

A crise orçamentária do estado impediu a construção de novos presídios, e tudo voltou ao ponto de partida. A polícia continuou a prender criminosos, os promotores continuaram a dar andamento às causas e os juízes continuaram a condenar os transgressores à prisão – mas para onde eles seriam levados? Com os serviços de água, eletricidade e esgoto quase no limite de saturação, doenças começaram a se alastrar, os suicídios de detentos aumentaram muito e, de repente, direitos humanos conquistados a tão duras penas vinham sendo ignorados. Por conta de sua imundície e insegurança, os presídios mais pareciam currais, e muitos detentos viviam em condições que chocariam até os ativistas pelos direitos dos animais.

Então, em 2009, os juízes federais se manifestaram. Eles obrigaram o governo a reduzir a superpopulação de detentos de 200% a 130% de sua capacidade de abrigá-los – um nível que os tribunais consideravam aceitável, mas que ainda assim estava muito distante do ideal.

Uma maneira de cumprir a ordem do tribunal era libertar prisioneiros que não tivessem cometido crimes violentos ou já tivessem cumprido quase toda sua sentença. Outra opção era procurar novas instalações que pudessem ser usadas como prisões temporárias. Uma terceira alternativa era construir mais presídios o mais rapidamente possível, antecipando-se a uma população carcerária ainda maior no futuro.

O governador optou pelas três.

Foi um gesto de coragem, mas seria suficiente?

O problema de qualquer estratégia de confinamento é que os problemas acabam extrapolando os limites do que foi confinado. Pouco importa o número de presídios que construirmos ou em que lugar eles serão construídos. O fato é que a água estará entrando na banheira mais quintal do vizinho nem qualquer outro ponto a centenas de quilômetros de distância – estará seguro. Discutir o local da construção de novos presídios é muito parecido com a discussão sobre encher a banheira com água quente ou fria: qual é a importância disso quando o que se tem é o fato de que a água está transbordando da banheira?

O que nos leva a uma pergunta que se esquiva da dificuldade da questão: até que ponto o problema é tão grave?

De acordo com o Departamento de Justiça, entre 1980 e 2001 a população carcerária dos Estados Unidos passou de mais ou menos 396.800 detentos para 1,3 bilhão – isto é, *triplicou nas duas últimas décadas.*[4]

Mas o quadro não fica completo se nos restringirmos às estatísticas sobre a quantidade de detentos.

A superpopulação carcerária tem contribuído para pressionar fortemente o sistema judicial, insistindo na aplicação da "liberdade antecipada". Isso fez o problema da superpopulação passar da esfera das prisões para a dos funcionários encarregados da orientação e vigilância do acusado*, cujo número de casos tornou-se hoje praticamente impossível de administrar. *Em termos mais precisos, entre 1986 e 2006, cerca de 520 novos detentos e prisioneiros em gozo de liberdade condicional foram acrescidos diariamente.* É lamentável, mas essa tendência ascendente também se observa em outros países.

Per capita, temos um trem descontrolado nas mãos, e todos os governos de todos os países industrializados sabem disso.

Além disso, à medida que os tribunais, o governador e os cidadãos dirigem toda sua atenção e seus recursos para atender à demanda de encarceramento, os novos programas voltados para a prevenção e reabilitação veem-se sistematicamente privados de financiamento.

Nas décadas de 1960 e 1970, ansiávamos por oferecer educação, aconselhamento profissional, terapia e orientação sobre drogas aos prisioneiros; hoje, porém, menos de 3% do orçamento de administração penitenciária nos Estados Unidos destinam-se a reabilitação dos detentos.[5] A maior parte desses 3% é usada como capital inicial para o desenvolvimento de atividades comerciais nas prisões; essas atividades, por sua vez, sob o disfarce de treinamento vocacional, geram lucros para compensar os custos cada vez mais altos das prisões. Serviços como aconselhamento particular foram deixados a cargo de grupos religiosos, sem fins lucrativos, a fim de reduzir os custos operacionais.

Ainda assim, quanto mais nos opusermos a cada programa de prevenção, mais provável será que o crime continue a aumentar enquanto va-

---

* *Probations officers*. No direito anglo-americano, *probation officer* é um funcionário que supervisiona e orienta o período de recuperação de um réu que teve sua condenação suspensa pelo juiz e é submetido a um período de prova durante o qual contará com a assistência e supervisão desse funcionário. É diferente de nosso *sursis*, que implica a dispensa do cumprimento de uma pena, no todo ou em parte. No sistema de *probation*, beneficia-se uma pessoa processada e ainda encarcerada. *Probation officer* também poderia ser traduzido como "controlador judiciário". (N. do T.)

mos transferindo esse ônus para a próxima geração. A oposição a toda e qualquer prevenção, iniciativa e descoberta intuitiva não resulta em nada além de impasse. E, assim que o progresso for interrompido, o colapso não estará muito longe.

A ilusão da livre escolha

Quando uma sociedade assume uma posição claramente oposicionista, torna-se muito fácil de manipular. As pessoas que sabem como a oposição funciona tornam-se mestres em manipular a opinião pública e negociar resultados favoráveis. Assim, uma cultura de oposição pode tornar-se vulnerável a modos atípicos de pensamento e comportamento.

Quando nos vemos diante de apenas duas escolhas, geralmente optamos pela menos passível de objeção, algo que, na verdade, transforma-se em decisão por falta de opções.

Os políticos, por exemplo, são mestres no uso dessa abordagem centrada na oposição.[6]

Nos Estados Unidos, dois partidos políticos são predominantes há mais de um século e meio: os republicanos e os democratas. A cada quatro anos, cada um indica sua escolha para presidente e empenha todos os seus recursos na campanha para tentar eleger seu candidato.

E, previsivelmente, a cada quatro anos nós temos o mesmo debate sobre táticas "negativas" de campanha. Candidatos, apoiadores e equipes de auxiliares fazem declarações públicas nas quais todos concordam que é preciso pôr fim às campanhas negativas. Ao mesmo tempo, é difícil para eles ignorar o fato de que, em termos gerais, a propaganda negativa é a que produz os melhores resultados. Com números não se discute: a propaganda negativa geralmente dá a um candidato o maior retorno, sobretudo se a polêmica leva a questão a ser discutida gratuitamente em noticiários e programas de entrevistas.

Assim, quando a corrida se aproxima da linha de chegada, os norte-americanos passam a esperar por um aumento das acusações e ofensas pessoais por parte de organizações convenientemente mantidas a distância dos candidatos (SwiftBoat, Moveon.org, Acorn). Isso permite que os candidatos neguem qualquer conhecimento de ataques contra seu concorrente, ao mesmo tempo em que se beneficiam da eficácia geral das táticas agressivas de campanha.

Vemos aqui o supermeme de oposição em sua força total.

A razão pela qual a propaganda negativa funciona tão bem é a seguinte: um candidato não precisa conquistar nosso apoio quando tudo que ele precisa fazer é simplesmente *nos posicionar contra a outra única alternativa.* Podemos ter a impressão de estar exercendo a liberdade de escolha, mas na verdade estamos nos opondo a um candidato e, por falta de opção, dando nosso apoio à outra única alternativa.

Esse é um dos motivos pelos quais, já faz mais de dois séculos, os Estados Unidos continuam presos a um sistema bipartidário – e, ao que tudo indica, ainda permanecerão assim por muitas gerações. Um sistema de dois partidos é perfeitamente adequado a uma sociedade centrada na oposição e muito mais eficiente do que um sistema de três, quatro ou cinco partidos. Para ganhar nosso voto, tudo que um candidato precisa fazer num sistema bipartidário é encontrar uma *única razão* que nos leve a rejeitar seu adversário. Desse modo, um sistema bipartidário é econômico e fácil de administrar.

Eis aqui o porquê: durante uma eleição presidencial, os Estados se colorem de azul ou vermelho, de acordo com o candidato que parece ter maior probabilidade de obter os votos de seu colégio eleitoral, enquanto a cor verde indica os estados que ainda estão "disponíveis". Como são cinquenta estados, um candidato precisa ter algum método de priorizar onde vai gastar seu tempo e seu dinheiro. Graças a um sistema bipartidário, os candidatos podem concentrar a maior parte de seus dólares para propaganda e campanha nos estados onde a competição está equilibrada e as pesquisas indicam que o candidato tem boas perspectivas de sucesso. Isso torna a campanha administrável.

Contudo, imagine por um instante a complexidade e confusão que haveria caso três, quatro ou cinco partidos de tamanho, poder e recursos iguais estivessem competindo pelo seu voto. Nesse caso, o simples fato de se diferenciar de outro candidato e, consequentemente, levar-nos a rejeitá-lo não seria suficiente para conquistar um eleitor. Ao contrário, os candidatos seriam obrigados a defender posições bem definidas que pudessem distanciá-los dos demais. Tampouco eles poderiam se concentrar em estados onde a corrida estivesse equilibrada, pois, com tantos candidatos, haveria um número demasiadamente grande de estados nos quais a margem de decisão seria muito estreita. As campanhas ficariam caríssimas e quase inviáveis, pois os candidatos seriam obrigados a fazer campanha em estados cor-de-rosa, amarelos, violáceos e verde-amarelados – onde teriam de enfrentar um grande número de adversários –, o pesadelo de todo coordenador de uma campanha presidencial.

Vejamos o que aconteceu em nossa última eleição – um modelo exemplar de oposição em ação.

Em 2008, o candidato Barack Obama apresentou uma plataforma brilhante e inteligente que tinha por base a ideia de "mudança". Na época, a popularidade de George W. Bush havia atingido seu nível mais baixo e o país já estava, em grande parte, preparado, em evidente *oposição* às políticas republicanas da administração vigente. Obama oferecia uma oportunidade de distanciamento dessas políticas e de avanço para uma alternativa um tanto vaga e envolvente que ele chamava de "mudança".

Antes, durante a eleição primária dos democratas, a outra indicação do partido, Hillary Clinton, queixava-se de que Obama não estava sendo muito claro sobre o que entendia por mudança. Ela dizia que *mudança* era apenas uma palavra e pedia que ele desse mais detalhes. Mas Obama era esperto. Ele entendeu melhor do que Hillary que, numa sociedade essencialmente oposicionista, a especificação de ideias era um suicídio. Especificar seria o mesmo que pintar um centro de alvo nas suas costas, pois qualquer posição ou programa que ele defendesse receberia uma enxurrada de críticas. Assim, para frustração de Hillary, Obama continuou indefinido. Quanto mais substância ela exigia, mais os discursos de Obama assumiam uma retórica fundamentada na inspiração e motivação. Tornaram-se sermões políticos claramente vazios de metas.

Os estrategistas da campanha de Obama sabiam que tudo de que ele precisava era surfar na onda de oposição a Bush e, ao mesmo tempo, articular um discurso de oposição a Hillary. Desse modo, quanto mais especificidade ela oferecia, mais alvos ela criava para Obama e o país rejeitarem. Enquanto isso, Hillary ficava atirando no vazio, pois Obama não propunha nada de específico que ela pudesse atacar.

Lentamente, a oposição a mais quatro anos de "Bill e Hillary" na Casa Branca e mais quatro anos das "mesmas velhas políticas republicanas" começou a surtir efeito. Durante toda essa fase, Obama usava de grande parcimônia no detalhamento de suas ideias, apenas o suficiente para sinalizar ao país que ele era uma opção viável.

Além disso, qualquer tentativa de oposição a Obama era repaginada como oposição ao *primeiro presidente negro* dos Estados Unidos. A oposição a Obama tornou-se um sutil sinal de racismo, e desse modo os adversários viram-se numa situação em que os contra-ataques se voltavam contra eles próprios. No fim das contas, a oposição a Hillary, Bush e ao racismo acabou por funcionar como um "triunvirato" imbatível.

A estratégia da campanha de Obama, agressiva e defensiva, reduziu-se à simples questão de compreender e manipular uma cultura oposicionista com mais eficiência do que seus adversários.

Contudo, liderança requer que uma pessoa tome decisões concretas e implemente programas e leis concretos, o que tornava previsível o fato de que, tão logo assumisse o cargo, o caso de amor logo chegaria ao fim. Opor-se à ideia indefinida de mudança pode ter parecido algo absurdo; era bem mais fácil opor-se a detalhamentos específicos de opções sobre o sistema público de saúde, mais tropas no Afeganistão, socorro financeiro à indústria automobilística e pacotes de estímulos.

Simplificando, a oposição pública aumentou assim que Obama ofereceu algo de concreto a que as pessoas poderiam se opor.

De repente, os mesmos que apoiaram Obama fervorosamente durante a eleição transformaram-se em seus maiores críticos tão logo ele tomou a decisão de transferir prisioneiros de Guantánamo para outras prisões, de prestar socorro financeiro a bancos e encontrar-se com líderes de nações terroristas. Os programas de entrevistas das manhãs de domingo uniram-se numa crítica feroz ao que viam como fraquezas das decisões do presidente e de sua capacidade de liderança. Cada passo de Obama em nome da *mudança* – uma ideia que antes cativara todo um país – passou a ser alvo de uma violenta oposição.

Embora o presidente Barack Obama tenha iniciado seu mandato, em janeiro de 2009, com índices de popularidade sem precedentes nos Estados Unidos e no mundo, ao terminar seu primeiro ano no cargo seus índices de aprovação haviam caído sensivelmente, chegando a uma média de 50%. Vista à luz de uma cultura de natureza intrinsecamente opositiva, essa tendência não era apenas provável – era também inevitável.

Oposição comercial

O comportamento oposicionista não funciona só no caso de campanhas políticas. Hoje, é também um modo extremamente bem-sucedido de vender produtos.

Muitos dos recentes comerciais de TV da Apple Computer (a Apple afirma que vai tirá-los do ar), por exemplo, usam uma estratégia opositiva. Neles, um jovem que representa a Apple aparece conversando com um sujeito gorducho, grosso e desagradável que representa um PC. O personagem PC não é uma pessoa à qual um telespectador se associaria, qualquer que fosse sua origem. Por outro lado, o personagem Apple é esguio, perspicaz, veste-se e comporta-se de maneira moderna e tem boa aparência. É fácil entender por que o anúncio funciona bem: uma vez que nos dissociemos do personagem PC, nos identificamos automaticamente com o Mac.

Embora a publicidade comparativa não seja nova, o mesmo não se pode dizer da opositiva.[7]

A publicidade comparativa empenha-se em mostrar como uma característica é melhor do que outra, mas a publicidade opositiva não apresenta nenhuma característica ou informação específica. Seu objetivo é fazer com que rejeitemos a única alternativa viável.

Hoje, os bons executivos de publicidade sabem que quando o público percebe a existência de dois líderes de mercado, eles só precisam desacreditar a concorrência para que seu cliente obtenha sua fatia de mercado. Explicar as vantagens específicas de um produto não é tão eficiente quanto mostrar as falhas do concorrente. Não importa que essas falhas sejam reais ou inferidas, importantes ou superficiais. Se houver a oportunidade de polarizar uma decisão de comprar, o próximo passo será a propaganda negativa.

Contudo, o fato de saber contra o que estamos – e com que intensidade nos posicionamos – não é o mesmo que saber de que lado estamos, o que queremos ou em que acreditamos. A manipulação por meio de oposição zomba da "liberdade de escolha" porque as escolhas apenas nos dão a ilusão de que são livres: uma escolha feita a partir de uma única alternativa não pode ser chamada de escolha.

Uma estratégia opositiva polariza a escolha. E a escolha entre duas opções situadas em polos extremos não funciona quando se trata de resolver problemas extremamente complexos, como o aquecimento global, a guerra ou o sistema de saúde, uma vez que obriga o cérebro a escolher "qual dentre dois", em vez de examinar os atributos daquilo que se oferece.

Imagine que temos de examinar cinco ou dez possibilidades plausíveis, que nenhuma delas é perfeita, e que a melhor solução seria a combinação de elementos de cada uma delas. Como seriam tomadas as decisões? Entretanto, é isso que acontece no insight. O insight rejeita "qual é melhor" e prioriza "o que é melhor". Quando reformulamos o problema para o cérebro, é surpreendente como os resultados diferem entre si.

Obama pode ter usado a polarização da escolha em seu benefício durante a primária do Partido Democrata e a eleição nacional, mas, assim que foi eleito presidente, percebeu que a polarização era um mecanismo falho quando é preciso tomar decisões complexas. A solução ideal nunca foi Obama ou Hillary. A solução estava em ambos trabalhando em conjunto. Fazendo essa lógica avançar mais um pouco, podemos dizer que os Estados Unidos se beneficiariam ainda mais se a superficialidade das tendências partidárias pudesse ser superada e o presidente oferecesse um ministério importante a McCain, o mais experiente de todos os candidatos. Repetindo o que já dissemos em outro contexto, isso equivaleria a pedir um salto evolutivo tão grande quanto aquele que nos fez andar sobre as patas traseiras.

Oposição e complexidade

O que leva uma civilização a começar a rejeitar toda e qualquer ideia, informação, todo conhecimento e as soluções? Por que a oposição transformou-se num supermeme no século XXI?

Todos os caminhos reconduzem ao limite cognitivo – esse inevitável vazio entre o ritmo lento em que o cérebro humano é capaz de evoluir e a rapidez com que a complexidade intervém.

Por exemplo, dê a qualquer criança de 5 anos um brinquedo muito complicado e observe o que ela faz. Ela não vai demorar muito para ignorá-lo. Pergunte-lhe depois por que não quer mais brincar. Na maioria das vezes, a resposta será: "Não gosto dele" ou "Estou sem vontade de brincar". Raramente uma criança dirá: "É muito complicado!".

O mesmo se pode dizer dos adultos.

Quando nos vemos diante da complexidade, nossa primeira resposta é voltar ao familiar, ainda que o familiar signifique fracasso. Todavia, além de voltar ao familiar, também temos outra reação: o medo.

Estamos programados para perceber a mudança real como algo ameaçador, e é por isso que a rejeitamos instintivamente. É claro que alguns de nós têm coragem e tenacidade para enfrentar o complexo, o desconhecido e o arriscado. Afinal de contas, é assim que se fazem as novas descobertas.

Porém, não é o que faz um número bem maior de pessoas. Por que não?

É possível que nossa reação tenha uma explicação evolutiva simples: quando optamos pelo familiar, reduzimos o perigo. Na natureza, os animais que não se afastam muito do que já é conhecido e compreendido frequentemente aumentam suas oportunidades de sobrevivência mediante a redução de riscos.

Por outro lado, quando estamos dispostos a lidar com o desconhecido, assumimos riscos muito maiores. Embora o progresso exija que alguns seres humanos enfrentem perigos em nome do grupo a que pertencem, o aumento dos riscos associado à incorporação da novidade é adotado com mais frequência. Portanto, o processo de Seleção Natural nos levou a desenvolver fortes salvaguardas cognitivas que pudessem nos proteger contra o desconhecido e o potencialmente perigoso.

O dr. Jeffrey M. Schwartz, que trabalha com pesquisa em psiquiatria na University of California, Los Angeles, estuda, há muitos anos, a reação do cérebro humano a ideias incomuns e complexas. Durante sua pesquisa, Schwartz descobriu uma razão biológica simples para a oposição: um sistema de dois níveis que o cérebro usa para lidar com tarefas conhecidas e desconhecidas.

A maneira mais fácil de entender a pesquisa do dr. Schwartz é pensar no cérebro humano como uma grande fábrica.

Em toda a fábrica há tarefas de rotina que, uma vez dominadas, exigem pouco esforço mental.[8] Essas funções são tão bem definidas que, em grande parte, ficam a cargo de trabalhadores cujo desempenho pode ser facilmente avaliado por referenciais simples, como quantidade e consistência.

Da mesma maneira, no cérebro humano as tarefas conhecidas, que quase prescindem do pensamento consciente, são conduzidas com grande eficiência pelos gânglios basais, o "centro de armazenamento de hábitos do cérebro". Tarefas de rotina como tomar um banho, passar manteiga no pão durante o café da manhã, dirigir o mesmo carro na mesma estrada, para ir trabalhar todos os dias – quaisquer ações que tenham sido aprendidas, dominadas e relegadas ao hábito –, são "estocadas" nos gânglios basais do cérebro.

Contudo, toda fábrica também precisa de executivos – como o CEO – que desempenhem as tarefas menos rotineiras, as responsabilidades que incluem negociar, administrar crises, fazer o planejamento estratégico e desempenhar outras funções não convencionais.

O trabalho do CEO equivale às tarefas complexas que são realizadas pelo córtex frontal – a mesma área do cérebro humano que começou a se desenvolver a uma "velocidade da luz evolutiva" quando os seres humanos se tornaram bípedes e formaram grupos sociais sofisticados. Essa é a parte do cérebro que processa novas informações e resolve problemas difíceis, e, como o CEO, ela cobra um preço muito alto por suas aptidões.

Schwartz diz que o trabalho dos gânglios basais consiste em "liberar os recursos de processamento do córtex frontal". Portanto, uma vez que as tarefas se tornem habituais, o cérebro desincumbe-se delas. Isso confere mais potência para as tarefas incomuns e complexas que são realizadas no córtex frontal – o CEO do cérebro.

Para ilustrar como o sistema em dois níveis funciona no mundo real, Schwartz oferece o exemplo de dirigir um carro. Aprender a dirigir um veículo requer muitos processos cognitivos complexos que rapidamente consomem toda nossa memória de curto prazo e exigem atenção plena do córtex frontal. É por esse motivo que, depois de nossa primeira aula na autoescola, sentimo-nos totalmente exaustos apesar de não termos usado nenhuma energia física além daquela necessária para dirigir e frear.

Porém, assim que dominamos a direção do veículo, a história passa a ser outra. Dirigimos sem pensar conscientemente no que estamos fazendo. Frequentemente dirigimos por trajetos conhecidos sem nos lembrar de nada sobre a viagem, embora evitemos, como se por milagre, atropelar pedestres, bater em outros veículos, atravessar sinal vermelho e fazer curvas erradas. Como? Quando dirigir um carro torna-se uma atividade tão familiar que passa a prescindir do pensamento consciente, pode-se relegá-la aos gânglios basais, onde as tarefas são executadas no piloto automático.

O que acontece, porém, quando o ritmo da mudança se acelera e o ambiente por onde devemos circular fica cada vez mais desconhecido e complexo?

Imagine, por um momento, como seria dirigir por um caminho diferente todos os dias para ir trabalhar, um trajeto em que todos os pontos de referência fossem desconhecidos. Mais ainda, imagine que lhe peçam para dirigir um tipo diferente de veículo e fazer várias paradas em lugares desconhecidos, embora ainda se espere que você chegue pontualmente ao seu trabalho. Para processar todas essas novas informações, precisamos do engajamento total do córtex frontal. Sem nenhuma familiaridade, é impossível delegar até mesmo a menor tarefa aos gânglios basais. Desse modo, a complexidade crescente leva a uma sobrecarga do córtex frontal – o equivalente a pedir que um CEO resolva uma crise corporativa a cada segundo de cada dia.

Será de estranhar o fato de que nos recusaríamos a fazer essas coisas praticamente sem ter de pensar? A oposição reduz nossa carga de trabalho e os riscos implícitos.

Num artigo de 2006, "The Neuroscience of Leadership", David Rock e Schwartz observaram que "mudança é sofrimento".[9] Segundo os dois cientistas, que estudaram a resistência humana à mudança no ambiente de trabalho, "Grande parte do que os administradores fazem no local de trabalho – como vender ideias, conduzir reuniões, lidar com as pessoas e se comunicar – constitui uma rotina tão bem estabelecida que quem dirige o espetáculo são os gânglios basais. A tentativa de mudar qualquer hábito (ou ideia) estabelecido exige muito esforço em forma de atenção. Isso geralmente produz uma sensação que muitos consideram desagradável. E eles então fazem todo o possível para impedir que as coisas mudem".

A pesquisa, porém, não parou por aí. Os cientistas também explicam por que os atos de evitar e fazer oposição são alimentados pelo medo.

Ambos chamam a atenção para o trabalho do dr. Edmund Rolls, da Oxford University, que foi o primeiro a mostrar que as discrepâncias entre o que presumimos e o que é a realidade "mostram-se, na tecnologia de geração de imagens, como súbitas explosões de luz". Fica claro que as discrepâncias entre o que *esperamos que aconteça* e o que *realmente acontece* são imediatamente registradas como "erros" pelo *córtex orbital frontal*, uma área do cérebro diretamente ligada ao "circuito do medo", a amígdala. Segundo Rock e Schwartz, "o cérebro envia mensagens poderosas de que alguma coisa está errada, e a capacidade de ter pensamentos mais sutis diminui. A mudança em si aumenta o estresse e a sensação de desconforto".

Eles também observam que "o córtex orbital frontal e a amígdala estão entre as partes mais antigas do cérebro dos mamíferos". Portanto, a capacidade de registrar erros entre o que esperamos e o que está realmente acontecendo ajudou a garantir a sobrevivência de nossos ancestrais primitivos.

A importante pesquisa de Schwartz e Rock indica que há uma resistência biológica natural a qualquer coisa que se mostre complexa. Além disso, como a oposição é um modo eficiente de reduzir a complexidade, não surpreende que o comportamento opositor esteja aumentando rapidamente. Quando um aumenta, o outro faz o mesmo.

Quando chegamos a um limite cognitivo, começamos a rejeitar unilateralmente dados, ideias e soluções, numa tentativa equivocada de tornar a complexidade mais fácil de lidar.

Em outras palavras, quando nosso cérebro não está à altura do trabalho, nós simplesmente diminuímos sua abrangência para *ajustá-lo* à nossa capacidade. Trata-se de uma forma perigosa de engenharia reversa, na qual os problemas são simplificados para se adaptarem às soluções que estão ao nosso alcance – soluções que já existem há muito tempo e não funcionaram.

Sem as ferramentas cognitivas destinadas a administrar níveis crescentes de complexidade, as tentativas de bloquear a oposição geralmente não dão em nada. Num meio em que há muitas variáveis em rápido processo de transformação, o cérebro procura explicações simples e menos escolhas para restaurar a ordem. Ainda assim, durante todo o tempo sabemos que a chave para sobreviver à complexidade está em expandir a diversidade e a opção, e não em impedir seu avanço.

A opressão do insight

Quando estimulamos o desenvolvimento do insight, atacamos a causa fundamental da oposição. Quanto mais incrementarmos nossa capacidade cognitiva de lidar com elevados graus de complexidade, maior será nosso domínio sobre a compulsão de simplificar excessivamente os problemas que nos afligem.

Schwartz expõe as coisas da seguinte maneira: "As descobertas sugerem que, num momento de insight, um conjunto complexo de novas conexões está sendo criado. Essas conexões têm o potencial de aumentar nossos recursos mentais e *superar a resistência do cérebro à mudança*".

Parece simples. Basta intensificar o insight – a capacidade natural do nosso cérebro de processar a complexidade – para que nossa "resistência à mudança" desapareça.

Mas há um pequeno problema: hoje sabemos que a *oposição bloqueia o insight.*

Desde 1938, com os primeiros experimentos de Pavlov sobre o papel dos reforços positivo e negativo sobre a salivação em cães, e da década de 1970, com a publicação de *Beyond Freedom and Dignity*, de B. F. Skinner – um livro que os pós-graduandos da época chamavam de *Dognity* –, os psicólogos comportamentais vêm reunindo indícios irrefutáveis de que a crítica, o reforço negativo e a rigidez institucionalizada inibem a criatividade, a produtividade e o desenvolvimento.[10] Vejam o caso de qualquer criança que tenha sido submetida a um ambiente crítico e observem os resultados: retraimento, baixa autoestima, medo e uma longa lista de comportamentos anômalos. Tanto os seres humanos quanto os animais fazem avanços medíocres em ambientes críticos que induzem ao medo do fracasso e da rejeição.

Hoje, os neurocientistas acham que as condições necessárias para estimular o insight são extremamente compatíveis com os ambientes nos quais se estimula a criatividade. Estudos mostram que a probabilidade de ocorrência do insight está muito associada à descontração, a permitir que a mente funcione ao acaso, sem rumo predefinido, e ao reforço positivo. Ao mesmo tempo, esses mesmos pesquisadores afirmam que o insight também ocorre em ocasiões de grande tensão, como no caso de Wag Dodge. A natureza espontânea do insight significa que ele pode ocorrer a qualquer momento, mas temos indícios fortíssimos de que um ambiente positivo, descontraído e criativo aumenta a probabilidade dessa modalidade arredia de resolver problemas.

Por exemplo, quase todo mundo já ouviu falar do exercício para criar novas ideias e provocar improvisações individuais no menor tempo possível, o chamado *brainstorming*. As regras do *brainstorming* são simples: assim que um problema é apresentado, desencadeia-se um verdadeiro vale-tudo. O princípio fundamental é que durante uma sessão de *brainstorming* nenhuma ideia, nenhum comentário e nenhuma solução sejam objeto de críticas enquanto as ideias circulam com total liberdade. Editar as sugestões dos outros participantes é inaceitável, assim como a pressão do grupo, a manipulação, a tentativa de convencimento forçado e qualquer outra tática que interrompa o fluxo do pensamento inovador. Nas palavras do químico e escritor Linus Pauling, "a melhor maneira de ter uma boa ideia é ter um monte de ideias".[11]

O *brainstorming* cria um ambiente seguro, estimulante e divertido em que o cérebro pode entrar numa espécie de *jogo* sem medo de consequências negativas.

Infelizmente, porém, há mais fracassos do que sucessos em muitas sessões bem-intencionadas de *brainstorming*, em consequência do comportamento opositivo, seja esse sutil ou evidente. Uma sobrancelha erguida, um aceno de cabeça ou o ansioso bater de um pé pode ser tudo de que se precisa para indicar desaprovação. Como resultado, embora a prática do *brainstorming* tenha sido extremamente popular nas décadas de 1970 e 1980, no século XXI ela passou a ser vista pela maioria como uma perda de tempo, algo muito improvável de produzir qualquer resultado inesperadamente inovador.

De fato, quanto mais problemática a economia se torna, mais rapidamente desaparecem exercícios como o *brainstorming*, ainda que esse modo criativo de pensar possa ser uma das soluções mais necessárias em tempos difíceis. As reuniões corporativas fora da empresa, os treinamentos de executivos e os exercícios de dinâmica de grupo e integração de equipes são vistos como luxos, e por isso são as primeiras coisas a ser cortadas do orçamento. As pressões econômicas resultam em medo, rigidez e conformidade, e consequentemente a criatividade e a inovação passam a ser percebidas como atividades de risco cada vez mais alto.

A marginalização do pensamento e das soluções inovadoras representa um dos mais perigosos efeitos do supermeme opositivo. Quanto mais nos opomos, mais obstruímos o desenvolvimento do insight.

Agora, porém, quando temos consciência dos efeitos nocivos da oposição, não podemos nos precaver contra ela, impedindo sua atuação em nós, em nossos filhos e em nosso país? Afinal, hoje entendemos o modo como o limite cognitivo produz oposição, como ela imobiliza o progresso e como esse é essencial para afugentar o colapso.

As civilizações primitivas não dispunham dessas informações.

Nós também sabemos que somos biologicamente programados para opor resistência às próprias mudanças de paradigma que são necessárias para garantir nossa sobrevivência.

Aquelas civilizações também não sabiam disso.

Além do mais, temos provas de que um processo cognitivo conhecido como insight pode resolver o problema da complexidade, tornando desnecessária a oposição.

As civilizações anteriores tampouco tinham esse conhecimento.

Com toda essa inteligência do nosso lado e toda a nossa tecnologia avançada, sem dúvida o homem moderno não precisa seguir o padrão que levou ao fim das civilizações antigas.

Contudo, a oposição irracional é apenas um supermeme, um obstáculo criado pelo homem que atravanca o caminho do progresso moderno.

Ainda temos de examinar outros quatro supermemes.

— 5 —

A personalização da culpa

O segundo supermeme

No fim de 2009, um nigeriano de 23 anos, agente da Al Qaeda, tentou explodir um avião de passageiros da Northwest Airlines em pleno ar.[1] O terrorista foi rapidamente imobilizado por passageiros rápidos e corajosos e levado perante as autoridades assim que o avião pousou em Detroit.

Para muitos, o incidente reavivou lembranças dolorosas do 11 de Setembro, mas para mim foi um lembrete assustador de que, em nome do progresso, as crenças irracionais e o sacrifício humano continuam a marcar presença no século XXI. Tornamo-nos um pouco mais sofisticados acerca desse tipo de coisa. Não há mais sacerdotes maias sacrificando bebês no topo de pirâmides: hoje, usamos aviões.

Naquela noite, o presidente dos Estados Unidos ordenou uma investigação imediata da falha nos procedimentos de segurança.

Segundo o The New York Times, na entrevista coletiva que se seguiu ao incidente, o presidente Obama caracterizou o problema como "uma 'falha sistêmica' do aparato de segurança do país". Uma investigação revelou que as agências do governo já haviam sido informadas, por fontes do serviço de inteligência externa, que um nigeriano estava preparando um ataque. Mas houve uma falha no sistema de comunicação interagências.

Portanto, a informação nunca chegou ao serviço de segurança do aeroporto.

A afirmação de Obama de que havia ocorrido uma "falha sistêmica" foi um sinal auspicioso. O governo parecia disposto a lidar com uma questão extremamente complexa e multifacetada: uma perigosa confluência de protocolos de governo, tecnologia, crimes de ódio, diplomacia, economia, comunicações, instintos biológicos, crenças religiosas e direitos humanos e civis. Tendo em vista que o presidente se referira ao problema como "sistêmico", eu, assim como muitos outros norte-americanos, imaginei que uma solução igualmente sistêmica estaria a caminho.

Em vez disso, numa meia-volta sutil, Obama mudou de posição.

Ele começou a procurar culpados individuais.[2]

Segundo o Times, "Ele disse ter ordenado às agências governamentais que lhe apresentassem, na quinta-feira, um relatório preliminar sobre o que havia acontecido, acrescentando que 'insistiria na responsabilidade em todos os níveis'". Quanto mais os repórteres o pressionavam, maior era a insistência do presidente em afirmar que os responsáveis pela falha teriam de responder por seus erros. Quando ele desviou o foco para as pessoas, a difícil tarefa de deslindar as razões culturais, tecnológicas e territoriais da falha foi relegada ao segundo plano.

Alguém precisava pagar pelo acontecido.

Não demorou muito para que a imprensa começasse a especular quem seria o bode expiatório. Janet Napolitano, secretária do Departamento de Segurança Nacional (Homeland Security) de Obama, rapidamente se tornou a candidata mais forte porque, dias antes de o presidente anunciar que as novas medidas de segurança haviam falhado, ela promovera uma malfadada entrevista coletiva em que afirmara que "o sistema funcionava". Mais tarde, Napolitano foi obrigada a voltar atrás, dizendo que "nosso sistema não funcionou nesse caso" – mas não antes de o deputado Dan Burton e outros terem começado a pedir sua renúncia por "minar a confiança dos norte-americanos".

Contudo, Janet Napolitano não foi a única autoridade a ser oferecida em sacrifício. A imprensa logo apontou o dedo para Dennis C. Blair, o diretor da Agência de Segurança Nacional. Em seguida, começaram a surgir por toda a internet blogs que atribuíam a responsabilidade à secretária de Estado, Hillary Clinton. Alguém descobriu que o pai do terrorista havia notificado a Embaixada dos Estados Unidos na Nigéria, advertindo que seu filho era uma ameaça. Como todas as embaixadas reportam-se à secretária de Estado, o fato de o Departamento de Estado não ter negado visto ao terrorista colocou Hillary Clinton na berlinda outra vez.

Também havia outros candidatos: Leon Panetta, o novo diretor da CIA, Robert Mueller, diretor do FBI, e Keith B. Alexander, diretor da Agência de Segurança Nacional, para citar apenas alguns. E então Dick Cheney pôs em cena a direita republicana, e os congressistas Peter King, de Nova York, e Steven King, de Iowa, acusaram o próprio presidente pela falta de segurança. A "atitude frouxa de Obama frente ao terrorismo" transformou-se no motivo principal da volta dos ataques.

Embora Obama tenha inicialmente diagnosticado a falha de segurança como um problema sistêmico, isso de pouco serviu para pôr fim ao clamor público por uma caça às bruxas. Logo, o rádio e os programas de entrevista noturnos na TV, assediados por telefonemas de ouvintes apavorados, fizeram coro aos políticos sem papas na língua. Na cabeça de todo mundo havia uma só questão: quem era responsável e por que o problema ainda não tinha sido resolvido?

Contudo, se o problema fosse realmente sistêmico, o foco nos erros de uma ou duas pessoas dificilmente seria de alguma utilidade. Alguém acredita que demitir o chefe de uma agência – de qualquer agência – tornaria as viagens aéreas mais seguras? Ou diminuiria o número de ataques?

Um problema sistêmico não pede uma solução sistêmica?

A personalização da culpa

A resposta da administração ao ataque à Northwest Airlines não foi nenhuma anomalia. Quase todo mundo sabe que, em política, a atribuição de responsabilidade a uma ou duas pessoas quase sempre não passa de mera formalidade.

E, em pelo menos um aspecto, os que assim pensam estão certos. O "jogo de culpa" explica por que tantos de nossos problemas complexos deixam de ser resolvidos e são passados de uma geração para outra.

No curso da história, as civilizações apresentam um claro padrão de *atribuir a responsabilidade por problemas complexos a pessoas isoladas sempre que a complexidade persistir*. De fato, quanto maior e mais grave o problema, maior a probabilidade de que indivíduos isolados sejam considerados responsáveis. E não apenas chefes de Estado. Às vezes, pomos a culpa em líderes religiosos. Às vezes, os culpados por nossos problemas são nossos chefes, ex-maridos ou ex-esposas, advogados, vizinhos, médicos, pais, mães ou corretores. Em outros momentos, atribuímos a culpa a *nós mesmos*, fazendo-o de maneira dura e implacável.

Chamo esse fenômeno de *personalização da culpa*, um supermeme que, como outros, é uma resposta que ocorre naturalmente em situações de impasse e limite cognitivo.

O modo de funcionamento da personalização da culpa é simples: quando os líderes não mais conseguem resolver problemas complexos e graves, eles começam a transferir a responsabilidade pela solução dessas ameaças a algumas pessoas. Quando isso acontece, todas as atenções, as tentativas e os recursos necessários para lidar com problemas sociais cuja solução se mostra extremamente refratária são substituídos pela perseguição.

Hoje, porém, nossos problemas mais persistentes e ameaçadores são *todos* sistêmicos – subprodutos involuntários de um confuso emaranhado de processos, instituições sociais, leis, tecnologias, comportamentos, valores, crenças, tradições e limitações evolutivas. Problemas como a criminalidade crescente, o aumento da população, a sustentabilidade ecológica, a recessão e o terrorismo pandêmico são o resultado de muitas forças conhecidas e desconhecidas que agem dinamicamente, cataliticamente e quase sempre aleatoriamente. Como acontece quando se lançam as bolas de gude, os motivos na base de nossas maiores ameaças se espalham por toda parte, sem padrões claros, sem causa e efeito evidentes.

Por falar em complexidade...

Por onde começar?

Infelizmente, o fato é que ainda não desenvolvemos processos eficientes para refletir sobre e tentar resolver os grandes problemas sistêmicos. Portanto, em vez de ficarmos imobilizados pela complexidade, deixamo-nos levar por explicações, crenças e comportamentos mais simples. Isso inclui a culpabilização de pessoas por aquilo que já conhecemos como problemas complexos e entranhados na sociedade humana.

Responsabilidade à deriva

Nas palavras do empresário norte-americano Robert Half, "a tentativa de atribuir a culpa a alguém sempre funciona". Acertou na mosca.

Com tamanha garantia de bons resultados, fica difícil resistir à tentação de atribuir nossos piores problemas à inaptidão de alguém. Hoje, a compulsão de atribuir culpas pessoais por problemas sintéticos continua viva e passa muito bem. Além disso, apontar o dedo para os outros é uma prática tão disseminada nos meios empresariais quanto nos políticos.

A recente crise da indústria automobilística dos Estados Unidos ofereceu um exemplo eloquente do modo como nos tornamos uma civilização que, por uma espécie de ato reflexo, atribui a culpa pelos problemas sistêmicos a algumas pessoas.

Em 2008, a um passo da bancarrota, os principais executivos das maiores empresas automobilísticas dos Estados Unidos estavam pedindo ao Congresso empréstimos de US$ 34 bilhões para "reestruturar suas empresas".[3]

Os fabricantes de veículos diziam que milhares de empregos nos setores de manufatura, manutenção e peças estariam perdidos sem a ajuda financeira imediata do governo. Era uma tentativa desesperada de fechar as portas.

A primeira reação da maioria dos norte-americanos foi previsível: *oposição*. Afinal, eram empresas de capital aberto e o governo não tinha de meter o nariz na indústria automobilística. As pessoas que foram vitimadas pelo supermeme de oposição rejeitaram categoricamente a ajuda financeira, ao mesmo tempo que tinham pouquíssimas sugestões a oferecer para impedir o colapso dessa indústria.

Contudo, toda a economia dos Estados Unidos estava em queda livre – afundando numa perigosa recessão deflagrada pela queda abrupta do crédito hipotecário e do mercado de ações, bem como pela quebra potencial do sistema bancário. Pior ainda: os Estados Unidos estavam arrastando consigo as economias de outros países industrializados. Demissões em massa eram noticiadas todos os dias; proprietários de casas, empresas e Wall Street lutavam para não afundar. Nesse contexto, o governo não tinha escolha a não ser considerar o pedido das montadoras de veículos, apesar da oposição generalizada.

Preocupada com a espiral descendente, eu – como muitos de meus compatriotas – acompanhei o andamento dos fatos quando os principais executivos da indústria automobilística se reuniram em Washington para fazer declarações ao Congresso. Fora pedido a cada montadora que apresentasse seus balanços contábeis, suas projeções de vendas e seus planos de reembolso de empréstimos antes das audiências televisionadas, de modo que todo esse questionamento público foi mais uma questão de relações públicas do que uma auditoria que deveria tentar verificar a verdadeira situação das empresas naquele momento. Ainda assim, foi fascinante observar como os dois supermemes – oposição e personalização da culpa – deram forma às perguntas, ao depoimento e, em última análise, ao resultado de um drama nacional.

Além de ser contra o empréstimo de dinheiro dos contribuintes para tirar corporações privadas do impasse, esse painel realizado no Congresso fez reiteradas alegações de que os próprios executivos das montadoras eram os culpados pela perda de uma fatia do mercado global e por terem levado suas empresas à falência. Em resumo, o Congresso queria saber por que os contribuintes deveriam tirá-los do impasse quando a situação tinha sido criada por eles mesmos. Antes poderosos, os executivos da indústria automobilística de repente estavam sendo tratados como se estivessem ali pedindo dinheiro para salvar a fazenda da família, e não para resgatar uma indústria centenária que era o esteio da economia norte-americana.

Na sequência, um dos congressistas perguntou aos executivos quantos deles tinham ido a Washington em seu próprio jatinho.

Os executivos pareceram muito surpresos. Todos levantaram as mãos e pareciam confusos quanto à importância da pergunta em relação aos empréstimos que tinham ido pedir.

Poucos minutos depois, a foto dos executivos com as mãos levantadas espalhou-se por toda parte. Num piscar de olhos, a partir da notícia de que eles tinham ido a Washington, D.C., em seus jatos particulares, todos os políticos, comentaristas políticos, entrevistadores de rádio e TV, repórteres e cidadãos se posicionaram contra qualquer ajuda a CEOs riquíssimos que não usam voos comerciais, como todos nós fazemos.

Porém, o colapso da indústria automobilística dificilmente pode ser visto como falha de um punhado de homens que têm seus próprios jatos. Não fazia sentido culpar essas pessoas pelo fracasso de todo o mercado. Contudo, a coisa rapidamente assumiu a forma de "nós" contra "eles", assim que as pessoas começaram a associar a frota de aviões particulares com uma mentalidade esbanjadora. Em vez de se unir para ajudar uma indústria em declínio e impedir a perda de milhões de postos de trabalho, o país voltou suas frustrações contra três executivos confusos.

E então, cerca de três meses depois, o CEO da General Motors, Rick Wagoner, tornou-se o bode expiatório previsível. O presidente dos

Estados Unidos demitiu-o, e os cidadãos norte-americanos respiraram aliviados ao verem um executivo milionário receber o castigo merecido. Poucos afirmariam que, no meio de uma crise financeira global, três meses é muito pouco tempo para avaliar se Wagoner tinha condições de recuperar a GM, mas não é essa a questão. As boas relações públicas exigiam que alguém fosse culpado pelos reveses da indústria automobilística, e, nesse caso, o papel coube a Wagoner.

Embora tenha parecido positivo jogar a culpa numa pessoa, a verdade é que a indústria automobilística tinha sido atingida pelas mesmas forças recessivas que destruíram o mercado imobiliário, levaram todos os principais varejistas a declarar perdas significativas em suas vendas e congelaram o crédito e o mercado de ações em todo o mundo. As mesmas forças recessivas aplicaram um golpe definitivo numa indústria já enfraquecida pela concorrência estrangeira, pelos acordos sindicais onerosos, pelo aumento excessivo do preço do petróleo, pelas tarifas absurdas e políticas hostis de importação e exportação.

Mesmo acreditando que a indústria automobilística tenha feito por merecer tudo isso, uma vez que não foi rápida o suficiente para produzir carros com baixo consumo de combustível, o mais provável é que sobrevivesse para seguir lutando, não fosse o fato de uma recessão global sem precedentes ter provocado a fuga dos clientes. Contudo, em vez de examinar a superabundância de razões que haviam levado os fabricantes de veículos a um beco sem saída, ficava bem mais fácil *personalizar a culpa*.

Nossa equivocada atitude punitiva para com os executivos da indústria automobilística quase resultou na recusa a prestar socorro financeiro a uma parte vital da economia norte-americana – recusa que teria provocado a perda de milhões de empregos. Esse é o problema com a personalização da culpa: embora possa parecer algo positivo em curto prazo, ela não faz nada para resolver os problemas cruciais e sistêmicos. Na verdade, ela frequentemente exacerba nossos desafios, acrescentando mais consequências negativas a uma confusão já difícil de desenredar.

Obscurecendo os fatos

O país teve uma reação semelhante quando soube que o American International Group (AIG) tinha concedido bônus a seus executivos depois de ter recebido socorro financeiro.[4]

Os contratos de trabalho que obrigam o AIG a pagar bônus à alta direção das empresas já estavam em vigor muito antes de o governo dos Estados Unidos ter sido chamado para socorrer a falência iminente. Não obstante, a indignação pública rapidamente se voltou para a distribuição de dólares provenientes de impostos entre os próprios executivos *responsáveis* pela quebra da empresa. Como Rick Wagoner, o novo CEO do AIG foi convocado a depor no Congresso. Nesse caso, porém, o CEO teve a esperteza de aceitar seu cargo no AIG por um salário anual de apenas 1 dólar.[5] Isso, e nada além disso, impediu que ele fosse individualmente culpado pelos problemas do AIG.

Sujeito esperto.

Ainda assim, quando examinamos a derrocada do bônus do AIG do ponto de vista do cidadão comum, fica fácil entender por que o país se enfureceu. Um número sem precedentes de norte-americanos vinha perdendo seus empregos e suas casas, aposentados que haviam passado a vida poupando de repente se viam com aposentadorias irrisórias, e as pessoas estavam cortando seguros, medicamentos e consultas médicas. Famílias não sabiam mais se poderiam mandar seus filhos para uma faculdade, comprar novos pneus para seus carros ou pagar a conta de seus cartões de crédito. Nesse clima, a simples menção a alguma coisa caída do céu parecia uma bofetada.

Contudo, a despeito de nossas crenças e de nossos sentimentos pessoais, que *ações concretas* realmente tínhamos a oferecer sobre o socorro financeiro?

Segundo Anne Szustek, da Associated Press, o AIG recebeu aproximadamente US$ 153 *bilhões* em auxílio financeiro do governo dos Estados Unidos.[6] Os cidadãos norte-americanos sentiram-se insultados ao descobrirem que aproximadamente US$ 165 *milhões* desse dinheiro seriam pagos em forma de bônus aos executivos do AIG – que eram exatamente as pessoas vistas como "responsáveis" pelos problemas financeiros da empresa. A verdade, porém, é que os polêmicos bônus para os quais se voltava a atenção de todo mundo, inclusive do presidente, representavam cerca de *um décimo de cada centavo de cada dólar emprestado ao AIG*. À luz desses fatos, é incompreensível que uma quantia tão insignificante de dinheiro possa ter tão facilmente enfurecido todo um país. No passado, isso teria sido considerado uma "pista falsa", mas hoje tratamos logo de culpar algumas pessoas importantes pelo colapso de setores empresariais inteiros e, nesse processo, nós nos transformamos em "vítimas" de malfeitores.

De modo muito semelhante, hoje é comum culpar outros países com base nos atos de um único testa de ferro. É conveniente acreditar que nossos conflitos internacionais desapareceriam se certos líderes fossem simplesmente afastados. Imaginamos que toda a força por trás da Al Qaeda seja Osama Bin Laden, e isso nos leva a crer que, quando o capturarmos, a organização ficará desarmada e o mundo se tornará um lugar mais seguro.* Contudo, os fatos mostram que a força da Al Qaeda

* Em 2 de maio de 2011 (portanto, após a publicação deste livro), autoridades dos Estados Unidos anunciaram que uma unidade de elite do exército norte-americano executou a operação em que Bin Laden foi capturado e morto num esconderijo nos arredores da cidade de Abbottabad, a cem quilômetros de Islamabad, no Paquistão. (N. do T.)

está em suas células dormentes,* extremamente autônomas e dispersas pelo mundo. O ato de cortar só uma cabeça de uma hidra provavelmente não impediria ataques como o ocorrido com a Northwest Airlines; o mais provável é que cresceriam outras duas cabeças (como nos diz a mitologia grega).

Isso não impede que os políticos insistam em afirmar que a força por trás dos lançamentos de foguetes pela Coreia do Norte seja Kim Jong Il. Acreditamos que, se lhe dermos tanta atenção quanto damos às estrelas de cinema e retomarmos relações comerciais, ele porá fim à sua busca por armas nucleares.

Também acreditamos que nossa maior ameaça, no que diz respeito ao desenvolvimento de tecnologia nuclear no Oriente Médio, atenda pelo nome de Mahmoud Ahmadinejad, do Irã. Se países vizinhos lhe impuserem pressões econômicas suficientes, ele talvez pare de construir usinas nucleares. Ano após ano, porém, esses países continuam a manter relações comerciais com o Irã, à espera de que algum dia também adquiram a tecnologia para desenvolverem seus próprios programas nucleares.

Somos rápidos em rotular os líderes que agem diferentemente de nós como "lunáticos", "imorais", "equivocados" ou "mal informados", e, desse modo, imputamos a personalidades específicas a culpa por problemas socioeconômicos cuja verdadeira natureza é essencialmente sistêmica. É muito mais fácil responsabilizar uma pessoa em vez de atacar os problemas complexos que afligem as civilizações humanas há séculos. É muito mais fácil acreditar que tudo que temos de fazer é mudar a mentalidade de uma pessoa – ou até eliminá-la. É muito mais fácil substituir fatos por crenças não comprovadas.

* *Sleeper cells* ("células dormentes"), isto é, grupo de pessoas que formam uma unidade no interior de uma organização ou um movimento constituído de agentes infiltrados, que passam meses ou anos "dormentes" até entrarem em ação. (N. do T.)

Contudo, os chefes de Estado – assim como os executivos da indústria automobilística e os CEOs do AIG – representam a vontade de culturas mais abrangentes. Culpar uma pessoa por nossos problemas é o mesmo que culpar o papa pela falta de vagas no estacionamento da igreja local. Quantos líderes tornaram-se chefes de Estado em países como Israel, Iraque, Iêmen, Iugoslávia, Rússia, China e Estados Unidos apenas em nosso tempo de vida? Algum deles conseguiu resolver os mais graves problemas sistêmicos que afligem a humanidade? Ou os problemas globais continuaram a persistir e adquirir dimensões cada vez maiores (independentemente de quem esteja ocupando o trono)?

Apesar disso, ano após ano, esperamos que nossas esperanças e culpas sejam resolvidas por soluções unidimensionais e líderes carismáticos que vivem se acusando uns aos outros, como se fosse essa a razão do impasse sistêmico. Ocorre que os problemas que atualmente enfrentamos são de extrema complexidade, e é totalmente infundada a crença de que eles possam ser resolvidos por um único ser humano. Como nós, nossos líderes perderam a capacidade de resolver problemas de complexidade tão colossal. E isso não é culpa deles.

Cegos pela autorrecriminação

Não surpreende que a personalização da culpa se estenda para muito além dos líderes de nações e corporações públicas. Quando uma civilização chega a um limite cognitivo, em que a complexidade de seus problemas ultrapassa suas capacidades cognitivas, a responsabilidade pela solução de questões sociais espinhosas também é atribuída aos cidadãos comuns. Apesar de reconhecer que milhões de pessoas passam pelas mesmas aflições, é mais fácil culpar indivíduos isolados por seu fracasso do que enfrentar pressões sistêmicas profundamente arraigadas. Portanto, nossos problemas mais prementes, como obesidade, depressão e uso de drogas ilegais, são reformulados como transtornos pessoais que devem ser superados por cada pessoa.

Hoje, o fundamento lógico da responsabilidade pessoal é mais ou menos assim: enquanto indivíduos, nós fazemos escolhas, e essas escolhas têm consequências. Quando fazemos escolhas ruins, o resultado é o infortúnio. Quando escolhemos bem, somos bem-sucedidos no trabalho, no amor e na vida. Comportemo-nos de maneira responsável se quisermos ser ricos e felizes. Comportemo-nos mal, e o resultado será a infelicidade seguida pelo desespero. A responsabilidade pessoal tornou-se o novo mantra do século XXI. Pessoas de todos os quadrantes – gurus de autoajuda, políticos, médicos, professores, pais, psiquiatras, leis e executivos – pregam a responsabilidade pessoal e a autocapacitação como a cura para todos os nossos problemas, sejam eles grandes ou pequenos.

Previsivelmente, dados recentes liberados pelo Marketdata revelam que a indústria de autoajuda vem crescendo firmemente, quase 10% ao ano desde 2000, e só nos Estados Unidos tornou-se hoje um negócio de US$ 8 bilhões.[7]

É isso mesmo: gastamos US$ 8 bilhões por ano para dizer a nós mesmos o que fazer para resolver nossos problemas.

Segundo os especialistas em autoajuda, todos os nossos problemas são apenas uma questão de causa e efeito. Não importa o que seja o problema específico, dívidas de cartões de crédito, a superação do uso de drogas, o aquecimento global, o crime, a obesidade, um mau casamento ou uma recessão mundial. Fizemos nossa cama e, portanto, podemos escolher se vamos deitar nela ou não. Basta dar alguns passos simples para que cada um tenha o poder de superar seus maiores obstáculos e criar a vida com a qual sonhou.

Parece muito bom.

Mas será tão simples assim? A solução para dívidas acumuladas e obesidade não seria uma questão de fazer melhores escolhas?

Quase todo mundo que conheço faz reciclagem do lixo, de papel, vidro e outros e tenta pagar seus empréstimos. Estamos fazendo esforços conscientes para diminuir nosso colesterol, comer menos doces, poupar dinheiro e parar de fumar. Fazemos terapia e consumimos mais psicotrópicos do que em qualquer outro período histórico. Também queremos paz no mundo, um lugar mais seguro para criar nossos filhos e energia limpa, renovável, e fazemos muitos sacrifícios pessoais para ter essas coisas.

Portanto, não parece lógico que grandes problemas sociais como a pobreza, a mudança climática e o endividamento do consumidor devessem diminuir gradualmente, à medida que nos tornamos pessoas mais responsáveis e resolvemos nossa pequena parcela do problema? A capacitação pessoal não seria a melhor maneira de resolver progressivamente nossos maiores desafios?

Você concordaria comigo.

Fica claro, porém, que há limites para a responsabilidade pessoal.

Um pequeno motor que não arranca

Por mais que uma pessoa se esforce para nadar contra a corrente, o avanço será proporcional à força contrária e, com muita frequência, essa corrente será simplesmente poderosa demais para ser vencida. Os grandes problemas sistêmicos não se resumem a uma questão de responsabilidade individual. A persistência de nossos problemas pessoais resulta da rápida escalada da complexidade, da chegada natural a um limite cognitivo, de predisposições biológicas herdadas e de poderosos supermemes que conspiram contra o livre-arbítrio.

Hoje, a oposição que toda pessoa deve superar para resolver seus problemas "pessoais" chega a ser quase colossal.

Num artigo intitulado "Using Willpower to Your Advantage" ["O Uso da Força de Vontade em Benefício Próprio"], a colunista Allie Firestone assim resume o desafio:[8] "Adoro fazer promessas de mudanças de vida; na verdade, faço-as frequentemente. O problema é que quase sempre o *velho* eu (sem aulas semanais de ioga, o controle de minhas finanças e um apartamento mais limpo) volta à superfície antes que eu tenha tempo até mesmo de parecer verdadeiramente decidida".

Isso é o que acontece quando as pessoas ficam confusas a respeito de quais problemas são sistêmicos e quais são pessoais. Criamos uma imagem incompleta e injusta sempre que nos culpamos por cada dificuldade, pois, ao fazê-lo, negamos a existência mesma dos problemas sistêmicos.

O raciocínio é o seguinte: *se tudo diz respeito ao indivíduo, então não há nada a resolver além do comportamento individual.*

Portanto, soluções tão complexas como reciclar para impedir o esgotamento dos recursos naturais do mundo passam a significar apenas a atitude – de cada de um de nós – de colocar seus recipientes de vidro, papelão e plástico em caixas coloridas uma vez por semana. Se todos fizerem sua parte e reciclarem, o problema será resolvido ou, no mínimo, bastante reduzido. Ao aceitar a responsabilidade individual, cada um de nós se torna parte da solução.

Se fosse assim tão fácil...

Não me entendam mal – sou uma recicladora, e das melhores.

Consciente disso, eu também confesso que nas manhãs de sexta-feira, quando estou disciplinadamente enchendo minhas caixas coloridas com garrafas vazias e jornais velhos, não consigo deixar de pensar no que me leva a fazer aquilo. Pergunto a mim mesma qual será o impacto que eu e meus vizinhos bem-intencionados realmente estamos causando, e preocupo-me com o conflito entre a decisão de reciclar e a chegada do segundo caminhão de lixo, que virá coletar nossos montes de latinhas de refrigerantes vazias. Em que pé fica a questão do combustível, das emissões de carbono e da energia necessária para fabricar e manter o segundo caminhão? Depois, tento descobrir se encho minhas caixas coloridas porque isso me faz sentir melhor comigo mesma ou porque algum resquício pré-histórico em mim faz com que eu queira me adaptar às circunstâncias. Será que acredito, realmente, que a reciclagem ajuda o planeta? Já examinei a fundo essa questão? Quais são os fatos de que disponho? E, se eu realmente não tiver nenhum motivo, por que continuo reciclando?

Por fim, esse questionamento tornou-se intolerável. Eu precisava saber se reciclar era ou não verdadeiramente útil; e, como eu temia, minhas crenças acabaram por se mostrar em desacordo com a realidade.

Fiquei chocada ao descobrir que, segundo a Agência de Proteção Ambiental, menos de 3% de todo o lixo gerado pelos norte-americanos é composto de resíduos urbanos.[9] Em outras palavras, ainda que todas as pessoas em todas as partes do país levassem a capacitação pessoal a sério, o impacto sobre o planeta seria insignificante.

Vejo com o mesmo tipo de ambivalência a questão de comprar produtos baratos.

Com a explosão de megalojas como Walmart e Ikea, que se especializavam em alimentos importados, muitos de nós ficaram com medo de que a economia dos Estados Unidos estivesse sendo esmagada por produtos chineses baratos. Se nos recusássemos a comprar esses produtos importados, estaríamos fazendo pressão econômica sobre a China, que assim diminuiria suas emissões de carbono. Isso também fortaleceria nossa economia doméstica, certo?

Você sabia, porém, que tínhamos preocupações semelhantes na década de 1980, quando muita gente entrou em pânico porque os japoneses estavam invadindo o mercado dos Estados Unidos com produtos baratos e, supostamente, "comprando" o Havaí, Manhattan e San Francisco?

Para nossa surpresa, nesses dois casos, os fatos não sustentam nossa paranoia.[10] O impacto que as pessoas podem exercer sobre a recuperação da balança comercial é muito menor do que se imagina. Descobri que menos de três entre cada cem produtos vendidos hoje nos Estados Unidos têm procedência chinesa. Na década de 1980, a porcentagem de produtos japoneses também era inferior a 3%. Portanto, se cada cidadão do país tivesse boicotado os produtos japoneses na época, ou boicotasse os produtos chineses atualmente, o impacto líquido seria mínimo – muito parecido com o efeito líquido de não reciclar.

Posteriormente, descobri que menos de 6% de todas as mercadorias das enormes lojas Ikea são produzidas na China. Antes de descobrir isso, eu apostaria que era mais de 50%.

Mesmo hoje, porém, quando conheço os *fatos*, ainda me sinto culpada quando compro um blusão de moletom chinês por US$ 10. Tenho certeza de que, se eu não estiver contribuindo para o desequilíbrio do comércio e ajudando os poluidores, estarei explorando o trabalho infantil em alguma parte do mundo ou tornando impossível que a loja onde compro o moletom barato ofereça seguro de saúde a seus caixas. Por outro lado, porém, se eu não comprar o moletom, não estarei contribuindo para a demissão do caixa? Será que, em alguma parte do mundo, uma criança condenada ao trabalho infantil não passará fome?

Sempre me pergunto se minhas escolhas pessoais não estarão agravando ainda mais os sérios problemas que hoje enfrentamos. Quero desesperadamente fazer a coisa certa, mas não me sinto mais capaz de identificá-la. Os problemas e as soluções parecem multifacetados demais, excessivamente complexos. Sinto-me imobilizada em praticamente todos os meus projetos. Além de culpada.

Isso é o que acontece quando pessoas são individualmente responsabilizadas por problemas sociais complexos. O efeito que podemos exercer sobre problemas sistêmicos torna-se extremamente desmedido nesse modo de lidar com a responsabilidade, e passa a transferir essa responsabilidade das instituições falidas, dos líderes e especialistas combalidos para o homem das ruas.

O paradoxo da cultura pop

Para entender como a personalização da culpa se tornou onipresente no século XXI, basta assistir a programas de entrevistas durante um mês. Programas famosos de TV, como *Oprah*, *Dr. Phil*, *The Suze Orman Show*, *Mad Money* e *The Dr. Laura Show* funcionam todos a partir da mesma premissa básica: nós controlamos nossa vida e sofremos ou prosperamos em consequência das nossas decisões. Dia após dia, apresentadores famosíssimos oferecem dicas rápidas para perder peso, poupar dinheiro, educar os filhos, acabar com a pobreza, ter uma carreira de sucesso, salvar o casamento e ter uma relação mais significativa com Deus.

Tudo de que precisamos ter é determinação e um projeto de vida.

Apesar disso, a cada ano, o número de obesos aumenta vertiginosamente. As falências e dívidas pessoais e nacionais também aumentam sem parar. O número de divórcios, vítimas de abuso infantil, de alcoolismo e uso de drogas também não para de aumentar. Depressão clínica, crime, poluição, altos índices de evasão escolar, câncer – tudo isso também atinge patamares cada vez mais preocupantes.

Com tanta ênfase na autocapacitação, não demora muito para que os telespectadores comecem a se culpar por seus problemas. Eles não fizeram o suficiente, mas, sim, fizeram tudo errado, não tiveram força suficiente, persistência suficiente, não foram suficientemente inteligentes ou talentosos. Ao se concentrarem quase exclusivamente no que as pessoas devem fazer – e investindo pouco ou nenhum tempo na discussão dos obstáculos sistêmicos avassaladores que impedem as verdadeiras mudanças –, esses programas de entrevistas convencem as pessoas de que a própria vida, a família, os vizinhos, o país e o planeta estão mergulhados em problemas em consequência de suas falhas pessoais.

Em sua maioria, porém, as questões discutidas nesses programas (geralmente vespertinos) não são e nunca foram, de fato, problemas individuais. Essas questões têm raízes nos problemas socioeconômicos extremamente intrincados que vêm perturbando a humanidade por muitas gerações. Portanto, o resultado final dessas tentativas de convencer as pessoas de que elas podem mudar sua situação geralmente se torna algo tão insignificante quanto fazer coleta seletiva de lixo ou boicotar produtos importados baratos.

Um dos melhores indicadores de que esses problemas não são pessoais, mas sistêmicos, é o modo como os programas de televisão ganham dinheiro. Os temas de cada programa são cuidadosamente selecionados com base no apelo ao público – quanto mais audiência, mais alto o preço que uma rede pode cobrar por um anúncio de trinta ou sessenta segundos. Porém, quando a programação é decidida segundo os temas que afligem milhões de pessoas, não estará aí a prova de que precisamos para confirmar que um problema é de natureza sistêmica?

Com uma porcentagem tão alta da população aflita, essas questões não podem mais ser tratadas como problemas individuais.

Na verdade, ficou tão fácil confundir um problema sistêmico com um problema pessoal que, aos poucos, estamos abrindo mão das soluções sistêmicas que exigem enormes investimentos e demoram a produzir resultados.

Nossas ideias sobre a obesidade nos dão um exemplo perfeito de como esse supermeme – *a personalização da culpa* – inibe o progresso social real.

A obstinação da obesidade

Graças a especialistas de todas as partes do mundo, hoje quase todos acreditam que ter e manter um peso saudável seja uma questão de disciplina pessoal. Acreditamos que a obesidade é consequência de más escolhas alimentares e da falta de exercícios físicos suficientes. Portanto, como acontece quando alguém para de fumar, basta um pouquinho de força de vontade, e tudo estará resolvido.

Contudo, será que a solução para a obesidade é tão simples assim?

Se a obesidade fosse apenas uma questão de força de vontade pessoal, talvez as pessoas muito disciplinadas em outros aspectos de sua vida nunca se tornassem obesas. Isso seria incompatível com a força de caráter e a determinação com que elas superam outros desafios.

Porém, examinemos brevemente o caso de uma das pessoas mais obstinadas e poderosas do mundo como prova de que essa *crença* não é verdadeira.

Por quase quatro décadas, Oprah Winfrey apresentou o mais famoso programa vespertino de entrevistas dos Estados Unidos.* Ao longo de sua carreira, ela também foi uma incansável defensora da responsabilidade pessoal e da introdução de mudanças na sociedade. Com muita ousadia, Oprah, em seus programas, sempre discutiu temas como cirurgia cosmética, reposição hormonal, infidelidade, racismo e autismo, mas sempre abordou, também, as questões relativas a finanças pessoais, política, religião, câncer de mama e estupro. Por meio de seus clubes do livro, ela foi responsável pela retomada do hábito da leitura, tendo levantado milhões de dólares para os sem-teto, as pessoas atingidas por furacões e tsunamis e as vítimas dos ataques terroristas de 11 de Setembro de 2001. Oprah construiu

* Seu programa de entrevistas, *The Oprah Winfrey Show*, ficou 25 anos no ar. O último foi ao ar em 25 de maio de 2011. (N. do T.)

orfanatos, entrevistou líderes mundiais, apresentou novos produtos ao consumidor e lançou alguns programas de autocapacitação, como *The Doctors*, *Dr. Phil* e *Dr. Oz*, para ajudar as pessoas a autodiagnosticar-se e autocorrigir-se.

Se houve alguma vez um ícone da autocapacitação individual, certamente foi Oprah Winfrey.

E então, em 2008, Oprah assumiu uma posição corajosa em relação à obesidade.[11] Numa fala comovente, ela confessou publicamente que estava reincidindo mais uma vez, depois de ter feito regimes alimentares – bem-sucedidos ou não – desde 1984. Winfrey admitiu que havia engordado quase vinte quilos em poucos meses.

Oprah Winfrey não é apenas culta, rica e poderosa; é também pessoal e publicamente comprometida com a responsabilidade individual. Além disso, ela tem condições de cercar-se de uma equipe de chefes de cozinha particulares, *personal trainers*, nutricionistas, consultores e médicos – todos dedicados a ajudá-la a manter um peso saudável.

Portanto, o que significa quando uma pessoa robusta e decidida como Oprah não consegue superar a obesidade?

No caso de Winfrey, como era de esperar, ela soube explorar sua falha pessoal, transformando-a em uma semana de programas destinados a ajudar seu público a desenvolver seu "Melhor Eu". Ela se comprometeu a adotar um estilo de vida mais saudável, a comer direito e perder o peso adquirido. Corajosamente, voltou a prometer que não ganharia peso *desta vez*.

Eu seria uma tola se apostasse na falta de disciplina de uma fortaleza como Oprah Winfrey. Mesmo assim, vou pôr minha cabeça a prêmio e dizer que, sem enfrentar as forças evolucionárias e sistêmicas que estão na raiz da obesidade, Oprah não conseguirá cumprir o prometido, por mais que tente.

Digo isso porque a obesidade não é apenas uma questão de força de vontade. E nunca foi.

Segundo os Centers for Disease Control and Prevention (CDC, Centros de Controle e Prevenção de Doenças),[12] atualmente mais de um quarto dos norte-americanos sofre de obesidade. Será que todas essas pessoas perderam a força de vontade? E, no caso das crianças, a obesidade vem aumentando mais rápido ainda. Para o CDC, "a ocorrência de obesidade em crianças entre 6 e 11 anos de idade mais que dobrou entre 1980 e 2006, com um aumento de 6,5% a 17%". Além disso, os gastos médicos relacionados à obesidade de adultos e crianças consumiram US$ 47 bilhões em 1998, e os custos continuam aumentando.

Um documentário recentemente premiado, *Super Size Me* [A Dieta do Palhaço], vai fundo na natureza sistêmica da obesidade: "Os Estados Unidos se tornaram o país mais gordo do mundo. Parabéns! Hoje, quase 100 milhões de norte-americanos estão acima do peso ou são obesos. Isso representa mais de 60% da população adulta. Desde 1980, a obesidade total dobrou, duplicando o número de crianças obesas e triplicando o número de adolescentes com sobrepeso". Nos termos do documentário, "o McDonald's alimenta mais de 46 milhões de pessoas do mundo inteiro todos os dias, um número superior ao da população da Espanha".

Nas três últimas décadas, a obesidade tornou-se um grave problema mundial. Na verdade, em 1997, a Organização Mundial da Saúde (OMS) declarou a obesidade como uma "epidemia global", com mais de 2 bilhões de adultos com sobrepeso em todo o mundo e nenhuma solução no horizonte.[13]

Portanto, fica aqui minha pergunta: a expressão "epidemia global" não será tudo de que precisamos para admitir que nós estamos enfrentando um adversário mais poderoso? Quando contingentes cada vez maiores da população mundial sofrem as mesmas consequências que afligem os norte-americanos, será que devemos continuar culpando e tratando a obesidade como uma questão de falta de vontade? Ou haverá outras – e mais poderosas – forças envolvidas?

Uma vantagem onívora

Uma das causas mais importantes e menos discutidas da obesidade é nossa herança evolucionária. Como já afirmei aqui, não somos uma folha de papel em branco quando nascemos. Todo ser humano nasce com instintos destinados a ajudá-lo a superar os desafios do meio ambiente.

Em tempos pré-históricos, a aquisição e o uso apropriado de calorias eram vitais a nossa sobrevivência.[14] Nossos ancestrais primitivos desenvolveram três predisposições em relação aos alimentos que lhes permitiram prosperar: (1) sentir atração pelos alimentos mais ricos em calorias; (2) comer o máximo possível sempre que houvesse alimentos disponíveis; e (3) descansar para conservar as calorias quando não fosse preciso lutar ou procurar mais comida.

Nos tempos primitivos, por mais que comêssemos e descansássemos, era extremamente difícil encontrar alguém com obesidade mórbida. Imagine quantas maçãs uma pessoa teria de encontrar, apanhar e comer, antes de se tornar obesa.

Hoje, porém, com tantos alimentos processados e ricos em calorias a nossa disposição, bastam duas refeições de *fast-food* por dia. Na mercearia, é difícil ignorar o vasto número de produtos cheios de óleo, gordura e açúcares – como o xarope de milho, rico em frutose, por exemplo – ou o fato de que esses alimentos são muito mais saborosos do que as opções mais saudáveis. Ah, por favor! Precisamos mesmo discutir se o delicioso sabor da manteiga e do creme verdadeiro, bem como de um pãozinho de canela recém-saído do forno, é superior ao sabor de uma barra de granola, de um bolo de banana ou de fubá?

Além do mais, somos uma sociedade que facilitou muito a compra de alimentos excessivamente calóricos. Por serem mais baratos e abundantes, são fáceis de encontrar em qualquer restaurante de *fast-food*, nas gordurentas praças de alimentação dos *shoppings* e nos locais que vendem lanches rápidos, refrigerantes e bebidas em cinemas, estádios e parques de diversões. Hoje também temos, nas mercearias e nos supermercados, toda uma ala repleta de sucos artificiais e salgadinhos aromatizados.

Logicamente, podemos saber que estamos consumindo um excesso de calorias, mas nossa herança biológica conspira, aliada a poderosos incentivos sociais, para nos empurrar para os alimentos gordurosos. Podemos saber que precisamos fazer exercícios físicos, mas preferimos comprar novos aparelhos de TV, assistir a filmes e jogar *video games*. Podemos saber que ficar sentado e comendo são hábitos prejudiciais à nossa saúde, mas não abrimos mão deles.

O que poderíamos fazer para acabar com essas predisposições tão arraigadas?

A obesidade é sistêmica

Recentemente, tive a oportunidade de conhecer o dr. John Ratey, professor de psiquiatria na Harvard University e autor de *Spark: The Revolutionary New Science of Exercise and the Brain*. Na última década, Rate especializou-se nos efeitos da obesidade sobre o corpo humano e no impacto do estilo de vida sedentário sobre a aptidão cerebral de aprender e pensar. Numa tarde, enquanto estávamos sentados em sua original sala de Cambridge, cercados de pinturas, livros, pilhas de anotações de pesquisas e brinquedos para cães de estimação, Ratey falou sobre as consequências alarmantes da obesidade infantil. Sua preocupação? Uma sociedade que torna os adultos responsáveis por sua própria obesidade está a um passo de fazer o mesmo com suas crianças.

Em minha opinião, ninguém entende melhor do que Ratey a magnitude das mudanças sistêmicas necessárias para interromper a propagação da obesidade infantil.

Ratey explicou os detalhes de um estudo recente, conduzido pela University of Florida.[14] Os cientistas descobriram que as crianças com obesidade mórbida já aos 5 anos de idade tinham "resultados de Q.I. mais baixos, atrasos cognitivos e lesões cerebrais semelhantes às encontradas em pacientes com Alzheimer". Em geral, essas crianças tinham mais ou menos 28 pontos de Q.I., levando Ratey a concluir que as crianças obesas começam a vida escolar em desvantagem mental, o que as torna destinadas ao fracasso.

O que mais perturba Ratey é que as estatísticas mais recentes do CDC mostram que, nos Estados Unidos, uma em cada cinco crianças de 4 anos já sofre de obesidade. Em outras palavras, cerca de 20% das crianças que entram para o sistema escolar já o fazem com problemas de aprendizagem. Segundo Ratey, esses números apontam para uma perigosa tendência social que vai muito além da má escolha de alimentos.

E a obesidade não compromete apenas as aptidões cognitivas das crianças.

Um segundo estudo examinou idosos em torno de 78 anos de idade. Essa pesquisa revelou que eles tinham 8% menos de massa cerebral, mas que, quando praticavam exercícios físicos diários durante 45 minutos, a resistência cardiovascular aumentava o volume de seu cérebro e aprimorava sua percepção.

Independentemente de as pessoas serem jovens ou idosas, conclui Ratey, "o excesso de combustível e a falta de movimento comprometem a qualidade do cérebro humano".

A chave parece estar num estilo de vida cada vez mais sedentário, extremamente prejudicial ao sistema cognitivo. Cada vez que o organismo humano contrai um músculo, libera uma proteína que estimula o cérebro a produzir mais células e estimula as células cerebrais a se comunicarem entre si de novas maneiras. Em recentes estudos feitos com animais, concluiu-se que os ratos adultos que se exercitavam aumentavam tanto o nível de proteína quanto o fluxo sanguíneo do cérebro; isso os tornava aproximadamente 25% mais inteligentes do que os ratos que permaneciam sedentários.

Será esse o grande insight de Ratey?

O organismo humano pode ser uma máquina em busca de mais calorias, mas também é um sistema que funciona melhor quando se movimenta. Com o tempo, institucionalizou-se um estilo de vida sedentário, tóxico para o cérebro humano, e precisamos fazer muito mais do que culpar as crianças e os idosos se quisermos realmente resolver o problema.

Como resultado de novas pesquisas sobre a relação entre movimento físico e cognição, Ratey tornou-se um defensor incansável da exigência de educação física e quadras esportivas nas escolas públicas, nas clínicas geriátricas e nos escritórios. Ele faz campanhas por uma alimentação mais nutritiva, saudável e de baixas calorias e pela erradicação imediata das franquias de *fast-food* nas cantinas escolares. Ratey vai frequentemente a Washington e atualmente presta consultoria a empresas gigantes, como Google e Microsoft, num esforço incansável pela reintrodução do movimento nas atividades cotidianas. Para ele, os funcionários que usam mesas para escrever em pé (*standing desks*) – mesas com rodinhas, à altura do peito do usuário, que podem ser movimentadas para lá e para cá – não são apenas mais saudáveis, mas também tomam melhores decisões, têm memória melhor e apresentam mais produtividade. Nas escolas, as crianças que sentam sobre grandes bolas que podem ser movimentadas à vontade, e não em carteiras fixas, também produzem proteínas que lhes dão mais vantagens do ponto de vista cognitivo. E os idosos que se movimentam mais produzem novas células cerebrais que evitam um grande número de problemas mentais.

A boa notícia é que não é preciso muito para começar a reverter as deficiências cognitivas.

Num experimento recente, um grupo de idosos de Nova York foi convidado a praticar menos de uma hora de exercícios diários; três meses depois, eles já apresentavam resultados extraordinários. O hipocampo, a área do cérebro responsável pela armazenagem e coordenação da memória, aumentou quase 30% em nove dias apenas. Portanto, além dos benefícios à saúde, como a melhora da circulação, da agilidade, ossos mais fortes e menos casos de depressão, de Transtorno de Déficit de Atenção (TDA), de Transtorno de Déficit de Atenção com Hiperatividade (TDAH) e uma lista cada vez maior de problemas psicológicos, a atividade física desempenha um papel crucial na capacidade do cérebro de se lembrar, aprender e resolver problemas.

Ratey distingue-se não apenas por ter feito a importante conexão entre obesidade e cognição, mas também por ser um dos poucos especialistas que lutam por grandes mudanças sistêmicas em vez de considerar os obesos responsáveis por seus próprios problemas. Ele pode acreditar na autocapacitação – na capacidade de superação do indivíduo –, mas, paralelamente à responsabilidade pessoal, ele também reconhece que forças sociais poderosas trabalham contra a adoção de estilos de vida saudáveis.

A obesidade não é apenas um problema pessoal – é um problema sistêmico. E só uma prescrição sistêmica poderá curá-la.

O aprimoramento da responsabilidade pessoal

Quando B. F. Skinner publicou *Beyond Freedom and Dignity*, em 1971, ninguém poderia prever que a obra levaria as doenças modernas a serem atribuídas às pessoas classificadas individualmente.[15] Contudo, a responsabilidade pessoal tornou-se uma das consequências involuntárias da ascensão da psicologia do comportamento. Em pouco tempo, apresentou-se ao mundo inteiro a ideia de que todo comportamento humano podia ser explicado por uma série de reforços positivos e negativos. Isso também significava que *todo* comportamento humano podia ser modificado pela simples manipulação de recompensa e castigo.

Isso fez a alegria de todas as pessoas autoritárias.

De repente, a sociedade tinha uma fórmula fácil e previsível para submeter as tendências e os hábitos humanos a um processo de reengenharia. Recompensas como alimento, dinheiro, elogios e promoções podiam ser usadas para reforçar os comportamentos desejáveis. Por outro lado, castigos como a crítica, os choques elétricos, o isolamento e a retirada de privilégios podiam ser usados para acabar com uma série de tendências indesejáveis. Por meio da administração consciente de um regime de recompensa e castigo, seria possível corrigir o comportamento de uma pessoa.

Da noite para o dia, professores começaram a colar estrelas douradas ao lado dos nomes dos melhores alunos da classe, gerentes de nível médio não paravam de distribuir "certificados de mérito" e até mesmo esportistas eram reverenciados por sua contribuição incomparável e recebiam um troféu. Reforço, reforço, reforço.

Clínicas de terapia de aversão surgiram por toda parte. Se você queria emagrecer, parar de fumar, estuprar ou matar, tudo de que precisava era receber um pequeno choque elétrico a cada vez que demonstrasse o comportamento indesejável. Acendeu um cigarro, levou um choque. Acendeu outro, mais um choque. Repita-se isso muitas e muitas vezes, até que o cérebro finalmente associe o cigarro à dor, e o fumante nunca mais acenderá nenhum.

Assim, as tentações naturais seriam subjugadas, os maus hábitos seriam eliminados e novos comportamentos seriam adquiridos.

Uma vez estabelecida uma relação direta de "causa e efeito" entre o comportamento indesejável e o reforço positivo/negativo, a "responsabilidade" pela correção dos comportamentos indesejáveis ficaria totalmente a cargo do indivíduo.

De repente, *reprogramar-se* era algo que competia a cada um de nós.

Contudo, à medida que os resultados a longo prazo da terapia de aversão foram se mostrando decepcionantes (as pessoas voltaram a fumar, os estupradores voltaram a estuprar, e assim por diante), tivemos de encarar a verdadeira complexidade do hábito, da força de vontade, da razão, da moralidade e das predisposições genéticas herdadas.

Nada era tão simples quanto a ciência do comportamento quisera nos fazer acreditar.

Isso, porém, não impediu que continuássemos a culpar as pessoas pelos seus problemas. Em vez de reconhecer a natureza complexa e sistêmica do comportamento humano, simplesmente substituímos a terapia de aversão por livros de autoajuda, medicamentos e programas vespertinos de entrevistas que insistiam na tecla da autocapacitação cada vez mais ruidosamente, a ponto de ofuscar por completo as poucas vozes destoantes – alguns psicólogos – que estavam dizendo "Vamos com calma".

Quando a doutrina da responsabilidade e imputabilidade predominou, tornamo-nos implacáveis com as vítimas da sociedade, os presidentes de corporações, especialistas e líderes mundiais, alegando que eles não estavam fazendo o suficiente. Passamos a interiorizar a culpa porque nós também não estávamos fazendo o suficiente. Mas o fato é que toda essa obsessão pela responsabilidade pessoal não deu em nada, pois o que se viu foi a permanência da obesidade, da imigração ilegal, da poluição, da violência de gangues, bem como do desemprego, do uso de drogas e de outros problemas aparentemente incontornáveis.

Embora o movimento da psicologia comportamental possa ter lançado uma era moderna de responsabilidade individual, a verdade é que a culpa e a autocapacitação não são páreo para os problemas sistêmicos profundamente arraigados que precisamos enfrentar se quisermos garantir nossa sobrevivência.

O consultor de negócios David Gurteen, que se autointitula "facilitador em gestão do conhecimento", sintetizou a relação entre a compreensão necessária à solução de problemas complexos e nossa tendência a atribuir culpas quando afirmou que "onde houver compreensão não haverá culpa".[16]

Por outro lado, podemos dizer que a culpa se transformará numa via de escape sempre que não houver compreensão.

Enquanto a complexidade crescente tornar cada vez mais difícil a aquisição de conhecimento e levar ao agravamento das condições globais, a personalização da culpa continuará sem dúvida a aumentar, tornando ainda mais difícil a superação de nossos problemas mais graves.

E, embora isso talvez não soe como um presságio futuro dos mais auspiciosos, *não me culpe*.

— 6 —

Falsas analogias

O terceiro supermeme

Corre por aí uma piada sobre um médico que resolveu explicar de uma vez por todas a seus colegas qual é a verdadeira causa dos problemas cardíacos. Com um sorriso irônico, ele relatou calmamente os seguintes fatos:

> Os japoneses ingerem bem pouca gordura e têm menos infartos do que ingleses ou norte-americanos.[1]
>
> Os franceses ingerem bastante gordura e também têm menos infartos do que ingleses ou norte-americanos.
>
> Os chineses quase não tomam vinho tinto e têm menos infartos do que ingleses ou norte-americanos.
>
> Os italianos tomam grandes quantidades de vinho tinto e também têm menos infartos do que ingleses e norte-americanos.
>
> Os alemães tomam muita cerveja, comem embutidos aos montes, ingerem muita gordura e têm menos infartos do que ingleses e norte-americanos.
>
> O médico então conclui: comam e bebam o que quiserem. Está na cara que o que mata vocês é o fato de falarem inglês!

O TERCEIRO SUPERMEME – e obstáculo ao progresso – é a falsa correlação ou, como às vezes digo, o "clavinismo", por conta de Cliff Clavin, o carteiro sabe-tudo da série de TV Cheers.[2] Clavin era um personagem conhecido por citar o tempo todo banalidades que para ele eram grandes verdades. Ele sempre iniciava suas afirmações com "É fato conhecido que...".

Na superfície, a falsa correlação se parece muito com Cliff Clavin ou com o médico que tenta explicar a causa dos ataques cardíacos: tem a aparência de estar profundamente arraigada na comprovação lógica e empírica. Contudo, as falsas correlações constituem uma forma ilusória de lógica. Como resultado, as conclusões delas extraídas são interessantes, porém falsas.

No século XXI, nós não apenas aperfeiçoamos esse tipo de correlação, mas também ficamos enfeitiçados por ela. A falsa correlação resulta de três práticas convenientes:

- aceitar a correlação como substituto da causalidade;
- usar a engenharia reversa para manipular as evidências; e
- contar com o consenso para a determinação de fatos básicos.

Atuando em conjunto, esses atalhos têm o poder de fazer as crenças parecerem fatos verdadeiros. E, em termos de progresso, isso significa problemas.

Com tantas informações chegando até nós tão rapidamente, a falsa correlação torna impossível separar fato de conjectura, opinião, teoria e correlação verdadeira. Nós simplesmente não temos tempo para verificar toda e qualquer afirmação. Mesmo que tivéssemos, a quantidade de informações que teríamos de atravessar para chegar à verdade empírica é avassaladora, e a maioria de nós não dispõe do tempo nem da capacidade para fazer isso.

Mas... Qual é o problema de lidar com alguns fatos equivocados? Isso não é o fim do mundo.

Talvez não seja ainda. Mas vamos encarar a situação: a confusão a respeito do que são fatos comprovados e crenças infundadas muitas vezes tem consequências terríveis. Os maias, os khmers e os romanos descobriram isso da pior maneira possível.

Quando não conseguimos separar fato de ficção, tornamo-nos extremamente suscetíveis de diagnosticar erradamente nossos problemas. Isso nos leva a buscar um paliativo malsucedido atrás do outro, tudo porque baseamos nossas soluções naquilo que parecia ciência, mas não era. Desse modo, a falsa correlação – a aceitação de pressupostos mal formulados como fatos – transformou-se num obstáculo extremamente perigoso ao progresso nos tempos modernos.

A canonização da correlação

A razão pela qual a falsa correlação se tornou tão popular é fácil de entender: A aceitação casual de uma relação – qualquer uma – entre dois fatos é milhares de vezes mais fácil do que o esforço extenuante que se faz necessário para provar que, na verdade, determinada coisa causa a ocorrência de outra. Assim, à medida que o mundo se torna mais complexo e fica mais difícil identificar as causas que estão na raiz dos nossos problemas, simplesmente começamos a *diminuir nossos critérios de comprovação.*

Trata-se de uma reação natural à complexidade.

Contudo, o que é exatamente a *correlação* e por que é inferior à *comprovação* por causa e efeito?

Uma correlação ocorre quando duas coisas mudam ao mesmo tempo. Nada, além disso. Se o número de pessoas que têm revólveres aumentar ao mesmo tempo que aumenta o aquecimento global, então, nos termos da falsa correlação, isso *implicará* que os dois fatos estão relacionados de alguma maneira.

Isso significa, porém, que o fato de ter revólveres *causa* o aquecimento global?

Muito improvável.

Ou será que o aquecimento global *provoca* o aumento das vendas de revólveres?

Igualmente improvável.

Num exemplo absurdo como esse, usando revólveres e o aquecimento global como elementos do raciocínio, o raciocínio é tudo de que precisamos para constatar que não há nenhuma ligação entre os dois fatos. Simplesmente não existe ligação entre mudança climática e revólveres, e *pouco importa a correlação que pareça haver entre os fatos.*

O que acontece, porém, quando a relação entre dois fatos não é tão clara? Examinemos, por exemplo, a relação entre tomar vinho tinto e ter um infarto, ou entre vacinas e autismo, *subprime mortgages** e recessão global ou salários dos professores e educação pública.

Será o mesmo que comparar revólveres com mudança climática ou haverá sólidos indícios de que uma dessas coisas *provoca* a ocorrência da outra?

Esse é o problema com a correlação. Embora ela geralmente *implique* causalidade, isso não significa necessariamente que causa e efeito tenham sido *comprovados.*

No mundo em constante mutação em que vivemos, onde a pressão para produzir resultados em curto prazo é onipresente, os padrões outrora claros de identificação das causas vêm desaparecendo aos poucos. Todos os dias, especialistas chegam a novas conclusões baseadas em correlações. Apressadamente, eles fazem um comunicado à imprensa afirmando terem descoberto um elixir procurado durante muito tempo, que vai resolver um problema de enorme complexidade, e logo começam a acumular as recompensas financeiras e a fama que se seguem à descoberta. E então, sem questionar suas afirmações, o resto da sociedade segue a maré e, prematuramente, põe em prática uma solução falsa atrás da outra.

---

* Empréstimos com alto potencial de inadimplência do devedor e garantia insuficiente. (N. do T.)

Quando as falsas correlações começam a surgir por toda parte – nos noticiários da noite, nos tribunais de justiça, em salas de aula, livros, eleições e políticas públicas –, fica impossível separar suposição e fato. Você se lembra do que aconteceu quando Leinweber "descobriu" que a produção de manteiga em Bangladesh era compatível com o *sobe e desce* da Bolsa de Valores de Nova York? Um caso de falsa correlação. Ou o que dizer sobre as audiências do senador Joseph McCarthy, em 1954, nas quais ele acusava qualquer pessoa que tivesse um amigo comunista de ser também um espião? Outro exemplo de falsa correlação. Ou, durante a Segunda Guerra Mundial, o confinamento e a privação dos direitos civis de milhares de cidadãos norte-americanos de ascendência japonesa, porque esse fato já os estigmatizava como ameaça à segurança nacional? Todos esses fatos se basearam em falsas correlações, relações de causa e efeito equivocadas que foram rapidamente adotadas como verdades populares.

Como se a complexidade descontrolada já não fosse um desafio suficiente para o cérebro humano, a confusão sobre a natureza dos fatos essenciais aumenta nosso impasse coletivo. Se não conseguimos diagnosticar direito o que está causando um problema, como poderemos resolvê-lo?

Ainda não se convenceu? Permita-me apresentar um rápido exemplo que ilustra quão difícil se tornou separar um fato de uma crença, e como isso leva à busca de soluções erradas.

Há alguns meses, a jornalista Charlene Laino fez a seguinte afirmação:

> Pesquisadores europeus afirmaram que os adolescentes que usam o celular mais de quinze vezes por dia têm mais problemas para pegar no sono e continuar dormindo do que os que só o usa de vez em quando.[3]

A revelação de que o uso do celular estava perturbando o sono de adolescentes levou os pais de todas as partes do mundo a pedir a seus filhos que não usassem seus celulares ou que se livrassem deles. A reação de muitas escolas foi restringir o uso desses aparelhos, e psiquiatras, orientadores educacionais, celebridades e âncoras confiáveis da TV estavam insistindo com o público para que fizessem o mesmo.

Contudo, os fatos apresentados por Laino e outros se baseavam, em grande parte, em sua interpretação de um estudo realizado pelo dr. Gaby Badre, mestre e doutor pela Academia de Sahlgren em Gothenburg, Suécia, e pela London Clinic, de Londres. O dr. Badre descobriu que, além do uso excessivo de celulares, os adolescentes que sofriam de perturbações do sono também (1) ingeriam mais bebidas cafeinadas, como café e refrigerante; (2) consumiam mais álcool; (3) dormiam até tarde (até 11 horas, em vez de 8h30); e (4) apresentavam altos níveis de ansiedade e agitação. Em outras palavras, qualquer um desses fatores também poderia explicar o sono ruim. O estudo de Badre nunca provou que o uso constante de celulares fosse a *causa* das noites maldormidas; ele só demonstrou que esse fator, ao lado de muitos outros, estava *associado* ao problema.

Esse foi um caso muito claro de clavinismo em ação.

Porém, quando fontes confiáveis, como as da mídia, nos dizem que a perturbação do sono foi associada ao uso do celular, a quais conclusões poderemos chegar? Não pensaremos duas vezes e decidiremos que é preciso controlar o celular dos nossos adolescentes. Ironicamente, é bem provável que isso produza o resultado oposto: a pesquisa de Badre e outro estudo realizado por um ex-professor [da Universidade] de Rugers, Sergio Chaparro, sugerem que um adolescente pode sentir *mais* ansiedade quando um dos atalhos para o alívio do *estresse* – como falar ao telefone – é eliminado.

Portanto, o que os pais podem fazer? Tirar o telefone ou estimular seu uso mais ainda?

Dessa maneira, a falsa correlação torna extremamente difícil separar fato de ficção, assim como diferenciar causa e efeito da mera correlação. Isso, por sua vez, confunde e desestrutura pessoas, famílias, escolas, líderes e países quando eles se veem diante da necessidade de tomar iniciativas responsáveis.

Entretanto, somos uma sociedade extremamente rápida em aceitar as correlações como fatos comprovados.

Houve um momento em que nos convencemos de que a Terapia de Reposição Hormonal (TRH) reduzia o risco de ataques cardíacos.[4] Assim como outras mulheres de todo o país, corri para o médico atrás de uma receita. E então, menos de um ano depois, outro pesquisador provou que, na verdade, a TRH *aumentava* o risco de ataque cardíaco. Um ano depois, médicos rejeitaram o estudo e *voltaram* a recomendar a TRH. Ficamos nesse mesmo jogo de pingue-pongue quando se afirmou que as cuecas tipo samba-canção eram melhores para a fertilidade do que as do tipo sunga, e depois não eram mais; quando se acreditava que dirigir um carro híbrido era melhor para o meio ambiente, e depois não era mais; quando Saddam Hussein era considerado a maior ameaça aos Estados Unidos, depois não era mais; e quando pensamos que a inundação de produtos chineses estava provocando um perigoso desequilíbrio da balança comercial e, mais tarde, ficamos sabendo que isso não era verdade.

É seguro dizer que entramos num período em que nossos critérios para a comprovação de causa e efeito tornaram-se perigosamente lentos. Estamos dispostos a aceitar correlações simples em vez de gastar tempo e recursos para entender questões extremamente complexas e quase sempre ameaçadoras. Por sua vez, isso levou a uma série de programas malogrados que afirmavam ser a cura para nossos desafios mais difíceis.

Recentemente, encontrei um site mantido pelo dr. Jon Mueller, professor de psicologia social no North Central College e especialista em discernir a diferença entre causalidade e correlação.[5] O site de Mueller oferece as seguintes manchetes como exemplos notórios de como é fácil confundir correlação com causa:

> "Ventilador no quarto parece diminuir risco de morte no berço*"
> "Envio de mensagens escritas aumenta capacidades linguísticas"
> "Estudo sugere que frequentar uma igreja reduz muito o risco de morte"
> "Implante de seios reduz risco de câncer, mas aumenta tendência ao suicídio"
> "Enxaqueca frequentemente é associada a transtornos psiquiátricos"
> "TV ligada perto de crianças perturba sua atenção"
> "Alguns tipos de câncer aumentam o risco de divórcio"
> "Isolamento social pode ter efeitos negativos sobre capacidade intelectual"
> "Manter diário alimentar dobra perda de peso"
> "Comer peixes gordurosos reduz risco de demência"
> "Surpreendente segredo para viver muito: frequentar escola"
> "Federal Reserve Bank of St. Louis diz que o medo do inferno nos torna mais ricos"
> "Pais rigorosos têm filhos gordos"
> "Letras de músicas sensuais motivam adolescentes a fazer sexo"

A lista vai longe. Quando começamos a procurar por elas, as correlações estao por toda parte.

Na verdade, a confusão sobre correlação e causalidade tornou-se um lugar comum tão banalizado que recentemente o psicólogo Shane

* Morte súbita e inexplicável de um bebê aparentemente saudável enquanto ele está cochilando ou dormindo à noite; síndrome da morte súbita infantil. (N. do T.)

T. Mueller descreveu ironicamente uma pesquisa do Gallup em que 1.009 norte-americanos responderam à seguinte pergunta: "Você acha que correlação implica causalidade?". Para surpresa geral, 62% responderam "Sim!". Mueller então concluiu: "Isso corresponde a uma verdadeira exigência do público. Significa que os norte-americanos estão tão cheios e cansados das mistificações que ficam tentando lhes impor que querem regras mais claras a respeito das coisas em que possam acreditar. Agora que correlação implica causalidade, não apenas ficou tudo mais fácil de entender; essa crença mostra que até a ciência deve se curvar à vontade do homem comum".

A ciência "deve curvar-se" à vontade do público?

Os fatos não são fatos?

Mueller expõe com brilhantismo aquilo que muitos de nós já desconfiávamos havia tempo: a falsa correlação infiltrou-se na outrora sagrada fortaleza do pensamento racional, onde os fatos eram submetidos a exames rigorosos.

Confusão nas políticas públicas

O que acontece com a política pública quando problemas econômicos, políticos e sociais são mal diagnosticados como resultado de falsas correlações?

No início deste livro, mencionei os períodos de escassez de água no Norte da Califórnia, que dificultavam a irrigação de vastas extensões de terras destinadas à lavoura e o fornecimento de água a uma população que aumentava excessivamente. Ano após ano, quando as chuvas diminuem, a situação na Califórnia fica um pouco pior. Infelizmente, porém, a seca é um fato histórico inegável nessa região do país.

E o mesmo é dito do aquecimento do mercado de construção civil.

Em 2002, a Califórnia anunciou que sua população já se aproximava dos 35 milhões de habitantes – um aumento de quase 5 milhões em dez anos.[6] E, por volta de 2030, o estado prevê que a população chegará aos 50 milhões. Segundo algumas projeções, esse estado, que é a sétima maior economia do mundo e um viveiro da tecnologia do futuro, não dá sinais de que irá reduzir o ritmo atual de crescimento. Uma das maneiras tácitas de a pequena cidade onde moro controlar seu desenvolvimento consiste em limitar o número de chuveiros, banheiros e pias de cada moradia. Cada uma tem seus "créditos de água", e cada aparelho que usa água recebe um número específico de créditos. Em 2002, a Califórnia anunciou que tinha aproximadamente 35 milhões de habitantes.

Embora isso possa parecer estranho na superfície, até certo ponto é provável que funcione. Em tempos passados, os minúsculos chalés à beira-mar teriam sido demolidos para ceder espaço a grandes mansões, o que não aconteceu, em grande parte, graças à incompatibilidade evidente entre casas imensas e a exigência de um só banheiro. As restrições ao uso da água, ajudadas por uma atuante Carmel Heritage Society, mantiveram a cidade de Carmel pequena e graciosa, um destino muito apreciado pelos milhares de turistas que ali chegam todos os anos para admirar casas e lojas que parecem ter saído de um conto de fadas.

Recentemente, fiz uma pequena reforma em um sobradinho que nunca tivera um banheiro no primeiro piso. Resolvi transformar um *closet* num lavabo, para que os hóspedes não tivessem mais de ir a alguns dos quartos do segundo piso para usar o toalete. Como eu ainda tinha alguns "créditos de água" disponíveis para minha propriedade, fui à prefeitura, paguei as taxas e pedi permissão para instalar um vaso sanitario e uma pia.

Meu pedido foi rapidamente negado.

Quando perguntei sobre o motivo da recusa, uma funcionária agressiva me passou uma lição sobre os problemas com a água em nossa região. Depois de quinze minutos de discussão, para meu alívio, ela finalmente concluiu: "Não podemos simplesmente permitir que as pessoas construam mais um banheiro sempre que isso lhes der na cabeça! O que a senhora acha que aconteceria?".

Refleti sobre isso por um minuto e então respondi: "Mas o fato de ter mais toaletes não me faz ir mais vezes ao banheiro. Darei descarga o mesmo número de vezes, tenha a casa um ou quatorze banheiros".

Ela pareceu confusa. Depois, deu de ombros e manteve a recusa.

Não tive dúvida de que o número de banheiros fora incorretamente associado ao consumo de água, mas aparentemente esse pequeno detalhe não faz mais nenhuma diferença para a elaboração de políticas públicas.

O fato é que o número de descargas só aumenta na proporção em que também aumente o número de pessoas – e não de vasos sanitários – em uma casa. O que não estava claro – ainda não fora estudado – era a relação entre o número de vasos sanitários e o número de ocupantes de uma casa. Esse era o dado crítico ausente, no qual a política pública *deveria* ter se baseado.

Mas esse é só um pequeno exemplo do modo como as falsas correlações conspiram para produzir políticas públicas irracionais. Esse supermeme também tem consequências maiores e mais graves.

Quando descobrimos uma relação entre aids e homossexualidade, os gays masculinos foram condenados ao ostracismo e, com a rapidez de um raio, rotulamos a doença como "problema gay". Quando determinamos que havia uma relação entre nutrição e crime, um programa para mudar a dieta dos prisioneiros foi anunciado como um novo instrumento para a prevenção ao crime. E, quando associamos o tabagismo ao câncer, passamos a proibir o cigarro por toda parte.

Depois, com o passar do tempo, concluímos que a aids não era exclusividade da população gay. É um vírus transmitido por fluidos corporais e que não discrimina preferências sexuais. E embora o regime alimentar seja importante, pouco fez para diminuir a violência nos presídios ou o crescimento dos crimes. E então surgiram notícias de que a *causa* do câncer não eram os cigarros em si, mas, sim, as substâncias químicas que os fabricantes adicionam ao tabaco.

Bem mais tarde, também soubemos que as crianças que dormem com luz acesa não são mais propensas a ter miopia, mas que elas provavelmente possam ter pais míopes, que deixam uma luz acesa no quarto delas porque eles próprios precisam de mais luz, e passam esse traço geneticamente herdado aos filhos. Também mudamos de posição em relação às vacinas contra a gripe, ao Tratado Norte-Americano de Livre Comércio (NAFTA, *North American Free Trade Agreement*), à filtragem racial e à simulação de afogamento – em todos os casos, porque as falsas correlações foram erroneamente consideradas como causa.

Embora as correlações rápidas possam ser atraentes, elas pouco fazem para deslindar as causas complexas e interligadas dos problemas que a humanidade deve hoje resolver.

Quanto mais confiarmos nas falsas correlações e flexibilizarmos nossos critérios para a obtenção de provas, mais abriremos as comportas para crenças e comportamentos irracionais. Esse tem sido o padrão histórico de todas as grandes civilizações, e nós, no século XXI, não estamos imunes a ele.

Tomemos como exemplo a deterioração do sistema público de educação. Há um número tão elevado de falsas correlações – opiniões e estudos afins – que tentam explicar por que nossas escolas públicas estão decadentes, que ficou impossível descobrir qual é o problema real.

Todos sabem que, há várias décadas, a educação pública nos Estados Unidos vem decaindo sistematicamente, sobretudo quando a comparamos com os padrões globais. Novos modelos de testes apontam para um perigoso declínio em matemática, ciências e escrita em todas as faixas etárias.[7] Embora a taxa de evasão escolar do ensino médio tenha caído de 15% em 1972 para 11% em 2008, infelizmente esse progresso seguiu parâmetros raciais e socioeconômicos. Hoje, só 2,7% das crianças de famílias de alta renda abandonam o ensino médio, enquanto quase 24% das crianças oriundas de famílias de baixa renda não concluem o curso. Um exame mais cuidadoso revela que quase um terço dos alunos hispânicos abandona a escola, seguido por 14% de afro-americanos, em comparação com o índice de evasão observado entre crianças de descendência caucasiana.

Ao lado da crescente pressão dos pais sobre as crianças de famílias de alta renda, muito estimuladas a frequentar alguma das grandes universidades, uma das consequências nocivas do alto índice de evasão tem sido a "inflação de notas".[8] Inflação de notas é a tendência a atribuir aos alunos notas e conceitos mais altos por um desempenho que, se fossem aplicados critérios mais rigorosos, eles não mereceriam. Desde o começo da década de 1960, as notas vêm aumentando cada vez mais. Dependendo do estudo que consultarmos, podemos observar que esse aumento passou de um quarto para um nos últimos dez anos, justamente um período em que todos os testes padrão revelam que o aprendizado genuíno segue exatamente o caminho oposto.

A atribuição de notas e conceitos altos tem muitos benefícios. Menos deveres de casa, menos (e mais fáceis) testes, boletins escolares mais elucidativos e maior acesso ao ensino superior deixam todos felizes – alunos, pais, escolas, delegacias de ensino e as mais altas instâncias educacionais de um país.

Infelizmente, essa linda história tem um pequeno efeito colateral: ninguém está aprendendo nada.

Já faz muitas décadas que um debate passional tenta resolver a questão da falência do sistema de ensino público. Estranhamente, os aspectos raciais e socioeconômicos raramente entram nessa discussão, apesar dos fortes indícios de que a taxa de evasão escolar seja influenciada por eles. Supostamente, com o aprimoramento total do sistema, os benefícios daí decorrentes atingiriam todos os estudantes de todos os grupos étnicos. Pelo menos, esse é o pressuposto.

Um grupo afirma que os professores precisam ser mais responsabilizados pelo seu trabalho, e esse grupo sugere a abolição dos cargos efetivos e a aplicação de testes regulares aos professores. Alguns dizem que os salários do magistério são muito baixos, e que isso resulta na contratação de educadores menos qualificados, aqueles que ficam à margem das ocupações mais bem remuneradas do mercado de trabalho. Outros culpam os sindicatos por manterem professores mal preparados no sistema mesmo que a qualidade de seu trabalho já não seja a mesma de antes.

Há também um grupo para o qual a falta de envolvimento dos pais é a raiz do problema. Nos lares em que pai e mãe trabalham fora, muitos deles não sabem o que seus filhos estão estudando na escola, se estão ou não tendo problemas, ou mesmo se os professores lhes passam deveres de casa. Outros culpam os pais por superprotegerem os filhos e incutir-lhes a ideia de que o mundo lhes deve tudo*, o que os desestimula a conquistar as coisas por esforço próprio. Outros, ainda, culpam o governo por financiar mal a educação. Esses afirmam que as "causas" principais do fracasso de professores e alunos são a falta de dinheiro para a formação dos professores, as escolas dilapidadas, os livros didáticos e computadores obsoletos, as refeições pouco ou nada saudáveis e os baixos salários dos professores.

---

* A autora se refere explicitamente ao *sense of entitlement* ("sentido de direito", em tradução literal), que caracteriza o chamado "transtorno de personalidade narcísica". Entre outras características, a criança assim diagnosticada tem uma convicção grandiosa de sua própria importância, espera ser reconhecida sem apresentar realizações proporcionais a esse desejo, alimenta um "sentido de direito" despropositado e geralmente superestima suas capacidades e habilidades. (N. do T.)

Essas, porém, são apenas algumas das razões pelas quais o ensino público pode estar em decadência nos Estados Unidos.

Quando acrescentamos a esses argumentos o número cada vez maior de crianças que hoje sofrem de depressão e apresentam tendências suicidas e homicidas, emerge um quadro mais claro e perturbador.[9] O problema da educação pública é extremamente complexo e sistêmico, e é improvável que consigamos resolvê-lo mediante a simples atualização dos livros didáticos e o aumento dos salários.

O dr. Yaneer Bar-Yam resume o perigoso papel que as falsas correlações desempenham no diagnóstico incorreto da decadência das escolas públicas:

> Em 1983, a Comissão Nacional sobre a Excelência em Educação (National Committee on Excellence in Education) publicou um relatório intitulado A Nation at Risk, que era um chamado às armas para o aprimoramento do sistema educacional [dos Estados Unidos] em face da competição internacional. Pelo que se depreende dos resultados das pontuações obtidas em matemática e ciências, os Estados Unidos estão bem atrás de muitos países do mundo atual. Quando muito, podemos dizer que os resultados pioraram em vez de melhorar com o tempo. Se olharmos para essa pontuação dos testes como indicadores de sucesso no futuro, estaremos aparentemente diante de um paradoxo: mesmo com muitos anos de baixa pontuação, nossa economia encontra-se extremamente forte – como interpretar esses dados? Isso significará que matemática e ciências não têm nada a ver com sucesso econômico ou que têm uma relação inversamente proporcional ao sucesso? Sem dúvida, não parece fazer sentido.[10]

Bar-Yam apresenta também uma argumentação fulminante. Uma relação inversa entre a pontuação declinante em matemática e ciências e uma poderosa economia poderia nos levar a concluir que uma população menos instruída é mais produtiva e economicamente viável. Contudo, examinemos por um instante as implicações de chegar a essa conclusão. Imagine o impacto que a correlação de estatísticas equivocadas, obtidas erroneamente, poderia exercer sobre o futuro da educação pública. Por exemplo, se a economia cresce à medida que a pontuação em matemática e ciências diminui, por que não eliminar totalmente essas duas disciplinas?

A compreensão de relações causais em condições caóticas e complexas requer o compromisso com os mais elevados padrões de comprovação científica, não importa quanto tempo isso demore. Contudo, num mundo impaciente, *viciado em correlações*, os padrões científicos foram degradados para que pudessem acomodar correlações simplistas que quase sempre guardam pouca ou nenhuma relação com as causas fundamentais.

Correlação e impasse

Quando uma sociedade aceita passivamente a correlação como um substituto da causalidade, ela lança programas sociais voltados para um milhão de sintomas sem nunca chegar à raiz dos problemas. Por um breve período de tempo, os sintomas podem diminuir de intensidade. Os problemas podem até desaparecer. Mais tarde, porém, eles reaparecem, dessa vez, com superpoderes.

O alívio temporário é um ardil – e um ardil perigoso.

A confusão a respeito da preservação da água é um exemplo perfeito de como as falsas correlações passam a impressão de que a escassez de água pode ser resolvida *simplesmente usando-se menos água*.

O dr. Martin Parry, professor do Grantham Institute for Climate Change e do Centre for Environmental Policy, no Imperial College de Londres, foi a primeira pessoa a lançar luz sobre o papel que os paliativos – como a conservação – desempenham na solução de problemas complexos. Na opinião dele, o objetivo do paliativo é apenas diminuir a gravidade dos fatos que uma sociedade deve um dia enfrentar, caso queira sobreviver. Segundo Parry, a mitigação insuficiente produz "déficits de adaptação" que, ao fim e ao cabo, acabam configurando correções extremas e dolorosas.

Parry entende que, embora a mitigação bem-sucedida possa reduzir temporariamente as dimensões do problema, *jamais poderá resolvê-lo*. É por isso que usamos o termo "mitigação". Na condição de copresidente do Painel Intergovernamental sobre o Controle do Clima de 2008, Parry aplica sua observação ao movimento ecológico: "Toda a atenção se voltou para a mitigação, mas esse problema não comporta paliativos. Hoje, temos uma opção entre um futuro com um mundo espoliado ou um mundo gravemente espoliado". Seja qual for o problema – um cataclismo econômico, político ou social –, as medidas drásticas que teremos de tomar quando um contratempo ameaçar nossa sobrevivência dependerão das coisas que fizemos ao longo do caminho para *diminuir* o impacto desse problema.

Contudo, a chave aqui é "diminuir" o impacto do problema. A mitigação não se destina a resolver nossas questões e nossos conflitos. Segundo Parry, uma rocha pode estar descendo montanha abaixo diretamente em nossa direção, mas o esforço que empregarmos para reduzir sua velocidade e parti-la em fragmentos é o que vai determinar a magnitude dos danos que sofreremos quando a rocha atingir o solo.

Engenharia reversa

Substituir causalidade por correlação é uma coisa, mas também há outras maneiras de impedir que os fatos sejam vistos com clareza quando uma sociedade atinge o limite cognitivo e começa a substituir conhecimento por crença.

No século XXI, tornamo-nos especialistas em juntar fatos para corroborar as conclusões a que queremos chegar e, depois, organizar esses dados em forma de argumentos lógicos e plausíveis. Em marketing, damos a isso o nome de *spin**, mas na comunidade científica essa estratégia é conhecida como "engenharia reversa".

Por exemplo, é assim que determinamos a causa de um acidente aéreo. Depois que um deles acontece, costuma-se recuperar a "caixa preta" com o gravador de dados de voo e remontar todas as peças remanescentes da aeronave para descobrir o que a fez cair. Usamos essa mesma técnica para localizar incêndios premeditados, consertar veículos e "remontar à origem" de fenômenos não observáveis, como os *quarks*.

O objetivo original da engenharia reversa era desconstruir um objeto em seus princípios básicos e tentar reproduzi-los para entender totalmente o que tivesse acontecido. O processo requer que se inicie pelo resultado final e, a partir daí, que se proceda ao desmonte, à análise e à posterior compreensão do funcionamento de todas as peças e todos os componentes.

Em grande parte, trata-se do mesmo processo que usamos para chegar a conclusões sobre as estrelas negras** e os planetas longínquos que estão distantes demais para que possamos estudá-los a partir da

---

* Estratégia que consiste na criação de algo novo a partir de uma ideia ou um produto inovador que já pode existir em outra estrutura. (N. do T.)

** No original, *black stars*. As estrelas negras são alternativas teóricas ao conceito de buraco negro (*black hole*) da relatividade geral. (N. do T.)

fonte original. Após a identificação de um novo fenômeno, usamos nossos conhecimentos científicos para retroajustar leis e teorias conhecidas que possam explicar a reação. Em seguida, criamos testes teóricos para descobrir qual explicação se sustenta. É assim que novas teorias são aceitas ao longo do tempo.

Como a engenharia reversa é tão útil para explicar coisas a milhões de quilômetros de distância, atualmente também a usamos como uma forma conveniente de explicar coisas mais próximas. Em geral, porém, vamos um pouco além da simples explicação. Manipulamos os fatos para que possam ser aplicáveis ao que hoje se conhece como "spin". De fato, nos últimos tempos, a engenharia reversa transformou-se em uma das mais poderosas ferramentas na esfera do mercado de massa; podemos encadear uma série de fatos para produzir praticamente quaisquer resultados que queiramos obter. Como diz o velho ditado, "Se os fatos não se encaixam na teoria, modifique os fatos". Não admira que tenhamos nos tornado tão confusos sobre o que é fato empiricamente comprovado e o que é crença não comprovada.

Há alguns anos, quando eu era uma executiva no Vale do Silício, aprendi uma importante lição sobre como é fácil retroajustar uma história para fazer com que ela se encaixe bem nos fatos.

Eu trabalhava para um cliente que, apesar de ter criado um novo telefone celular, não estava se dando bem no mercado. Em vez de telefones pequenos, com teclados minúsculos e telas coloridas, sensíveis ao toque, meu cliente desenvolvera um grande telefone portátil, com um teclado grande e pilhas igualmente desajeitadas. Era um objeto inadequado, feio e desajeitado – não cabia direito em nenhum bolso.

Usando a engenharia reversa, nossa empresa de marketing tentou descobrir algum uso para esse telefone. Fizemos pesquisas por todo o país, inclusive com discussões de grupo, pesquisas de mercado qualitativas etc. Quando todo esse trabalho chegou ao fim, tivemos nossa resposta: o telefone grande, com funções limitadas, era ideal para pessoas mais velhas. O aparelho foi então repaginado e tornou-se um ícone entre os idosos que precisavam de um teclado maior e só queriam fazer e receber chamadas. Assim, a empresa foi imediatamente reposicionada, dessa vez como fornecedora de uma tecnologia fácil de usar. Toda a literatura sobre essa empresa, seu site e seus anúncios publicitários foi reformulada para se ajustar a essa nova posição: uma tecnologia fácil de usar, elegante e funcional para os idosos.

Bom trabalho.

Recentemente, em visita a uma instituição de caridade, tive a oportunidade de conhecer o novo CEO da empresa que a mantinha. Ele não sabia que eu já havia trabalhado para a empresa e então começou a me contar sobre o sucesso dela, explicando que fora expressamente criada para oferecer tecnologia a consumidores de mais idade. Ele falava com sinceridade sobre as origens da empresa, mas também era extremamente inexato. Na opinião dele, o sucesso do celular para os mais velhos havia sido o resultado planejado de uma estratégia empresarial premeditada. Na verdade, essa estratégia tinha sido redirecionada com a finalidade expressa de transformar um produto "encalhado" num sucesso de vendas.

Sem dúvida, eu tive em minha frente um exemplo de revisionismo histórico...

Portanto, a engenharia reversa tornou-se uma prática aceita na sociedade moderna. Os fatos tornam-se obscuros e a história é simplesmente reformulada para se amoldar a novas conclusões – o que torna o conhecimento ainda muito mais difícil de discernir.

Em política, a engenharia reversa também se tornou lugar-comum. Frequentemente, quando presidentes terminam seus mandatos, suas verdadeiras intenções são submetidas a um processo de engenharia reversa para se ajustarem a seu histórico no cargo. Hoje, o sucesso do presidente Nixon em abrir relações com a China faz com que seu envolvimento no escândalo de Watergate pareça uma retaliação partidária. Mesmo a invasão do Iraque, originalmente baseada na ameaça de "armas de destruição em massa", foi repaginada como uma oportunidade única de levar democracia e estabilização ao Oriente Médio. Tomemos qualquer líder de qualquer país e observemos como, com o passar do tempo, seus erros são manipulados e se convertem em histórias idealizadas, cheias de lances de heroísmo e lógica. Mas isso não deve nos surpreender. Quando a complexidade torna difícil obter fatos e conhecimentos, não demoramos a mostrar que somos um organismo suscetível às crenças. Transformar história em ficção é apenas mais um exemplo desse fenômeno.

Quando se aplica a engenharia reversa a problemas extremamente complexos, como recessão global, terrorismo ou segurança aérea, ela também gera conclusões inexatas e perigosas.[11] Por exemplo, em seu tratado *Reverse Engineering Gone Wrong: A Case Study* [Quando a Engenharia Reversa não Dá Certo: Um Estudo de Caso], A. J. McEvily mostra como a complexidade não se presta à desconstrução:

> Quando se faz a inspeção [de um avião particular] depois de duas mil horas de voo, o mancal e as buchas de fixação são inspecionados e substituídos se estiverem gastos. No presente caso, descobriu-se que essas peças precisavam ser substituídas. Contudo, o fabricante original da válvula borboleta havia saído do ramo, e um segundo fabricante providenciou as peças de reposição.
>
> O segundo fabricante usou um processo conhecido como engenharia reversa para fabricar as partes. Isto é, ele tentou copiar em detalhes as características do mancal e das buchas de fixação. Contudo, a importância do tratamento térmico foi

> menosprezada e, como resultado, a válvula borboleta funcionou mal durante o voo e provocou a queda do avião.

A tentativa de reproduzir uma simples válvula borboleta mostra como é fácil negligenciar características essenciais e chegar a conclusões erradas quando tentamos desconstruir muitos, muitos processos inter-relacionados. A probabilidade de esquecer um único elemento aumenta exponencialmente quando a complexidade de nossa tecnologia e de nossas circunstâncias também se torna bem maior. Portanto, quando o que está em jogo é a segurança aérea, o socorro financeiro a empresas, a escalada do crime e o manejo do lixo nuclear, a engenharia reversa leva frequentemente a resultados catastróficos.

A democratização do fato

Há algumas noites, ouvi o humorista popular Jon Stewart reclamar da popularidade da Wikipedia.

Caso você não esteja familiarizado com a Wikipedia, saiba que é uma enciclopédia *on-line* gratuita, que todos podem editar e aperfeiçoar, independentemente de sua formação, suas credenciais ou tendências. A ideia por trás desse site é que os erros serão organicamente corrigidos pelos próprios usuários: quando eles encontram algo errado, podem fazer correções em tempo real. Assim, os fundadores da Wikipedia esperam que o conjunto das informações da humanidade permaneça corrente, exato e acessível ao público em geral.

Para dar uma ideia de como a Wikipedia foi bem-sucedida, em 2009 o site oferecia mais de 3 milhões de artigos sobre uma vasta gama de assuntos, e a enciclopédia *on-line* vinha crescendo rapidamente. Segundo os fundadores da Wikipedia, "numa comparação *pregressa* entre enciclopédias, a Wikipedia tinha cerca de 1,4 milhão de artigos com

340 milhões de palavras, a Enciclopédia Britânica tinha aproximadamente 85 mil artigos com 55 milhões de palavras, e a Encarta, da Microsoft, mais ou menos 63 mil artigos e 40 milhões de palavras".[12]

Além disso, segundo o comScore, um líder em estatísticas do mundo digital que avalia e monitora os usuários da internet, aproximadamente 326 milhões de usuários por mês usam a Wikipedia como fonte de informação.

Em resposta, Jon Stewart recentemente lembrou aos usuários os riscos de confiar em especialistas anônimos, particularmente quando não há nenhuma garantia de que as informações sejam corretas: "Desde quando os fatos são algo em que apostamos? Segundo a Wikipedia, se todos nós estivermos de acordo, o que ali se apresenta são fatos. Basta isso para termos um fato? É só uma questão de concordar? Sempre achei que fatos fossem outra coisa".

Que significado nos é passado quando fatos são determinados por consenso? E será isso incomum? Afinal, as pesquisas de opinião mostram que uma maioria esmagadora de norte-americanos acredita que O. J. Simpson assassinou sua esposa mesmo tendo sido absolvido por um júri no tribunal de justiça. Não seria esse um exemplo de *fato por consenso*? Que tal culpar três executivos da indústria automobilística pelo fracasso dessa indústria? Mais um *fato por consenso*. E não nos esqueçamos das vantagens de reciclar nosso lixo toda semana. De novo, consenso unilateral.

Como hoje sabemos, quando os fatos ficam extremamente difíceis de obter, são substituídos por crenças irracionais. Às vezes, essas crenças são baseadas em falsas correlações, às vezes resultam de lógica manipuladora, outras vezes são simplesmente baseadas na popularidade.

Contudo, sem um rigoroso apego aos fatos, perdemos nossa capacidade de determinar o que está causando nossas maiores ameaças. E assim, simplesmente começamos a aceitar que as crenças tomem o lugar do conhecimento.

Certa tarde, eu tive a oportunidade de ouvir ao vivo o discurso de Alan Greenspan, ex-*chairman* do Federal Reserve* e ícone financeiro que habitualmente falava duas vezes por ano para os membros do Congresso.[13] Enquanto Greenspan calculava cada palavra com grande cuidado, precavendo-se contra a ativação dos supermemes de oposição e personalização, ele lidava calmamente com uma correlação implícita depois de outra. Finalmente, num raro momento de impaciência, ele olhou para o público e disse: "Cavalheiros, todos os que estão aqui têm o direito de expressar suas opiniões, mas nenhum direito de criar os próprios fatos".[14]

Uma bela advertência do grande mestre da complexidade em pessoa.

* O Federal Reserve corresponde, para nós, ao Banco Central do Brasil. (N. do T.)

— 7 —

Pensamento em silo*

O quarto supermeme

No dia 9 de setembro de 2009, duas lendas da ciência, James Watson – que, junto com Francis Crick, ganhou o Prêmio Nobel pela descoberta da estrutura do DNA – e E. O. Wilson, naturalista de fama mundial e pai da Sociobiologia, ocupavam o mesmo palco de um pequeno teatro na Harvard University.[1] Wilson, já na casa dos 80 anos nessa época e usando seu habitual casacão esportivo de cor cáqui e gravata, tinha a aparência esguia e ágil de um pós-graduando. Watson, também na mesma faixa etária, chegou trajando um terno de linho branco e com toda a autoridade de um senador do Sul do país. Quando os dois titãs se acomodaram, cada um de um lado do mediador, a sala ficou silenciosa, aparentemente em suspenso à espera do que viria.

Foi um momento histórico. Watson e Wilson tinham sido rivais ferrenhos no universo da biologia por quase um quarto de século.

Em algum momento da década de 1950, Watson tivera a ousadia de comparar a obra de Wilson em história natural a uma "coleção de selos". E foi aí que tudo começou.

Depois, Wilson contra-atacou, sugerindo que a pesquisa de Watson poderia se ajustar melhor ao departamento de química, porque ele parecia não entender direito qual era o objetivo da biologia.

Com o tempo, à medida que a biologia molecular ganhava cada vez mais atenção, a rivalidade entre os dois cientistas vazou para o público em geral.

---

* A expressão *silo thinking* designa o que acontece numa organização em que tudo gira em torno do conceito de funções e departamentos individuais, um comportamento que leva à centralização da informação, ao estímulo à introversão e à redução da eficiência. (N. do T.)

Watson insistia em afirmar que maiores recursos orçamentários deveriam ser destinados à pesquisa em microbiologia.[2] Ele rejeitava a biologia evolutiva como um sapato velho, denunciava a ecologia e declarava que a genética era a fronteira legítima da biologia. Mais tarde, Wilson retrucou: em sua autobiografia, Wilson chamou Watson de "o Calígula da biologia".

As coisas continuaram nesse pé por muitas décadas, com avanços e recuos. A biologia foi partida ao meio, e dois gigantes travavam uma batalha pelo futuro dela.

Naquela noite específica, porém, numa inesperada mudança de atitude, os dois homens reconheceram a contribuição de cada um à ciência, e tive a impressão de que estavam sendo sinceros. Wilson foi o primeiro a reconhecer que, no fim das contas, a aspereza da competição entre eles havia trazido bons resultados para ambos. Watson fora um adversário tão qualificado que forçara Wilson a avançar em sua pesquisa e abordagem. Quando o mediador comentou sua resistência inicial à biologia molecular, Wilson fez uma surpreendente confissão: "Eu estava errado", disse ele, dando de ombros. Em seguida, ele mostrou como a obra de Watson tinha se mostrado crucial para a biologia evolutiva: graças à descoberta do DNA, os biólogos finalmente tinham as ferramentas de que precisavam para reconstituir a evolução de todas as espécies. Grande parte das conjecturas fora então eliminada.

Watson concordou com Wilson. Em sua opinião, não havia mais nada a discutir: a evolução é explicada pela biologia celular, e a biologia celular é claramente explicada pela evolução. Com o passar do tempo, as duas haviam convergido.

As hostilidades entre os dois estavam, portanto, suspensas.

Seja pela sabedoria e elegância que vêm com a idade, pelo avanço natural da ciência ou pela crença de Wilson na unificação do conhecimento, que veio em 1998 com sua publicação de Consilience: The Unity of Knowledge, o fato é que uma rivalidade outrora feroz fora substituída por um profundo respeito mútuo.[3] Naquela noite, dois gigantes da biologia estiveram juntos num pequeno palco em Harvard, velhos amigos unidos pelo desejo comum de desvendar os segredos da vida na Terra.

O QUE GERALMENTE acontece é que a realidade mais ampla é impossível de perceber, sobretudo quando nos mantemos apegados à pequena imagem que temos diante de nós. Num primeiro momento, talvez não consigamos entender o que a dupla hélice do DNA tem a ver com a evolução, e vice-versa, ou talvez nos perguntemos de que modo a doutrina religiosa poderá um dia reconciliar-se com os princípios da evolução. À primeira vista, talvez não fique claro o que a física tem a ver com a psicologia, a psicologia com a geologia e a geologia com a economia. E daí?

Como Wilson e Watson descobriram, depois de décadas de inimizade, *isso não significa que um ponto de observação esteja certo, e o outro, errado*. Significa apenas que não descobrimos como eles funcionam em conjunto no contexto de um sistema maior e mais expansivo. Isso às vezes se deve a nossa própria miopia, mas geralmente a razão está no fato de que nosso cérebro ainda pode não ser capaz de fazer essas conexões complexas. Afinal, há limites biológicos e cognitivos ao que somos capazes de entender. Há ocasiões em que a realidade é muito mais ampla do que parece.

Silos impenetráveis

O cérebro humano tende naturalmente a tentar reduzir a complexidade, decompondo-a em componentes distintos, fáceis de lidar. Esse fenômeno manifesta-se de muitas maneiras: divisões corporativas impenetráveis, departamentos de governo, disciplinas acadêmicas e seitas religiosas. Generalistas são substituídos por "especialistas" em campos cada vez mais estreitos, e objetivos estratégicos são reduzidos a objetivos minúsculos que podem ser mensurados e rastreados, e pelos quais pessoas isoladas podem ser responsabilizadas. Se a soma for maior do que as partes, por que então não iniciar pela soma e dividi-la em partes menores para poder começar? Parece uma abordagem sensata.

Mas... Será mesmo?

O quarto supermeme é o pensamento em silo: ideias e comportamentos compartimentados que impedem a colaboração necessária à solução de problemas de extrema complexidade.

Em vez de estimular a cooperação entre pessoas e grupos que têm um mesmo objetivo, o pensamento em silo leva à desestabilização, competição e dissidência. Como a mentalidade de silo não permite o compartilhamento e a coordenação entre fronteiras organizacionais, a informação, já por si difícil de adquirir, torna-se ainda mais inacessível. Carol Kinsey Goman descreve o efeito do pensamento em silo em seu artigo "Tearing Down Business 'Silos'" ["Destruindo os 'Silos' Empresariais"]:

> Já tive uma experiência pessoal do que os silos podem fazer a uma empresa: a organização desintegra-se e assume a forma de grupo em campos distintos, com pouco incentivo à colaboração, à troca de informações e ao trabalho conjunto, aquele que procura obter resultados críticos. Diferentes grupos demarcam fronteiras inacessíveis, neutralizando a eficiência das pessoas que têm de interagir entre elas. Os líderes locais concentram-se no cumprimento de suas agendas pessoais – frequentemente à custa dos objetivos do resto da organização. As inevitáveis batalhas internas a respeito de autoridade, finanças e recursos acabam com a produtividade e põem em risco a realização dos objetivos da empresa.[4]

Hoje, os silos existem por toda parte. A CIA não fala com o FBI e o departamento de física não põe os pés no prédio de economia. Ambientalistas não falam com executivos do setor petrolífero, acusados não falam com promotores públicos, republicanos não falam com democratas, médicos não falam com companhias de seguros e a Al Qaeda não fala com ninguém.

E ainda perguntamos por que a sociedade está num beco sem saída e os problemas – enormes, complexos e sistêmicos – pioram dia após dia.

As três soluções improvisadas

Um dos exemplos mais assustadores que o pensamento em silo exerce sobre o atraso do progresso humano pode ser encontrado na indústria de assistência médica.

De acordo com o Instituto de Medicina [Institute of Medicine], de 1993 a 2003 a população dos Estados Unidos aumentou 12% e os atendimentos de emergência saltaram para mais de 27%. E pesquisas recentes indicam que o problema vem aumentando exponencialmente, piorando a cada ano.[5] Por que as coisas são assim?

Num voo internacional recente, tive a sorte de sentar ao lado do vice-presidente executivo de uma das maiores companhias de seguros de saúde do país. Esse homem, muito articulado e bem-vestido, era um ex-cirurgião que tinha vendido sua clínica muitos anos atrás, com o objetivo de introduzir mudanças reais no sistema de saúde. Do ponto de vista dele, as companhias de seguros tinham a maioria das cartas na mão.[6]

Quando lhe perguntei o que pensava sobre a iniciativa de "opção pública" do sistema de saúde norte-americano, ele disse que *nenhum aumento de gastos com o* Medicare *ou o* Medicaid* *resolveria o problema.* Depois, explicou que a melhor maneira de entender a indústria de assistência médica consiste em vê-la como três silos independentes: hospitais, médicos e companhias de seguros.

---

* Em termos gerais, o Medicare é um programa financiado pelo governo federal para idosos de 65 anos ou mais, pessoas de qualquer idade que tenham insuficiência renal ou que não possam trabalhar. O Medicaid é um programa administrado pelo Estado, que fornece seguro de saúde a mais de 30 milhões de beneficiários, tanto jovens como idosos, que têm baixa renda e poucos recursos. (N. do T.)

Prosseguindo, ele disse que hoje, quando damos entrada num pronto-socorro, o médico que vai cuidar de nós praticamente não tem informações sobre nosso estado de saúde anterior à internação. Quando somos levados às pressas para um PS, o médico que nos atende nos desconhece totalmente.

Se tivermos sorte, alguém que nos acompanha dirá a ele o que sabe sobre nosso histórico médico: que medicamentos tomamos, quem é o médico que geralmente nos atende, a que somos alérgicos e outras informações que lhe ocorrerem no momento. Às vezes, a equipe do PS pode obter acesso a alguns de nossos registros médicos e criar um perfil capaz de ajudar o médico a diagnosticar, mas, na melhor das hipóteses, esse processo será aleatório, apressado e inconcluso. Na maioria dos casos, o médico de plantão precisa fazer algum tipo de adivinhação, interpretando nossos sintomas sem conhecer nenhum detalhe sobre nosso prontuário médico.

O médico do PS do qual estamos dependendo nesse momento crítico não tem dados de referência sobre nós, de modo que coisas que seriam perfeitamente normais para o *nosso* corpo – mas não para outra pessoa – serão muito provavelmente tratadas como um dos sintomas relacionados ao nosso problema. Por exemplo, o médico de plantão não tem como saber que nosso coração bate um pouco mais rápido desde o dia em que nascemos ou que nossa temperatura sempre foi meio alta, ou que tivemos tornozelos intumescidos a vida toda, exatamente como nossa mãe, avó e bisavó.

Na verdade, o médico do PS foi treinado para usar os parâmetros aplicáveis a tudo que é "comum". Qualquer sintoma que não se encaixe nisso será interpretado como um sintoma "irregular", que será considerado no diagnóstico final – é pouco importante se o sintoma é ou não perfeitamente normal para o nosso corpo.

Portanto, muitas vezes, os diagnósticos e tratamentos nos prontos-socorros são especulativos – o resultado do "melhor palpite" do plantonista.

E as estatísticas resultantes desses "melhores palpites" são desanimadoras. Segundo o *New England Journal of Medicine*, há uma probabilidade de 34% de que um paciente de PS seja novamente internado num período de noventa dias.

O pior, porém, vem a seguir.

No período de um ano, mais de 50% dos que foram liberados depois de uma cirurgia foram reinternados ou morreram cerca de um ano depois de terem recebido alta.

Portanto, a que tipos de tratamento de emergência esses pacientes são submetidos?

Quando os mais altos índices de reinternação nos primeiros trinta dias foram examinados, soube-se que os candidatos mais prováveis tinham as seguintes doenças:[7]

1. Insuficiência Cardíaca Congestiva, 27%;
2. Psicoses, 25%;
3. Doença Vascular, 24%;
4. Doença Pulmonar Obstrutiva Crônica, 23%.

Um quarto dos pacientes com quadros de infarto, psicoses, doença vascular e problemas pulmonares retornam ao PS dentro de quatro semanas. Como isso é possível?

Em teoria, qualquer paciente com uma enfermidade grave procuraria seu médico particular depois de passar por um pronto-socorro, para que não precisasse voltar para lá outra vez.

É nesse ponto que passamos para o segundo silo: os médicos.

Hoje em dia, os médicos que tratam dos pacientes do sistema Medicare precisam atender de quatro a seis pacientes por hora, se quiserem se manter profissionalmente ativos. Faça as contas: isso significa que qualquer médico que hoje trabalhe para o *Medicare* pode dispor de dez a quinze minutos por paciente se ele não quiser pagar para trabalhar.

Isso significa que, quando tivermos uma grave complicação depois de nossa primeira passagem pelo PS, nosso médico, que já terá usado seus quinze minutos, poderá escolher entre duas opções: se houver tempo, ele poderá nos encaminhar para um especialista que também terá quinze minutos para nos atender; do contrário, ele nos mandará de volta para o PS – o mesmo lugar que nos diagnosticou de forma errada da primeira vez. Há cada vez mais casos de pacientes que são simplesmente orientados a retornar ao PS.

Depois disso, as coisas começam a degringolar rapidamente.

Embora nosso médico (silo 1) talvez não possa nos ver tanto quanto precisaria, o hospital (silo 2) fica feliz por nos readmitir no PS tantas vezes quantas forem necessárias. O dinheiro ganho pelo hospital será o mesmo, independentemente do fato de sermos um novo paciente ou de estarmos retornando.

Na verdade, os pacientes que retornam representam hoje uma porcentagem significativa do fluxo contábil de um hospital, a tal ponto que em certo sentido o diagnóstico errado seguido pela readmissão tornou-se uma inesperada fonte de renda. Em 2009, mais de US$ 17,4 bilhões foram pagos aos hospitais por reentradas em prontos-socorros. Esse número vem aumentando exponencialmente à medida que os médicos reencaminham pacientes com problemas graves – que não podem ser ajudados em apenas dez ou quinze minutos – para o PS.

E há também o terceiro silo: as companhias de seguros.

Toda vez que sou atendida num PS, minha companhia de seguros desembolsa muitos dólares para um hospital que ganha dinheiro com readmissões de pacientes. Como meu médico sabe que o PS ficará feliz em me aceitar, ele não tem nenhum estímulo para agir de outro modo. E as empresas de seguros simplesmente aumentam suas mensalidades para poderem cobrir suas despesas. Como o PS não dispõe dos prontuários médicos necessários para o diagnóstico e o tratamento apropriado de pacientes em estado crítico, o número de óbitos e readmissões continua a aumentar descontroladamente, assim como os custos.

É um círculo vicioso, e, durante todo o tempo, são os pacientes que arcam com o preço.

Em 2009, a Anthem Blue Cross da Califórnia aumentou meu plano de saúde em quase 30%, apesar de meu histórico indicar que meus gastos médicos são poucos, que não sou portadora de doenças ou lesões preexistentes etc. Quando telefonei para saber o motivo do aumento, ouvi o seguinte: "Isso acontece com todos os tipos de planos, não apenas com o seu. Precisamos aumentar as mensalidades para podermos cobrir os custos adicionais. Não é nada pessoal; todos tiveram o mesmo aumento".

Nada pessoal? Por que motivo, então, o dinheiro está saindo da minha conta bancária *pessoal*?

E então, em fevereiro de 2010, num discurso à nação a respeito da reforma do sistema de saúde, o presidente Obama citou a Anthem Blue Cross como exemplo de seguradora de saúde que está fora da realidade.[8] Logo depois, o Congresso dos Estados Unidos e o comissário de seguros da Califórnia abriram suas próprias investigações sobre os aumentos feitos pela Anthem.

Contudo, tomar a Anthem Blue Cross como alvo equivale mais ou menos a atribuir a culpa da recessão global a alguns executivos da indústria automobilística de Detroit ou a um punhado de instituições financeiras. Responsabilizar uma empresa de seguros não vai eliminar o pensamento em silo, que é a causa principal da crise do sistema de saúde. Daqui a pouco estaremos perguntando aos executivos da Anthem se eles costumam ir a Washington em seus jatinhos particulares.

Hoje, os planos de saúde dos Estados Unidos pagam o maior valor *per capita* de todos os países do mundo, mas, em termos de qualidade, o país ocupa a 37ª posição entre os 191 membros da Organização Mundial da Saúde (OMS).[9]

Para não dizer algo pior, ainda há muito chão para melhorar as coisas.

O executivo que conheci no avião via uma oportunidade colossal para as companhias de seguro privado reduzirem os custos e melhorarem os serviços. Para isso, bastaria que elas disponibilizassem informações básicas e o histórico médico de todo e qualquer paciente que desse entrada no PS – uma iniciativa que exigiria o trabalho conjunto de todos os três silos. De imediato, isso daria mais qualidade aos diagnósticos feitos no PS e reduziria o número de readmissões, algo que, na opinião dele, seria uma maneira imediata de interromper a escalada dos preços.

Assim como Dean Kamen e outros inovadores, ele também acredita que o maior desafio enfrentado pelos Estados Unidos não é a tecnologia, mas, sim, o pensamento em silo. Embora todos pareçam saber qual é o problema e o que fazer para resolvê-lo, hospitais, médicos e empresas de seguros acreditam que não compete a eles coletar, atualizar e distribuir informações sobre os pacientes.

O pensamento em silo torna extremamente difícil resolver um problema sistêmico, pois nenhum silo é responsável pelo problema geral.

O sistema de saúde é apenas um exemplo de pensamento em silo. Por onde quer que olhemos, o silo obstrui o caminho que poderia levar à solução dos problemas.

Até os recentes ataques de 11 de Setembro e a tentativa fracassada de explodir o voo da Northwest Airlines para Detroit, ninguém questionava o fato de a CIA e o FBI trabalharem cada um por si, praticamente sem compartilharem informações. Depois, novos ataques aumentaram a necessidade de maior cooperação entre as agências do governo. Também se reconheceu que o maior compartilhamento de informações entre o governo e o universo acadêmico – informações extremamente caras e difíceis de obter – seria benéfico para os departamentos de pesquisa das principais universidades. Diante desse fato, a CIA ampliou o programa Measurements of Earth Data for Environmental Analysis (MEDEA, Medições de Dados da Terra para Análise Ambiental), para disponibilizar informações até então confidenciais aos grupos de estudos ambientais.[10] Isso significa que informações caras, que a CIA já possuía, não teriam de ser reproduzidas pelas instituições de ensino superior.

Não demorou muito para que a CIA se visse sob fogo cerrado por essa tentativa de colaborar. Na *Business Week*, Saul Kaplan diz que "os sábios dos noticiários da TV por assinatura acusaram a CIA de negligência, argumentando que compartilhar dados com cientistas ligados às questões ambientais era um desvio de sua missão central de proteger o público norte-americano". Em seguida, Kaplan passou a fustigar a mentalidade de silo:

> Acontece que esses sábios estão errados. A CIA e todas as agências do Departamento de Segurança Interna dos Estados Unidos deveriam estar colaborando mais e fazendo mais, e não menos, compartilhamentos de dados interagências. A proteção a dados, recursos e áreas de influência resultou na confusão atual. Talvez, se o enfoque tivesse se voltado para as redes de comunicação e o compartilhamento de dados entre os silos, os Estados Unidos fossem hoje um país mais seguro.

Portanto, quando o *pensamento* em silo torna-se um supermeme solidamente arraigado, fica cada vez mais difícil partilhar recursos e, como resultado, a informação torna-se ainda mais difícil de ser obtida. Tempo e recursos são gastos quando cada agência tenta reproduzir sozinhas o trabalho de outras, e as soluções conjuntas, necessárias para a solução de problemas mais complexos e graves, ficam mais distantes ainda.

Outro exemplo de como o pensamento em silo inibe o progresso pode ser encontrado entre o crescente número de organizações sem fins lucrativos. É chocante constatar quantas organizações independentes, sem fins lucrativos, tentam resolver os mesmos problemas.[11] No condado de Monterrey, onde moro, há aproximadamente 1.212 dessas organizações, todas registradas. Trocando em miúdos, isso significa que há aproximadamente três delas para cada mil habitantes – cada qual competindo pelo mesmo financiamento todos os anos.

Contudo, o que fazem todas essas organizações independentes? Será que realmente existem 1.212 problemas específicos e sem conexões aparentes, esperando para ser resolvidos?

Acredito que não.

Depois do terremoto de 2010 no Haiti, o aumento dos silos sem fins lucrativos, com objetivos idênticos, tornou-se tristemente notório.[12] Novecentas organizações voluntárias e governamentais aterrissaram simultaneamente na ilha, cada uma com suas equipes e doações. Embora todas fossem bem-intencionadas, quando tantas pessoas pertencentes a tantas organizações diferentes chegaram ao país, não havia como recebê-las nos portos e aeroportos em péssimo estado. Em muitos casos, voluntários sem treinamento ou competência chegaram antes de médicos, enfermeiros e equipes de salvamento, isto é, das pessoas que eram extremamente necessárias naquele momento e que os militares haitianos tiveram de mandar para ilhas vizinhas até que o congestionamento diminuísse pelo menos um pouco. Para aumentar o caos, novas organizações surgiam a cada minuto na internet, arrecadando fundos e recrutando ainda mais voluntários para irem ajudar. Em vez de otimizar organizações como a Cruz Vermelha Americana, que vem prestando excelentes serviços de emergência a vítimas de desastres há 130 anos, cada silo independente saiu em campo por conta própria, provocando mais complexidade, redundância, confusão e atrasos numa situação de extrema urgência. A falta de colaboração com organizações experientes como a Cruz Vermelha resultou num atropelamento das organizações sem fins lucrativos, que se sobrepunham umas às outras na tentativa de ajudar.

Elas caíram na armadilha de acreditar que tentativas independentes seriam – de alguma forma – superiores ao trabalho em colaboração.

Os fatos, porém, sugerem outra coisa. A preponderância dos silos é igual a ter muitos cozinheiros discutindo na cozinha, apesar de todos estarem preparando exatamente a mesma receita. Ao mesmo tempo em que eles discutem, uma pessoa pode morrer de fome enquanto espera.

E o que se aplica ao sistema de saúde e às organizações sem fins lucrativos também se aplica à atividade comercial.

A dra. Carol Kinsey Goman, consultora empresarial e autora de *This Isn't the Company I Joined: How to Lead in a Business Turned Upside Down*, afirma que "um estudo da Industry Week constatou que as atividades empresariais que funcionam como silos constituem o maior obstáculo ao crescimento corporativo.[13] Uma pesquisa mais recente da American Management Association [Associação Americana de Administração e Gerência] mostra que 83% dos executivos disseram que os silos existiam em suas empresas e que 97% acham que seu efeito é negativo".

Quando a complexidade aumenta e os fatos e conhecimentos ficam mais difíceis de obter, os silos tornam a aquisição de informações vitais mais difícil ainda. Se tivermos de escalar a Grande Muralha da China para chegar aos fatos, alguém irá se admirar com o fato de que acabaremos por nos conformar com falsas correlações, bons palpites e *crenças*? As crenças não são apenas cognitivamente mais fáceis de entender e aceitar como verdades; elas também não nos pedem para escalar uma ladeira íngreme, e não haverá ninguém lá em cima para nos empurrar ladeira abaixo.

Além disso, escalar a parede de um silo para colaborar significa quase sempre um trabalho exaustivo e frustrante, cheio de perigos. Colaborar é difícil. E colaborar num ambiente que, além de complexo, passa por mudanças muito rápidas é praticamente impossível.

Como resolver isso?

Precisamos começar pela eliminação dos nossos próprios silos. Como E. O. Wilson e James Watson, precisamos admitir que as pessoas em luta por um mesmo objetivo ficam em melhor situação quando compartilham informações e recursos, e não quando competem entre si. Precisamos estar dispostos a pôr de lado os instintos primitivos de proteger nosso território e juntar forças para o bem comum da humanidade.

O problema com os territórios

Os biólogos que estudam chimpanzés – com os quais compartilhamos grande parte de nosso material genético – afirmam que *a ocorrência de silos nada mais é que uma extensão natural da territorialidade*.[14] Uma vez mais, a explicação do que levou os grupos a terem tanta dificuldade para trabalhar juntos origina-se nos instintos que, no passado, foram vitais para a sobrevivência dos nossos ancestrais.

Territorialidade é o processo pelo qual os animais demarcam fronteiras para proteger alimentos, água, parceiros e filhotes, garantindo, assim, sua sobrevivência.[15] Embora o tamanho das áreas protegidas varie de uma espécie para outra, assim como varia o grau de definição dos limites territoriais, os chimpanzés e outros animais, inclusive os seres humanos, são conhecidos por estabelecerem rapidamente essas fronteiras e por defendê-las, assegurando o bem-estar coletivo. É por esse mesmo motivo que construíamos fossos em volta dos castelos. Isso também explica as controvérsias que envolvem nossas leis de emigração. É o pensamento por trás dos portões decorativos que separam nossa propriedade da dos nossos vizinhos, e aí está também o porquê de nos distanciarmos dos nossos colegas de trabalho, que passam de um departamento a outro ou vão trabalhar para um concorrente, apesar de já os termos considerado nossos amigos. Tudo isso são tentativas de proteger nossa sobrevivência contra "estranhos".

Numa perspectiva histórica, quando os seres humanos passaram de caçadores e coletores nômades – pessoas que não estavam ligadas a territórios definidos – a agricultores, a necessidade de defender os territórios mais propícios ao desenvolvimento tornou-se maior.[16] Proteger nossa área equivalia a proteger o alimento de que precisávamos para nos manter vivos. Os limites ficaram mais rígidos, assim como os castigos aplicados aos intrusos. Atravessar um limite territorial sem permissão significa prisão e, em alguns casos, morte.

Num meio social complexo, o pensamento em silo pode ser apenas um instinto irracional de defender "territórios" a fim de aumentar nossas oportunidades de sobrevivência. Afinal, um ataque de um colega de trabalho, a intromissão de outro departamento, a crítica de nosso chefe e até mesmo a ideologia contrária de um concorrente representam ameaças a nosso trabalho, a nossa posição social, a nossa capacidade de ganhar a vida e prover o sustento de nossos filhos. Desse modo, os silos não apenas simplificam a complexidade ao reduzi-la a componentes menores e mais fáceis de entender – eles também definem os "territórios sociais" que devem ser vigorosamente protegidos.

A psicóloga Aidan Sammons resume o modo de funcionamento dos silos da seguinte maneira:

> Para impor ordem e previsibilidade a um mundo complexo e imprevisível, nós o simplificamos. A simplificação é obtida por meio de modelos mentais abstratos. Uma perspectiva sociocognitiva da territorialidade sugeriria que a divisão do mundo em territórios primários, secundários e terciários é um desses modelos mentais usados pelas pessoas para gerar expectativas sobre os outros, bem como para entendê-los e prever seu comportamento. (Edney, 1975)[17]

Hoje, porém, nossos instintos pré-históricos de defesa da área em que vivemos não mais atendem às necessidades sociais. Na verdade, o pensamento e comportamento em silo colocam mais riscos do que recompensas à medida que a complexidade exige mais cooperação no interior e entre grupos distintos.

Silos solares secretos

Às vezes, como no caso do sistema de saúde, do socorro a desastres e da atividade comercial, o efeito dos silos no sentido de obstrução ao progresso são óbvios. Contudo, há muito mais exemplos em que grandes soluções de nossos maiores desafios nunca vêm à luz.

Por exemplo, quando se trata de prover de energia solar todos os lares do nosso planeta, é possível que já tenhamos resolvido o problema.

Para surpresa geral, a solução não veio de nenhuma empresa financiada por capital de risco no Vale do Silício, do laboratório de uma universidade ou do Ministério de Energia. Ao contrário, veio do mais improvável dos lugares: a National Aeronautics and Space Administration (NASA, Administração Nacional do Espaço e da Aeronáutica).

A NASA foi criada em 1958 pelo presidente Dwight D. Eisenhower "em decorrência da crise de confiança gerada pelo *Sputnik*".[18] Seu objetivo inicial era lançar voos tripulados, o que levou aos projetos Mercury e Gemini e culminou no projeto espacial Apollo e na chegada do primeiro homem à Lua. Posteriormente, a NASA desenvolveu o *Skylab* e o Space Shuttle – dois exemplos extremamente bem-sucedidos de colaboração de alta complexidade.

Com o tempo, porém, o caso de amor entre os Estados Unidos e o espaço exterior começou a esfriar, e a NASA começou a se preocupar com a possibilidade de que seu trabalho estivesse se tornando irrelevante. Numa tentativa de provar sua viabilidade comercial, a agência espacial entrou num período de parcerias comerciais totalmente voltadas para as tecnologias de comunicação via satélite, navegação por GPS e Sistemas Orbitais de Monitoramento e Gestão Territorial. Contudo, quando a competição por financiamento acirrou-se em Washington, D.C., a NASA ficou cada vez mais insegura sobre seu papel no século XXI. A quantas decolagens e aterrissagens do ônibus espacial os norte-americanos assistiriam?

Portanto, a NASA voltou sua atenção para um novo mercado – um mercado que vinha se deslocando cada vez mais para o centro das preocupações do país: a energia renovável.[19] Para recuperar a liderança mundial da NASA, outrora de grande prestígio, um punhado de cientistas deu início a um programa secreto: uma *rede orbital de estações solares*. Elas resolveriam para sempre a questão de obter energia limpa ilimitada para o mundo inteiro.

Quando começamos a refletir sobre esse assunto, percebemos que o lugar mais eficiente para coletar energia solar não é a superfície terrestre. A atmosfera age como um escudo que nos protege, mas esse mesmo escudo também diminui muito a força da energia solar que pode ser captada.

No espaço exterior, porém, não há interferência da atmosfera, de modo que o rendimento é infinitamente maior do que aquele que conseguimos quando instalamos painéis solares nos nossos telhados.

Durante décadas, a NASA fez experiências com células solares no espaço exterior para fornecer energia a satélites e naves espaciais, e, nesse tempo, um pequeno grupo da NASA também aperfeiçoou um método de captar energia e transferi-la com segurança para a superfície da Terra.

Eletricidade proveniente de satélites no espaço exterior?[20]

Parece coisa de ficção científica.

Imagine o impacto se todas as moradias tivessem algo tão pequeno quanto uma antena parabólica (algo próximo da TV por satélite) que nos permitisse receber toda a energia de que precisamos – e grátis! Isso mesmo: a energia solar grátis poderia ser reformatada e transmitida com segurança para nossa casa. Isso não representaria apenas um alívio para nosso bolso, mas também acabaria com as centrais elétricas ou com as torres gigantescas com cabos que se estendem pelo deserto. Nada de fossos ou valas subterrâneos, cemitérios de lixo nuclear ou altas emissões de carbono por centrais elétricas alimentadas a carvão. O país ficaria mais seguro porque não haveria mais empresas centralizadas de utilidade pública nem grandes condutores de energia que, por serem alvos fáceis, poderiam provocar cortes drásticos de energia.

A energia solar vinda do espaço mudaria tudo.

O que é que nos impede de obtê-la, então?

É chocante descobrir que os cientistas que trabalharam em projetos de energia solar gerada no espaço na NASA vêm batendo à porta do Departamento de Energia dos Estados Unidos por mais de uma década.

Mas não há resposta.

NASA? Não são esses os caras que inventaram o Tang?

Como a CIA, que tentou disponibilizar dados para a academia aperfeiçoar suas pesquisas sobre o meio ambiente, a energia verde estava muito distante da missão explícita da NASA. Ela foi acusada pelo Departamento de Energia de ter extrapolado sua missão e recebeu a ordem de restringir-se à exploração espacial.

Por mais que os cientistas da NASA tenham tentado, eles não conseguiram derrubar as paredes dos silos que separam a pesquisa sobre energia da pesquisa espacial. Enquanto isso, bilhões de dólares eram investidos pelo Departamento de Energia e pelo capital de risco do grupo Cleantech, que privilegia investimentos em indústrias de tecnologia limpa – coisas que a NASA sabia que eram inferiores aos resultados obtidos em suas próprias pesquisas.

Ocorre, porém, que os cientistas da NASA são funcionários do governo que devem manter estrita confidencialidade. O que eles podiam fazer?

Frustrados e derrotados a cada tentativa, um punhado de pesquisadores começou a tentar pôr fim aos silos que constituíam entraves aos avanços. Era um trabalho arriscado, que ameaçava trinta anos de carreira na agência espacial. Os cientistas pediram permissão para iniciar um diálogo com o Canadá a respeito de um "projeto de pesquisa conjunto" que lhes permitiria começar a testar sua descoberta e comprovar sua viabilidade.

O governo canadense foi todo ouvidos. A seus olhos, ali estava uma oportunidade de aperfeiçoar a energia solar gerada no espaço, torná-la comercialmente viável e *depois vendê-la para os Estados Unidos*!

De repente, o provérbio "Ninguém é profeta em sua própria terra" adquiriu um novo significado. Depois de derramar milhões de dólares dos contribuintes na invenção de energia solar gerada no espaço – a solução permanente para oferecer energia ilimitada, limpa e segura a todo o planeta –, os Estados Unidos estão perto de serem eclipsados por outras nações, tudo porque uma agência do país não pode se comunicar com outra. Tudo porque os seres humanos ainda estão programados para defender seu território, mesmo que isso aconteça em detrimento do bem de todos. Tudo por causa dos silos.

Quando essa história for bem conhecida, algumas pessoas talvez direcionem sua raiva para os cientistas da NASA. Outras acusarão o Departamento de Energia, considerando-o incompetente. Outros extremistas apontarão suas armas para o presidente Obama. É até possível que algumas pessoas me acusem de falta de patriotismo por tornar público o fato de que temos a tecnologia para trazer ao nosso planeta energia ilimitada a partir do espaço exterior. Toda essa atribuição de culpas, porém, seria inapropriada e, portanto, inútil. O problema está na força dos silos governamentais, incapazes de cooperar, compartilhar informações e resolver problemas sistêmicos complexos – e não em atores individuais.

Quando refletimos sobre o assunto, percebemos que a energia solar gerada no espaço pode ser um exemplo alarmante do modo como os silos impedem o progresso, mas será esse exemplo muito diferente de se continuar a readmitir quase 40% dos pacientes dos prontos-socorros num período de noventa dias? Ou da resistência a compartilhar informações entre a CIA, a Agência de Segurança Nacional (National Security Agency, NSA), o FBI e o Departamento de Segurança Interna? Ou da batalha histórica entre genética e evolução no âmbito da biologia?

Convergência em vez de competição

No livro *Consilience: The Unity of Knowledge*, de 1998, E. O. Wilson afirmou que os silos têm um efeito mais insidioso do que impedir que alguns problemas sejam resolvidos aqui e ali.[21] Wilson advertiu que a "atomização profissional" também trabalha contra a unificação do co-nhecimento cumulativo, das descobertas e da ciência que hoje temos a nossa disposição. Quer se trate de buracos negros no espaço exterior, quer da atual recessão global, Wilson afirma que o pensamento em silo nos impede de potencializar todas as leis conhecidas em física, música, química, engenharia, economia e biologia, para que se expliquem os fenômenos naturais. Na opinião dele, os obstáculos que se interpõem no caminho de séculos de conhecimento devem ser derrubados para que a humanidade possa progredir.

Wilson tem razão.

Quanto mais fortificados e numerosos os silos se tornam, mais a humanidade se afasta de uma abordagem unificada e sistêmica de nossas maiores ameaças. Pensemos na humanidade como batalhões de soldados com limites cognitivos, avançando contra a complexidade que se torna cada vez maior. Agora imaginemos que possibilidades têm esses batalhões quando eles não trabalham em conjunto para frustrar os planos de um agressor extremamente poderoso. O sucesso requer um nível de cooperação e unificação que ainda não conseguimos alcançar.

Portanto, o que será necessário para que passemos do pensamento em silo para a colaboração? Para que o Departamento de Energia passe a trabalhar junto com a NASA?

A esse respeito, a última palavra fica com Saul Kaplan: "Não é a tecnologia que obstrui o caminho da inovação. São os seres humanos e as organizações em que vivemos que se mostram, ao mesmo tempo, extremamente refratários à experimentação e à mudança. Se quisermos resolver as grandes questões de nossa época, precisaremos abandonar nossos silos e encontrar novas maneira de recombinar todos os nossos recursos para estabelecer conexões com os suspeitos incomuns".

— 8 —

Economia radical

O quinto supermeme

Todas as pessoas que conheço têm uma estranha relação com o dinheiro. Elas querem sempre mais. Gastam muito. Investem, herdam, guardam e vivem com medo de que um dia o dinheiro acabe. Algumas pessoas nunca falam sobre dinheiro. Outras não falam sobre outra coisa. Casamentos acabam por causa do dinheiro, crianças são estragadas com mimos por causa dele, celebridades tornam-se poderosas pelo único fato de ganhá-lo aos montes.

Acima de tudo, porém, usamos o dinheiro do mesmo modo como, no passado, usávamos nosso coração.

Não faz muito tempo, acreditávamos piamente na palavra de nossos semelhantes e não precisávamos de contratos legais, da bolsa de valores e do seguro social – uma época em que o dinheiro não era o único parâmetro do sucesso e do fracasso.

Outros valores ainda eram importantes.

Hoje, porém, há um sentimento crescente de que o dinheiro parou de funcionar do modo como pretendíamos que fizesse, uma possível indicação de que nosso romance com a economia pode ter ido longe demais.

Afinal, o dinheiro não é, de fato, a recompensa pelo trabalho duro.

Se assim fosse, os jardineiros que labutam dia a dia sob o sol seriam mais ricos do que os executivos. E o que dizer de agricultores na África e China, que passam grande parte da vida trabalhando apenas para cultivar o suficiente para prover a própria alimentação e a da família? Por acaso eles trabalham menos do que Bill Gates?

O dinheiro tampouco é uma consequência de ter sorte. Se fosse, as pessoas que escapam de furacões e sobrevivem a acidentes automobilísticos seriam ricas.

E ser mais inteligente não significa ter mais dinheiro. Conheço muitos acadêmicos que mal conseguem sobreviver.

As pessoas endinheiradas não trabalham mais, não têm mais sorte nem são mais inteligentes. Da mesma maneira, aquelas que vivem dentro de um orçamento apertado não são preguiçosas ou burras, nem infelizes sem sorte. Contudo, num mundo que privilegia as relações comerciais acima de tudo, esse estereótipo tão comum – a crença de que os que têm dinheiro são superiores de alguma maneira – é quase tão nociva ao progresso humano quanto o racismo, a discriminação sexual e o preconceito contra idosos.

Portanto, é preciso dizer: dinheiro é apenas dinheiro – papel e pequenos discos de metal inventados pelos seres humanos para facilitar suas transações. Embora a riqueza não tenha nenhuma característica intrínseca, a não ser aquelas características que lhe atribuímos, somos incrivelmente rápidos em associar o fato de ser rico a um grande número de atributos desejáveis. Como resultado, a aquisição de riqueza tornou-se um novo atalho para obter esses atributos. Em vez de ser o resultado natural de uma realização, pela primeira vez na história o dinheiro transformou-se no objetivo final.

Uma moeda de duas faces

O quinto e último supermeme é chamado de *economia radical* – e temos bons motivos para deixá-lo para o fim.

O supermeme econômico ocorre quando *princípios simples nos negócios, como risco/recompensa e perda/ganho, tornam-se o fator decisivo para determinar o valor de pessoas e prioridades, iniciativas e instituições.* Começamos a aplicar uniformemente as estratégias que usamos para ser bem-sucedidos nos negócios, nas outras esferas da vida. Em outras palavras, numa sociedade de espírito mercantil, o sucesso financeiro separa vencedores de perdedores e apostas seguras de castelos no ar, quer estejamos comprando uma casa para a família, escolhendo um parceiro ou salvando o planeta.

Ao contrário dos quatro primeiros supermemes – oposição irracional, personalização da culpa, falsas correlações e pensamento em silo –, cujo potencial nocivo é fácil de perceber, a economia radical se assemelha mais a um parente que veio nos visitar e ficou tempo demais. Somos tomados por sentimentos conflitantes.

Por um lado, muitas pessoas apregoam as virtudes da atividade comercial. O objetivo do lucro tem sido o motor por trás de grandes avanços na tecnologia e ciência modernas. Elas enfatizam um melhor padrão de vida, maior expectativa de vida e novos picos de eficiência e produtividade – evidências de que o lucro representa um incentivo poderoso e é, portanto, um componente fundamental do progresso.

Na maior parte das vezes, essas pessoas estão certas. Com a queda da União Soviética e de outros países comunistas/socialistas, o progresso favorece sociedades comprometidas com a busca livre e desenfreada da riqueza.

Por outro lado, também se pode dizer que o excesso de foco na rentabilidade impede a descoberta de soluções que seriam muito benéficas para a humanidade. Quando as considerações econômicas passam a ser as *únicas* considerações, estamos em terreno escorregadio. Soluções úteis que não podem ser justificadas do ponto de vista financeiro nunca são levadas adiante. Pergunte a Dean Kamen.

Lembra-se de Dean Kamen? O iconoclasta e inventor do transportador humano Segway? Como muito gênios, Kamen vê oportunidades de desenvolvimento por toda parte.[1] Recentemente, ele transformou uma de suas ideias futuristas num ideal global: *Kamen agora acredita ter resolvido de uma vez por todas o problema da água potável.*

E veja: não é uma mitigação, mas uma solução permanente.

Para pôr a grande descoberta de Kamen em perspectiva, um recente artigo da revista *Newsweek* revelou que "as doenças associadas à água matam uma criança a cada oito segundos e são responsáveis por 80% das doenças e mortes facilmente evitáveis no mundo em desenvolvimento". Além disso, estatísticas gerais coletadas pelas Nações Unidas mostram que bem mais de um bilhão de pessoas em todo o mundo vivem neste momento sem água potável. E esse número aumenta à medida que países industrializados, como a Índia e a China, formam camadas junto a nações que usaram água contaminada ao longo de gerações, e para as quais o problema vem se agravando.

Em 2008, a empresa de Kamen anunciou um pequeno sistema de purificação de água, chamado Slingshot, que "produz dez galões de água limpa por hora com um consumo de 500 watts de eletricidade". Em termos aproximados, essa é a quantidade de eletricidade necessária para acender "uma fileira de luzes para enfeitar árvores de Natal e mantê-las acesas por cerca de meia hora". Segundo Kamen, o sistema pode ser facilmente alimentado por gás metano produzido a partir de uma pequena quantidade de esterco bovino. Ao contrário de outros purificadores de água, a invenção de Kamen não requer o uso de consumíveis, como substâncias químicas, carvão ativado ou membranas de osmose. Ela também capta muito bem o calor para compensar a eletricidade necessária para operar o purificador – uma característica inspirada no Motor Stirling de 1816.

Kamen acredita que daqui a dois anos poderá produzir em massa um aparelho capaz de gerar água potável suficiente para "atender às necessidades do mundo inteiro".

Honra e louvor a Kamen!

Apesar de sua invenção, Kamen é o primeiro a admitir que resolver o problema no laboratório significa que só metade da batalha foi ganha. A verdadeira proeza consiste em colocá-la em uso, e para isso é preciso convencer o público de que os benefícios em longo prazo superam o preço em curto prazo. E é aqui que Kamen tropeça: "Acreditamos que cada máquina custará mais ou menos US$ 2 mil. Precisamos desenvolver os modelos e as relações comerciais. Em alguns países, será necessária a intermediação de microfinanciamento e empresários; em outros, quem cuidará do assunto serão as organizações não governamentais ou os governos".

Boa sorte.

Durante décadas, tivemos produtos capazes de fornecer energia gratuita e ilimitada a cada habitante do planeta. O mesmo se pode dizer de alimentos, vacinas e remédios. Além do mais, poderíamos exercer um efeito imediato sobre o aquecimento global se nos dispuséssemos a pintar as estradas e os telhados de branco, se parássemos de derrubar mais árvores do que plantamos ou se deixássemos de queimar carvão. Já temos os conhecimentos e as soluções para atenuar muitos de nossos problemas recalcitrantes – e, em certos casos, até mesmo para resolvê-los de uma vez por todas. O problema não diz respeito a saber se temos condições de oferecer soluções verdadeiramente úteis. O problema são os obstáculos que não nos permitem dar-lhes finalidade prática – e, quando o que está em jogo é a solução de um problema sistêmico, a estrada está repleta de bloqueios. Dentre eles, um dos maiores é o lucro, e não a tecnologia.

É por isso que as grandes soluções sistêmicas que beneficiam a humanidade nem sempre se ajustam aos modelos econômicos aceitos. E, quando isso acontece, fica impossível progredir.

A menos que Kamen e outros consigam transformar suas inovações em vantagens financeiras, o Slingshot e outras inovações do tipo talvez nunca sejam adotados em escala suficiente para exercerem algum impacto. Basta perguntar aos fabricantes de painéis solares durante quatro décadas sobre o volume de interesse por seus produtos, ou aos agricultores que usam o sistema hidropônico e conseguem colheitas gigantescas usando apenas uma fração da água necessária para os métodos convencionais – e tudo sem usar terra; ou, ainda, aos nutricionistas que podem evitar uma profusão de doenças humanas simplesmente alterando a alimentação diária de uma pessoa.[2] Depois de consultar centenas de empresas recém-criadas ao longo de minha carreira, o que vi foi uma sequência de tecnologias úteis não dar em nada porque o retorno financeiro não era suficientemente bom para atrair financiamento. Infelizmente, o número de descobertas importantes que morrem na praia é bem maior do que o das que chegam a viabilizar-se.

Já podemos afirmar, com segurança, que no século XXI a rentabilidade passou a ser o parâmetro mais importante da legitimidade.

Reflitamos um pouco sobre isso. O que o lucro tem realmente a ver com a solução de uma seca global ou com o fato de alguém conseguir interromper a disseminação de um vírus capaz de cruzar fronteiras nacionais em questão de horas? Como quantificamos o retorno de investimentos que visam a aprimorar os currículos escolares ou tornar as prisões mais habitáveis? Precisamos provar que a solução desses problemas é um investimento seguro ou que o dinheiro está sendo bem gasto? Na verdade, será possível fazer esse tipo de coisa?

E é aí que mora a ironia. Os mesmos incentivos econômicos que promovem a inovação empresarial também asfixiam algumas de nossas descobertas mais vitais e necessárias.

Quando os problemas que uma civilização precisa resolver tornam-se mais complexos, mais globais e mais sistêmicos, até certo ponto a moral da história deixa de ser importante. Embora os princípios que regem a economia sejam racionais e destinados a garantir um resultado positivo, quando esses mesmos princípios são aplicados a problemas globais complexos eles se tornam contraproducentes. Usar o princípio de risco/recompensa para analisar o valor de uma solução humanitária global assemelha-se muito a usar uma régua para medir a inteligência de alguém. Não é a ferramenta certa.

Economia ecumênica

Pode ser que nem sempre usemos a mesma linguagem dos economistas, mas a maioria de nós pensa como eles.[3] Hoje, quando nos vemos diante de uma decisão importante – quer ela envolva a imigração ilegal, o sistema nacional de saúde ou o divórcio –, economistas, políticos, executivos e o homem comum analisam uma checklist parecida:

- *Capitalização*: Quanto isso vai me custar
- *Risco*: Qual a probabilidade de que esse empreendimento fracasse, e quanto vai custar isso
- *Retorno do Investimento*: Isso é o melhor que posso conseguir pelo meu dinheiro
- *Alavancagem*: Esse investimento fará com que eu concretize outros objetivos?

Para provar o que afirmei acima, basta conferir a grande popularidade que os acordos pré-nupciais passaram a ter nas duas últimas décadas.[4]

O motivo da recente explosão desses acordos é o fato de hoje o casamento ser visto não apenas como uma união romântica, mas também como uma parceria econômica. Semelhantes à antiga prática dos dotes ou dos casamentos outrora motivados por alianças políticas, os acordos pré-nupciais são contratos modernos, destinados a definir antecipadamente os termos financeiros do casamento.

Eles se tornaram tão predominantes nos últimos anos que quase ninguém mais consegue imaginar, por exemplo, Donald Trump, Bill Gates ou Madonna casando-se sem fazer um desses acordos. De fato, quanto mais bens uma pessoa tiver, mais deverá preocupar-se com sua proteção. Contudo, ao examinarmos esse fato a partir de uma perspectiva não econômica, pensamos: por que cargas-d'água alguém se casaria com uma pessoa à qual pode confiar sua vida, seus filhos, seu futuro e seu coração, mas não seu dinheiro?

Outro fato que fala por si: por que nunca ouvimos falar de alguém que tenha assinado um acordo de pré-tutela? Supostamente, a maioria dos casais pretende ter filhos ou levar sua prole já existente para outra família. Tendo isso em mente, por que não temos acordos que especifiquem como as crianças serão cuidadas caso haja uma separação? Já que estamos nos precavendo antecipadamente, com a finalidade de reduzir os riscos, não parece que isso faria sentido? Sim, faria sentido – desde que não colocássemos o bem-estar de nossos haveres à frente do bem-estar dos nossos filhos.

E depois, quando um casamento acaba, o que acontece? Cada lado tenta obter *o máximo retorno por seu investimento*! Pergunte a qualquer pessoa que já passou por um divórcio. A maioria deles acaba se transformando em negociações litigiosas e intermináveis sobre divisão dos bens, pensão alimentícia e sustento – um processo que pode se arrastar por anos e envolver um grande número de advogados e especialistas, dependendo do tamanho das posses. Também aqui, as discussões sobre a custódia dos filhos geralmente são reduzidas a um debate sobre o "sustento" deles.

Contudo, os acordos pré-nupciais e de divórcios são apenas dois pequenos exemplos da invasão de nossa vida pela economia. Para onde quer que nos voltemos, alguém descobriu como ganhar ou poupar algum dinheiro. O que antes eram vastos panoramas de terras plácidas hoje se resume a "espaços abertos" planejados ou parques nacionais com pedágios. Precisa de um travesseiro no avião? Pague 1 dólar. Quer estacionar seu carro? Vai ter de pagar. Quer abrir um poço no seu quintal? Preencha um cheque para conseguir sua licença e espere numa fila.

É importante ressaltar, porém, que essa mentalidade é um fenômeno recente, algo que não existia trinta anos atrás, quando acampar não custava nada, não víamos nossa casa como um ativo financeiro e ninguém tinha ouvido falar em acordos pré-nupciais.

A luta pelo bem de todos

Se a busca por lucro é o motor por trás da inovação, devemos também supor que é o motor que nos leva a praticar o bem para o maior número de pessoas possível?

Não exatamente.

Aqui está um exemplo pequeno, porém eloquente, que demonstra como uma coisa nem sempre serve para outra.

Numa reportagem perturbadora de 2010, uma jovem descobriu que filiais nova-iorquinas do Walmart e da rede de lojas H&M estavam jogando grandes sacos cheios de produtos não vendidos, novos em folha, que enchiam caçambas atrás de suas lojas – não sem antes pegarem tesouras e rasgar as peças intencionalmente, inviabilizando seu uso.[5]

De acordo com Cynthia Magnus, que encontrou as roupas destruídas, "[havia] luvas com os dedos cortados (...) e meias de lã. Sapatos escolares de couro da marca Mary Jane, talvez para estudantes do ensino médio, com a parte de cima arrancada a golpes de tesoura. Casacos masculinos rasgados na parte do corpo e dos braços. O forro macio saía em forma de grandes bolas de algodão".

Por quê?

A cada ano, a quantidade de pessoas que vivem abaixo da linha da pobreza em Nova York fica em torno de 20%. Nos meses frios do inverno, os pobres enfrentam condições terríveis nas ruas. Portanto, o que poderia levar uma lucrativa cadeia de lojas a retalhar bons casacos e luvas, em vez de doá-los às instituições de caridade dos arredores?

O supermeme da economia radical.

Afinal, se fosse espalhada a notícia de que os clientes poderiam pegar aquelas roupas gratuitamente, o que aconteceria com os preços? Com as vendas futuras? Com a clientela futura?

Do ponto de vista *factual*, provavelmente nada. Os sem-teto não compravam nas lojas, e então não seriam clientes perdidos. Da mesma maneira, os clientes regulares não iriam fazer filas na porta das instituições de caridade, na remota esperança de encontrar alguma das peças que costumavam comprar, ainda por cima do mesmo tamanho e sem gastar um centavo.

Porém, como já dissemos, não é essa a questão. O que importava era aquilo que os comerciantes *acreditavam* que aconteceria com sua rentabilidade: melhor tornar produtos não vendidos "indisponíveis" do que concorrer consigo mesmo. E aí conclui-se: no coração de cada comportamento irracional encontra-se um supermeme perturbador. Nesse caso, princípios comerciais racionais impediram que se fizesse aquilo que favoreceria o interesse de muitos.

Hoje, as considerações econômicas superam outros valores a tal ponto que elas adquiriram o poder de decidir como e se as maiores ameaças à humanidade serão resolvidas.

Em 2009, durante uma de minhas visitas à Harvard University, procurei E. O. Wilson assim que ele voltou de uma das renomadas conferências anuais das quais ele é regularmente convidado a participar. Quando aceitava o convite, ele acreditava que o chamavam para discutir um tema sobre o qual ele é um famoso especialista. Wilson é o mais famoso naturalista do mundo. É também o reconhecido pai da sociobiologia e da biodiversidade, uma autoridade inconteste em formigas, um escritor prolífico e um fervoroso defensor do movimento verde. Mas Wilson voltou desanimado e profundamente preocupado com o que encontrara ali:

> O único assunto que interessava às pessoas era a recessão. O que iria acontecer? O que a tinha causado e quando viria a recuperação? Supostamente, as pessoas mais inteligentes dos mais diversos campos de conhecimento estavam ali. O que de melhor e mais brilhante a humanidade tem a oferecer. E não

> realizamos nada. Absolutamente nada. Na verdade, eles queriam saber se eu não me incomodaria em mudar minha fala. Perguntaram-me se eu poderia falar sobre a recessão, tendo em vista que todos estavam interessados nisso.

Em seguida, ele fez uma pausa e então disse: "A economia está arruinando tudo".

Algo de muito ruim está em curso quando pensadores do porte de E. O. Wilson e outros especialistas perdem a capacidade de compartilhar informações e colaborar para a solução de problemas críticos – sobretudo numa época em que precisamos de todas as grandes cabeças que possamos reunir para superar os riscos que vêm pela frente.

É muito triste constatar que a experiência de Wilson não ficou restrita a ele. Já faz décadas que outras autoridades vêm repetindo as mesmas preocupações em reuniões de cúpula. A preocupação dessa gente é que nada de substancial está sendo feito porque a economia sequestrou todos os outros planos de ação. E isso traz consigo a crescente preocupação de que a civilização esteja se dirigindo para alguma perigosa singularidade.

O que explica o fato de que, de repente, tudo que fazemos é regido pela economia? Como esses princípios passaram a dominar nossa civilização com tamanha força? Será que nos tornamos obcecados por dinheiro? Mais uma vez, a resposta pode remontar aos nossos primitivos ancestrais e ao legado de predisposições biológicas.

Uma mudança assustadora nos chimpanzés

Há alguns anos, os pós-graduandos de uma grande universidade realizaram um experimento que poderia lhes mostrar o que aconteceria se chimpanzés fossem apresentados a alguns princípios econômicos básicos.[6]

A ideia por trás do experimento era ensinar os chimpanzés a se tornarem consumidores e observar seu comportamento enquanto fizessem certos tipos de transações. Para isso, toda semana cada chimpanzé de determinado grupo recebia um número fixo de pequenos cupons. Esses cupons representavam dinheiro que poderia ser usado para fazer compras, exatamente como nós fazemos.

Assim que os cupons foram distribuídos, colocava-se um chimpanzé por vez numa jaula separada, perto da área delimitada por grades onde os outros chimpanzés viviam em grupo. Um assistente de laboratório entrava na jaula privada com uma bandeja com guloseimas que o chimpanzé podia examinar e comprar, usando seus cupons. Depois que um chimpanzé fazia sua escolha, o assistente o ajudava a contar o número certo de cupons, colocava os cupons na bandeja e lhe dava a guloseima escolhida.

Quando o chimpanzé terminava sua compra, ele voltava para seu grupo no cercado comunitário. Em seguida, colocava-se outro animal na área privada, para que ele fizesse suas compras. Esse procedimento era repetido até que todos os membros do grupo tivessem a oportunidade de comprar.

Mas havia um complicador oculto.

Todas as guloseimas da bandeja tinham preços diferentes. Portanto, enquanto um cupom permitia que um macaco comprasse cinco bolachas, esse mesmo cupom só comprava um pedacinho de maçã. Cada chimpanzé precisava decidir por si próprio com quais guloseimas valeria a pena gastar seus cupons.

Num período de tempo incrivelmente breve, os chimpanzés aprenderam o valor de seus cupons mediante um processo básico de tentativa e erro. Logo eles se transformaram em consumidores espertos, que examinavam valores e preços de maneira muito semelhante ao que fazem os seres humanos, quase sempre examinando com grande atenção todos os itens da bandeja antes de indicar ao assistente de laboratório qual era sua decisão final.

Quando os macacos ficaram mais familiarizados com as guloseimas e os preços, as transações eram concluídas mais rapidamente. De antemão, eles já haviam determinado o melhor "valor". Portanto, ao entrarem na jaula privada, eles agitavam seus cupons e saíam com as compras sem nem mesmo se darem o trabalho de inspecionar as guloseimas, que agora já conheciam.

Em seguida, porém, os pesquisadores resolveram embaralhar um pouco as coisas.

Eles alteraram os preços das guloseimas.

Da noite para o dia, eles "inflacionaram" o número de cupons necessários para cada macaco fazer suas compras, de modo que agora os cupons valiam bem menos. Quando os chimpanzés descobriram que seu dinheiro já não comprava a mesma quantidade de guloseimas, houve muita confusão, agitação e raiva. Eles se rebelaram contra os assistentes, tornando-se muitas vezes briguentos e pouco cooperativos. Alguns entraram em greve e pararam totalmente de fazer compras. Outros ficaram indecisos, agressivos e deprimidos.

Todavia, quando os cientistas baixaram os preços, os chimpanzés se encantaram com aquela sorte inesperada. O excedente de produtos refletiu-se na generosidade com os outros macacos, algumas brigas e, às vezes, apatia.

Em última análise, porém, o que levou a universidade a encerrar o estudo foram os graves efeitos colaterais que ninguém poderia ter previsto. Quando os chimpanzés começaram a aplicar seus princípios de economia recém-adquiridos a outras áreas da vida comunitária, surgiram comportamentos inesperados e perturbadores.

Por exemplo, numa reviravolta surpreendente, os pesquisadores observaram que as fêmeas começaram a flertar e oferecer sexo aos machos em troca de cupons.

Veja bem: eles ofereciam cupons, não guloseimas. Em outras palavras, ofereciam dinheiro.

Foi uma vergonhosa exibição de prostituição que parecia ter uma única motivação: a vontade das fêmeas de ter dinheiro, e elas estavam dispostas a fazer qualquer coisa para obtê-lo.

Como se isso já não bastasse, certo dia, houve um assalto.

Um chimpanzé, geralmente tímido e bem-comportado, entrou na jaula para comprar algo para comer. Como ele queria ver as coisas direito, adotou uma posição estratégica, o mais perto possível dos cupons e das guloseimas. De repente, num gesto abrupto, deu um soco no fundo da bandeja e os cupons e lanches voaram pelo ar e foram cair na jaula comunitária. Os cúmplices mais próximos começaram a gritar e rapidamente se apossaram dos produtos da pilhagem, antes que os assistentes pudessem controlar o pandemônio.

Não há nenhuma dúvida: o que houve ali foi roubo premeditado.

Além de prostituição e roubo, vários outros comportamentos incomuns começaram a aparecer: barganha, manipulação, açambarcamento e até mesmo os rudimentos de um mercado negro de guloseimas mais caras.

Os defensores do bem-estar dos animais tomaram conhecimento dessa experiência e ficaram furiosos. Na opinião deles, os chimpanzés estavam sendo corrompidos e o comportamento bizarro entre eles era toda a prova de que precisavam. Para evitar mais controvérsias e as perspectivas de uma publicidade negativa, a universidade foi obrigada a interromper rapidamente o experimento. A paz voltou a reinar naquele pequeno grupo de chimpanzés que, por um breve período de tempo, haviam se transformado em consumidores espertos. Da noite para o dia, como não havia mais cupons nem loja de guloseimas, tampouco voltou a haver crime ou sexo por dinheiro.

Mas houve tempo suficiente para presenciarmos um belo exemplo de *economia radical* em ação.

Macacos e dinheiro

O autor e renomado biólogo Richard Dawkins oferece uma explicação evolucionista para o breve impacto que o dinheiro exerceu sobre o pequeno grupo de chimpanzés e exerce sobre a humanidade atual.[7] No livro de referência, *O gene egoísta*, Dawkins escreve: "A seleção natural favorece os indivíduos que manipulam com sucesso o comportamento de outros indivíduos, pouco importando se isso é ou não vantajoso para os indivíduos manipulados".

Não há melhor lugar do que a economia para detectarmos um exemplo de manipulação bem-sucedida.

Do ponto de vista biológico, os mais bem-sucedidos acumuladores de bens aumentam substancialmente suas oportunidades de sobrevivência com a formação de excedentes. Assim, quando surgem oportunidades de aumentar a riqueza, nossa resposta biológica habitual consiste em capitalizar essas oportunidades tendo em vista nossa maior probabilidade de sobreviver. É um instinto que já se transformou em circuito permanente.

Dessa perspectiva, macacos oferecendo sexo por cupons é perfeitamente natural, assim como o roubo, o açambarcamento, a trapaça e a agressão. Os princípios da seleção natural determinam que cada organismo deve fazer o melhor para manipular o ambiente em seu benefício, e, quando uma característica dominante do ambiente é o dinheiro (os cupons), instintivamente manipulamos a econômica a nosso favor. É simples assim.

Terence Charles Burnham, pesquisador de Harvard, expõe a questão de outra maneira: "A teoria evolutiva prevê que, sujeitos a tensões fisiológicas e informacionais, os organismos podem agir no sentido de maximizar seu sucesso reprodutivo".[8] Nesse contexto, é fácil entender por que os princípios comerciais se tornaram tão onipresentes. *A economia é um sistema perfeito – o mais eficiente – para manipular recursos que nos tragam vantagens evolutivas.* O dinheiro nos dá acesso aos cuidados com a saúde, à água potável, ao alimento, à segurança, ao abrigo e a outras vantagens vitais à sobrevivência moderna.

Não admira que tentemos potencializar os princípios econômicos em áreas de nossa vida que são extrínsecas à atividade comercial. Uma vez que tenhamos aprendido a manipular bem o comércio, fazendo-o atuar em nosso benefício, é apenas natural que tentemos usar esses mesmos instrumentos em quaisquer outros campos, desde que nos sejam vantajosos.

No caso dos chimpanzés, o dinheiro (cupons) foi introduzido por pesquisadores universitários curiosos. No caso dos seres humanos, porém, qual terá sido a origem do dinheiro? Como passou a contaminar o comportamento humano?

Homem, dinheiro, desordem e confusão

Hoje, é difícil imaginar como as sociedades funcionavam antes da invenção da moeda corrente ou do crédito. Contudo, para entender realmente as origens do supermeme econômico – como o dinheiro e o comércio passaram a dominar o comportamento moderno –, convém fazer uma breve viagem de volta no tempo, começando com as origens do dinheiro em sua forma mais simples.[9]

Antes da existência da moeda corrente, o processo que as antigas civilizações usavam para trocar bens e serviços chamava-se "escambo". O escambo era eficiente para negociar, pois se baseava no valor dos bens e serviços com os quais já estávamos familiarizados. Naquele tempo, as trocas envolviam trabalho manual e produtos como hortifrutigranjeiros e gado.

Numa economia de escambo, se você tivesse mais vacas do que precisasse e eu tivesse mais trigo do que pudesse consumir, nós simplesmente concordaríamos com um montante considerado justo para *ambos*. E então faríamos uma troca – uma de suas vacas por uma parte do meu trigo. Assim eram as coisas. Nada de reembolsos, programas de pontuação pela lealdade de membros ou cupons promocionais.

Contudo, o escambo dependia daquilo que os economistas chamam de "coincidência de vontades", em que a vaca e o trigo tinham de estar disponíveis para a troca exatamente num mesmo momento. Portanto, se você precisasse do meu trigo hoje e sua vaca ainda não tivesse parido o bezerro que você pretendia vender, azar o seu.

A solução óbvia era negociar o trigo por alguma "mercadoria intermediária" que lhe permitisse receber o trigo e me vender o bezerro depois de nascido. Essa e outras facilidades – levar papel e moedas para o mercado, em vez de carroças cheias de trigo e gado – estão na base do impulso que levou à criação do dinheiro.

De um ponto de vista cognitivo, porém, a determinação dos valores de bens semoventes e hortifrutigranjeiros é bem mais fácil do que a do valor da moeda corrente. A moeda tem por base um sofisticado processo de associar algum valor a um pedaço de papel ou a um "símbolo" metálico desse valor. Em outras palavras, em si mesmos, o papel e as moedas não valem muito: sua importância está no que eles representam. E atribuir valor a um objeto que *representa* alguma coisa é muito mais complicado do que atribuir valor a produtos concretos, como um bezerro ou uma medida de trigo. Nesse sentido, a ampla aceitação de um "símbolo" de valor – o dinheiro – representou um salto extraordinário no desenvolvimento humano.

Quando os seres humanos começaram a produzir moeda corrente em massa, aquilo que conhecemos como economia moderna não estava muito longe. Leis e sistemas complexos de crédito, débito, investimento, especulação, ao lado dos princípios que regem a atividade comercial, foram rapidamente criados e aperfeiçoados. A partir daí, não demorou muito para que os princípios econômicos se tornassem inseparáveis da governança. Não nos esqueçamos de que em tempos primitivos, quando as pessoas praticavam o escambo diretamente, trocando bens e serviços, o valor era determinado por elas, não por governos ou especialistas. Contudo, a partir do momento em que a produção de moeda circulante se tornou uma função centralizada dos governos, a humanidade abandonou o escambo e entrou em uma nova era econômica. Os valores tornaram-se muito mais nebulosos – e o mesmo aconteceu com o sentido de riqueza. A riqueza tornou-se simbólica.

E então veio a Revolução Industrial.

Durante essa revolução, avanços sem precedentes na produção em massa foram feitos, resultando em vastos excedentes de produtos mais baratos. Num breve período de tempo, passamos de uma sociedade basicamente agrária para uma sociedade industrializada em que a oferta podia ser ampliada para atender praticamente a qualquer nível de demanda.

O passo seguinte consistiu em *otimizar* – produzir bens a preços ainda mais baixos, vender mais, expandir os mercados, esmagar a concorrência, fundir empresas, subcontratar, diversificar, formar parcerias, dinamizar, criar marcas, posicionar-se no mercado e promover melhor para vender mais. Tudo isso assinalou o começo da *economia radical*: o advento de princípios sofisticados que visavam à maximização do lucro.

A economia radical resultou na conquista de novos níveis de eficiência, empreendedorismo institucionalizado e metodologias sofisticadas para estimular a lucratividade por meio da manipulação de recursos, pessoas e mercados. Essa nova época foi responsável pela formação de organizações de capital de risco que, sozinhas, financiaram uma revolução na eletrônica, na computação, na internet e nas comunicações por celular. A economia radical também levou a uma explosao de escolas de comércio e MBAs, bem como ao terceiro nascimento de uma nova linhagem de novos ícones financeiros como Peter Drucker, Jack Welsh, Warren Buffett e Donald Trump. A economia radical pressionou governos, escolas públicas e organizações não lucrativas a equilibrar seus orçamentos, aumentar sua produtividade, aperfeiçoar seu gerenciamento de ativos e desenvolver novas estratégias de competitividade. Além disso, a economia radical também foi o impulso por trás da padronização do comércio internacional. O estímulo à maior eficiência levou todos os países industrializados a adotar princípios comerciais extremamente parecidos.

Desse modo, a era da economia radical aperfeiçoou os avanços feitos durante a Revolução Industrial, levando a economia ao patamar de supermeme universalmente aceito.

Todo esse progresso, porém, tem seu lado negativo. Nossos sistemas monetários tornaram-se tão complexos que os mais brilhantes economistas do mundo, como Alan Greenspan, não mais conseguem descrever com exatidão como se determina o valor do dinheiro. Hoje, o valor da moeda corrente depende de muitas coisas: produção, exportações, circulação, liquidez, câmbio, inflação, deflação e uma centena de outros fatores. Em uma palavra, trata-se de algo extremamente complexo.

Quando a complexidade de nossos sistemas monetários supera nossa capacidade de apreender ou entender os fatos, é normal que comecemos a confiar em crenças, e não no conhecimento comprovado.

E, quando o que está em pauta é a economia moderna, não há nenhuma crença mais perigosa do que nossas atitudes em relação ao crédito.

Em termos da influência do dinheiro sobre o comportamento humano, o aspecto em que ela mais se aproxima dos chimpanzés é aquele que envolve a obscura noção de crédito. De uma perspectiva biológica, o crédito forneceu outro instrumento poderoso para a manipulação de nosso meio ambiente: foi uma maneira de adquirir mais bens de forma mais rápida e, ao mesmo tempo, dar a impressão de que isso não acarreta consequências negativas. Como resultado, nosso instinto biológico natural nos levava a potencializar o crédito a nosso favor e, como aprendemos há pouco, muitas pessoas, empresas, organizações sem fins lucrativos, alguns governos, algumas escolas e organizações fizeram exatamente isso.

Quanto mais crédito nos ofereciam, mais queríamos. Quer sair dirigindo um carro da agência sem nenhuma prestação inicial? Sim! Comprar uma casa nova sem ter dinheiro ou bens disponíveis para pagar dívidas eventuais? Sim! Ganhar 30% de desconto se aceitar um cartão de crédito da empresa onde está comprando? Sim!

Portanto, não é nenhuma surpresa o fato de atualmente haver tanta confusão acerca do que temos e devemos. Hoje, muitos jovens usam os cartões de crédito como se fossem dinheiro em espécie. Em vez de verem o crédito como um empréstimo que deve ser restituído, eles o veem como algo indistinguível de seu patrimônio líquido. Na cabeça deles, um limite de crédito mais alto é quase o mesmo que depositar mais dinheiro em sua conta bancária. E, com uma nova geração de cartões de crédito ligados a essa conta, alguém se admira com o fato de os jovens estarem mais confusos do que nunca?

Contudo, a prova do pudim está em comê-lo. Em 2007, para cada US$ 135 economizados pelo norte-americano médio, cada um deles adquiriu um débito pessoal de mais ou menos US$ 9.800.[10] Em outras palavras, cada homem, cada mulher e criança dos Estados Unidos deve atualmente mais de 72 vezes a quantia que poupou para uma eventual necessidade.

E, se isso parece sinistro, acrescente-se o fato de que dirigimos nosso governo exatamente como administramos nosso orçamento familiar.

Segundo relatos oficiais, em 2009, a dívida federal dos Estados Unidos ultrapassou a marca dos US$ 12 trilhões.[11] Mas isso não é sequer o começo da história. Obrigações não financiadas, normalmente chamadas de "programas de concessão de benefícios", como seguridade social, auxílios concedidos aos veteranos, seguro-desemprego, Medicare, Medicaid, vales-refeição e subsídios agrícolas, são impostas por lei e, portanto, devem ser pagas. De acordo com o Congressional Budget Office (CBO, Gabinete de Orçamento do Congresso), "o presente valor desses déficits é de aproximadamente US$ 41 trilhões".

Acrescente agora os déficits acumulados por cada estado e cada município, algo em torno de US$ 30 bilhões a US$ 50 bilhões.[12]

Total do déficit federal, programas de concessão de benefícios e verbas orçamentárias municipais? Acima de US$ 53 trilhões, ou cerca de US$ 175 mil por cada homem, mulher ou criança que vive nos Estados Unidos.

Acrescente US$ 9.800 de dívida pessoal, e cada um de nós está na perigosa situação de dever pouco menos de US$ 200 mil – com os juros subindo todo dia, uma família de quatro pessoas logo estará se aproximando de uma dívida pessoal e federal de US$ 1 milhão, que algum dia terá de ser paga.

Ainda assim, apesar desses números alarmantes, continuamos a tomar dinheiro emprestado. Continuamos a lidar com nosso futuro como se essa dívida nunca fosse ser cobrada.

E então, de repente, em 2007, a coisa chegou perto de nós quando um número recorde de pessoas não conseguia mais pagar suas hipotecas. Um grande número de proprietários sucumbiu ao peso da dívida que vinha se acumulando havia anos. Além do mais, os especialistas e os diretores das maiores instituições financeiras do mundo pareciam ter sido pegos de surpresa. *Eles também haviam sucumbido à falsa crença de que crédito era o mesmo que ativos circulantes.* Foi como se, de repente e ao mesmo tempo, todos tivessem tomado consciência de que seus bens tinham sido edificados sobre castelos de areia. Bastava chover um pouco para que tudo desmoronasse.

Isso é o que acontece quando supermemes como a economia radical se sobrepõem ao pensamento racional e aos fatos. Tornamo-nos suscetíveis a comportamentos que, a longo prazo, causam grandes danos. Procure saber o número de famílias que tiveram suas casas confiscadas porque perderam de vista a diferença entre dinheiro em espécie e crédito. Seu desejo de ter uma moradia pela qual não poderiam pagar seria muito diferente do desejo de chimpanzés que estavam dispostos a roubar e fazer sexo em troca de mais guloseimas? Como os chimpanzés, somos um organismo biologicamente predisposto a adquirir o máximo de excedentes para aumentar nossa capacidade de sobrevivência. E acabamos descobrindo que não somos tão especiais quanto achamos que somos no que diz respeito à aquisição desses excedentes.

Talvez os defensores do bem-estar animal estivessem certos ao porem fim ao experimento daquela universidade antes que a intromissão do comércio levasse a consequências mais graves. Eis aí algo que nunca saberemos.

Política pública pendular

Além de agir sobre nossa vida pessoal e sobre instituições sociais outrora imunes, como as universidades e o matrimônio, o supermeme da economia radical tem um impacto igualmente poderoso na política pública. Quando a preponderância do aspecto financeiro torna-se cada vez mais a medida com que se define o sucesso, a boa prática comercial pode confundir-se com o bem maior da civilização.

Essa confusão fica particularmente clara durante os períodos de queda de atividade econômica.

Em 2009, por exemplo, ao ficar diante de um déficit histórico, o estado da Califórnia viu-se obrigado a reconsiderar fontes informais de financiamento que rejeitara categoricamente no passado.

Quando o mundo mergulhou em uma profunda recessão, a Califórnia, a 12ª maior economia do planeta, foi obrigada a começar a emitir IOUs* em vez de cheques aos contribuintes, mutuantes e governos locais. Os reembolsos de impostos do estado também atrasaram, e muitos serviços governamen-

* De *I Owe You* ("Devo a você"), nome dado a documentos de reconhecimento de dívida, para pagar dívidas bancárias, contribuintes e outras pendências governamentais. (N. do T.)

tais foram encerrados ou reduzidos a níveis insignificantes. Houve fusão de unidades dos corpos de bombeiros, a polícia sofreu cortes de pessoal e as bibliotecas públicas foram fechadas. Quando a recessão se agravou e o número de desempregados, falências e execuções de hipotecas cresceu, ficou claro que o aumento de impostos para os cidadãos que já lutavam para viver dentro do orçamentos não era a solução para encher os cofres federais, estaduais e municipais.

O que faria o estado para continuar a manter serviços essenciais como os bombeiros e a polícia? Que rumo se poderia tomar? *E então alguém sugeriu que se legalizasse a maconha.*[13]

Se a maconha pudesse ser vendida legalmente, também seria possível tributá-la, e isso provocaria uma imediata infusão de receita. Nas palavras de Alison Statement, repórter da revista *Time*: "Afinal, a maconha tem o maior cultivo comercial da Califórnia, responsável por US$ 14 bilhões anuais em vendas, desbancando o segundo maior produto agrícola de base – leite e creme de leite, que geram US$ 7,3 bilhões por ano, segundo as estatísticas mais recentes do Departamento de Agricultura dos Estados Unidos (United States Department of Agriculture – USDA). Os coletores de impostos do Estado avaliam que o faturamento injetaria US$ 1,3 bilhão por ano numa economia bastante necessitada".

Nesse mesmo artigo, o deputado estadual Tom Ammianno reflete sobre a legalização da maconha: "Em qualquer tipo de discussão sobre a geração de receita, as pessoas dizem que é preciso pensar criativamente, e acredito que a questão da descriminalização, regulamentação e tributação da maconha se ajuste bem a esse receituário. Não é uma ideia nova, já vem sendo cogitada há um bom tempo, e a vontade política pode realmente ajudar a fazer com que alguma coisa aconteça".

Mas por que só agora? Porque, quando acrescentamos o gigantesco influxo de impostos à economia anual de US$ 1 bilhão que, segundo o juiz do tribunal superior do condado de Orange, seria feita com a eliminação de detenções, processos e encarceramentos de contraventores não violentos, fica difícil ignorar essa ideia. Talvez seja esse o motivo pelo qual, na mesma semana em que Ammianno apresentou seu projeto de lei, o procurador-geral de Justiça dos Estados Unidos também tenha anunciado o fim das batidas policiais federais contra plantadores de maconha, traficantes e usuários, e que cada estado passaria a criar sua própria legislação relativa ao uso dessa droga. O governo federal preparou o caminho para que os Estados legalizassem um cultivo comercial que era ilegal e o fez bem debaixo do nariz do público.

Não nos esqueçamos de que ser favorável à legalização da maconha no ano passado teria sido o equivalente a um suicídio político. Contudo, como o país inteiro estava passando por uma crise econômica, os políticos resolveram pôr de lado seus preconceitos anteriores e abraçaram a causa de uma nova e radical solução para suas aflições financeiras.

E então, com a mesma rapidez, os ventos políticos sopraram na direção contrária à medida que novos fatos foram surgindo.

Um economista afirmou que a arrecadação fiscal originalmente prevista para as vendas de maconha havia sido extremamente inflacionada e não produziria a gigantesca infusão que se previra de início. As previsões iniciais baseavam-se erroneamente no alto preço da maconha *ilegal*. Se fosse legalizada, o mais provável é que a droga inundaria o mercado e, ao fazê-lo, puxaria os preços para baixo. Tão logo a oferta aumentasse e os preços caíssem, os impostos sobre a maconha ficariam muito semelhantes aos impostos provenientes de cultivos populares como morangos e alface. Em 2010, um estudo independente realizado pelo RAND Drug Policy Research Center [Centro RAND de Pesquisas de Política sobre Drogas] indicou que os preços cairiam para assustadores 90% quando a maconha fosse legalizada.

Quando a maré de sorte financeira caiu em descrédito, o entusiasmo em Capitol Hill* também perdeu força; mesmo assim, alguns defensores da causa, como Ammianno, continuaram a afirmar que as vantagens financeiras poderiam ser "substanciais". Moral da história?

Hoje, a política pública e, presumivelmente, a ética da sociedade são facilmente moldadas pela necessidade econômica.

Em muitos sentidos, nossa atitude perante a maconha não é diferente de nossas atitudes perante o relaxamento com música depois das aulas, os programas esportivos, a energia verde, a reabilitação criminal e a imigração ilegal. Se a solução de um problema faz sentido do ponto de vista econômico, somos favoráveis a ela, mas, tão logo alguém demonstre seu custo, sua ineficácia ou falta de benefícios econômicos palpáveis, somos os primeiros a rejeitá-la. Pense nisso da seguinte maneira: se não pudermos justificá-la economicamente, provavelmente não se trata de uma boa ideia. Por outro lado, se gerar mais receita, será digna de louvor e mérito. Mas... Será que isso é realmente verdade?

Enfraquecimento das instituições

O efeito da economia radical não apenas afeta as políticas públicas, mas também compromete instituições sociais importantes. Não importa que a instituição seja o casamento, um negócio em família ou a educação superior – agora, o desempenho financeiro é o que controla tudo.

Por exemplo, é seguro dizer que na mente da maioria das pessoas as universidades e faculdades continuam sendo um dos últimos portos seguros para estudiosos, livres-pensadores, inventores ou iconoclastas. Muitas das descobertas mais importantes da sociedade vieram de mentes brilhantes que buscaram a proteção e os recursos da academia.

---

* Capitol Hill, o maior e mais antigo bairro histórico residencial de Washington, D.C., é também uma metonímia para o Congresso dos Estados Unidos da América. (N. do T.)

De fato, para proteger a busca imaculada do conhecimento, a maioria das grandes instituições de ensino adotou políticas como a estabilidade no cargo, um processo por meio do qual se oferece a um especialista uma posição permanente no corpo docente e se assegura que ele não a perca por causa de suas opiniões. A maior parte das instituições de ensino reconhece o papel importante que um ambiente neutro e destemido desempenha na busca da excelência, motivo pelo qual elas tomam o máximo de cuidado para assegurar sua independência de influências externas.

Nas três últimas décadas, porém, essa visão mudou drasticamente. Hoje, mais do que nunca, dá-se mais atenção ao aumento de capital, ao maior número possível de matrículas e à criação de franquias.[14] Nesse contexto, garantias importantes, como a estabilidade no cargo, estão sob fogo cerrado.

Além disso, embora uma grande quantidade do provimento de fundos das universidades ainda venha do governo e de doadores privados, a maioria das faculdades atuais vê-se obrigada a operar como empresas com fins lucrativos. As universidades de hoje investem mais na construção de imponentes estádios esportivos do que nos salários, porque o atletismo é um grande chamariz de dinheiro. Elas também estão se capitalizando rapidamente na internet, oferecendo cursos e títulos acadêmicos *on-line*. Fazem grandes concertos e festivais, convidam palestrantes famosos e obtêm lucros substanciais com o aluguel de partes de seus *campus*, muitos dos quais se tornaram pontos de vendas tão sofisticados quanto qualquer cadeia de lojas.

A maior vantagem, porém, veio de parcerias com grandes empresas.

Wayne C. Johnson, na época diretor executivo da Hewlett-Packard University Relations Worldwide, comentou em 2004 que houve uma "maior necessidade de colaboração entre universidades e corporações" – e ele estava certo.[15]

As universidades precisam de maiores provimentos de fundos.

Por que motivo, porém, a colaboração com as empresas tornou-se subitamente "mais intensa"?

A resposta está na economia radical: colaboração significa mais otimização e lucros para ambas as instituições.

Hoje, já é comum que as principais instituições de ensino do mundo convertam suas pesquisas de base em dólares – tornando-se frequentemente uma extensão do departamento de pesquisa e desenvolvimento comercial de uma empresa pública. Essa parceria é bem-sucedida porque provê mais fundos para a universidade ao mesmo tempo em que permite que as corporações terceirizem pesquisas de longo prazo e extrema complexidade para instituições de ensino superior. Aparentemente, um casamento perfeito.

Contudo, à medida que as universidades se tornam cada vez mais desesperadas, há um efeito colateral a comprometer essa aliança aparentemente perfeita: a pesquisa que é viável do ponto de vista comercial é favorecida em detrimento da que não produz resultados financeiros. E, quando digo favorecida, quero dizer *financiada*.

Veja o que aconteceu com os departamentos de física e engenharia da Stanford University e do MIT quando o mercado consumidor de semicondutores, computadores e comunicações em geral começou a decolar. Ou a parceria atual entre empresas de biotecnologia e o departamento de microbiologia das universidades de Harvard, Cornell e Texas. Em todos esses casos, os dólares começaram a jorrar nesses departamentos assim que suas pesquisas se mostraram comercialmente viáveis.

Infelizmente, se quisermos prever o caminho a ser seguido pelas universidades, tudo que precisamos fazer é acompanhar a bolsa de valores.

Num relatório técnico intitulado "Intellectual Property: Universities, Corporations and Finding Common Ground" ["Propriedade Intelectual: Universidades, Corporações e a Busca de um Denominador Comum"], a American Society for Engineering Education (ASEE, Sociedade Americana para a Educação e Engenharia) – sintetizou da seguinte maneira a perigosa tendência da pesquisa acadêmica:

> No fim dos anos 1950 e começo dos 1960, os gastos federais com a pesquisa em física e engenharia equivaliam a 2% do Produto Nacional Bruto. Mas esse tipo de gasto chegou ao fim na década de 1970, ao mesmo tempo que proliferou o dinheiro para a pesquisa em saúde e ciências biológicas. Os números da National Science Foundation (NSF, Fundação Nacional para a Ciência) mostram que o gasto federal com a pesquisa em engenharia permaneceu razoavelmente uniforme entre 1970 e 2000, algo em torno de US$ 5 bilhões a US$ 7 bilhões; o dinheiro para a pesquisa em ciências físicas aumentou de US$ 3 bilhões para US$ 5 bilhões. Nesse mesmo período, porém, o dinheiro para a pesquisa em ciências da vida explodiu de US$ 5 bilhões para US$ 20 bilhões.

Hoje, a ideia de pesquisa pela pesquisa vem perdendo terreno aos poucos, e a economia radical transformou-se na força motriz por trás das mudanças desordenadas. Basta perguntar aos departamentos de antropologia, zoologia ou humanidades de qualquer universidade. Eles sofrem diminuições regulares da jornada de trabalho enquanto veem milhões de dólares de financiamento empresarial jorrando para a pesquisa em engenharia, biotecnologia e física. Em resumo, a fatia do orçamento para pesquisa de cada universidade tornou-se inextricavelmente ligada a iniciativas comerciais. No trecho acima, da American Society for Engineering Education, lemos também: "Hoje, um número igualmente expressivo de empresas usa laboratórios internos para o desenvolvimento de produtos e a exploração de tecnologias avançadas; elas vêm se voltando rapidamente para as universidades que conduzem pesquisas 'como uma fonte de (...) pesquisa aplicada'".

Mas isso nem sempre foi assim. Claro que sempre *houve* alguma colaboração entre educação, governo e empresas, mas nunca como hoje: nunca a ponto de uma empresa determinar que departamentos e tipos de pesquisa terão o financiamento mais alto; nunca a ponto de o "retorno do investimento" tornar-se o elemento determinador; e nunca a ponto de as descobertas sem outro propósito ou valor além do benefício à humanidade serem rejeitadas em favor de iniciativas rentáveis.

Contudo, é um erro destacar as universidades pelo fato de elas se curvarem às pressões do radicalismo econômico.

Os diretores de muitas instituições sem fins lucrativos também são profundamente influenciados por princípios comerciais que vêm de fora. É desalentador observar quanto tempo os diretores e executivos dessas organizações se dedicam a levantar fundos ou descobrir maneiras de fazer os mesmos serviços por menos dinheiro. Doações precisam ser investidas e administradas adequadamente, doadores precisam ser cortejados e, se quiserem ser bem-sucedidos na competição pelas doações, os diretores dessas organizações devem transformar-se em especialistas de mercado. É cobra comendo cobra.

O foco na rentabilidade também se estende aos líderes de igrejas, que são avaliados e recompensados com cargos de maior prestígio de acordo com o volume de doações que conseguem obter. Os políticos também são recompensados de acordo com os dólares de campanhas que ajudam a levantar para seus respectivos partidos.

Por onde quer que olhemos, a economia tem um papel dominante no modo como as instituições operam atualmente. E, quanto mais avaliamos o progresso humano em termos de dólares e centavos – em vez de dólares e sensatez –, mais grave se torna nossa miopia. Enquanto as soluções para os problemas mais complexos e graves do mundo permanecer restrita ao quesito "investimento lucrativo", os grandes talentos do organismo humano jamais concretizarão seu pleno potencial.

Probidade na questão dos fármacos

É possível que em nenhum outro setor o conflito entre economia e progresso humano seja mais polarizado do que no eterno debate sobre assistência médica. No que diz respeito à questão do conflito de escolha entre a vida humana e os lucros, somos uma sociedade que claramente tem dois referenciais.

Para começar, a maior parte das indústrias farmacêuticas é voltada para a *obtenção de lucros*. Quase todas são empresas públicas. Muito milhões de pessoas fazem aplicações financeiras em planos de saúde e indústrias farmacêuticas dos quais dependem para seus ganhos e aposentadoria.

Dessa perspectiva, nós, os investidores, desejamos que as indústrias farmacêuticas nos ofereçam um saudável retorno financeiro. Queremos que elas aumentem as vendas, reduzam os gastos e multipliquem os lucros para que também se amplie o valor de nossas ações. Se não fosse assim, por que alguém compraria as ações?

E, pelo menos até o momento, as empresas farmacêuticas, os planos de saúde e as companhias de biotecnologia não têm nos desapontado.

Segundo a Pharmaceutical Research and Manufacturers of America (PhRMA, Pesquisa e Fabricação de Produtos Farmacêuticos dos Estados Unidos) –, em 2002 os lucros desse segmento foram cinco vezes e meia superiores à média de todas as indústrias representadas na lista das 500 maiores empresas da revista *Fortune*.[16] Em setembro de 2007, o site Med Ad News mostrou que os vinte maiores conglomerados farmacêuticos (o que se convencionou chamar de *Big Pharma*) tiveram um lucro líquido combinado de US$ 110 bilhões. Ou, em termos mais sinistros, mais da metade do empréstimo do governo à AIG, a maior empresa seguradora dos Estados Unidos.

Em outras palavras, em pouco menos de dois anos somente os lucros da indústria farmacêutica norte-americana dariam para resolver o problema do socorro financeiro à AIG. Claro que isso não vai acontecer, mas também é fato que isso põe em perspectiva aqueles insignificantes bônus que já andaram nos deixando alarmados.

Porém, a responsabilidade fiduciária que as empresas farmacêuticas e de saúde têm de gerar lucros para seus acionistas também tem um aspecto perturbador – uma desagradável faceta moral.

Quanto se deve permitir que uma empresa com fins lucrativos cobre pelo único medicamento que pode salvar a vida de uma pessoa? De um ponto de vista estritamente econômico, a resposta é: *o mais alto preço que o maior número de pessoas estiver disposto a pagar.* É uma simples questão de oferta e demanda, e a demanda por um medicamento que salva vidas é sempre alta, então...

De algum modo, porém, quando estamos diante de uma questão de vida ou morte, percebemos que essa resposta não é realmente certa. Quando crianças estão muito doentes, até o mais desalmado de nós exige que se faça todo o possível para aliviar o sofrimento delas – praticamente a *qualquer* preço. E então, o que deve fazer uma empresa com fins lucrativos se tiver de determinar se uma pessoa vai viver, morrer ou sofrer? Por um lado, a empresa é obrigada, pela ética comercial e por lei, a transferir o mais alto retorno possível a seus acionistas. Por outro lado, a empresa tem a responsabilidade moral de salvar vidas.

Como ficamos? Lucros ou pessoas? Nossa obrigação para com os investidores ou a responsabilidade pelo ser humano? De que modo uma empresa pode servir a dois senhores?

A pressão para responder rapidamente

Até o momento, discutimos os efeitos que a moeda circulante, o lucro e os instintos pré-históricos exercem sobre o comportamento humano moderno. Contudo, há um quarto – e igualmente poderoso – subproduto do supermeme da economia radical: quando os princípios comerciais predominam, há uma enorme pressão para que as pessoas respondam a problemas complexos com grande rapidez e eficiência. A ação rápida e decisiva é mais apreciada do que a análise lenta, reflexiva e metódica.

Houve uma época em que os planos estratégicos quinquenais eram uma necessidade, mas hoje poucas empresas e poucos países levam esse exercício a sério, e muitos já o abandonaram totalmente. No século XXI, o nome do jogo passou a ser senso de oportunidade, presteza e capacidade de reagir rapidamente a condições de mercado em permanente mudança. E, quando sabemos que o mundo ficou tão complexo e rápido num período de tempo tão breve, quem poderá nos culpar? Parece inútil desenvolver estratégias de longo prazo quando o panorama global vem se modificando em nanossegundos. Em determinado momento, a General Electric está entrando na florescente indústria de computadores, fazendo uma aquisição rápida atrás da outra; no minuto seguinte, já mudou de ideia. Num dia, a Microsoft e o Google estão prestes a unir forças; no dia seguinte, agem como concorrentes.[17] Numa semana, uma empresa anuncia orgulhosamente que superou suas projeções analíticas de lucros; no dia seguinte, suas ações despencam. A complexidade acelerada e a pressão para dar respostas rápidas produzem comportamentos erráticos não só nas políticas públicas, mas também entre as 500 maiores empresas selecionadas pela revista *Fortune*.

Hoje, "rápido" significa "competente", "lento" significa "incapaz". "Rápido" significa "que aproveita as oportunidades", "lento" passa a ideia de que estamos ficando para trás. "Rápido" significa "esperto", "lento" significa "arcaico".

Nesse aspecto, somos uma sociedade que é clara sobre o que quer. Queremos líderes decisivos e ativos na diretoria das empresas e na Casa Branca. Queremos empreendedores fortes e racionais, pessoas capazes de avaliar rapidamente uma situação e agir. Não importa que os problemas que hoje enfrentamos sejam infinitamente mais complexos do que nunca. Não importa que esses líderes tenham o mesmo arcabouço biológico que nós e, portanto, vivam assoberbados pela complexidade do mesmo modo que vivemos em nosso dia a dia.

Antes de nos darmos conta, a pressão para agir rapidamente nos põe a comparar o desempenho de Wall Street à produção de manteiga em Bangladesh, a limitar o número de banheiros por casa e a culpar Saddam Hussein pelo 11 de Setembro. Isso leva a uma sociedade que se lança em guerras, ao afã por criar novas leis e à corrida pelo financiamento do próximo grande elixir. Por toda parte, correria e mais nada.

Mas o fato é que nenhum dos problemas extremamente complexos e sistêmicos que a civilização hoje enfrenta pode ser resolvido do dia para a noite. Tampouco eles podem ser remediados facilmente, a baixo custo ou mediante o alívio de um sintoma atrás do outro, numa cadeira de mitigações. Se o investimento e o planejamento em longo prazo continuarem a ser ignorados, e se só efetivarmos soluções voltadas para resultados em curto prazo, as perspectivas de uma solução permanente continuarão improváveis.

A luta por uma sociedade comercial

Para entender plenamente como os princípios econômicos se tornaram onipresentes – entender o verdadeiro perigo da economia radical –, devemos voltar nossa atenção para conflitos que assolam o Oriente Médio há séculos.

Como muitas pessoas, desde criança venho acompanhando o *sobe e desce* e as sucessivas hesitações das tentativas de paz no Oriente Médio. Graves conflitos explodiriam em várias partes da região; com o apoio de outros países, Israel faria concessões; um cessar-fogo seria declarado; novas facções então surgiriam; os líderes se reuniriam em Camp David ou tomariam chá na cozinha de Golda Meir, e novos acordos e novas alianças seriam feitos. Depois, alguém mataria um soldado ou faria uma ameaça, e a confusão voltaria a reinar novamente. Esses conflitos começaram antes que a maioria de nós tivesse nascido e, até onde se percebe, continuarão a existir bem depois de não estarmos mais por aqui.

Embora eu tente entender, confesso envergonhada que acho difícil não me perder no emaranhado das diferentes seitas religiosas e crenças individuais.[18] Temos a Al Qaeda, o Hamas e o Hezbollah. Depois, vêm as várias tribos que formam o Talibã. Há também a Organização Abu Nidal, as Brigadas dos Mártires de Al Aqsa, a Frente Popular pela Libertação da Palestina, o Comando Geral da Frente Popular pela Libertação da Palestina e a Organização para a Libertação da Palestina, o Maktab al-Khidamat, a Jihad Islâmica do Egito e a Jihad Islâmica da Palestina. Sinceramente, eu precisaria de um dia de trinta horas para estudar os problemas históricos e atuais se quisesse adotar uma posição responsável sobre o Oriente Médio. O fato é que há um número *excessivo* de grupos terroristas, cada um com sua história e agenda próprias, e nunca consigo saber quem está fazendo o quê contra quem.

Quando se torna impossível adquirir o conhecimento, temos o hábito de transferir as decisões para uma autoridade superior, e, goste-se ou não, é exatamente isso que faz a maioria dos norte-americanos. Com exceção dos acadêmicos e de alguns grandes estudiosos do Oriente Médio, a maioria de nós espera que nosso governo entenda as questões mais importantes para nós e aja em nosso nome – algo que, como já descobrimos, nem sempre funciona.

Essa é a posição insustentável que a complexidade nos leva a adotar. Podemos até querer admitir a responsabilidade pessoal e nos predispor a agir de alguma forma, mas ficamos paralisados por nossa incapacidade de entender todos os fatos. Ao fim e ao cabo, isso não nos deixa nenhuma opção a não ser depender dos outros para nos dizer o que é certo e *o que é real*.

Embora eu reconheça a magnitude do desafio, e também correndo o risco de aumentar a ladainha de explicações esdrúxulas, permitam-me apresentar uma visão bem mais simples do conflito no Oriente Médio.

As guerras no Oriente Médio são guerras entre supermemes.

Algumas divergências sempre tiveram como base o conflito de um supermeme religioso contra outro. Mais recentemente, porém, elas se converteram em diferenças irreconciliáveis entre um supermeme de economia radical, que domina a cultura ocidental, e um supermeme religioso, que domina a cultura médio-oriental.

Ambas as crenças têm raízes profundas e nenhuma delas se baseia em fatos comprovados.

A razão de os Estados Unidos não fazerem progressos no Oriente Médio está no fato de querermos que nações muçulmanas tomem decisões racionais com base em princípios econômicos. Com esse objetivo em mente, ficamos tentando tirar a religião do debate, mas eles continuam a trazê-la de volta. Eis como pensamos: "Por que os fanáticos do Oriente Médio não agem como comerciantes e empresários adultos? Por que eles não oferecem a seus povos um padrão de vida melhor, desvinculado de doutrinas religiosas?". Isso nos parece perfeitamente razoável. E assim, continuamos a tentar satanizar as negociações, pondo a religião de lado como se uma doutrina comercial não fosse uma religião a seu próprio modo, e como se também não fôssemos missionários dogmáticos.

No livro *The Stillborn God: Religion, Politics, and the Modern West*, o professor de humanidades na Columbia University, Mark Lilla, afirma que, "após séculos de discórdia, o Ocidente aprendeu a separar religião e política – a determinar a legitimidade de seus líderes sem associá-la ao comando divino".[19] Lilla descreve muito bem o conflito entre a ideologia ocidental e médio-oriental:

> Nós, ocidentais, estamos perturbados e confusos. Embora tenhamos nossos próprios fundamentalistas, não conseguimos entender

> por que ideias teológicas ainda deflagram paixões messiânicas, deixando sociedades em ruínas. Tínhamos concluído que isso não seria mais possível, que os seres humanos haviam aprendido a separar religião de política, que o fanatismo estava morto. Estávamos errados.

E ele prossegue:

> Há pouco mais de dois séculos, começamos a acreditar que o Ocidente seguia por uma via de mão única rumo à democracia secular, e que outras sociedades, uma vez trazidas para essa mesma via, iriam nos seguir inevitavelmente.

Lilla descreve o governo dos Estados Unidos como "uma experiência recente na história humana": a primeira tentativa moderna de governar independentemente de uma doutrina religiosa específica. Contudo, essa definição limitada de "doutrina religiosa" é problemática. Embora o Ocidente venha tentando separar as escrituras cristãs da governança, o que acontece, na verdade, é a simples troca de um sistema de crenças por outro: o cristianismo da economia radical.

Basta examinarmos as armas favoritas do Ocidente: embargos comerciais, tarifas, retirada de ajuda, do envio de matérias-primas e de incentivos por meio de vultosos investimentos em infraestrutura e comércio de outros países. Preparamos a isca com nossos melhores produtos e desincentivos e depois ficamos nos perguntando por que ninguém a morde. E, quando mordem uma vez, não entendemos por que não voltam a fazê-lo mais vezes.

Pedir a sociedades centradas na religião, como as do Oriente Médio, que ponham os valores comerciais à frente de suas crenças não é muito diferente de lhes pedir para pensarem como cristãs. Para os

Estados Unidos, a busca do dinheiro pode ser um processo objetivo e impecável; no Oriente Médio, porém, as pessoas o veem como uma usurpação de um estilo de vida sagrado e lutam ferozmente para se manterem fiéis ao seu próprio supermeme, mesmo que para isso precisem abrir mão de um padrão de vida melhor. Num contexto desses, não podemos usar os incentivos e desincentivos econômicos para estimular a paz; iniciativas desse tipo serão sempre diminuídas pela magnitude do sacrifício exigido por uma religião que é ativamente praticada a cada minuto de cada dia.

Nas minhas viagens pelo Oriente Médio, sempre me surpreendi muito com as muitas maneiras de integração da religião à vida cotidiana: comerciantes e empresários de terno e gravata, que colocam um tapete de oração na calçada e se ajoelham para dirigir a Alá as preces que devem ser feitas durante o dia; alto-falantes no topo de cada mesquita, reproduzindo em altos brados canções e orações durante o dia e a noite; mulheres com corpo e rosto cobertos, calmamente sentadas, navegando na internet em cibercafés. Por onde quer que eu olhasse, cada costume local estava de alguma forma impregnado pela tradição religiosa.

Compare-se isso à vida nos Estados Unidos, onde as crenças religiosas foram camufladas. Nos últimos anos, alguns movimentos têm defendido a eliminação de imagens da natividade cristã em edifícios públicos e das preces silenciosas nas escolas públicas, além de qualquer menção a Deus em tribunais e salas de reuniões em geral. Não por acaso, o único lugar em que Deus continua sendo permitido é em nossa moeda corrente. As palavras *In God We Trust* ["Em Deus confiamos"] aparecem em todas as cédulas, num lembrete onipresente aos adoradores da economia: nossa fé deve estar voltada para o poder superior do dinheiro.

Uma prova da desconexão entre a doutrina econômica ocidental e a islâmica médio-oriental está na carta que, em 2006, o presidente Mahmoud Ahmadinejad mandou ao presidente George W. Bush em meio a graves divergências públicas com o Irã. Imagine a confusão na Casa Branca para responder a um chefe de Estado que escreveu isto:

> Fui informado de que Sua Excelência segue os ensinamentos de Jesus e acredita na divina promessa do governo dos virtuosos sobre a Terra. (...) De acordo com os versos divinos, fomos conclamados a adorar um Deus e a seguir os ensinamentos dos profetas divinos. (...) O liberalismo e a democracia nos moldes ocidentais não foram capazes de nos ajudar a concretizar os ideais da humanidade. Hoje, esses dois conceitos fracassaram. As pessoas de maior discernimento já ouvem o som da ruptura e queda da ideologia e dos pensamentos dos sistemas democráticos liberais. (...) Gostemos ou não, o mundo vem gravitando na direção da fé no Todo-Poderoso, e a justiça e a vontade de Alá prevalecerão sobre todas as coisas.[20]

De acordo com o professor Lilla, quando recebemos, no Ocidente, uma correspondência como essa de outro chefe de Estado, "emudecemos, como ese tivéssemos acabado de descobrir uma inscrição antiga escrita em hieroglifos". Afinal, o presidente Bush é formado pela Harvard University e se definia como um "empresário" decidido a levar os sólidos princípios comerciais de volta à Casa Branca. Para ele, se os governos forem dirigidos com a mesma eficiência e objetividade dos negócios em grande escala, muitos dos problemas mundiais serão resolvidos. Bush só não estava preparado para discutir sua formação religiosa. E que utilidade teria isso?

O que temos no Oriente Médio é uma situação complexa em que a crença no livro sagrado do islamismo pode ser mais forte do que a crença na doutrina econômica. Os terroristas se dispõem a arriscar tudo para impedir o avanço do supermeme da radicalização da economia para sua região do mundo, pois viram o que os valores comerciais fizeram às sociedades que praticam a teologia política. Por outro lado, a civilização ocidental está preparada para o necessário, inclusive guerras, a fim de assegurar que os países terroristas adotem o comércio justo, compartilhem os recursos naturais e se comportem como bons consumidores.

Timur Kuran, professor de economia e ciência política que também ministra um curso de Estudos Islâmicos na Duke University, é especialista em "Economia Islâmica".[21] Para Kuran, a abordagem do comércio, do dinheiro e dos princípios econômicos fundamentais é muito diferente entre as culturas ocidental e médio-oriental. Em seu artigo "The Genesis of Islamic Economics", Kuran enfatiza este ponto: "Mais de sessenta países têm bancos islâmicos que dizem oferecer uma alternativa sem juros aos serviços bancários convencionais. Invocando princípios religiosos, vários países, dentre eles o Paquistão e o Irã, têm chegado a ponto de banir qualquer forma de juro; eles vêm obrigando todos os bancos, inclusive as subsidiárias estrangeiras, a adotar, ao menos formalmente, métodos claramente islâmicos de captação de depósitos e concessão de empréstimos". Para nós, ocidentais, será possível imaginar a proibição de algo tão fundamental como o direito de cobrar juros sobre empréstimos? Ridículo!

Talvez ninguém resuma o ponto de vista ocidental melhor do que o personagem Francisco d'Anconia, no romance *Atlas Shrugged* [Quem é John Galt?], de Ayn Rand, que se tornou a bíblia da Nova Era para os magnatas do mundo dos negócios e ícones da economia, como Alan Greenspan:

> Se você quiser que eu lhe diga qual é o maior mérito dos norte-americanos, escolheria – porque contém todas as outras – que eles criaram a expressão "fazer dinheiro". (...) Eles foram os primeiros a entender que a riqueza precisa ser criada. As palavras "fazer dinheiro" contêm a essência da moral humana.[22]

No Oriente Médio, a luta não se dá entre cristãos contra muçulmanos, ou muçulmanos contra judeus, ou os Sharks contra os Jets.* É mais complicado. Trata-se do supermeme da economia contra um supermeme religioso igualmente complexo: uma cruzada da economia profana contra uma determinação de Alá para que se acabe com ela.

E, quando as crenças – tenham por base a economia ou a religião – se sobrepõem ao conhecimento racional, não pode haver resultados racionais.

Pela primeira vez na história do Oriente Médio, agora entendemos essa dinâmica.

Há alguns anos, o Nobel de literatura e filósofo Albert Camus descreveu o papel que o pensamento racional desempenha em momentos de grande perturbação humana: "Neste mundo de conflitos, um mundo de vítimas e carrascos, cabe ao *pensamento* não permitir que as pessoas fiquem do lado dos carrascos". [23]

Os carrascos, porém, manifestam-se de muitas maneiras – não só os que portam armas de fogo ou empunham espadas. Alguns matam tecnologias necessárias. Outros aniquilam a estabilidade profissional e a liberdade acadêmica ou destroem a promessa e a esperança de felicidade conjugal com acordos financeiros, e outros eliminam projetos e soluções em longo prazo em nome do utilitarismo. Armados de uma doutrina de natureza econômico-radical, os carrascos do progresso humano surgem um após o outro, à medida que uma multidão de vítimas segue seus passos cegamente.

Diante desse cenário, pergunto apenas isso a Camus: como podemos distinguir um do outro?

---

* Duas gangues de rua de adolescentes, de origem étnica distinta, cuja rivalidade é o tema central do musical *West Side Story*, estreado na Broadway em 1957 (e do filme nele baseado, que no Brasil tem o título de *Amor, Sublime Amor*). (N. do T.)

— 9 —

Superando os supermemes

Soluções racionais num mundo irracional

Num ameno entardecer de maio em Portland, Oregon, Paul Hawken, um visionário do movimento em defesa do comércio sustentável, estava diante de seus alunos de pós-graduação de 2009. Meses antes, ele fora convidado a proferir a aula inaugural. Em suas próprias palavras, ele estava decidido a fazer um discurso que seria "direto, despojado, informal, honesto, excitante, enxuto, vibrante, surpreendente e gracioso".

Como Hawken passara boa parte da vida lutando contra os supermemes modernos, ele tinha muito a dizer sobre os diferentes papéis que os fatos e as crenças desempenham hoje no progresso humano:

> Quando me perguntam se sou pessimista ou otimista sobre o futuro, minha resposta é sempre a mesma: se vocês examinarem o conhecimento científico sobre o que está acontecendo na Terra e não forem pessimistas, direi que isso acontece porque lhes falta uma boa compreensão dos dados. Porém, se vocês conhecerem as pessoas que estão trabalhando para recuperar este planeta e melhorar a vida dos pobres, e não forem otimistas, direi que carecem de sensibilidade e entusiasmo. O que vejo por toda parte são pessoas comuns que tentam enfrentar o desespero, o poder e um número incalculável de desvantagens para verem se conseguem recuperar um pouco de graça, justiça e beleza para este nosso mundo.[1]

Hawken vê nossa situação com clareza. Como as crenças destrutivas que ameaçam o progresso humano são criadas pelo homem, elas não constituem uma circunstância permanente. Portanto, as "pessoas comuns" podem superar supermemes solidamente estabelecidos e, uma vez mais, recuperar o equilíbrio crítico entre conhecimento e crença.

A recuperação do equilíbrio

Há muitos exemplos históricos em que, contra tudo e contra todos, pessoas conseguiram superar os supermemes. O progresso, porém, geralmente implicava um grande sacrifício pessoal. Em 1633, Galileu foi condenado pela Igreja Católica por heresia e mandado para a prisão por ter descoberto que a Terra girava em torno do Sol.[2] Embora os apelos de seus colegas tenham convencido as autoridades a reduzir sua pena a prisão domiciliar, seus movimentos continuaram limitados ao logo de toda a sua vida.

Charles Darwin também passou dezesseis anos relutando em publicar *A origem das espécies*, pois temia os ataques que os literalistas religiosos poderiam lançar contra sua família.[3] E ele estava certo. A Igreja, junto com muitos de seus colegas, amigos e parentes, rapidamente o lançou no ostracismo por algo que, na opinião deles, constituía uma teoria herética.

Mais recentemente, a perseguição, alegação de incompetência e humilhação pública que Martin Fleischmann e Stanley Pons sofreram obrigaram os dois físicos, que afirmavam ter descoberto a fusão a frio, a buscar refúgio no interior da Inglaterra e da França.[4] Contudo, desde sua descoberta em 1989, os resultados de suas experiências vêm sendo confirmados por quase todos os laboratórios independentes do mundo, o que levou o dr. Eugene Mallove, autor de textos científicos para o MIT, a afirmar que as evidências da fusão a frio são extraordinariamente convincentes, constituindo, portanto, uma certeza irrefutável.

Superar supermemes não é coisa para os fracos.

Felizmente, supermemes como oposição irracional, *personalização da culpa, falsas correlações, pensamento em silo e radicalização da economia* não são páreo para a solução de problemas por lampejos intuitivos. Dean Kamen, Bill Gates, Jim Watson, Paul Hawken e E. O. Wilson provavelmente não se deixam frustrar por crenças irracionais ou por convenções de senso comum. Na verdade, quando há uma escalada da resistência a descobertas importantes, esses guerreiros destemidos adquirem mais energia e determinação do que nunca para concretizar mudanças em nome do bem coletivo.

Por exemplo, em junho de 2006, o gigante das finanças Warren Buffett, dono de uma fortuna calculada em US$ 42 bilhões, anunciou publicamente que doaria 85% de sua fortuna, começando com cerca de US$ 1,5 bilhão para ajudar a Bill & Melinda Gates Foundation a combater a malária, a aids e a tuberculose.[5] Outra parte seria destinada a fomentar a educação em diversas partes do mundo. Depois, em 2010, Bill Gates entrou com mais US$ 10 bilhões para desenvolver e fornecer vacinas a países pobres. E em 2005, E. O. Wilson, Neil Patterson e outros pensadores de ponta criaram a E. O. Wilson Biodiversity Foundation, que está desenvolvendo o primeiro livro didático de biologia *on-line*, que poderá ser consultado gratuitamente pelos usuários. O objetivo deles é tornar todas as coisas que a humanidade conhece sobre a vida no planeta Terra disponíveis a cada homem, mulher e criança.

E há milhares de outros exemplos parecidos.

De longe, porém, um dos melhores modelos de um pioneiro que superou com grande êxito os supermemes modernos é um economista de Bangladesh, Muhammad Yunus, a quem se atribui a criação do "microcrédito".

O combate à convenção

Em 2006, Muhammad Yunus ganhou o cobiçado Prêmio Nobel da Paz por ter aperfeiçoado e popularizado a microfinança.[6] Para os que não conhecem Yunus, na superfície talvez ele pareça ser um desses sucessos que acontecem da noite para o dia, mas, como ele mesmo diz, seu sucesso resultou de uma difícil jornada de trinta anos durante a qual ele se deparou com muitos obstáculos irracionais pelo caminho.

Yunus começou a testar a ideia de que dinheiro poderia ser emprestado aos pobres em 1974, em meio a um grande surto de fome em Bangladesh. Ele começou com muito pouco. Retirou 856 tacas (cerca de US$ 27 na época) de suas economias pessoais e emprestou o dinheiro a um grupo de 42 trabalhadores esforçados que faziam tamboretes de bambu na cidadezinha de Jobra. Com esse dinheiro, as mulheres compraram o material necessário para a produção e a venda de seus produtos no mercado nas imediações. A esperança delas era ganhar o suficiente para alimentar suas famílias.

O que se sabe é que, num período de tempo extremamente breve, todas as 42 mulheres já mantinham uma atividade comercial autossustentável e já haviam pagado totalmente o empréstimo, inclusive os juros.

Isso criou problemas para Yunus.

De acordo com os bancos tradicionais e os agiotas, que emprestavam a taxas de juros exorbitantes, os pobres eram tomadores de empréstimos pouco confiáveis.[8] Como eles não tinham bens, a probabilidade de que esbanjariam o dinheiro e não pagariam os empréstimos era muito alta. Assim, quando as mulheres fizeram seus pagamentos em dia e se mostraram muito agradecidas, Yunus começou a questionar crenças (memes) antigas a respeito da concessão de empréstimos aos pobres.

Será que essas crenças estariam certas? A ameaça de perder seus bens seria a única razão pela qual as pessoas quitavam seus débitos? Não seria também possível que a vontade de ser bem-sucedido como grupo, ou de se tornar autossustentável, fosse um estímulo igualmente poderoso?

Assim, em 1983, contra os conselhos de especialistas em finanças, do governo, de bancos e líderes de empresas privadas – praticamente de todos –, Yunus criou o Grameen Bank (que significa "banco da aldeia"), com base no princípio de "círculos de solidariedade". Além de não exigir nenhuma garantia paralela de pagamento da dívida, a política do novo banco consistia em fazer empréstimos a grupos de cinco a oito pessoas. Os empréstimos eram bem pequenos e a duração, breve – cerca de seis meses. Além disso, qualquer falta de pagamento teria poucos reflexos sobre *todos os membros do grupo*, de modo que, quando um deles não pudesse pagar, esperava-se que os outros o ajudassem a cumprir sua obrigação.

Ao usar a pressão social em vez de garantias de pagamento, Yunus entrou inadvertidamente no terreno de um poderoso fenômeno biológico: nossos instintos pré-históricos de viver em grupo e trabalhar em grupos ainda menores e bem-sucedidos. Foi assim que nossos ancestrais sobreviveram nas florestas e regiões selvagens, e percebemos que esse instinto ainda está presente em nossa estrutura genética atual. Somos uma espécie que gravita naturalmente em torno de um grupo e dele depende para sobreviver; qualquer pessoa que tenha observado o comportamento de nossos parentes mais próximos, os chimpanzés bonobos, pode dar testemunho desse fato. Como resultado, quando nossa sobrevivência está ameaçada por pobreza ou fome extremas, a tendência de trabalhar em conjunto para superar as adversidades funciona tão bem quanto a ameaça de perder os bens oferecidos em caução.

Mas a prova do pudim está em comê-lo.

Até o momento, mais de 97% dos empréstimos concedidos pelo Grameen Bank aos pobres foram pagos no prazo certo e integralmente. O banco fez empréstimos a mais de 7 milhões de outros trabalhadores pobres e não qualificados em 58 países, inclusive nos Estados Unidos, na França e no Canadá, e 78 mil vilarejos em Bangladesh.

E, acredite-se ou não, o índice de reembolso é de 97%.

As maiores e mais sofisticadas instituições financeiras do mundo não chegam nem perto de semelhante desempenho. Além disso, Yunus diz que, "desde sua criação, o banco fez empréstimos equivalentes a US$ 6 bilhões. (...) Em termos financeiros, [o banco] é autossustentável e não recorre a dinheiro de doadores desde 1995".[7] Ele prossegue: "64% de nossos mutuários que trabalharam com o banco por cinco anos ou mais já cruzaram a linha da pobreza".

Mais importante ainda, o sucesso do Grameen Bank resultou na criação de milhares de organizações de microcrédito em todo o planeta. De acordo com o artigo "Small Loans Empower" ["Pequenos Empréstimos Conferem Poder"], da especialista em finanças Sue Wheat, "a microfinança transformou-se numa estratégia crucial para a superação da pobreza, e há mais de 7 mil instituições desse tipo em todo o mundo, alcançando 16 milhões de pessoas".

Wheat enfatiza que, segundo as últimas estatísticas, é possível que cerca de um bilhão e quinhentas mil pessoas estejam vivendo com menos de 1 dólar por dia. Portanto, organizações como a Self-Employed Women's Association (SEWA, Associação de Mulheres Autônomas), na Índia – que, a exemplo do Grameen Bank de Yunus, faz empréstimos em curto prazo que muitas vezes não passam de US$ 1,50 –, tornaram-se cruciais para tirar milhares de mulheres da pobreza. Segundo a SEWA, mais de 94% das mulheres indianas são extremamente vulneráveis do ponto de vista financeiro, porque elas "raramente possuem capital próprio ou ferramentas para produção e não têm acesso a tecnologias ou recursos modernos". O microempréstimo tornou-se uma maneira eficiente de garantir oportunidades iguais para todos – estimular a colaboração em grupo para que os desvalidos possam lutar por uma vida melhor.

Yunus e os cinco golias

O microfinanciamento foi bem-sucedido porque Yunus não apenas soube aproveitar um instinto evolutivo comum a todos os seres humanos, mas também superou os cinco supermemes – crenças poderosas e arraigadas que inibem o progresso moderno.

O primeiro superme que Yunus enfrentou foi a gigantesca *oposição* à ideia de que empréstimos sem garantias seriam reembolsados pelos pobres. Para os banqueiros, empréstimos desse tipo eram arriscados. Yunus também teve de enfrentar a antiga crença de que emprestar dinheiro aos pobres não traria nenhuma mudança substancial à situação deles. A sabedoria convencional afirmava que havia muitos motivos para que os pobres fossem pobres, e que a indisponibilidade de capital não era um deles. Em seguida, vinha a objeção a conceder empréstimos a grupos, em vez de considerar as pessoas individualmente responsáveis por suas ações. No que diz respeito a isso, os bancos só emprestavam a pessoas e empresas, e não a grupos criados com o único objetivo de executar determinado trabalho. Havia também as objeções a conceder empréstimos a baixas taxas de juros. Se os agiotas sempre determinaram que empréstimos sem garantias deviam ser feitos a taxas bem mais altas, por que não cobrá-las também? Por onde quer que Yunus se voltasse, sempre havia mais uma objeção.

E, mesmo depois de Yunus finalmente apresentar centenas de casos comprovando que o microcrédito aos pobres funcionava bem, ele ainda ficou dez anos sem obter apoio financeiro substancial para abrir seu banco.[9] Os supermemes são intransigentes e não cedem facilmente aos fatos.

Yunus recorda:

> Eu achava que esse histórico positivo pudesse levar os banqueiros tradicionais a mudar de mentalidade sobre a concessão de empréstimos aos pobres. Mas não havia a menor possibili-

> dade... Eles não demonstravam interesse. Tinham um monte de razões para explicar por que o sucesso que já tínhamos obtido logo chegaria ao fim. Eles não conseguiam aceitar o fato de que, na verdade, os pobres pagavam seus empréstimos. "As pessoas com as quais você está trabalhando não devem ser realmente pobres", diziam eles. "De outro modo, onde elas arrumariam dinheiro para quitar os empréstimos?"
>
> "Venha comigo, vamos visitar as casas delas", eu respondia. "Você verá que são pessoas verdadeiramente pobres. Elas nem mesmo têm móveis! Só conseguem fazer os pagamentos porque trabalham duro, dia após dia."

O segundo supermeme que Yunus conseguiu superar foi a *personalização da culpa*. A crença predominante entre as instituições financeiras era de que os pobres eram pobres porque eram fracos de caráter – não sabiam avaliar as coisas, eram irresponsáveis do ponto de vista fiscal, preguiçosos ou ignorantes e, portanto, despreparados para a concorrência comercial. Essas noções equivocadas levavam as instituições financeiras a ver os pobres como maus tomadores de empréstimos, os únicos culpados pela sua situação de penúria. Yunus, porém, não via as coisas desse jeito. Ele acreditava que os pobres eram simplesmente *pessoas que não haviam tido oportunidades*. Diante da possibilidade de uma vida melhor, ninguém optaria por morrer de fome. E assim, em vez de culpar as vítimas por suas circunstâncias, Yunus examinou a fundo as forças sistêmicas em atuação. E, ao fazê-lo, teve um lampejo intuitivo: os pobres não eram pessoas que não haviam tido oportunidades. *As oportunidades eram-lhes sistematicamente negadas por conta de crenças equivocadas*. Esses pressupostos incorretos tinham de ser eliminados se ele quisesse obter progressos concretos.

O terceiro Golias derrotado por Yunus foram os dados falsos que supostamente comprovavam que os pobres tinham um histórico ruim no que dizia respeito à quitação de seus empréstimos: *uma falsa correlação*. A correlação entre falta de bens e inadimplência era falsa, apesar de ser amplamente aceita pelas principais instituições financeiras até hoje. De fato, quando o não pagamento de hipotecas chegou a um ponto muito alto nos Estados Unidos, os mutuários foram pressionados a comprovar não apenas que tinham bens suficientes para justificar um empréstimo, mas também que tinham uma renda regular. Só os bens não bastavam para compensar os riscos de emprestar dinheiro – nem mesmo se você tivesse milhões de dólares em propriedades imobiliárias, ações, debêntures ou uma empresa sem dívidas. De repente, a falta de um contracheque passou a significar recusa a conceder empréstimos.

Não surpreende, portanto, que Yunus precisou de uma década para reunir dados empíricos suficientes para superar um supermeme de *falsa correlação* que havia sido reforçado por dados falsos, pesquisas e opiniões de especialistas, todos eles comprovando que emprestar aos pobres em curto prazo, sem garantias, era uma má ideia.

O quarto supermeme que Yunus conseguiu superar foi o *pensamento em silo*, e ele o fez abordando a questão de duas maneiras distintas. Primeiro, rejeitou a ideia de que os objetivos de uma instituição financeira eram diferentes dos objetivos da comunidade. Em sua opinião, os dois eram interdependentes: se os clientes do banco prosperassem, o banco também teria bons resultados. Yunus também rejeitou a ideia de que empréstimos individuais eram menos arriscados do que aqueles feitos a grupos de cidadãos. Em sua opinião, a atuação como silos individuais não era tão eficiente quanto a colaboração, sobretudo num meio competitivo e complexo.

Por último, no caso do supermeme da *radicalização da economia*, Yunus pôs as pessoas à frente do lucro. Em seu modo de ver as coisas, uma comunidade que prospera economicamente é melhor, para uma instituição social, do que outra que precisa arcar com taxas de juros predatórias em curto prazo. E, a julgar pelas consequências recentes dos programas predatórios de hipotecas nos Estados Unidos, Yunus estava certo. Além de ser uma atividade comercial bem-sucedida, o Grameen Bank poderia ser um instrumento de mudança em longo prazo: quanto mais lucros o banco tivesse, mais empréstimos poderia fazer e mais pessoas seriam beneficiadas. Era uma espiral ascendente infinita, um modo permanente de pôr fim à pobreza. Na verdade, o vislumbre de Yunus foi tão bem-sucedido que, em 2007, ele declarou: "Hoje, os depósitos e outros recursos do Grameen Bank equivalem a 157% de todos os empréstimos em circulação".[10] Compare-se isso com os bancos mais bem-sucedidos dos Estados Unidos, que mantêm uma reserva total de apenas 3% a 4% do dinheiro de seus depositantes.[11]

Ao rejeitar a ideia de lucro a *qualquer preço*, Yunus criou uma das instituições financeiras mais estáveis e de mais rápido crescimento do mundo.[12] Ele derrotou cinco erros (supermemes) poderosos sobre a concessão de empréstimos aos pobres e recolocou o progresso nos trilhos.

Se Yunus é um herói dos nossos tempos, isso se deve ao fato de ele ter substituído velhos mitos por fatos comprovados, isso num campo que se orgulha de sua objetividade. Porém, como ele descobriu, nenhuma atividade humana está imune aos supermemes. A seu modo, o insight de Yunus ajudou a recuperar o equilíbrio entre as superstições impenetráveis que tinham sido perpetuadas pelas instituições financeiras mais bem-sucedidas do mundo e a evidência empírica sobre emprestar aos pobres. De modo muito semelhante a Wag Dodge, o bombeiro cuja descoberta mudou o curso da segurança no combate a incêndios, a revelação de Yunus – seu momento "ahá!" – mudou o curso do sofrimento humano.

— 10 —

Consciência e ação

Uma abordagem tática

Há muitos anos, quando eu viajava pelo Japão, ouvi uma parábola antiga. A história era mais ou menos assim:

> Certo dia, um agricultor caminhava por uma estrada de terra no interior do país quando teve a oportunidade de encontrar-se com um Buda. Ao verificar que o Buda não tinha nada – sapatos, água, comida –, o agricultor ficou com pena dele e ofereceu-se para compartilhar sua comida com o estranho. Depois de algum tempo sentados à sombra de uma árvore, o agricultor não resistiu e perguntou ao Buda, que, em todos os aspectos, parecia ser um homem normal, por que motivo ele andava por aquelas paragens sem ter absolutamente nada.
>
> O agricultor indagou: "Você pensa que é Deus?".
>
> "Não", respondeu o estranho.
>
> "Você é uma reencarnação de Deus?"
>
> "Não."
>
> "Você é um homem?"
>
> "Não."

Exasperado, o agricultor exclamou: "Então me diga quem é você!".

O estranhou sorriu e respondeu: "Estou desperto e atento".[1]

Despertar para o padrão

A esta altura, já fizemos uma longa caminhada.

Para começar, descobrimos que as civilizações bem-sucedidas prosperam quando *se apegam, vigorosa e simultaneamente, tanto a crenças quanto ao conhecimento*. Como os impérios maia, romano e *khmer* nos provaram, isso acontece nos primeiros anos de desenvolvimento, quando a população está aumentando, prosperando e adquirindo o controle de seu ambiente natural.

(Não sabíamos disso antes.)

Depois, quando os sistemas sociais, governos, rituais e problemas que uma civilização tem de enfrentar tornam-se mais complexos, a sociedade chega a seus limites. Os métodos de solução de problemas do cérebro esquerdo e direito, que evoluíram ao longo de milhões de anos, param de funcionar. A complexidade e a magnitude dos problemas tornam-se demasiadamente avassaladoras para as capacidades do cérebro.

(Nunca antes nos deparamos com essa possibilidade.)

A diferença entre o ritmo lento em que o cérebro humano pode evoluir e a velocidade com que a complexidade aumenta é chamada de "limite cognitivo". Todas as civilizações encontraram seu limite cognitivo, e quando o fizeram, ele marcou o começo do declínio.

(Outra informação nova.)

O primeiro sinal é o impasse. Líderes e especialistas tornam-se incapazes de resolver as maiores ameaças que rondam a sociedade, como a seca, a guerra e as doenças, e começam a passar esses problemas de uma geração para a outra, transformando-os num legado sem fim. Individualmente, as pessoas também começam a se sentir paralisadas, temerosas e desesperançadas.

(Nunca desconfiamos de que o impasse fosse parte integrante de um padrão. Agora, isso parece óbvio.)

Uma vez atingido o impasse, as crenças não comprovadas tomam o lugar dos fatos e do pensamento racional. Com o tempo, algumas dessas crenças tornam-se tão poderosas que se transformam em supermemes. O objetivo dos supermemes é compensar as deficiências cognitivas, mas eles fazem muito mais mal do que bem.

(Nunca imaginamos que a complexidade levasse ao abandono dos fatos.)

Finalmente, os supermemes tornam-se tão onipresentes que subjugam todas as instituições sociais, os costumes e valores e o pensamento racional. Hoje, cinco supermemes impedem o progresso: *oposição irracional, personalização da culpa, falsas correlações, pensamento em silo e radicalização da economia*. Ao ficarem mais fortes, esses supermemes levam a tipos singulares de comportamento e pensamento. A singularidade, por sua vez, elimina a possibilidade de encontrar as soluções necessárias. Enquanto isso, os problemas graves continuam a existir.

(Nunca nos ocorreu que as crenças cotidianas pudessem ser um obstáculo ao progresso.)

Por fim, um de nossos problemas sistêmicos torna-se tão colossal que o resultado é o colapso. O golpe final pode vir de muitas maneiras: um vírus pandêmico, o aquecimento global, a guerra nuclear. Não importa qual problema permaneça sem solução, pois uma das ameaças acabará se agigantando de tal modo que levará ao fim dos recursos coletivos de uma civilização.

Como afirmei há pouco, já fizemos uma longa caminhada. E aqui está a boa notícia.

Acontece que compreender já é metade da cura.

As antigas civilizações não contavam com o benefício de poder examinar milhões de anos de história humana. Elas não sabiam nada sobre evolução e não tinham o auxílio da neurociência nem da tecnologia para conhecer internamente o corpo e o cérebro humano. Hoje, porém, pela primeira vez na história, há uma convergência desses conhecimentos, permitindo que o homem moderno chegue à raiz das razões biológicas para o declínio e o colapso.

Portanto, a pergunta é: como usamos esse conhecimento para avançar?

Afinal, a evolução tem sua própria escala de avanços, de modo que o cérebro humano só pode acompanhar a rapidez dessas transformações. E tudo indica que a complexidade é um fenômeno irreversível que vem ganhando velocidade. Se o ponto crucial do problema é a discrepância entre dois ritmos desiguais de mudança, haverá um meio de preencher essa lacuna?

Em curto e longo prazos

Quando nos vemos diante de um adversário aparentemente imbatível – maior e mais forte; com mais dinheiro, mais adeptos ou recursos; mais bem armado e em maior número do que nós –, o que podemos fazer?

Fazemos o mesmo de sempre.

Nós o superamos em estratégia.

Seja no campo de futebol ou de batalha, nos negócios ou na política, somos bem-sucedidos quando agimos taticamente em curto prazo e estrategicamente em longo prazo. Em outras palavras, tratamos de deter o assalto imediato ao mesmo tempo em que nos empenhamos em atacar a origem do problema.

É assim que vencemos.

Trabalhei durante vinte anos com empresas recém-criadas no Vale do Silício, onde uma das minhas funções era ajudar a preparar projetos estratégicos de curto e longo prazo.

Um projeto estratégico em curto prazo significava planejar produtos, serviços e receitas para o ano seguinte, enquanto um projeto em longo prazo consistia em juntar projeções de mercado, dados da concorrência, tendências dos consumidores e padrões históricos até que conseguíssemos criar uma estratégia para os cinco anos seguintes.

Contudo, mais importante do que a duração desses "planos de guerra" era a natureza de cada um deles. Toda a atenção se voltava para os planos de um ano, que podiam ser imediatamente implementados, ao passo que os planos em longo prazo eram muito mais gerais. Os primeiros já podiam ser postos em prática; os outros eram iniciativas ainda distantes de aplicação concreta.

E, como o ciclo de vida dos produtos do Vale do Silício é efêmero – em geral, doze meses antes que uma nova tecnologia torne algum produto obsoleto –, os planos anuais eram absolutamente prioritários.[2] Como resultado, os planos trienais e quinquenais eram reduzidos a um exercício corporativo obrigatório durante algumas semanas de cada ano. Uma vez concluído o processo, arquivos cheios de previsões complexas eram colocados em uma estante e todos retomavam as atividades que poderiam realizar naquele dia, naquela semana ou naquele mês.

Portanto, ao final de exercícios de planejamento estafantes, eu geralmente repetia alguma coisa que meu primeiro chefe martelou muito na minha cabeça:

> Quando se trata de planejar, nunca se esqueça de que nosso plano em curto prazo é permanecer no mercado por tempo suficiente para podermos ter um projeto em longo prazo.

Vinte anos depois, essa mesma ideia se aplica aos nossos problemas atuais. *Precisamos de um projeto em curto prazo para nos manter vivos por tempo suficiente a fim de que encontremos uma solução permanente.*

Felizmente, a natureza permite ambas as coisas. Quando o que está em jogo é lidar com problemas complexos, que excedem nossa capacidade cognitiva, nosso projeto em curto prazo deve conter mitigações engenhosas. Por si só, porém, as mitigações não são suficientes. Por sorte, a natureza também tem um projeto em longo prazo: a evolução do insight – uma resposta biológica cada vez maior à complexidade.

Excesso de mitigações

Como vimos, o objetivo das mitigações em curto prazo (tática) – como a conservação e a reciclagem – consiste em obter o tempo necessário para que a civilização possa pôr em prática uma solução duradoura. Contudo, à medida que os problemas se tornam mais sistêmicos e há mais respostas erradas do que certas, a mitigação eficiente torna-se extremamente difícil identificar. Quando insistimos em uma ou duas maneiras de contornar um problema, elas nunca nos ajudam a solucioná-lo com a força que desejaríamos, nem têm a duração que gostaríamos que tivessem, muito embora tenhamos o hábito de continuar batendo na mesma tecla. Convencemo-nos de que estamos tomando pequenas medidas "sustentáveis" e que, em conjunto, todas elas terminarão por fazer uma diferença. Será mesmo?

Muitas razões explicam por que as tentativas de mitigação em curto prazo fracassam.[3]

A primeira delas é que a mitigação geralmente se confunde com uma solução. E, uma vez identificada como tal, a busca de uma solução permanente torna-se lenta e arrastada.

Tomemos como exemplo os grupos de vigilantes que atualmente protegem a fronteira entre os Estados Unidos e o México. Embora suas tentativas possam ser bem-sucedidas em curto prazo, seja qual for o número de vigilantes recrutados para patrulhar as fronteiras norte-americanas, essa não é uma solução *sustentável* para o complexo problema de segurança. Eis o motivo: se em algum momento futuro o Sudoeste vier a sofrer uma seca semelhante à escassez de água que os maias enfrentaram no passado, a migração em massa para os Estados Unidos seria inevitável e nada conseguiria impedi-la – nem vigilantes, nem muros, nem valas, nem aviões por controle remoto. Imagine milhões de pessoas avançando para o Norte ao mesmo tempo, em busca de alimento e água. A menos que as autoridades estejam dispostas a ordenar que soldados atirem em mulheres e crianças que estejam atravessando ilegalmente as fronteiras, os Estados Unidos não terão condições de barrar o caminho de legiões de refugiados cujo destino os levaria a iniciar uma onda migratória à medida que as mudanças climáticas se agravassem e começassem a cobrar seu preço. Atualmente, portanto, as patrulhas de fronteira podem até funcionar, pois o número de invasores é pequeno. Porém, quando esse número aumentar, cada uma das providências atualmente em consideração, sejam muralhas ou canais, estará condenada ao fracasso.

O mesmo pode ser dito sobre a mitigação de sintomas parecidos com os da gripe nos aeroportos, com a finalidade de impedir a disseminação de vírus pandêmicos. Infelizmente, os sintomas da maioria dos vírus demoram muitos dias para se manifestar. Isso significa que muitos portadores humanos são assintomáticos. Contudo, como descobrimos recentemente, basta um único turista, um funcionário de restaurante, um enfermeiro ou um bilheteiro para deflagrar uma epidemia com extrema rapidez. Repetindo mais uma vez, a menos que estejamos preparados para infringir os direitos civis de uma pessoa, exigindo exames médicos e quarentenas obrigatórias, parece não haver nenhuma maneira de impedir a disseminação global de novas cepas de gripe.

Contudo, apesar de reconhecer que nossas medidas superficiais não passam de um quebra-galho, somos uma sociedade que habitualmente confunde mitigação com solução permanente.

Em 2008, por exemplo, o físico Atul Gawande, de Harvard, publicou *The Checklist Manifesto*, um livro que recebeu enorme atenção.[4] Segundo o dr. Atul Gawande, à medida que os procedimentos em setores como os de hospitais, aviação, finanças e outras áreas críticas se tornam mais complexos e a possibilidade de erros aumenta exponencialmente, as *checklists* tornam-se vitais. Elas diminuem significativamente o número de erros e permitem que todos, independentemente da formação e experiência, operem dentro do mesmo padrão.

Como em muitas outras revelações desse tipo, Gawande escreve com base em sua experiência pessoal. Ele nos conta uma história terrível sobre como, certa vez, cortou acidentalmente a artéria de um paciente durante uma cirurgia. Na maioria dos casos, essa situação teria feito o sangue encher a cavidade corpórea (celoma) do paciente, que teria morrido por hemorragia rápida na mesa de operação. No caso de Gawande, porém, o paciente sobreviveu graças à *checklist* da sala de operações, que exigia que quatro unidades de sangue estivessem sempre preparadas para uma emergência.

Gawande também explica como as *checklists* podem ser usadas em outros campos de grande complexidade.[5] Em seu livro, ele mostra que as *checklists* têm sido usadas há décadas na aviação, para evitar desastres aéreos. Ele cita muitos exemplos, das finanças à construção, passando pela culinária, em que tarefas extremamente complexas foram compiladas em forma de *checklists* simples, resultando em maior consistência e produtividade.

Gawande explica como as *checklists* podem ser usadas como um antídoto eficaz contra o aumento da complexidade em nossa vida pessoal. Ele diz que essas listas de verificações "parecem impedir que todos, inclusive os muito experientes, evitem uma quantidade bem maior de erros do que seria de imaginar. Elas fornecem uma espécie de rede cognitiva. Conseguem ordenar a confusão mental".

Embora Gawande defenda enfaticamente o uso das *checklists*, ele também parece desconhecer que está defendendo uma mitigação temporária que, como outras mitigações, *não é sustentável*.

Com o aumento ainda maior da complexidade, o número de itens de uma *checklist* também deve aumentar e, considerando-se a aceleração atual, os novos acréscimos devem ser rápidos. Afinal, quanto mais soubermos sobre o que pode dar errado, maior se tornará uma *checklist*. Uma lista com dez itens rapidamente passa para vinte itens, depois vai de vinte a cinquenta e de cinquenta a cem, até ficar longa demais e precisar ser decomposta em *checklists* menores, para que possa ser útil. Pouco importa que tenhamos uma lista com cem itens ou dez listas com dez itens cada: quando as tarefas ficam mais complexas, essas listas tornam-se impossíveis de administrar.

Isso acontece porque a raiz do problema não é a organização, mas, sim, a complexidade. Os procedimentos de uma sala de cirurgia são diferentes para cada tipo de cirurgia, e a cada ano o número de garantias precisa aumentar exponencialmente. O mesmo se pode dizer da complexidade atual dos sistemas de informação, da indústria bélica, das aeronaves e finanças.

Não vai demorar muito para que as *checklists* comecem a ficar parecidas com outros tipos de mitigação em curto prazo, como a reciclagem, o envio pelo correio de cheques de estímulo* ou o patrulhamento das fronteiras para impedir a imigração ilegal. Embora cada uma dessas iniciativas atenue por algum tempo os sintomas de problemas complexos, elas pouco fazem para atacar as questões fundamentais.

Isso nos leva ao segundo motivo do fracasso das mitigações: *as mitigações eliminam o sentido de urgência para a solução de nossos problemas*.

As mitigações nos dão a impressão de que o problema está resolvido assim que os sintomas começam a recuar. Quando isso acontece, ocorre algo que faz parte da natureza humana nessas circunstâncias: negligenciamos a continuidade dos esforços para resolver o problema, sobretudo quando uma solução em um prazo mais longo é mais cara e difícil, e seu impacto pode não ser sentido ainda por muitos anos. Assim, em vez de nos concentrarmos na busca de uma solução permanente, sentimo-nos muito mais inclinados a implementar um lenitivo temporário atrás do outro.

Por exemplo, quando o governo dos Estados Unidos já havia socorrido financeiramente a indústria automobilística e evitado a perda de milhões de postos de trabalho, toda e qualquer menção a essa indústria havia desaparecido dos noticiários. Da mesma maneira, depois de Bernie Madoff já ter sido algemado, o país também deu um suspiro de alívio. O sistema tinha funcionado e os vigaristas de Wall Street certamente já haviam retomado suas atividades. E assim que todos os habitan-

---

* *Stimulus checks*, que o governo dos Estados Unidos envia aos contribuintes para que, ao fazerem compras, eles estimulem a economia. (N. do T.)

tes da Califórnia pararam de regar seus jardins e gramados, foi como se, de repente, o terrível problema da seca já estivesse resolvido.

Ainda que, do ponto de vista lógico, tenhamos consciência de que o problema não foi resolvido, assim que a dor desaparece, simplesmente perdemos nosso apetite – nossa motivação – para enfrentar os problemas sistêmicos.

O terceiro motivo do fracasso das mitigações é que os paliativos individuais impedem que os problemas sistêmicos sejam resolvidos de maneira sistêmica.

Os problemas mais ameaçadores que atualmente enfrentamos são todos sistêmicos, e problemas dessa natureza exigem soluções extremamente complexas e multifacetadas. Eles não podem ser simplesmente reduzidos a uma questão de causa e efeito, e, portanto, as soluções baseadas nesse mecanismo não vão funcionar. Em outras palavras, isso significa tão somente que a cura de nossos maiores problemas exige dinheiro, energia, foco, paciência e o adiamento da gratificação por períodos de tempo intoleravelmente longos. E quem se predispõe a fazer isso?

Por outro lado, as mitigações, por sua própria natureza, são mais baratas, fáceis e rápidas e produzem resultados imediatos. Contudo, todas as mitigações que possamos nomear – socorros financeiros, racionamento de água, suspensão temporária de hostilidades, patrulhas de fronteira e segurança cada vez maior nos aeroportos – só enfrentam um ou dois aspectos de um problema maior. Isso significa que, no fim das contas, nunca há massa crítica suficiente para levar a cabo qualquer mudança sistêmica.

O quarto problema das mitigações é que elas não são sustentáveis.

Como vimos, a complexidade não é estática. Trata-se de um alvo móvel que aumenta e ganha velocidade com o passar do tempo. Isso faz com que as mitigações sejam eficazes por períodos de tempo cada vez menores. Portanto, assim que uma mitigação fracassa, corremos a substituí-la pelos planos B, C, D, E – e assim por diante.

E, por último, as mitigações fracassam porque adotamos uma abordagem sequencial do progresso – um dedo para tapar um buraco por vez, embora haja dez buracos.

Mitigação que faz diferença

Quando os problemas que enfrentamos são sistêmicos, os tiros de fuzil não funcionam.

Mas as metralhadoras de canos rotativos* funcionam.

Por si só, as mitigações talvez não tenham o poder de retardar o impulso, mas, quando muitas mitigações são efetuadas em paralelo, sua soma se torna rapidamente maior do que suas partes.

Um dos melhores exemplos da eficácia da mitigação paralela ocorreu nos Estados Unidos durante a Segunda Guerra Mundial.[6]

Quando os Estados Unidos entraram na Segunda Guerra Mundial, 22 países dos continentes asiático, europeu e africano já estavam metidos nesse conflito global havia dois anos. Mesmo quando o conflito ia se tornando cada vez maior, os Estados Unidos insistiam em permanecer como uma nação neutra – isto é, até 7 de dezembro de 1941, logo depois do ataque japonês a Pearl Harbor. Um ataque direto mudou tudo. No dia seguinte, os Estados Unidos entraram rapidamente na guerra – *mas somente contra o Japão*. Só em 11 de dezembro – depois que os Estados Unidos já haviam oficializado sua declaração de guerra ao Japão – a Alemanha e a Itália declararam guerra aos Estados Unidos. Portanto, no breve período de algumas semanas, um país que se empenhara tanto em ficar fora do conflito global viu-se, de repente, no centro de uma luta pelo poder que a humanidade jamais havia vivenciado anteriormente. Em disputa pela dominação de todo o planeta, Alemanha, Itália e Japão – mais Hungria, Romênia e Bulgária –

---

* *Gatling gun*: tipo de metralhadora com vários canos rotativos que foi criada no século XIX por Richard Gatling, nos Estados Unidos, durante a Guerra Civil. (N. do T.)

prepararam-se para guerrear contra o Reino Unido, a União Soviética e os Estados Unidos, por um lado, e, por outro, contra cinquenta aliados.

Com tantas batalhas acontecendo ao mesmo tempo, em partes tão diferentes do mundo, e com tantos exércitos distintos, cada um com diferentes líderes, armas, regras de conduta e tipos de treinamentos, só havia uma coisa que os Estados Unidos podiam fazer: juntar os aliados e lançar o maior número possível de táticas de *uma só vez*.

Além da logística coordenada por especialistas – os comandantes militares dos três aliados mais fortes (Stalin, Roosevelt e Churchill no Teatro de Guerra Europeu e Chiang Kai-shek, Roosevelt e Churchill no Teatro de Guerra do Pacífico) –, houve a arregimentação de cada instituição, homem, mulher e criança nos Estados Unidos. As mulheres deixaram suas casas e foram trabalhar nas fábricas, construindo aviões e embalando munição; racionamento da alimentação doméstica e dos combustíveis foi entusiasticamente adotado; as escolas instalaram sirenes antiaéreas e tornaram obrigatórios os treinamentos de evacuação; os rapazes receberam permissão de deixar as universidades para alistar-se no serviço militar; médicos e enfermeiros credenciados alistaram-se, em número recorde, para o trabalho de atendimento médico. Os consumidores começaram a recusar produtos estrangeiros e passaram a comprar bônus de guerra em quantidades nunca antes imaginadas, para sustentar o esforço de guerra, enquanto os aeroportos criavam unidades de rastreamento aéreo. O governo aprovou a GI Bill* para ajudar os veteranos a reintegrar-se à economia quando voltassem, e diminuíram as restrições à imigração para que refugiados de guerra em números recordes entrassem facilmente

* Lei de 1944 que dispõe sobre ajuda financeira aos soldados americanos que lhes dava oportunidade de educação superior quando retornavam da guerra na Europa e no Pacífico. (N. do T.)

no país. Em qualquer dia do ano, havia nos Estados Unidos um desfile de boas-vindas aos soldados que retornavam.

Durante a Segunda Guerra Mundial, todas as pessoas e instituições de todos os países aliados estavam dispostas a fazer sua parte, mas o fundamental era que todas agiam simultaneamente. Assim, não demorou muito para que milhares de pequenas e grandes iniciativas conjuntas terminassem numa vitória colossal. Alemanha, Japão e Itália foram derrotados e, ao serem derrotados, os líderes das Forças Aliadas puseram imediatamente em prática medidas de longo prazo para assegurar que o mundo nunca mais tivesse de enfrentar um conflito semelhante. Eles tiveram a sabedoria não apenas de parar de trabalhar na busca de uma solução permanente simplesmente porque a luta terminara e as mitigações tinham sido bem-sucedidas. Ao contrário, perseveraram entusiasmados com a possibilidade de encontrar um modo permanente de pôr fim às guerras. Na esteira da Segunda Guerra Mundial foram criadas a ONU e a OTAN, todos os países industrializados adotaram os tratados das Convenções de Genebra, e incontáveis outras medidas inovadoras foram implementadas para resolver aquilo que era, claramente, um problema multifacetado.

A partir de uma perspectiva em curto ou longo prazo – uma mitigação e, ao mesmo tempo, uma solução –, a Segunda Guerra Mundial marcou um altíssimo ponto em nossa capacidade de entender, administrar e resolver um problema global de extrema complexidade. A humanidade triunfou sobre um desafio inimaginável e, em seguida, soube cercar-se de garantias de que a paz recém-conquistada seria sustentável.

Muitas pessoas que viveram a Segunda Guerra lembram-se desse período com nostalgia. Elas acham que participaram de alguma coisa grande e importante, porque todos estavam concentrados num único objetivo. Alguns chamam isso de patriotismo, mas na verdade se trata de um gratificante exemplo do poder do *incrementalismo paralelo.*

Incrementalismo paralelo é uma estratégia de mitigação por meio da qual o efeito cumulativo do implemento de mitigações múltiplas e úteis, realizadas em parceria, é exponencialmente mais eficaz do que a implementação de apenas uma mitigação por vez.

Em termos mais simples, chega uma época em que um problema se torna tão grande e complexo que é preciso enfrentá-lo com todas as forças – implicando muitas vezes não deixar absolutamente nada para trás.

Quando não é uma coisa, é outra

O incrementalismo paralelo não se aplica apenas aos períodos de guerra ou desastres naturais. Também o usamos em nossa vida privada.

Imaginemos, por exemplo, que – como acontece com milhões de outras pessoas – nós também nos víssemos na iminência de perder nossa casa em consequência de uma alta repentina das taxas de juros das hipotecas. Quais seriam nossas opções?

Bem, a primeira coisa que faríamos seria cortar os gastos supérfluos. Reduziríamos nosso orçamento ao mínimo necessário e o cortaríamos ainda mais. Provavelmente também sacaríamos o dinheiro de nosso plano 401k*, assim como ações, debêntures e outros investimentos. Também poderíamos tentar refinanciar nosso empréstimo a uma taxa menor e entrar em contato com nossa cooperativa

* Os planos 401k fazem parte de um grupo de planos de previdência, os chamados "fundos de pensão". Outros desses fundos incluem divisão de lucros, rolagem de conta de aposentadoria e planos simplificados para empregados. O montante que o empregado contribui para o plano é definido por ele ou pela empresa. O nome do plano deve-se aos números da seção e do parágrafo no código tributário federal: seção 401, parágrafo k. (N. do T.)

de crédito e procurar nosso banco para ver como ele poderia nos ajudar. Também apelaríamos para todo programa governamental de parcelamento de dívidas que estivesse disponível e nos informaríamos com algumas empresas de consultoria de crédito. Venderíamos nosso segundo carro, alugaríamos a vaga disponível na garagem, empenharíamos nossas joias e procuraríamos um segundo ou terceiro emprego. Alguns de nós também pediriam ajuda financeira a familiares e amigos.

Em outras palavras, faríamos tudo e tentaríamos tudo que fosse possível para salvar nossa casa. E faríamos tudo isso ao mesmo tempo – em vez de uma coisa por vez.

Algumas de nossas tentativas teriam um grande impacto, outras não produziriam nenhum resultado. Por exemplo, talvez não estivéssemos qualificados para receber ajuda da Federal Deposit Insurance Corporation (FDIC, Corporação Federal de Seguros de Depósitos), mas descobriríamos que a ajuda poderia vir de nossa cooperativa de crédito. Também é possível que o dinheiro da garagem e do segundo carro não fosse de grande utilidade, mas que as joias empenhadas rendessem bem mais do que pudéssemos imaginar.

A questão é a seguinte: sob fogo cerrado, a melhor estratégia é *tentar tudo*. Não podemos esperar que o Plano A fracasse antes de colocar em prática o Plano B. Essa abordagem é muito demorada, e nossa casa talvez já pertencesse ao banco quando recorrêssemos a nossa última ideia. Em vez disso, em tempos difíceis, o melhor a fazer é colocar em prática os planos A, B, C, D, E e F de uma única vez, com a esperança de que alguma dessas ideias funcione, ainda que não saibamos exatamente qual delas seja a melhor.

Isso é incrementalismo paralelo.

O incrementalismo paralelo pressupõe que a soma de nosso empenho incremental nos oferece a melhor probabilidade de sucesso. Quanto mais complexo e destrutivo for um problema, mais crucial se tornará o uso de mitigações em *paralelo*. É por isso que, quando nos vemos diante de um excesso de complexidade, fica impossível saber de antemão quais soluções vão funcionar. Na verdade, às vezes, chega a ser impossível até mesmo priorizar nossas opções.

Por tudo isso, o incrementalismo paralelo é a resposta mais eficiente quando estamos prestes a perder nossa casa, nossa vida, nossa liberdade. E muitas vezes essa também é a abordagem mais eficaz quando a humanidade está ameaçada. Quer se trate da tentativa de resolver um catastrófico derramamento de óleo, da perigosa disseminação de doenças transmitidas pela água ou de uma recessão global, a melhor maneira de neutralizar a complexidade é lançar uma rede bem grande.

Sabedoria em capital de risco

Certa vez, durante uma entrevista, conta-se que Thomas Edison fez a seguinte observação: "Não fracassei. Simplesmente descobri dez mil maneiras de fazer coisas que não funcionam!".

É interessante que, no caso de inventores, engenheiros, cientistas e exploradores, ninguém se surpreenda ao saber que eles fracassam na maior parte de suas tentativas. O trabalho deles geralmente não produz resultados concretos por longos períodos de tempo – e às vezes nunca os produz. Na verdade, quanto mais difícil e complicado o problema que eles estão tentando resolver, maior o índice de fracasso, como bem sabemos.

Contudo, se você for para a rua e perguntar às pessoas se elas elegeriam um presidente, senador, governador ou prefeito que tivesse falhado durante 80% do tempo, a resposta viria em menos de um segundo: "Não!". E o que dizer do CEO de uma grande empresa pública, do seu consultor financeiro ou do seu médico?

A resposta talvez fosse a mesma.

Porém, há um modelo de negócios muito bem-sucedido que é ideal para os problemas complexos, pois ele se constrói a partir de fracassos durante a maior parte do tempo. É o chamado capital de risco.[7]

Os capitalistas de risco são especialistas em fracassos. Todos os anos, essas pessoas muito hábeis financiam milhares de novas empresas em mercados especulativos, de eficiência ainda não comprovada, embora reconheçam que menos de um quarto de seus investimentos possa ser responsável pelos seus lucros. Embora os capitalistas de risco esperem que cada investimento que façam seja lucrativo, a verdade é que cerca de 20% das empresas de sua carteira retornam mais de dez vezes seu investimento inicial. Cerca de 50% das empresas apresentam lucros bem modestos, e o terço restante tem retornos inferiores ao dinheiro investido. Não obstante, os lucros gerados pelos 20% bem-sucedidos fazem com que os fracassos sejam insignificantes. Em outras palavras, um índice extremamente alto de fracassos significa apenas a quantia que os capitalistas de risco estão dispostos a pagar para acertar em cheio num pequeno número de iniciativas bem-sucedidas.

Curiosamente, ninguém acusa esse modelo de negócios de "fracassado". Por que não?

Tentar prever como uma tecnologia desconhecida vai funcionar num mercado desconhecido é algo tão complexo e imprevisível que as probabilidades de êxito não podem ser inferidas nem mesmo a partir de um meticuloso planejamento das atividades ou de uma análise profunda das possíveis consequências das decisões comerciais. Portanto, podemos dizer que os capitalistas de risco se dedicam à *atividade comer-*

cial de cometer mais erros do que acertos. O que importa é tomar decisões suficientes para que o número de êxitos tenha uma oportunidade de neutralizar as perdas.

Outra maneira de dizer isso é que os capitalistas de risco são especialistas em administrar altos níveis de incerteza e complexidade porque seu modelo empresarial é baseado no *incrementalismo paralelo* – muitos investimentos incrementais feitos paralelamente.

Contudo, vamos imaginar que a comunidade do capital de risco tenha ficado imobilizada por volta de 80% de seu índice de fracasso. Imaginemos que ela se visse repentinamente investindo em um número cada vez menor de empresas, na vã tentativa de reduzir os riscos. Imaginemos que ela começasse a lidar com qualquer empresa recém-criada, ou ainda em fase de constituição, nos mesmos moldes com que hoje lidamos com nossos líderes políticos ou com os presidentes do American International Group (AIG) ou da Ford Motor Company.

Seu modelo empresarial entraria logo em colapso.

Isso é o que acontece quando uma sociedade torna-se intolerante com o desperdício de esforços, recursos, tempo, pesquisas e otimismo. Quando exigimos que todas as soluções e todos os programas propostos sejam bem-sucedidos *antes* de investirmos um centavo neles, o progresso chega a um impasse.

Ironicamente, quando nossas ameaças não resolvidas aumentam em magnitude e complexidade, nossa intolerância diante do desperdício também aumenta. Quanto mais desesperadora se torna nossa situação, mais exigimos que se encontre uma solução – e mais precisão exigimos de nossos líderes. Por fim, a exigência de sucesso atinge patamares tão altos que nenhuma proposta pode ser adotada ou apoiada. Opomo-nos a tudo, com base em nossa percepção de que tudo é falho, não comprovado ou ineficiente, e isso só faz aumentar o impasse em que já nos encontramos.

Tomemos como exemplo a recente recessão global. Alguns meses depois que o governo dos Estados Unidos socorreu instituições financeiras no limiar da falência, já estávamos reclamando da inutilidade dos bônus do AIG. Depois, concentramos a atenção no desperdício dos executivos da indústria automobilística que foram para Washington em seus jatinhos particulares. Em nossa mente, os bônus e os jatinhos eram gastos irresponsáveis.

Nossa tolerância diante do desperdício e do fracasso é perigosamente baixa. Se pensássemos como um bom capitalista de risco, não teríamos piscado um olho se 70% do socorro financeiro tivesse sido desperdiçado e se somente 30% tivesse gerado as mudanças de curso pretendidas pelo governo. E se apenas três de cada US$ 10 investidos pudessem evitar que a indústria automotiva dos Estados Unidos afundasse numa espiral recessiva mais profunda? Alguém duvida de que consideraríamos isso um fracasso colossal?

Porém, quando uma civilização está diante de uma complexidade intangível, o progresso depende da quantidade de esforços e recursos desperdiçados que a civilização está disposta a tolerar.

Em outras palavras, quanto mais complexos os problemas se tornam, menos eficiência devemos esperar. Quando não conseguimos entender a causa ou a natureza de nossas maiores ameaças, há pouca probabilidade de que saibamos distinguir quais soluções poderão funcionar. Em decorrência disso, para seguir em frente precisamos estar dispostos a aceitar os mesmos índices de desperdício tolerados pelo capitalista de risco. Para extrair benefícios de um pequeno número de programas que deem bons resultados, temos de aceitar o fato de que, num ambiente extremamente complexo, haverá mais fracassos do que sucessos no que diz respeito às soluções. Esse é o preço do progresso.

Planos paralelos em política pública

Compreendemos como o incrementalismo paralelo funciona no capital de risco, mas como é que isso se traduz em termos de políticas públicas?

Essa é fácil. Em vez de saltar de uma mitigação mal-sucedida para outra, introduzimos simultaneamente cada solução que possa melhorar aos poucos a situação. Em outras palavras, o modo de atacar nossos problemas maiores, mais ameaçadores e mais persistentes consiste em usar tudo e nada daquilo que temos: chega de esperar para ver se funciona, chega de ações individualizadas, chega de quebrar a cabeça para determinar o retorno máximo dos investimentos, chega de discutir qual seria a melhor abordagem.

Por exemplo, num mundo perfeito, nós lançaríamos antecipadamente uma multiplicidade de programas públicos para neutralizar o efeito da seca iminente – e o faríamos hoje: construiríamos estações de dessalinização e novos reservatórios de grandes dimensões, ofereceríamos incentivos fiscais para a construção de poços subterrâneos privados, usaríamos novas tecnologias para extrair água da atmosfera, construiríamos imensos dutos para levar água a regiões áridas, investiríamos na pesquisa voltada para o "bombardeamento de nuvens", e assim por diante. Não questionaríamos *qual desses* programas seria o mais útil ou eficaz em termos de custo. E não confiaríamos na mitigação sequencial, pois reconheceríamos que o tempo se esgotaria antes de resolvermos o problema.

Infelizmente, porém, as áreas que serão mais afetadas por uma seca nos próximos anos estão fazendo muito pouco para se precaverem. Como os maias, que tiveram milhares de anos para arquitetar um grande número de soluções práticas, a sociedade moderna está sucumbindo à negação irracional e às crenças convenientes.

Nesse aspecto, a Califórnia está atualmente administrando sua perigosa escassez de água da mesma maneira que os governos mundiais lidam com outras ameaças perigosas. Tomemos como exemplo a pesca descontrolada.

É público e notório que a humanidade está exaurindo a vida marítima mais rapidamente do que o oceano é capaz de reabastecê-la. À medida que a tecnologia permite que as frotas pesqueiras localizem e apanhem um número recorde de cardumes, verifica-se um impacto devastador sobre uma fonte crucial de alimentos e sobre todo o ecossistema marítimo.

Embora as estatísticas variem muito, elas também são tão alarmantes que, na verdade, pouco importam os números que estejamos inclinados a aceitar. Segundo Nick Nuttall, do United Nations Environment Program (UNEP, Programa das Nações Unidas para o Meio Ambiente), a Food and Agricultural Organization (FAO, Organização para a Alimentação e Agricultura) afirma que desde 2004 "cerca de 70% das espécies de peixes foram totalmente exploradas ou totalmente eliminadas".[8] Nuttall diz que, "na última década, na região do Atlântico Norte, as populações comerciais de bacalhau, badejo, hadoque e linguado já sofreram uma redução de 95%, o que exige que tomemos medidas urgentes".

As consequências da pesca descontrolada em nossos oceanos começam agora a aflorar. Por exemplo, a pesca predatória de anchovas na costa peruana resultou na redução dos cardumes, que caíram, em apenas um ano, de 10,2 toneladas para 4 toneladas métricas. E em 1992, indústrias pesqueiras de bacalhau nos arredores de Newfoundland, Canadá, faliram totalmente, levando à perda de aproximadamente 40 mil postos de trabalho. A indústria pesqueira no Mar do Norte e no Mar Báltico vem seguindo o mesmo exemplo.[9] O Greenpeace adverte: "Em vez de tentar encontrar uma solução em longo prazo para esses problemas, a indústria pesqueira está voltando os olhos para o Pacífico – mas não é essa a resposta".

Parece que, para onde quer que olhemos, as mitigações em curto prazo – como ir pescar em outro oceano – avançam a todo vapor. Contudo, enquanto o problema não estiver batendo à nossa porta, como no caso da construção de mais presídios, por que isso nos interessaria?

A pesca predatória em nossos oceanos é um problema sistêmico extremamente complexo que envolve muitos, muitos fatores. Primeiro, há de se considerar os direitos dos pescadores comerciais. Muitos pescaram nas mesmas águas e assim ganharam a vida ao longo de muitas gerações. Alguém poderá culpá-los por usarem o melhor equipamento de sonar e as melhores redes para pegar o maior número de peixes possível? Depois, há os peixes – que chances eles têm contra a tecnologia? Eles não vão desenvolver novas ferramentas evolutivas para superar em estratégia a competência humana, cada vez maior. E há também os consumidores. Os peixes representam uma das maiores fontes de proteínas para uma grande parte da população mundial, o que faz com que a pesca descontrolada exerça um perigoso impacto sobre a capacidade de sobrevivência de muitas pessoas. Além disso, também temos de considerar a questão da diplomacia com outros países quando barcos e navios de pesca começam a desrespeitar fronteiras oceânicas – que, há muito tempo, são respeitadas – simplesmente para perfazer suas cotas de captura. Por fim, há sem dúvida os ecologistas, biólogos, naturalistas, acadêmicos e seus seguidores, todos eles preocupados com os danos incalculáveis que a pesca descontrolada está causando à vida marinha e ao planeta como um todo.

É claro que a pesca abrange os direitos e as preocupações de muitos grupos. Trata-se de uma questão extremamente complexa e multifacetada – uma questão que dificilmente será devidamente atenuada pela criação de restaurantes de "peixes sustentáveis" ou pelo aumento do preço das latinhas de atum no supermercado. A coisa não é tão simples assim.

Nesse aspecto, acabar com a pesca predatória não é realmente tão diferente de resolver questões como o terrorismo, a superpopulação carcerária ou um desastre financeiro mundial. Não é diferente do esforço unilateral necessário para aperfeiçoar um sistema educacional decadente ou pôr fim à pandemia de dependência de drogas ilegais, e também em nada difere dos desafios que no passado enfrentamos quando da ocorrência da Segunda Guerra Mundial. Em cada caso, a mitigação bem-sucedida requer que o problema seja combatido a partir de múltiplas frentes: política, economia, direito, relações internacionais, educação, cultura e ecologia. Enquanto cada aspecto da pesca descontrolada – dos direitos dos pescadores a ganhar a vida até os direitos das pessoas que consideram o planeta mais importante que os lucros – não for abordado com igual fervor, o problema permanecerá insolúvel.

O incrementalismo paralelo é bem-sucedido porque obriga as mitigações a lidar com a questão sistêmica, em vez de tratar os sintomas individuais.

Em longo prazo

O incrementalismo paralelo é o modo mais eficaz de tirar proveito das mitigações quando os problemas ficam complexos demais para ser entendidos ou administrados. Contudo, qualquer estratégia mitigadora – individual ou multifacetada – é apenas temporária. O que dizer sobre soluções mais duradouras? Haverá algo que possamos fazer para acabar definitivamente com o abismo existente entre a complexidade e a cognição?

Uma vez mais, devo dizer que o homem moderno tem duas armas que faltavam às civilizações primitivas: a recuperação do conhecimento e a evolução do insight.

O primeiro antídoto ao colapso consiste em recuperar o equilíbrio entre conhecimento e crenças.

Um dos modos de rompermos com o padrão humano de ascensão e declínio é permanecer alerta para manter o equilíbrio entre a busca de uma civilização por crenças e fatos. Como já discutimos aqui, as sociedades e as pessoas prosperam quando as crenças não comprovadas e os fatos inquestionáveis coexistem lado a lado. As crenças só ocupam o primeiro plano quando a complexidade faz com que a aquisição de conhecimento se torne difícil demais. E, como vimos, com o passar do tempo, algumas dessas crenças transformam-se em supermemes dominantes que obstruem o progresso humano.

A esse respeito, quando uma sociedade intensifica a busca do conhecimento, ela neutraliza o recrudescimento das crenças e, na verdade, imuniza uma civilização contra os supermemes. Pense nos fatos e no conhecimento como vacinas poderosas que nos protegem contra a capitulação ante crenças irracionais.

A civilização moderna dispõe de muitos meios para proteger a busca do conhecimento. Um deles consiste em manter a integridade das instituições educacionais contra a influência dos supermemes. Como já vimos, as instituições de ensino superior têm intensificado seu empenho em obter financiamento de grandes empresas. Portanto, a atividade de pesquisa que demonstrar maior visibilidade comercial poderá receber mais financiamento do que a pesquisa voltada apenas para o conhecimento, e isso exerce um efeito dramático sobre as prioridades do ensino superior.

Nossas maiores instituições de ensino são uma espécie de barômetro do desequilíbrio que atingiu as relações entre crenças e conhecimento. Quanto mais os supermemes (rentalibilidade, produtividade, retorno de investimentos e outros dogmas econômicos) conduzirem a agenda das instituições de ensino superior, menos provável será o engajamento das universidades em pesquisas que não apresentem benefícios tangíveis e lucrativos em curto prazo. Muitos administradores de universidades confessam seu desânimo diante desse problema, mas ainda assim sentem-se obrigados a não buscar outras opções por temerem a ruína financeira. Eles estão presos em uma armadilha – procurando responder aos princípios econômicos ao mesmo tempo em que tentam manter o respeito à busca do conhecimento e dos progressos humanos.

As universidades atuais deveriam estabelecer previamente um conjunto de limites à quantia total das contribuições que podem vir de setores comerciais e empresariais. Em vez de aceitarem dinheiro de qualquer proveniência, elas deveriam ter o bom senso de resistir à tentação de se transformarem no braço involuntário de pesquisas exclusivamente voltadas para as iniciativas comerciais.

Embora as universidades sejam locais onde esse tipo de coisa esteja acontecendo de maneira inequívoca e excessiva, há muitos outros espaços em que o conhecimento também vem perdendo terreno.

Por exemplo, o orçamento e o tempo necessários ao jornalismo investigativo estão se transformando rapidamente em coisa do passado. É raro que um jornal ou um noticiário de TV libere os recursos necessários a qualquer projeto de pesquisa em profundidade, sobretudo se os resultados só forem obtidos em longo prazo. Ninguém mais se predispõe a gastar com esse tipo de coisa. As consequências de correr atrás de uma história sem a exigência de fontes secundárias e terciárias em nada diferem da publicação "por ouvir dizer" – pergunte ao âncora de TV Dan Rather, que apresentou informações erradas sobre questões militares envolvendo o governo George Bush, ou a Jayson Blair, colunista do *The New York Times* que foi acusado de plagiar e inventar fatos nos textos que publicou entre 1999 e 2003.

Até em nossa vida privada dispomos de pouquíssimo tempo para ir atrás do conhecimento. A complexidade não só tornou os fatos difíceis de discernir; a internet e a rapidez das comunicações tornaram-nos demasiadamente abundantes. Tanta informação nos chega tão rapidamente que ficou muito difícil separar o joio do trigo. Num meio desses, temos pouquíssimas opções além de confiar em especialistas, celebridades e apresentadores de *talk shows* para podermos discernir os "fatos" que nos são importantes e tirar as conclusões que nos pareçam apropriadas. Portanto, embora seja tentador apontar o dedo para as universidades, a mídia ou outras instituições, devemos também aceitar alguma responsabilidade por não estarmos dispostos a empenhar o tempo e os esforços necessários para separar fato de ficção.

Há muitas maneiras de privilegiar o pensamento racional, a pesquisa e a comprovação científica para nos protegermos das crenças imobilizadoras. Talvez haja maior necessidade de verificação dos fatos nas salas de redação ou de mais tempo e recursos para o jornalismo verdadeiramente profundo. Talvez seja preciso que o governo subsidie os jornais para que todos tenham acesso gratuito a pelo menos um deles. Talvez a sociedade tenha de transformar o ensino num de seus trabalhos mais bem remunerados, para atrair os melhores e mais brilhantes para suas fileiras – profissionais capazes de impregnar os estudantes com a alegria da aprendizagem e inspirar jovens adultos a estabelecer distinções claras entre aquilo em que acreditam e aquilo que pode ser comprovado.

Num mundo melhor, privilegiar o papel do conhecimento faria com que amigos e vizinhos formassem "grupos de discussão" semanais, destinados a aprofundar o exame de temas controversos – desde o sistema de saúde até os investimentos, passando pelo aquecimento global e pelo terrorismo. Talvez esses grupos de discussão se tornassem tão populares quanto os clubes do livro semanais que, graças a Oprah Winfrey, certa vez se alastraram pelo país. Talvez as pessoas insistissem em ler e ouvir mais de um ponto de vista. Seguidores da Fox News assistiriam a MSNBC uma ou duas vezes por semana, e vice-versa. Uma de minhas melhores amigas lê dois jornais todas as manhãs – um nacional, outro estrangeiro –, e ela assim o faz para tentar adquirir um ponto de vista o mais objetivo possível. Ela admite que esse hábito é cansativo e caro, mas também diz que é a única maneira que encontrou de evitar o parcialismo cultural.

Quando privilegiarmos a busca do conhecimento, tornando-o equivalente à busca de dinheiro e facilidades, a civilização redescobrirá o equilíbrio de que necessita para florescer. Isso significa que o conhecimento deve tornar-se tão desejável quanto a celebridade, tão valioso quanto os lucros, tão comum quanto a opinião e tão respeitado quanto a tradição. Então – e só então – o conhecimento e as crenças coexistirão lado a lado.

Então – e só então – o antigo e cansativo debate entre religião e evolução chegará a seu devido fim. Ao reconhecermos a necessidade humana de dar abrigo ao conhecimento e às crenças, estaremos de posse de uma nova arma contra os extremistas que exigem que nossa escolha privilegie um único lado. Pode ocorrer de não entendermos muito bem como a evolução se envolve com a religião em nossos dias, mas isso não significa que uma delas esteja errada e seja, portanto, descartável quando o que se tem em mente é o progresso humano. Significa apenas que não temos a capacidade cognitiva de reconciliar as duas – como a teoria da relatividade de Einstein e a teoria da gravidade de Newton, ainda não entendemos a fundo como as duas funcionam conjuntamente. E daí?

Enquanto continuarmos a insistir em afirmar que uma ideia está certa e a outra, errada, o equilíbrio entre conhecimento e crenças continuará em risco. Seja Richard Dawkins, cientista e ateu que acha que as crenças religiosas prestam um enorme desserviço à humanidade, seja o clero, que frequentemente cria obstáculos ao pensamento racional, o fato é que ambos prejudicam o progresso da civilização ao ignorarem as evidências históricas de que nossa espécie tem necessidade tanto dos fatos como das religiões. Os especialistas de ambos os lados desse debate não nos pedem nada menos que a escolha entre dois filhos igualmente preciosos: nossa necessidade de saber e nosso imperativo de crer.

Cães de guarda na casa branca

Não há hoje, no mundo, nenhuma instância em que conhecimento e fatos sejam mais necessários do que a liderança de nosso país. À medida que a complexidade dos perigosos problemas globais aumenta e cresce a pressão para resolver os problemas mais rapidamente e melhor, os líderes governamentais vêm passando a tomar suas decisões cada vez mais com base numa lógica equivocada e em crenças não comprovadas do que em fatos racionais. A confusão sobre o que vêm a ser dados cientificamente inquestionáveis e aquilo que não passa de teoria, correlação ou adivinhação leva os líderes dos mais altos escalões a se agarrarem a conclusões perigosas – deixando nações inteiras à deriva.

Por exemplo, numa visão retrospectiva, podemos hoje admitir que havia pouquíssimas provas concretas da existência de armas de destruição em massa no Iraque, ainda que tenha sido esse o fundamento da invasão naquele país pelos Estados Unidos em 2003.[10] Colin Powell apresentou nas Nações Unidas algumas imagens de satélite muito imprecisas, algumas das quais não puderam ser confirmadas pelo serviço de inteligência. Em resumo, era o que os Estados Unidos sabiam.

Na atmosfera de medo e perigo que se seguiu aos ataques terroristas de 11 de Setembro, os líderes ficaram mais confusos do que nunca a respeito da diferença entre fatos e crenças. Com o desejo de esmagar o inimigo e com pouquíssimos fatos a sua disposição, em 2002, a Casa Branca e o Senado decidiram, por unanimidade de votos, "autorizar o uso das Forças Armadas dos Estados Unidos contra o Iraque". Desse modo, a confusão entre o que era verdadeiro e o que era especulação tornou-se responsável por uma decisão apressada e irracional que custou milhares de vidas de militares e civis.

Infelizmente, a guerra é apenas um dos exemplos gritantes em que as crenças se tornam tão fortes que os líderes e especialistas começam a confundi-las com fatos comprovados. Mais recentemente, a questão da reforma do sistema de saúde nos Estados Unidos foi objeto de acirrados debates por políticos com formação jurídica. Até onde sei, só havia um médico entre eles. Esses mesmos advogados também são responsáveis pela determinação de políticas voltadas para outras questões complexas, como a pesquisa com células-tronco, o aquecimento global, a tecnologia nuclear e a educação. Armados de relatórios e dados que eles não foram preparados para entender, e que são volumosos demais para serem lidos e esquadrinhados, eles são obrigados a confiar na intuição, nos assistentes, nas políticas propostas e nas crenças. Ninguém espera que um funcionário do governo seja um especialista em todos os campos do saber, mas tampouco se espera que eles criem leis superficiais sobre questões de muita gravidade sem consultar as autoridades mais confiáveis de cada área.

E o que acontece quando eles não fazem esse tipo de consulta? O que acontece quando simplesmente não há tempo ou dinheiro suficiente para consultar especialistas ou abrir caminho por entre uma quantidade infinita de dados e opiniões bem fundamentadas? Haverá algum modo de nos proteger contra a tomada de decisões políticas com base em crenças? Parece que sim.

Poucas pessoas sabem que, em 1951, o presidente Harry Truman tinha as mesmas preocupações. Por esse motivo, Truman começou discretamente a convidar cientistas para encontros privados com ele na Casa Branca.[11] Os cientistas não eram pagos nem estavam à procura de fama, fortuna ou um emprego permanente. Truman deixou claro que o objetivo das reuniões era que o presidente recebesse informações claras de fatos incontestes, diretamente da boca das mentes mais brilhantes do país. Foi esse o meio encontrado por Truman para inteirar-se da verdade em meio ao cipoal de diretrizes e projetos políticos que, de outra forma, poderiam comprometer a tomada das melhores decisões para o país.

Depois, seguindo o exemplo de Truman, o presidente Dwight D. Eisenhower também convocou os mais renomados cientistas do país para lhe passarem informações de alto nível. Depois da Segunda Guerra Mundial, os Estados Unidos tornaram-se cada vez mais temerosos de perderem sua liderança em ciência e tecnologia. Assim, em 1953, Eisenhower começou a enviar convites informais a pequenos grupos de cientistas que ele pretendia receber na Casa Branca. Ei-senhower afirmava que essa era a melhor maneira de contrabalançar as informações que ele recebia de membros do gabinete e de militares a respeito de tecnologias emergentes, como o radar, as armas nucleares e as viagens espaciais.

Por volta de 1957, com o lançamento do *Sputnik* russo, as tensões da Guerra Fria chegaram a um novo patamar. O *Sputnik* era a prova cabal de que os militares precisavam para concluir que "a União Soviética estava perigosamente à frente na tecnologia dos mísseis intercontinentais".

Foi durante essa época inquietante que o presidente Eisenhower passou a confiar cada vez mais em especialistas externos a Washington. Na verdade, as informações fornecidas pelos cientistas tornaram-se tão indispensáveis que o presidente resolveu formalizar a organização, renomeando as reuniões originais de Truman como President's Science Advisory Committee (PSAC, Comitê Consultivo Científico da Presidência).

Mais tarde, o presidente John F. Kennedy atribuiu ainda mais importância ao papel desempenhado pelo PSAC no sentido de tornar compreensíveis pesquisas científicas muito complexas, permitindo, assim, que elas fossem usadas na formulação de políticas públicas. Kennedy também ampliou o enfoque predominantemente militar do PSAC, que passou a incluir a exploração espacial (NASA) para viabilizar seu compromisso de enviar o primeiro homem à Lua.

Segundo Charles Townes, prêmio Nobel de física e participante habitual das reuniões do PSAC durante as administrações Eisenhower e Kennedy, de quinze a vinte dos mais renomados cientistas dos Estados Unidos participavam de uma reunião mensal na Casa Branca para discutirem temas urgentes com o presidente. Os cientistas faziam uma espécie de rodízio, conforme sua especialidade. O coordenador dos trabalhos era o único membro da equipe que tinha salário permanente. O objetivo do PSAC era dar ao país a oportunidade de beneficiar-se de suas maiores inteligências durante alguns dias por mês. Era um dever cívico que todos os cientistas e especialistas convidados cumpriam com prazer.

Quando os cientistas chegavam a Washington, eram postos em quarentena por um ou dois dias, para trocarem ideias entre si sem nenhuma supervisão ou interferência. Depois, no último dia, eles se reuniam privadamente com o presidente, a quem transmitiam os resultados de suas deliberações numa conversa franca e não censurada. Nem sempre havia acordo entre os especialistas, nem mesmo entre eles e o presidente. Porém, depois de apresentarem suas descobertas – para ganhar, perder ou empatar –, os consultores temporários voltavam para o próprio trabalho.

Depois dessa época, em 1973, por razões desconhecidas, o presidente Richard Nixon desfez o PSAC.

Com essa decisão, perdeu-se um excelente canal para a apresentação de fatos objetivos. O encerramento do PSAC foi um sinal de que os Estados Unidos estavam tomando a direção errada, assim como havia sido a decisão dos maias de interromper a construção de reservatórios e começar a aplacar os deuses por meio do oferecimento de sacrifícios humanos.

Richard Garwin, autor de *How the Mighty Have Fallen*, chama a atenção para que especialistas independentes foram "cada vez mais submetidos a critérios políticos e ideológicos", expulsando praticamente a objetividade do Salão Oval. Ele observa que muitas pessoas viram a extinção das agências que transmitiam fatos imparciais – como a Office of Technology Assessment (OTA, Comissão de Avaliação Tecnológica) e o PSAC – como o equivalente a "dar um tiro no [próprio] cérebro".

Depois disso, em 2001, o presidente George Bush tentou recriar uma organização semelhante ao PSAC, criando o President's Council on Science and Technology (PCAST, Conselho de Consultores da Presidência em Ciência e Tecnologia), uma organização cujos membros eram escolhidos por indicação presidencial. Segundo Bush, o PCAST era uma versão melhorada da organização original de Eisenhower. O PCAST, porém, nada mais é do que uma pálida sombra do PSAC – que foi uma fonte vital de "conversas francas" com o presidente.

Por exemplo, hoje, o PCAST atua com a estrita supervisão da Office of Science and Technology (OSTP, Comissão de Ciência e Tecnologia). A OSTP é um departamento formado por funcionários de Washington que trabalham em tempo integral, supervisionados pelo dr. John Holdren, que atua como copresidente do PCAST, dirige a OSTP e é assessor do presidente para assuntos de ciência e tecnologia. Isso significa que todos os especialistas, todas as pessoas que ali trabalham por indicação, todo o trabalho de pesquisa, todas as recomendações – entre outras coisas – passam pelo crivo de Holdren e de funcionários antes de chegarem ao presidente.

Contudo, o objetivo original do PSAC era servir de contrapeso às opiniões dos círculos políticos de Washington, a despeito das repercussões que pudessem gerar ou do fato de as recomendações dos cientistas estarem ou não de acordo com as diretrizes da administração. Esse também era um dos motivos pelos quais todas as reuniões do PSAC com o presidente eram privativas, com poucos funcionários de plantão e sem a presença da mídia ou do público. Desse modo, os cientistas podiam falar livremente, sem se preocuparem com a agenda da administração ou com a segurança de seus empregos. Compare isso com as reuniões atuais do PCAST: elas são fortemente controladas por Holdren e pela OSTP, e cada ata tem livre cobertura da mídia – um contexto em que a pressão da opinião pública inibe a livre troca de ideias.

Observe, por exemplo, o recente vazamento de petróleo no Golfo do México. Um grupo fixo de 35 pessoas indicadas pelo presidente reuniu-se para fazer recomendações – e nenhuma dessas pessoas tinha qualquer credencial especificamente associada aos problemas com poços de petróleo em alto-mar –, mas ali não se encontrava nenhum dos cientistas capacitados a oferecer soluções imediatas a um dos maiores desastres ecológicos da história dos Estados Unidos. Em vez de procurar fora da Casa Branca uma equipe técnica altamente especializada, o presidente praticamente só contou com indicações da OSTP e do PCAST durante vários dias, antes de buscar aconselhamento junto a outras instâncias.

Na verdade, as coisas se arrastavam tanto em Washington que, quando alguém de fora do governo queria entrar em contato com a OSTP, a Casa Branca ou qualquer outra agência – como o ator e ativista Kevin Costner –, a única opção era empenhar-se pessoalmente, mobilizando seu próprio exército de especialistas, ao mesmo tempo que exortava outros grupos a *não esperar por Washington* caso quisessem implementar tecnologias já disponíveis.

Portanto, correndo o risco de ser acusada de falta de informação ou de oposição radical, permitam que eu seja a primeira a dizer publicamente: o PCAST não é o PSAC. Esse grupo outrora variável de especialistas que se reuniam todo mês para transmitir verdades incontestes ao maior dignitário da nação foi lentamente reduzido a um apêndice da OSTP – e está longe de ser a entidade que, no passado, resolvia problemas com tanto poder e objetividade.

Contudo, nunca houve uma época em que o público e o planeta precisassem tanto da atuação de inteligências superiores.

Como a sociedade moderna se aproxima do limite cognitivo, não há melhor momento para reestruturar o PCAST ou recriar o Comitê Consultivo Científico da Presidência e estimular cada deputado e senador a fazer o maior número possível de reuniões com especialistas fora do círculo de poder de Washington. Por que não fazer desse o novo modelo por excelência para o mundo? Com um governo que conta com um pequeno grupo imparcial de pensadores de elite para se defender da invasão dos supermemes, que usa seu capital intelectual para triunfar sobre o impasse iminente e pavimentar um caminho racional e sustentável. Se os Estados Unidos acreditam que seu lugar legítimo na história está em liderar o mundo livre, é preciso que o país saiba liderar pelo exemplo. Assim, o verdadeiro presente que os Estados Unidos terão a oferecer ao mundo será uma passagem segura através de um limite cognitivo inevitável e perigoso.

No fim, a evolução

Lembra-se da antiga parábola japonesa? Quando alguém perguntou ao Buda se ele era Deus, uma reencarnação de Deus ou um homem, ele respondeu que estava "desperto e atento".

O que ele realmente quis dizer?

Ele quis dizer que podia ver o que anteriormente estivera oculto ao olhar. E que com a clareza de visão vinha a clareza de propósito e ação.

O mesmo se pode dizer da humanidade atual. Hoje, temos clareza. E isso significa que podemos agir.

Quando se trata de lidar com a complexidade, temos a possibilidade de evocar o incrementalismo paralelo e recuperar o equilíbrio crítico entre conhecimento e crenças. De imediato, isso já nos dá tempo. Mas não é tudo. Também temos uma solução permanente que vem da própria Mãe Natureza: o insight.

É inegável que, sejam quais forem os desafios que um organismo biológico tenha de enfrentar, de um modo ou de outro a evolução intervém para ajudar a resolvê-los. Há cerca de um século e meio, Charles Darwin demonstrou que esse é um princípio com o qual podemos contar. Portanto, da perspectiva de responder ao nosso meio ambiente, nossas capacidades cognitivas mutantes não são, de fato, diferentes da adoção da locomoção sobre duas pernas. Estamos aprimorando nossas oportunidades de sobreviver por meio da adaptação biológica ao nosso meio ambiente o tempo todo – e, no caso do homem moderno, a complexidade é uma poderosa força motriz.

E, embora a evolução do insight possa ser penosamente lenta, é praticamente inquestionável que, no longo prazo, ela é o Santo Graal: a defesa nobre da natureza.

Por sorte, os neurocientistas atuais estão no limiar da utilização desse talento arredio e esquivo que vem aos poucos emergindo no cérebro humano.

E com pouco tempo a perder.

— 11 —

Transpor o vazio

A criação de cérebros melhores

Certo dia, quando ainda estava na escola primária, um professor me disse que eu só usava 10% do meu cérebro.

Isso realmente me deixou preocupada.

Sem dúvida, o professor que disse isso se esqueceu de dizer que todos nós estávamos usando apenas 10% do cérebro. E eu então achei que a coisa era só comigo.

Depois de uma semana em que me senti muito mal com essa observação, procurei meu pai – a pessoa mais inteligente que eu conhecia. Papai tinha resposta para tudo. Furou o pneu da bicicleta? Aqui está um kit de remendos – é só ler as instruções. Alguma criança tinha sido desagradável durante o recreio? Procure outras companhias para brincar. Não dá conta dos afazeres domésticos? Comece a levantar mais cedo.

Certa noite, como quem não quisesse nada, perguntei:

"Como posso usar mais o meu cérebro?"

"O quê?"

"Quero aprender a usar mais o meu cérebro."

Ele parou de ler o jornal. "Dedique-se aos seus estudos, é assim que se faz."

"Mas eu já faço isso, e o professor me disse que só uso 10% dele."

"Tudo bem. É porque isso é tudo que você pode usar. Todo mundo usa 10%."

"Mas eu quero usar mais."

"Bom, essa é fácil..." Ele parou, suspirou fundo e disse: "Quando você achar que tem a resposta... Quando estiver realmente convencida de que já sabe algo, quando não tiver nenhuma dúvida de que tem a resposta certa, ponha todo o seu empenho em arranjar outra".

"Outra resposta? É isso?"

E ele continuou: "Bem, agora espere um pouco. Logo, você será como uma corredora que percorre uma distância um pouco maior a cada dia. Quando der por si, já poderá correr uma maratona. Depois disso, poderá correr mais rápido e para mais longe do que qualquer outra pessoa. Se você quiser usar mais de 10% do seu cérebro, eis aqui o que deve fazer: primeiro, deixe seus pais sossegados quando eles estiverem lendo o jornal; segundo, comece a trabalhar para usar 11%".

Um homem simples, palavras poderosas.

SÓ BEM MAIS TARDE EU ENTENDI que essa história de 10% não passa de mito.

É um meme obstinado que já está por aí desde fins do século XVIII. Diz a lenda que o psicólogo William James estudava as limitações psicológicas de atletas quando se interessou por um fenômeno que chamou de "novo alento" (*second wind*). Com base nisso, James inferiu que, além de raramente usarmos todo o potencial físico, também é raro usarmos todo o potencial mental. A partir daí, não demorou para supor que na maior parte do tempo só usamos uma parte do cérebro. Depois, um grupo de pesquisadores afirmou que "uma grande porcentagem do córtex cerebral era o *córtex silencioso*". Quando os cientistas admitiram que grande parte do cérebro era "silenciosa", o público entendeu de forma errada que essa parte do cérebro *não fazia nada*.

Mas isso não era verdade. *Simplesmente não sabíamos o que o resto do cérebro estava fazendo.*

O dr. Barry L. Beyerstein, professor de psicologia (já falecido) no Brain Behavior Laboratory da Simon Fraser University, em Vancouver, explicou, num artigo intitulado "Do we really use only 10 percent of our brains? ["Será mesmo verdade que só usamos 10% do cérebro?"]:

> Em primeiro lugar, é evidente que o cérebro, como todos os outros órgãos, foi formado pela seleção natural. Do ponto de vista metabólico, o desenvolvimento e o funcionamento do tecido cerebral são dispendiosos, e só os muito crédulos podem imaginar que a evolução permitiria o desperdício de recursos numa escala necessária para criar e manter um órgão tão maciçamente subutilizado. Além disso, as dúvidas são alimentadas por numerosas evidências extraídas da neurologia clínica. A perda de bem menos de 90% do cérebro por acidente ou doença tem consequências catastróficas.[1]

Hoje, graças à eletroencefalografia (EEG), à tomografia por emissão de pósitrons (PET), à ressonância magnética (RM), à magnetoencefalografia (MEG) e a outras tecnologias que permitem que os neurocientistas observem o que acontece no interior do crânio, sabemos que usamos *todo* o cérebro. *Ocorre apenas que não usamos todas as suas partes ao mesmo tempo.*

Nas palavras do dr. Elkhonon Goldberg, professor de clínica neurológica na Faculdade de Medicina da New York University, "os novos métodos de neuroimagem mudaram a neurociência da mesma maneira que os telescópios mudaram a astronomia".[2] Pela primeira vez na história, os pesquisadores podem observar, em tempo real, quais partes do cérebro tornam-se mais ativas quando resolvemos problemas, nos apaixonamos, amarramos os sapatos e corremos uma maratona. Por si só, esse avanço oferece à civilização moderna uma grande vantagem que as sociedades primitivas não tinham: *o potencial de entender o cérebro humano tão bem que podemos protegê-lo contra um limite cognitivo recorrente.*

Na verdade, ao estudarem o cérebro humano em pleno funcionamento e em diferentes condições, os neurocientistas atuais já descobriram três poderosos antídotos contra a probabilidade de atingirmos um limite cognitivo: a tecnologia de aprimoramento da aptidão cerebral, a evolução do insight e novas informações valiosas sobre a mente inconsciente.

Compensando a cognição

Numa manhã nublada de 2007, o primeiro "ginásio neuronal" dedicado ao treinamento do cérebro foi aberto na rua Sacramento, em San Francisco, Califórnia. A empresa vibrantBrains foi idealizada por Jan Zivic e Lisa Schoonerman, dois empresários decididos a disponibilizar ao público geral aquilo que os neurocientistas hoje sabem sobre o modo de aperfeiçoar as capacidades naturais do cérebro.[3]

Schoonerman vê a aptidão cerebral como um elemento ausente do movimento pró-saúde e do bem-estar em geral:

> A busca por qualquer coisa capaz de combater a demência, o Alzheimer ou a perda de memória decorrentes da velhice é enorme. As pessoas querem fazer algo que proteja sua capacidade de pensar, e então, quando estão envolvidas nessa busca, percebem que a questão não se resume a proteger aquilo que elas já têm. O cérebro pode criar novos circuitos sempre que houver necessidade. Na verdade, é extraordinário que possamos aprender novas coisas

e desenvolver novos modos de pensar, sejam quais forem nossa idade ou nosso histórico pessoal.

Schoonerman está certa: um número cada vez maior de pessoas preocupa-se com a perda de suas capacidades cognitivas e quer saber o que fazer para conservar a saúde do seu cérebro. Por esse motivo, a vibrant-Brains tornou-se um sucesso quase instantâneo. Uma filial foi aberta em Foster City, na Califórnia, e projetos de expansão vêm sendo discutidos.

Qual será, na verdade, a dimensão dessa tendência?

Em artigo recente para o *Wall Street Journal*, a repórter Kelly Greene entrevistou Alvaro Fernandez, cofundador da SharpBrains, e dele ouviu que, em 2008, os norte-americanos gastaram a espantosa quantia de US$ 80 milhões em produtos destinados à aptidão mental.[4] E, apesar da dureza econômica atual, a demanda vem crescendo rapidamente. À medida que os neurocientistas reúnem mais provas de que o cérebro humano pode ser deliberadamente manipulado para se proteger contra doenças cognitivas como a demência e o Alzheimer, a aptidão cerebral vem tendo grande receptividade junto à cultura dominante – em comunidades de aposentados, escolas, hospitais e famílias. Lugares parecidos com a vibrantBrains já surgiram em Boca Raton, na Flórida (Sparks of Genius), na Califórnia e no Texas (Ninety after Fifty). Novos sites dedicados à aptidão cognitiva estão rapidamente tomando de assalto a internet, para não mencionar um número crescente de jogos criados para enriquecer a "idade cerebral" das pessoas. Num momento em que um vasto segmento de *baby boomers** enfrenta a realidade do envelhecimento, aumenta o desejo de conservar a capacidade de processar informação e manter-se

* Pessoas nascidas no pós-guerra, entre 1946 e 1964. (N. do T.)

ágil e lúcido. *Por mais saudável que nosso corpo possa ser, hoje já nos demos conta de que, ao perdermos a capacidade cerebral, com ela também se vai a vida do modo como a conhecemos.*

Para provar que a aptidão cerebral funciona da mesma maneira que os exercícios físicos, a vibrantBrains baseou habilmente seu programa nos clubes de saúde tradicionais. Os clientes se associam à vibrantBrains do mesmo modo que se tornam membros de um ginásio de esportes: US$ 60 por mês compram a admissão ao quadro de associados, dando aos clientes acesso a instalações e recursos em que eles podem usar uma série de exercícios cerebrais gerados por computador, intitulada Neurobics Circuit. O Neurobics Circuit consiste em exercícios cognitivos especialmente desenvolvidos para aumentar a memória, o foco visual e espacial, a capacidade de raciocínio, o dinamismo, a rapidez de reação e a concentração. O programa também inclui exercícios para o alívio do estresse, a melhora do humor e o relaxamento – habilidades comprovadamente capazes de aumentar nossa capacidade de resolver problemas.

Os clientes escolhem o próprio horário de exercícios e frequentam o lugar quantas vezes quiserem. É comum que os associados apareçam antes ou depois do trabalho, alternando dias entre os exercícios físicos no clube de saúde e exercícios mentais igualmente vigorosos na vibrantBrains.

Uma das características exclusivas da vibrantBrains é um programa simples de computador que oferece aos clientes o acompanhamento de seus progressos à medida que suas capacidades cognitivas, como a solução de problemas, se tornam maiores com o passar do tempo. Esse feedback também permite que eles façam ajustes em seus exercícios individuais para fortalecer as áreas em que se mostram menos capacitados; da mesma maneira que os atletas podem escolher os equipamentos e exercícios capazes de fortalecer determinados músculos do corpo, o software de cada programa foi criado para lidar com diferentes funções cerebrais.

Por exemplo, um dos programas de computador oferecidos pela vibrantBrains começa com uma cena subaquática simples, no estilo Disney, que mais parece o interior de um aquário: há muitas algas marinhas e plantas tropicais, corais, areia e coisas do tipo. De repente, aparece uma joia seguida por três peixes idênticos. Depois, a figura de um deles oculta a joia na tela. Então, os três peixes começam a nadar, seguindo padrões aleatórios – às vezes, entrecruzando-se, outras vezes, nadando em direções opostas. De repente, todos os peixes param. O objetivo é identificar o peixe que está escondendo a joia – uma tarefa fácil quando só há uma joia e três peixes.

Na sequência, porém, surgem mais e mais peixes idênticos, e eles começam a nadar, seguindo padrões cada vez mais erráticos e complexos – e também passam a nadar mais rapidamente. A tarefa de não perder de vista o peixe que oculta a joia torna-se mais difícil. Mais adiante, outras joias também aparecem, e então há mais de um peixe escondendo mais de uma joia.

Não demora muito para que o cérebro fique totalmente perdido. E, depois de alcançarmos nosso limite cognitivo, adquirimos consciência imediata desse fato. Há um número muito grande de peixes escondendo várias joias. É impossível registrar todas essas informações.

Contudo, assim como acontece em nossa experiência com *video games*, quanto mais praticamos, mais hábeis ficamos. Embora não haja padrões a ser memorizados, é surpreendente constatar que o cérebro termina por rastrear três, quatro e cinco peixes escondendo duas, três e quatro joias. Quando a complexidade visual do jogo aumenta, tudo adquire mais intensidade – desde o foco espacial até a concentração e o tempo de reação, passando pela interpretação visual. O cérebro está fazendo um exercício e tornando-se mais ágil, rápido e forte a cada minuto. Assim, a aptidão cerebral funciona como um modo engraçado e indolor de desenvolver "o pensamento mais rápido, o foco mais concentrado e a memória de mais qualidade" – aptidões que se contrapõem ao limite cognitivo.

O impulso por trás do Circuito Neuróbico da vibrantBrain é o "Jewel Diver", um programa de aptidão cerebral desenvolvido pelo pioneiro dr. Michael Merzenich, professor emérito de neurociência na University of California, San Francisco.[5] Sempre muito ativo e agitado, Merzenich corre o mundo para demonstrar os benefícios comprovados que a aptidão cerebral vem apresentando, para milhões de crianças em idade escolar e para idosos. Armado de dados clínicos e estatísticas irrefutáveis, Merzenich dedica-se à missão de mudar o modo de ensinar e aprender. Em sua opinião, hoje entendemos muito mais sobre o modo de "preparar" o cérebro para fazê-lo aceitar novas informações com muito mais facilidade e permanência. Então, por que não pôr em prática aquilo que já sabemos sobre o funcionamento do cérebro humano?

Contudo, a afirmação de Merzenich, para quem a aptidão cerebral pode ser estimulada por exercícios que aumentam em complexidade sonora, vocabular e visual, não é consensual entre a comunidade científica – basicamente porque ele criou sua própria empresa, a Posit Science, que produz e distribui produtos de software como o Jewel Diver. Muitos dos colegas de Merzenich acreditam que ele tem um "conflito de interesses", e também sugerem que os resultados da aptidão cerebral são exagerados. Merzenich, porém, adota um ponto de vista prático:

> Nossas ferramentas podem não ser perfeitas, mas sabemos que, de alguma maneira, elas funcionam. Não dispor de dados que indiquem exatamente ***até que ponto*** a tecnologia é útil não significa que não saibamos se ela funciona. Já provamos isso. Portanto, não importa se ela ajuda muito ou pouco, por que não começar a usá-

> -la? Com o tempo, à medida que aprendemos mais, a tendência será de que os produtos continuem a se aperfeiçoar.[6]

Haverá indícios imparciais de que Merzenich está no caminho certo? Quaisquer dados que sugiram que estamos no limiar da *cognição volitiva*? Parece que sim.

Em 2007, por exemplo, três das principais universidades, junto com a Clínica Mayo, participaram de um estudo da aptidão cerebral. Autor de obras científicas e organizador do livro *Faith in Science*, Gordy Slack apresenta os resultados de sua pesquisa:

> Metade do grupo fez o programa Brain Fitness Group por pelo menos uma hora por dia; a outra metade assistiu a DVDs educativos. Depois de oito a dez semanas, os grupos fizeram uma série de testes de aprendizagem e memória, inclusive um teste em que lhes era pedido para lembrar detalhes de uma história ou de palavras de uma lista. O teste mostrou que ***a memória dos que haviam feito o Brain Fitness Group melhorou, em média, o equivalente a uma década***, em comparação com a dos componentes do outro grupo, que apenas assistiram aos DVDs.[7]

Melhora equivalente a uma década? Por favor, quero me inscrever.

Mas essa é apenas a ponta do iceberg. Novos estudos realizados no W. M. Keck Foundation Center for Integrative Neuroscience, na UCSF, mostraram que os participantes com mais de 50 anos, adeptos dos programas de aptidão cerebral, apresentaram "uma capacidade de desempenho neurológico" semelhante àquela de adultos entre 30 e 35 anos de idade.[8] Fazer o cérebro voltar a patamares de vinte anos atrás? Alguém se admira que neurocientistas como Merzenich perguntem por que a aptidão cerebral não está na primeira página dos jornais? Por que essa prática ainda não faz parte de um programa diário de saúde?

Além disso, há muitas evidências de que a aptidão cerebral continua a pagar dividendos muito tempo depois de termos parado de fazer os exercícios para o cérebro. Os efeitos da aptidão cerebral podem não ser temporários, como já se pensou. É bem possível que sejam permanentes.

Há nove anos, o National Institute of Aging (NIA, Instituto Nacional de Envelhecimento) começou a testar um "Campo Visual Útil" [Useful Field of View – UFOV] desenvolvido por Karlene Ball e Dan Roenker.[9] Semelhantes aos programas de aptidão cerebral de Merzenich, os exercícios do UFOV foram especialmente criados para aumentar o tempo de reação a objetos em movimento no campo de visão periférica de uma pessoa sem perturbar seu "centro de visão". Pediu-se a 3 mil voluntários que usassem o sistema UFVO por um total de dez horas. Os voluntários fizeram uma série de jogos em que a complexidade das tarefas aumentava aos poucos diante do acréscimo de outras coisas a sua visão periférica. Estudos subsequentes comprovaram que *cinco anos mais tarde*, depois de apenas dez horas usando os programas, os voluntários ainda desfrutavam de seus benefícios. Eles conseguiam processar um número bem maior de informações provenientes de um campo de visão mais amplo, superando os outros participantes. Os voluntários também mostraram ter mais memória, relataram menos acidentes de carro, conseguiam levar uma vida independente por mais tempo e estavam fisicamente mais saudáveis do que o grupo de controle, que nunca fora exposto aos exercícios de aptidão cerebral.

O *Journal of the American Geriatrics Society* também confirmou as descobertas: um estudo com 487 adultos de 65 anos ou mais, que haviam usado programas de aptidão cerebral por quarenta horas num período de oito semanas, também mostrou avanços de longo prazo em termos de memória, tempo de resposta, concentração e solução de problemas.[10]

Na verdade, hoje há centenas de estudos clínicos realizados em várias partes do mundo que apresentam resultados semelhantes. Quer se trate de jovens ou idosos, de pessoas cultas ou não, a aptidão cerebral exerce um efeito mensurável e duradouro sobre as habilidades cognitivas do cérebro humano. O cérebro torna-se mais seguro de si, mais rápido e mais capaz de aprender quando é submetido a desafios constantes – mas não basta fazer palavras cruzadas ou assistir a programas de perguntas e respostas na TV. É preciso desafiar o cérebro de maneiras específicas. E já começamos a entender exatamente que maneiras são essas. Palavra por palavra, estamos criando um manual do cérebro humano para os usuários – o marco zero de tudo que fazemos, sabemos, pensamos e sentimos – e para a sustentabilidade do progresso humano.

Investir na plasticidade

No cenário internacional, Merzenich é mais conhecido por seu trabalho pioneiro sobre um fenômeno chamado "plasticidade" cerebral.[11] O termo refere-se simplesmente à capacidade que o cérebro tem de criar novos circuitos sempre que decide fazê-lo. Merzenich foi um dos primeiros neurocientistas a provar que, *em qualquer idade*, o cérebro humano pode decidir-se a criar novos circuitos para substituir os antigos (ou operar paralelamente a eles). Isso é particularmente útil quando os circuitos antigos deixam de funcionar bem, algo que começa a acontecer com os seres humanos por volta dos *30 anos de idade*.

(Sim, é isso mesmo: começamos a perder nossas capacidades cognitivas por volta dos 30 anos.)

A descoberta da plasticidade cerebral foi uma novidade absoluta na neurociência, pois provou que o cérebro pode ser "reprogramado" em seguida a uma doença incapacitante. Portanto, conclui-se que, quando as células cerebrais outrora responsáveis pelo movimento do nosso braço direito deixam de funcionar, o cérebro tenha a capacidade de programar outras células que movimentem esse braço. Circuitos novos em folha podem ser criados para realizar novas tarefas.

Merzenich apresenta um exemplo simples de como o cérebro humano pode adquirir novas habilidades:

> Se você fosse um garoto que estivesse crescendo em São Paulo, no Brasil, teria uma chance superior a 50% de conseguir correr e, ao mesmo tempo, equilibrar uma bola na cabeça. Desde muito cedo, o cérebro dos garotos brasileiros aprende a realizar essa proeza com grande facilidade – *porque é isso que os garotos de São Paulo fazem*. Mas não espere encontrar esse mesmo comportamento no centro de Minneapolis. Na verdade, você encontraria pouquíssimos garotos com essa capacidade de correr equilibrando uma bola na cabeça. Por quê? Porque suas "circunstâncias sociais" não fizeram com que essa capacidade se tornasse um *objetivo* apropriado para o cérebro. A falta de percepção de uma vantagem significa que o cérebro não criará circuitos voltados para a capacidade de *correr e equilibrar*. Será que um garoto de Minneapolis conseguiria aprender a correr enquanto equilibra uma bola na cabeça? Claro que sim. Na verdade, uma das características mais surpreendentes da plasticidade cerebral é o fato de podermos escolher novas habilidades ao longo de nossa vida. Ao contrário do que ocorre com o cérebro de outros animais, o cérebro permanece *plástico* até nossa morte. Por que, então, os garotos de Minneapolis não desenvolvem as mesmas capacidades cognitivo-

> -musculares dos garotos de São Paulo? Simplesmente porque o cérebro começa a *decidir* como quer evoluir ao observar o meio social e escolher os objetivos que considera bons para ele e para o grupo. Assim que o cérebro escolhe um objetivo, ele também passa a avaliar se esse objetivo está sendo realizado com sucesso. Cada vez que um garoto de São Paulo faz uma nova tentativa de equilibrar uma bola na cabeça, o cérebro lhe sussurra: "Muito bem! Salve isso na memória!", ou "Nada mal, mas não faça do mesmo jeito outra vez!". Da mesma maneira, se os garotos de Minneapolis *decidissem* que essas atividades eram importantes, o cérebro deles começaria a criar circuitos para correr e equilibrar do mesmo modo. É assim que o cérebro aprende.[12]

O dr. Michael Stryker, colega de Merzenich no W. M. Keck Foundation Center for Integrative Neuroscience, explica como o cérebro prioriza o que quer aprender: "Partes do cérebro estão engajadas numa competição ininterrupta para descobrir quais [neurônios] conseguem criar mudanças duradouras. E o lugar onde você concentra sua atenção ajuda a determinar onde a plasticidade positiva assumirá o controle".[13]

Tudo se resume no seguinte: os neurônios excitados simultaneamente no cérebro formam circuitos dos quais o órgão dependerá mais tarde para realizar tarefas e resolver problemas – ou, como o escritor Gordy Slack afirmou certa vez, "os neurônios que se 'acendem' juntos ligam-se uns aos outros".[14] Portanto, diante de uma situação de complexidade crescente, o verdadeiro desafio consiste em descobrir maneiras de formar novos circuitos – novos modos de pensar – com a maior frequência e rapidez possíveis.

A esta altura, Merzenich afirma que o primeiro critério que rege a solução de problemas é que *só podemos contar com o que o cérebro herdou, vivenciou ou aprendeu.* Essa é a matéria-prima de todos os nossos pensamentos, todas as ideias, inovações e soluções – tudo que sabemos e imaginamos.

Por exemplo, se nunca aprendemos nada sobre matemática, física ou engenharia, não é provável que a próxima grande descoberta no campo da física de partículas "surja do nada" e nos surpreenda. Não vai existir nenhuma manhã em que acordaremos e, de repente, começaremos a escrever algo semelhante à teoria da relatividade de Einstein. Isso não vai acontecer porque o cérebro simplesmente não tem o *conteúdo* necessário para que aconteça. Pouco importa que sejamos muito ou pouco inteligentes ou criativos. O tipo e a quantidade de conteúdo que trazemos no cérebro exercem uma grande influência sobre nossa capacidade de criar soluções para problemas complexos.

Em outras palavras, o cérebro humano não cria soluções a partir do nada – nem mesmo o cérebro mais criativo. O cérebro precisa de matéria-prima para trabalhar, ainda que ela não possa ser detectada na solução final. Por exemplo, ninguém sabe ao certo que conteúdo específico no cérebro de Wag Dodge o levou a ter um insight capaz de salvar vidas no meio do incêndio de Mann Gulch, mas é evidente que ele deve ter tido recursos que faltavam aos outros quinze bombeiros que morreram queimados.

Na verdade, conforme a quantidade de informações que o cérebro processe, absorva e enumere, estaremos condenados a comprar num hipermercado abarrotado de produtos até o teto ou numa lojinha com pouquíssimas opções de compras. É por isso que uma educação bem-sucedida é tão importante nos primeiros anos da infância. *Quanto melhores nos tornamos como aprendizes, maiores serão as reservas à disposição de o cérebro pelo resto de nossa vida.* Ou, nas palavras de Louis Pasteur, "o acaso favorece a mente bem preparada".[15] Quanto mais preparados estivermos para ter um insight, mais provável será sua ocorrência. Portanto, aprender a *armazenar con-*

teúdo de maneira eficaz é um componente-chave para aumentar a probabilidade de ter um insight.

É por isso que a descoberta da plasticidade é um feito histórico de Merzenich. Quando o aprendizado se tornar o estado habitual do cérebro – uma parte natural de nosso cotidiano –, haverá mecanismos de reposição de novos circuitos até nosso último dia de vida. Esta é uma das características verdadeiramente excepcionais e estimulantes do cérebro humano: nunca será tarde demais para transformar uma mercearia num hipermercado repleto de conteúdos a nossa disposição. Tudo que precisamos fazer é assistir a uma aula, ler um livro, dar um passeio, aprender uma nova dança ou adotar a aptidão cerebral para dar início à criação de novos circuitos.

Novas ferramentas para as escolas

Quando as crianças bem novas "aprendem a aprender" graças ao uso da aptidão cerebral, os resultados são extraordinários.

Merzenich observou que hoje, nos Estados Unidos, mais de um milhão e meio de crianças do ensino fundamental ao ensino médio já estão usando a tecnologia da aptidão cerebral para aprimorar a linguagem, a leitura e o desenvolvimento cognitivo geral.[16] O novo programa de software "Fast Forward", destinado a "aumentar a exatidão e a velocidade com que uma criança pode acumular informações", vem obtendo resultados muito melhores do que os que seriam obtidos com o aumento do salário dos professores, a compra de novos livros didáticos ou a aplicação de testes. Imagine: jogar um simples *video game* algumas vezes por dia pode ser todo o estímulo de que uma criança precisa para aprender com mais rapidez.

Merzenich descobriu que as crianças que usam os programas de aptidão cerebral por um breve período de tempo, antes do começo das aulas, lidam muito melhor com o processamento e a aquisição de novos conteúdos. E quanto mais conteúdo as crianças retiverem, mais recursos elas terão ao seu dispor – pouco importando se elas estão resolvendo problemas mediante o uso de métodos centrados no cérebro esquerdo ou direito, ou mesmo no insight. Ele encontra semelhanças incríveis entre a aptidão cerebral e os exercícios de aquecimento que os atletas costumam fazer antes das competições. Assim como o corpo, o cérebro humano quer ser *aquecido* antes de se exercitar. E o modo de aquecer o cérebro antes de alguém se exercitar é facilitar seu mergulho descontraído num padrão de aprendizagem.

A título de exemplo, em Jacksonville, na Flórida, cerca de 23 mil crianças expostas a um total de quinze a dezessete horas de exercícios de aptidão cerebral estão sendo estudadas há três anos. Os resultados são espantosos. As crianças expostas à aptidão cerebral mostraram ter um desempenho escolar *duas vezes* maior que o das crianças não expostas.[17] Além disso, as vantagens cognitivas parecem aumentar exponencialmente a cada ano. É como se a aptidão cerebral oferecesse vantagens que continuam a se multiplicar por todo o arco da vida de um ser humano. Uma vez que você encaminhe seu cérebro para a direção certa, ele não vai mais parar. A potencialização seguirá seu próprio caminho.

Introdução progressiva do insight

Cabe, porém, a pergunta: Será que a aptidão cerebral resulta num avanço suficiente?

Talvez ela seja um componente importante para pôr a cognição à altura da complexidade, mas aqui também devemos perguntar: o aperfeiçoamento de nossa capacidade de absorver mais conteúdo será útil se não pudermos usá-la em nosso benefício? Afinal de contas, a definição de inteligência é de natureza dupla: a capacidade de adquirir conhecimento e *a capacidade de aplicar esse conhecimento à solução de problemas*.

Portanto, mais importante do que *quanto* aprendemos talvez seja *o que fazemos* com esse conhecimento adquirido. Em relação a isso, um programa de ensino que continue a reforçar a análise pelo cérebro esquerdo e a síntese pelo cérebro direito talvez só seja bem-sucedido se estivermos interessados na disseminação de mais do mesmo. E, como vimos há pouco, não demora muito para que esses dois métodos sejam esmagados pela magnitude da complexidade que precisamos enfrentar.

É nesse ponto que entra o insight.

Segundo os drs. Kalina Christoff, Alan Gordon e Rachelle Smith, autores de um estudo recente intitulado "The role of spontaneous thought in human cognition" ["O papel do pensamento espontâneo na cognição humana"], da University of British Columbia, a resposta está no "pensa-mento espontâneo":[18] "O pensamento espontâneo facilita o processo de conferir sentido a nossas experiências, o estabelecimento de conexões entre lembranças e conceitos, o alargamento do foco da atenção, permitindo a inclusão e o exame de mais informações, e o processo de atribuição de valor motivacional às experiências – fatores essenciais quando, diante de um situação complexa, precisamos tomar uma boa decisão".

Eles continuam: "O processo de refletir sobre as coisas talvez faça parte do processo de decisão, mas é possível que o modo mais espontâneo e desconcentrado de pensar (...) é que seja necessário para alguém ser bem-sucedido quando precisa tomar decisões importantes".

Em resumo, o insight – o próximo passo importante na evolução humana – é antagônico ao pensamento metódico e analítico que temos usado durante séculos.

Merzenich tem uma ideia correta sobre a importância de transformar o aprendizado no estado estacionário do cérebro humano. Contudo, é também importante evitar os programas de ensino muito estruturados e uniformes, que ameaçam cada estudante da mesma maneira. Para criar a solução de problemas por meio do insight, devemos começar por recompensar os alunos que nos dão respostas espontâneas e corretas. Preparar esses alunos para navegarem com sucesso num mundo cada vez mais complexo significa ensiná-los a fazer novas conexões, em vez de continuar a confiar no pensamento reducionista.

Segundo Hemai Parthasarathy, doutor pelo MIT e ex-diretor da Public Library of Science (PLoS), as pessoas que têm insights relatam uma súbita e inesperada capacidade de "perceber conexões" que até então elas desconheciam.[19] Portanto, a verdadeira oportunidade educacional não está apenas no aumento da capacidade de um aluno armazenar conteúdo, mas também no estímulo à solução de problemas por meio da espontaneidade e do insight.

É nesse ponto que o trabalho dos neurocientistas que estudam o insight desempenha um papel crucial no futuro da humanidade: o insight tem a chave para romper o limite cognitivo, isto é, o responsável pelo colapso de todas as civilizações avançadas que nos antecederam. É um método de excelência comprovada para desenredar níveis de complexidade que, em outros aspectos, seriam intransponíveis.

Um novo caminho para um novo dia

Não há dúvida de que o insight já nos acompanha há um bom tempo, mas foi só na última década que conseguimos observar como ele funciona no cérebro humano. Na verdade, é algo tão novo que temos muito mais perguntas do que respostas sobre quando e por que ele acontece.

Sabendo disso, o que descobrimos até o momento nos dá grandes esperanças de que o insight possa transpor o abismo cognitivo entre a evolução física do cérebro e o aumento da complexidade.

A primeira coisa que hoje sabemos é que o insight existe.

E ele não foi apenas observado e documentado; também foi fotografado em pleno funcionamento no cérebro humano. Durante o insight, a atividade cerebral parece bem diferente da solução de problemas mediante o uso normal do cérebro esquerdo e do direito. Também nos sentimos diferentes quando recorremos ao insight. Segundo a dra. Karuna Subramaniam, da University of California, San Francisco, "o processamento analítico acarreta a aplicação deliberada de estratégias e operações para chegar aos poucos a uma solução. O insight, que é tido como uma espécie de cognição criativa, é o processo pelo qual as pessoas chegam a uma solução de maneira súbita e inesperada, por meio de processos não reportáveis no nível consciente".[20]

Ela prossegue: "As soluções obtidas por insight tendem a envolver a reorganização conceitual, geralmente ocorrendo depois que alguém que tente resolver um problema tenha superado um impasse nessa tentativa e, de repente, percebe-se capaz de identificar relações distantes ou atípicas entre elementos complexos que anteriormente lhe fugiam. (...) Quando uma solução é alcançada, esses fatores combinam-se de modo a criar uma experiência fenomenológica singular, chamada de 'momento *Ahá*!' ou 'Eureca!'".

Em segundo lugar, o insight é um fenomeno biológico.

Não se trata de "ciência bizarra" nem de uma experiência mística, mas, sim, de uma função física que ocorre naturalmente em todos os cérebros humanos. Qualquer que seja nosso grau de instrução, nosso histórico ou nossa experiência de vida, pessoas de todas as idades e posições sociais têm insights. O insight nao é adquirido, é inato.

Em terceiro lugar, áreas incomuns do cérebro são ativadas quando o insight é usado para resolver problemas complexos.

No artigo "The Prepared Mind", de 2006, os drs. Kounios, Jung-Beeman e outros cinco cientistas de três grandes universidades descreveram um experimento memorável em que se pediu a dezenove participantes para resolverem problemas com palavras enquanto sua atividade cerebral era monitorada. [21]Nesse experimento, três palavras simples, como "vida, mesa e natural", foram apresentadas a cada um. Também se pediu que eles pensassem em uma palavra que pudesse ser combinada com cada uma das três primeiras, de modo a criar três palavras totalmente novas. Por exemplo, ao acrescentar o prefixo "sobre" aos substantivos "vida", "mesa" e "natural", eles poderiam criar três novas palavras: sobrevida, sobremesa e sobrenatural.

Depois de cada problema ter sido bem resolvido, perguntava-se aos participantes se eles haviam tido algumas das sensações espontâneas, alguma espécie de epifania que pudessem associar à solução do problema por meio do insight.

Verificou-se que não somente os participantes conseguiam saber quando usavam o insight em vez dos métodos de solução centrados na atuação do cérebro esquerdo e direito, mas que as áreas do cérebro que ficavam ativadas quando eles diziam estar usando o insight também ficavam diferentes.

Quando alguém usava o insight para resolver um problema, uma parte do cérebro que em outras circunstâncias se mostra inexpressiva – o giro temporal superior anterior (GTSa) – tornava-se extremamente excitada, registrando-se então uma manifestação súbita de atividade oscilatória gama. O giro temporal superior é um "sulco" no lobo temporal que até então fora associado ao processamento de som e linguagem e à formação de associações abstratas. Essa dobra pouco conhecida "acende-se como uma árvore de Natal" quando o insight é usado para lidar com determinado problema. Até o momento, porém, tudo que temos são hipóteses para explicar o porquê disso.

Os mesmos neurocientistas também descobriram que o córtex cingulado anterior (CCA), responsável pela emissão de sinais entre os hemisférios esquerdo e direito do cérebro, "parece suprimir pensamentos irrelevantes" exatamente antes de evocar o insight. O cérebro fazia uma tentativa de "desligar" outras preocupações e ideias a fim de abrir caminho para a máxima concentração. De acordo com o estudo, "o CCA pode estar envolvido com a supressão de pensamentos irrelevantes (...), permitindo, assim, que a pessoa submetida ao estudo aborde o problema seguinte como se fosse a partir de uma *tábula rasa*. Essa explicação pressupõe que o processamento por insight é mais suscetível de interferência interna do que o processamento que dele prescinde, o que explicaria a necessidade de uma maior supressão de pensamentos adventícios".

Isso talvez explique por que exercícios como a meditação, a ioga e o relaxamento geralmente levam ao insight. O fato de que Newton estava sentado sob uma árvore e que Arquimedes estava dentro de uma banheira quando tiveram seus insights pode não ter sido nenhuma coincidência. A mente talvez precise "divagar" a fim de estabelecer conexões que "anteriormente lhe fugiam".

Em quarto lugar, o insight é um esforço cognitivo extremo.[22]

Além do GTS e do CCA, a atividade elétrica em outras *quatro* áreas do cérebro também aumentava significativamente quando se usava o insight. Esses aumentos da atividade elétrica foram registrados em todas as pessoas submetidas ao estudo quando elas afirmavam ter sensações associadas ao insight. Com tanta atividade elétrica no cérebro antes e durante o insight, os neurocientistas especulam que, do ponto de vista cognitivo, esse tipo de pensamento talvez seja exigente demais para que os seres humanos o utilizem para todos os problemas. É possível que o insight seja pouco frequente porque exige uma quantidade de potência consideravelmente maior do que a análise lógica e a síntese. No presente estágio da evolução humana, talvez o insight simplesmente não seja sustentável por longos períodos de tempo.

Em quinto lugar, a mente se "prepara" antecipadamente para usar o insight, e parece haver condições específicas que o facilitam.

Em "The Prepared Mind", o dr. Kounios observou que, trezentos milissegundos antes da ocorrência do insight, podia-se observar o cérebro em preparação.[23] Jonah Lehrer resume muito bem as descobertas de Kounios ao afirmar: "Uma pequena dobra de tecido no hemisfério direito, o giro temporal superior anterior, tornava-se incomumente ativo um segundo *antes* do insight. A ativação era rápida e intensa, um surto de eletricidade que levava a um afluxo de sangue".

O dr. Kounios e Jung-Beeman não apenas remontaram o insight a sua origem; parece que eles também conseguiram prever quando ele será usado para resolver um problema antes que esse seja resolvido. "Podemos demonstrar que a preparação para a solução de problemas pode estar associada a estados cerebrais distintos – um que tende a resolver mediante o insight, outro que tende a prescindir dele."

Em outras palavras, aquilo que fazemos antes de lidar com um problema pode determinar se usaremos ou não o insight. Isso significa que há condições que estimulam o seu uso, assim como há condições que o evitam.

Se isso for verdade, o que Wag Dodge fez para preparar sua mente para um insight que salvou vidas? Quais foram as condições que levaram às descobertas revolucionárias de Einstein, Charles Townes, Richard Feynman ou James Watson? E, se há condições que podem facilitar o insight, isso significa que podemos criá-las deliberadamente?

Infelizmente, não sabemos. Pelo menos, ainda não.

Por último, o insight é a arma especial do cérebro humano contra a complexidade.

Quando estamos diante de problemas de grande complexidade, o insight funciona muito bem nos casos em que a solução deles por métodos associados aos lados esquerdo e direito do cérebro fracassa. Tendo em vista o que hoje sabemos sobre o processo de seleção natural e sobre como os organismos lutam para adaptar-se a mudanças em seu ambiente, podemos imaginar que um ambiente cada vez mais complexo terminará por influenciar a evolução do cérebro. Se sabemos que o insight é ideal para lidar com a complexidade, também podemos inferir que essa capacidade continuará a se desenvolver rapidamente ao longo de milhões de anos.

Embora a evolução humana até o momento atual tenha sido impulsionada basicamente por mudanças ambientais, hoje já temos um controle bastante amplo sobre o ambiente físico em que vivemos. Quando algo nos desagrada em nosso meio ambiente, simplesmente o transformamos. Derrubamos florestas. Construímos represas e pontes e ampliamos as linhas litorâneas por meio de aterros. Abrimos túneis sob os oceanos, desafiamos a gravidade no espaço exterior e produzimos roupas e abrigos que nos permitem suportar temperaturas subárticas. Escalamos os mais altos picos e descemos a profundidades oceânicas que nos esmagariam o crânio se não levássemos conosco o oxigênio necessário ao mergulho. Conquistamos todos esses hábitats hostis sem nenhuma necessidade de mudanças biológicas: nada de apêndices ou complementos, absolutamente nada.

Portanto, excetuando-se os ajustes radicais que nos são impostos por mudanças ambientais extremas, como a era do gelo, os seres humanos atuais são moldados por um meio *social* mutável. Em outras palavras, o cérebro humano encontra-se hoje em processo de adaptação, reagindo a um meio ambiente que foi criado pelo homem e vem mudando com grande rapidez, e não a um meio ambiente físico.

Em 2004, o Howard Hughes Medical Institute, da University of Chicago, publicou um artigo em que descrevia uma pesquisa do dr. Bruce Lahn, professor de genética humana:

> O motivo de a linhagem humana ter sido a única a passar por um processo muito intenso de seleção para adquirir um cérebro melhor é uma questão que ainda está em aberto. Lahn acredita que as respostas a essa importante pergunta serão dadas não apenas pelas ciências biológicas, mas também pelas ciências sociais. O que estimulou a rápida evolução do cérebro talvez tenha sido as complexas estruturas sociais e culturais que eram exclusivas dos nossos ancestrais humanos.[24]

Com isso concordam os autores do Serendip, um site que trata da relação entre o cérebro e a evolução. Quanto mais complexo nosso comportamento se tornar, maior será o impacto da complexidade em nossa evolução física: "A *Complexidade Comportamental* pode estar associada à proporção em que o cérebro funciona como um *amplificador da evolução*."[25]

Nesse aspecto, o insight pode ser visto como um presente da natureza: um processo extraordinariamente eficaz para abrirmos caminho em meio a milhares de variáveis e inúmeras soluções erradas e chegarmos a uma resposta correta e notável. Embora os métodos tradicionais de solução de problemas por meio dos lados esquerdo e direito do cérebro tenham sido ofuscados pela complexidade, o insight paira sobre o caos – mais ou menos como um editor eficientíssimo que, a partir de fatos pouco esclarecedores, descubra sem pestanejar a solução ideal para algum problema.

Essencialmente, foi o que aconteceu a Wag Dodge e Newton e Einstein e Arquimedes e Galileu e Townes e Chu e Kamen. Tudo que eles vivenciaram e sabiam foi rapidamente inventariado e prontamente reduzido aos únicos fatores que eram, realmente, importantes para a solução – e então: *bum*! Eles ligaram os pontos de um jeito até então desconhecido. *Eles tiveram um insight.*

Características do insight

1. A solução chega de repente. Em geral, depois de um período de impasse ou saturação.
2. A pessoa que tenta resolver um problema tem dificuldade para rastrear o processo de raciocínio que leva à resposta.
3. Há uma sensação muito clara de que a resposta está certa.
4. A resposta *está* certa.
5. Há uma súbita explosão de atividade oscilatória na banda gama no giro temporal superior anterior (GTSa).
6. O insight é um processo cognitivo exigente. A atividade elétrica intensifica-se em quatro áreas do cérebro: giro temporal superior médio do hemisfério esquerdo (GTS/M), cingulado anterior, giro temporal superior médio do hemisfério direito (GTS/M) e amígdala esquerda.
7. Os hemisférios esquerdo e direito do cérebro são ativados.
8. O cérebro prepara-se com trezentos milissegundos de antecedência: o GTSa é estimulado e o córtex cingulado anterior (CCA) começa a suspender os pensamentos interiores e exteriores que possam comprometer a concentração.
9. O insight é extremamente eficaz para resolver problemas muitíssimo complexos e difíceis; isso nos permite perceber as co-nexões anteriormente desprezadas.
10. As soluções obtidas por insight são altamente inovadoras e originais, além de abrangentes em suas ramificações, pois são livres de supermemes.

Talvez não entendamos exatamente como o insight funciona e que não saibamos quando ou se será usado para resolver um problema. Contudo, quanto à compreensão de como o cérebro funciona quando temos um insight, sabemos, sem dúvida, que muitas das placas de sinalização de trânsito apontam para a mesma direção – a mente inconsciente.

Complexidade e consciência

A conexão entre insight e inconsciente ocorreu-me no dia em que eu estava entrevistando o empresário Jerry Lauch.[26] Lauch é um dos pioneiros responsáveis pela criação de clínicas comerciais de distúrbios do sono, instituições que diagnosticam e corrigem padrões anormais de sono. Por causa de sua vasta experiência no estudo dos efeitos da privação do sono sobre a aprendizagem, a tomada de decisões e o comportamento humano, gosto muito de provocá-lo.

Certo dia, quando discutíamos a dificuldade dos neurocientistas em identificar com exatidão como o insight funciona, Jerry disse:

> A coisa importante que fazemos quando dormimos é organizar e extrair sentido das informações que já temos ou que exerceram alguma influência recente sobre nós.
> Nosso inconsciente é muito mais poderoso que nosso consciente. Isso nos faz ver que é assim que os seres humanos lidam com altos níveis de complexidade nos recessos mais profundos do inconsciente. Não surpreende que, quando temos um insight, ele pareça tão repentino. Não surpreende que não consigamos explicar de onde exatamente vêm nossas epifanias. Não surpreende que não consigamos ter um insight quando bem entendermos.

O insight será, portanto, um processo consciente ou inconsciente? A diferença entre pensar usando os lados esquerdo e direito do cérebro e pensar por insight será, na verdade, a diferença entre a solução consciente ou inconsciente de problemas? Afinal de contas, sabemos que o incons-ciente está em funcionamento mesmo quando estamos acordados – pergunte a qualquer psicólogo. Portanto, se o insight é uma forma inconsciente de resolver problemas, como nosso entendimento do inconsciente poderá contribuir para nosso maior entendimento do insight?

O próprio inconsciente foi por muito tempo um reduto da complexidade humana no que ela tinha de mais inatingível. Sua exploração começou com os psicólogos William James e Boris Sidis, discípulo de James que, em 1898, publicou *The Psychology of Suggestion: A Research into the Subconscious Nature of Man and Society*.[27] Mais tarde, em 1899, Sigmund Freud publicou sua pesquisa fundamental, *A interpretação dos sonhos*, que lançou o movimento psicanalítico moderno.

Bem mais tarde, graças às revelações de E. O. Wilson na sociobiologia e às descobertas de James Watson na biologia molecular, aprendemos que muitos dos impulsos humanos atribuídos ao inconsciente eram, na verdade, predisposições herdadas e instintos biológicos. Não somos uma tábula rasa quando nascemos: a evolução provê todos os seres humanos de motivações, aptidões e estratégias de sobrevivência. Mesmo assim, ainda há uma profusão de coisas sobre o inconsciente que não podem ser explicadas somente pela biologia evolutiva ou pela psicologia.

Apesar disso, seria muito difícil encontrar um cientista que não reconheça o fato de que a complexidade favorece o inconsciente. O fato de os insights chegarem espontaneamente e não podermos remontá-los a nenhum processo consciente identificável pode indicar que, de alguma maneira, eles são ligados ao que há de mais profundo em nossa inconsciência. Com o tempo, à medida que aprendermos mais sobre o inconsciente e o cérebro humano, é provável que também cheguemos a um melhor entendimento dos mecanismos intrínsecos ao insight.

Grandes e pequenos insights

Quer eles provenham do consciente ou do inconsciente, o fato é que alguns insights dizem respeito a problemas menores e mais direcionados, como a solução do problema mundial de água potável, enquanto outros representam grandes mudanças de paradigma, como a descoberta da dupla hélice do DNA. Qualquer que seja o tamanho do problema, todos os insights são intrinsecamente despojados e funcionais. A exemplo do insight que levou Wag Dodge a incendiar a relva ao seu redor para salvar sua vida, ou das observações que levaram à teoria da Seleção Natural de Darwin, os problemas podem ser complicados, mas os insights geralmente são notáveis e inequívocos. Para chegar ao cerne de um problema, os insights rejeitam qualquer informação que lhe pareça irrelevante. Além de serem espontâneos, isentos de supermemes, corretos e não rastreáveis, e de mobilizarem o CCA e o GTS, eles também se caracterizam por uma certa precisão. Veja-se, por exemplo, a simplicidade matemática da equação $e = mc^2$.

Há não muito tempo, em algo que poderia ter se transformado numa tragédia, tive a oportunidade de testemunhar diretamente as repercussões de um insight simples e nobre – não de um cientista ganhador do Nobel nem de um inventor famoso, mas de um vizinho e amigo.

Na primavera de 2008, uma tempestade seca, com raios, provocou um incêndio em Big Sur que rapidamente se transformou em um dos maiores e mais destruidores incêndios florestais da história da Califórnia.[28] Ventos litorâneos erguiam as chamas à altura de um prédio de catorze andares, fumaça negra se espalhava pelo horizonte como borrões de tinta e um turbilhão de tições em brasa incendiava os ares até cair sobre capim e folhas secas. As labaredas incontroláveis não respeitavam nenhuma faixa de contenção de incêndio, e parecia impossível pôr fim àquele ataque aéreo. Toda a cidade de Big Sur recebeu ordem de evacuar. As pessoas agarravam álbuns de fotos, bichos de estimação, acolchoados e pinturas e se dirigiam para o norte, para a cidade vizinha de Carmel-by-the-Sea, cujos habitantes as recebiam de braços abertos, colocando mais camas nos quartos de hóspedes, oferecendo motocasas na entrada para carros e quartos de hotel gratuitos. O escritório local da Cruz Vermelha logo providenciou abrigos em duas escolas, mas ninguém precisou deles. Amigos, parentes e membros da comunidade local cuidaram de tudo.

À medida que o fogo consumia uma casa atrás da outra como uma onda que parecia não ter fim, de repente me ocorreu que a casa de meu amigo John Saar estava na linha de fogo.

John é parte da cidade. Passou a maior parte da vida em Big Sur, onde muitos habitantes conhecem ou já ouviram falar de suas atividades comerciais. É o tipo de pessoa que ao pôr os pés na rua conversa com cinco pessoas e brinca com três cachorros, que conhece pelo nome.

Assim que me dei conta de que o fogo se dirigia para a casa de John, lhe telefonei procurando saber como estavam as coisas. Mas ninguém atendeu. Liguei outras vezes, imaginando que talvez ele tivesse conseguido um caminhão ou mão de obra amiga para ajudá-lo a esvaziar a casa. No dia seguinte, nenhuma resposta. Dois dias depois, o mesmo silêncio.

Então, no terceiro dia, quando parecia que o incêndio já estava muito perto da casa dele, ou que ela já havia sido reduzida a cinzas, John apareceu de carro. Corri para cumprimentá-lo.

"Por onde você andou? O que aconteceu com a casa?"

"A casa está bem", disse enquanto limpava as cinzas das calças.

"O que houve, então? Faz dias que estou tentando falar com você."

"Vou dizer. Estava lá, no terraço da casa, certo de que o fogo viria na minha direção. Já tinha me acostumado com a ideia de perder a casa. E fiquei ali sentado, sabe? Curtindo a casa pela última vez. Meu carro já estava pronto para partir. E aí pensei que poderia ficar ali sentado pelo tempo que quisesse, sabe? Tomando uma cerveja e vendo as chamas atravessar a colina."

"É mesmo?"

"Então fiquei pensando no que fazer para tentar salvar a casa. Eu sabia que os bombeiros não conseguiriam me ajudar. Eles tentavam salvar a cidade, e a direção do vento só complicava mais as coisas. Então fiquei sentado, olhando para toda aquela fumaceira até que, de repente, tive um 'estalo' e comecei a pensar em 'paredes corta-fogo'."

"Paredes corta-fogo?"

"Isso mesmo, aquelas que mandam a gente pôr entre a garagem e a casa. Hoje, elas já fazem parte do código de construção civil. Você precisa construir uma parede corta-fogo e colocar uma porta corta-fogo entre a garagem e a casa."

"Eu não sabia disso."

"Depois, sabe... fiquei pensando: 'Bem, uma parede corta-fogo é basicamente uma camada dupla de 'parede seca'."*

"É mesmo?"

"Sim, nada além disso. Então, como eu tinha algumas peças de parede seca que haviam sobrado de uma reforma que fiz no ano passado, quebrei algumas e joguei os pedaços na lareira, para ver se pegavam fogo. Depois de algum tempo, tirei-as de lá. Sabe de uma coisa? Esse material não queima! Nem mesmo quando a gente joga pedaços dele numa lareira acesa."

"E então..."

"Bom, já vou dizer. Assim que descobri isso, peguei alguns amigos e, com três caminhões, corremos para um depósito de materiais e compramos todas as peças de parede seca que daria para transportar.

---

* Sistema de construção de parede que não usa tijolos, blocos de concreto assentados com argamassa e peças de concreto, mas perfis metálicos, chapas que utilizam um gesso especial, chapas de cimento, madeira e outros materiais. (N. do T.)

Contratei vários ajudantes ali mesmo, fomos para minha casa e rapidamente começamos a revestir a parte externa dela com esse material."

"Mas..."

"Isso mesmo, telhado, terraços, paredes, janelas, todo o exterior da casa. Ela virou uma coisa meio doida, parecia um *bunker* de ficção científica. As pessoas que passavam por ali tiravam fotos."

"Vocês revestiram a casa inteira?"

"Exatamente, não ficou um centímetro sem revestir. Isso demorou umas três horas. Depois, quando os tições em brasa começaram a chegar, fiquei observando o que iria acontecer quando eles caíssem sobre a casa. Sabe o que aconteceu? Eles queimaram sozinhos até apagar. Foi inacreditável, não aconteceu nada. A casa continua lá, perfeita, a não ser pelo fato de que parece meio estranha quando a gente entra nela. Ficou um breu, parece uma caverna escura!"

Havia duas coisas extraordinárias nessa revelação espontânea de John: seu insight involuntário salvara sua casa – mesmo quando as outras queimavam ao redor – e, em segundo lugar e mais incrível ainda, o insight de John estivera totalmente livre de supermemes: nada de oposição irracional, personalização da culpa, falsas correlações, pensamento em silo e considerações econômicas. Apesar de ele ter tido essa ideia, John não pensou em transformar sua descoberta em um negócio lucrativo. Também não lhe ocorreu contrapor os benefícios de revestir a casa com parede seca ao que lhe poderia ter custado fazer uma tentativa desesperada, sem nenhuma comprovação anterior de sua eficácia.

O fato é que John pôs de lado todos os supermemes modernos. Assim como Mohammad Yunus e Dean Kamen, ele estava livre para pensar por si próprio, deixar sua mente vagar até encontrar uma solução estacionada em algum ponto das profundezas de sua mente; e então, de repente, ele descobriu uma nova conexão entre paredes corta-fogo, paredes secas e proteção ao exterior de uma casa que estava no caminho de um incêndio terrível. E, naquele lapso de tempo, a solução de John não foi menos importante para ele do que aquela que anteriormente salvara a vida de Wag Dodge.

A verdadeira mudança – a mudança altamente significativa – raramente vem de uma atividade comercial ou empresarial comum.

Hoje, sabemos que, mesmo nas circunstâncias mais favoráveis, só 4% da população, a despeito de sua formação ou de seu histórico de vida, utiliza as capacidades avançadas de que o cérebro dispõe para a solução de problemas. Segundo Jonah Lehrer, autor de obras científicas, nos testes simples em que se dá às pessoas uma caixa contendo um pedaço de placa de cortiça, uma vela e palitos de fósforos e "pede-se a elas que unam a vela à cortiça para que ela queime devidamente", quase 90% dos participantes da experiência escolhem duas soluções *incorretas*. Só 4% das pessoas se dão conta de que a caixa de papelão é que é a chave da solução do problema.[29]

Desses 4%, quantos participantes capazes de lidar com a complexidade ocupavam cargos importantes no governo ou estavam à frente de conglomerados globais?

William Futrell, pioneiro da reforma educacional que atualmente se dedica à criação de novas técnicas de aprendizagem para alunos pobres de escolas de periferia, assim resume sua frustração com a demora para reconhecer e pôr em prática a maioria das soluções – inclusive aquelas de eficácia já comprovada:

> Fico pensando que, depois da invenção da sela, tivemos de esperar sete séculos para que alguém inventasse o estribo. Com a invenção do estribo, o homem pôde alterar seu peso e impulso para obrigar um cavalo a investir, e isso provocou grandes transformações na estrutura de poder de civilizações

> inteiras. É espantoso que mais dois séculos tiveram de passar antes que alguém pensasse em construir uma muralha que impedisse o avanço dos cavalos. As ideias chegam lentamente, e quase sempre uma ideia simples muda tudo. Contudo, onde estão essas ideias?[30]

Às vezes, insights importantes acontecem quando alguém tenta queimar pedaços de parede seca numa lareira. Em outros momentos, sua origem pode estar na maçã que caiu de uma árvore ou na água que transbordou da banheira. Contudo, a despeito de quem tenha o insight ou das condições em que eles acontecem, suas ramificações têm enorme amplitude.

O próximo passo

Se olharmos para trás, veremos que o organismo humano foi bem-sucedido em quatro passos evolutivos cruciais e que talvez, neste momento, estejamos no limiar de um quinto passo.

O insight é a resposta da natureza ao limiar cognitivo – a ponte entre a lenta evolução do cérebro e problemas que se tornaram complexos demais para que consigamos entendê-los ou resolvê-los –, um paradoxo recorrente que manteve muitas civilizações como reféns durante séculos.

À medida que o cérebro humano continuar fazendo uma adaptação de enorme importância a um contexto cognitivo cada vez mais complexo e desafiador, o insight continuará a evoluir. Ao longo de milhões de anos, os métodos de solução de problemas apropriados a altos níveis de complexidade serão aperfeiçoados – primeiro, ocorrerão espontaneamente e com pouca frequência, e depois, bem mais tarde, passarão a fazer parte da vida humana a ponto de o insight se tornar indistinguível dos métodos centrados nos dois hemisférios cerebrais.

Eis a pergunta que realmente importa: enquanto a Mãe Natureza corre para atender as nossas necessidades cada vez maiores, seremos capazes de mobilizar o que hoje sabemos sobre o insight para dar uma ajuda concreta à evolução?

— 12 —

Evocar o insight

Condições que levam à cognição

Há um mês, fui convidada para falar a um grupo de estudantes sobre a relação entre complexidade, colapso e regeneração.

Alguns estavam interessados na ascensão e queda de antigas civilizações, mas a maioria queria saber se eu percebia algum sinal de colapso cataclísmico no horizonte.

"Ah, lamento dizer que não vejo nada disso", respondi. "Vocês terão todo o tempo necessário para concluir o curso e fazer pós-graduação."

Embora a ameaça de um colapso seja uma preocupação geral, na verdade, isso representa mais uma oportunidade de criar outro instantâneo da situação em que o organismo humano se encontra no momento: Onde pensamos estar em termos evolutivos? E em que pé estamos no padrão histórico de decadência? No começo? No fim?

Depois de cada apresentação, eu incentivava o público a responder a essas perguntas por conta própria, num debate espontâneo e totalmente livre.

Em geral, minhas discussões com estudantes são amigáveis e cordiais. Fazemos troça da condição humana e deploramos nossas fraquezas, especialmente num mundo bombardeado pela tecnologia, informação e pelo perigo. Compartilhamos o ponto de vista de que somos criaturas biológicas que se levantam todos os dias e tentam dar o melhor de si. Há dias em que fazemos um bom trabalho; em outros, nem tanto. Contudo, com menos de 2% de diferença entre nosso genoma e o de nosso parente mais próximo, o bonobo, acabamos admitindo que somos muito mais ambiciosos do que nosso aparato biológico nos permitiria ser. Por si só, esse fato parece reduzir fortemente a tensão que todos os presentes pareciam sentir de início.

No dia a que me refiro, um sujeito grandalhão levantou-se no fundo do auditório e gritou, parecendo meio aflito: "Você não vai nos ensinar o que fazer?". Todos caíram na gargalhada. Fazer?

Achei que já havia explicado o que poderíamos fazer: reconhecer o padrão de colapso, proteger-nos contra os supermemes, usar modelos de capital de risco para ganhar tempo e exercitar as funções cerebrais* para evitar a perda gradativa da capacidade cognitiva. Em paralelo com essas coisas, também podemos nos exercitar sistematicamente na busca do insight – o antídoto natural contra o limite cognitivo. A neurociência tem a chave da sobrevivência do homem moderno.

Achei que tinha sido clara.

Contudo, assim que a gargalhada terminou, o aluno no fundo do auditório voltou a falar. Na verdade, ele queria que eu fizesse uma relação de medidas práticas às quais pudesse recorrer no seu cotidiano. "Se a chave é ter mais insights", perguntou ele, "não seria o caso de você nos ensinar como fazer isso?".

Ele não estava totalmente errado. Para que serviria toda aquela complicação teórica se dela não resultasse nada de útil, alguma coisa que as pessoas pudessem pôr em prática?

Apesar de minha relutância em compilar uma lista do tipo "o que fazer para facilitar ou estimular o insight", devo admitir que, para os neurocientistas, há certas condições que facilitam o processo de cognição, e parece que algumas delas também favorecem o insight. Mas isso nem é tão surpreendente: quando aumentamos as oportunidades de criar conexões livres no cérebro, faz sentido que, ao mesmo tempo, estejamos criando um meio capaz de aprimorar a solução de problemas. Isso não garante a ocorrência de um insight, mas há

* No original, *brain fitness group* (conjunto de estratégias de antienvelhecimento voltadas para a memória e o aumento geral da capacidade cognitiva). O termo às vezes é traduzido como "ginástica para o cérebro". (N. do T.)

fortes indícios de que aumenta a probabilidade de tê-lo.

Assim, em vez de criar uma lista, fiz aos estudantes um importante lembrete: o insight é uma descoberta recente.

Com poucas pesquisas sobre o assunto, os dados passíveis de sugerir a existência de condições favoráveis ao insight não são apenas frágeis, como também ainda não foram confirmados. Portanto, correndo o risco de criar mais uma "falsa correlação", posso apenas oferecer aquilo em que hoje acreditamos – e que está sujeito, sem dúvida, a ser comprovado ou negado pelos fatos de amanhã.

De bom tamanho

A raça humana tem uma longa e romântica tradição de atribuir descobertas revolucionárias às tribulações de pessoas isoladas: Einstein, Arquimedes, Benjamin Franklin, Van Gogh, da Vinci – a lista é longa. É interessante observar que qualquer relato sobre uma epifania segue pelo mesmo caminho: uma pessoa eclética tenta resolver um problema complexo que perturba a humanidade há séculos; de repente, essa pessoa tropeça num momento "ahá!". No começo, sua revelação é contestada por alguém, mas depois, com o passar do tempo, o inventor é redimido e suas ideias são entusiasticamente adotadas por todos. A cidade lhe faz um desfile em carro aberto. O descobridor é louvado por sua persistência inflexível, tem seu trabalho reconhecido por todos, fica muito rico e, por fim, desaparece aos poucos na linha do horizonte.

Linda história.

Mas será verdadeira? O insight será privilégio exclusivo de um gênio?

Às vezes, sim, mas nem sempre.

Sabe-se que há um motivo pelo qual os alunos do ensino fundamental conseguem nomear os inventores do descaroçador de algodão e da máquina a vapor (ainda que nunca tenham visto nada disso de perto), mas não fazem a menor ideia de quem inventou a internet, os semicondutores ou o telefone celular, apesar de usarem esses produtos todos os dias. Hoje, a maioria das inovações resulta do trabalho conjunto de colaboradores, não de pessoas isoladas. De fato, são tantos os pesquisadores envolvidos em pesquisas complexas que fica quase impossível dizer qual terá sido a colaboração individual mais significativa. O matemático foi mais importante do que o químico, o físico ou o engenheiro? É quase tão difícil quanto dizer a quem se deve o sucesso de um filme. Ao diretor? Ao produtor? Ao roteirista? Aos atores, animadores, editores? Não admira que, nas cerimônias de entrega de prêmios cinematográficos e científicos, os discursos de agradecimento estejam cada vez mais parecidos com listas de chamada; é o que muitos pensam ao verem os vencedores agradecendo a dezenas de colaboradores e convidando outra dezena para subir ao palco com eles. Essas pessoas sabem que projetos complexos requerem colaboração – que os créditos não podem ser atribuídos a um único empenho de talentos individuais.

Isso acontece porque a solução de problemas de grande complexidade requer a convergência de muitas áreas de conhecimento distintas. Nenhuma pessoa sozinha tem talento suficiente em tantas disciplinas para lidar com os problemas sistêmicos dos nossos dias. Uma só pessoa vai encontrar a solução para o aquecimento global? Nem pensar. Para o terrorismo? De maneira nenhuma. Doenças infantis passíveis de prevenção? Nem o próprio Bill Gates. Não é uma questão de recursos, mas, sim, de dificuldade.

Na verdade, o aumento da complexidade significa que o tempo necessário para que uma única pessoa faça uma descoberta está ficando cada vez maior.

Num artigo perturbador, Robert Roy Britt, autor de obras científicas, afirma que até mesmo o trabalho das pessoas mais dedicadas e talentosas dentre nós está se tornando mais lento: "Um estudo dos ganhadores do Prêmio Nobel de 2005 mostrou que, com o passar do tempo, a aquisição cumulativa de conhecimentos obrigou as mentes brilhantes a trabalhar arduamente antes de fazerem descobertas revolucionárias. A idade em que os pensadores produzem inovações significativas aumentou em cerca de seis anos durante o século XX".[1]

Embora seja verdade que uma inundação de novas informações e tecnologias tenha acrescentado anos à possibilidade de descobertas individuais, isso não significa necessariamente que as descobertas verdadeiramente revolucionárias não sejam mais possíveis. Talvez signifique apenas que tenham ficado bem mais demoradas para os que trabalham sozinhos.

Uma pesquisa recente revela que as soluções de problemas difíceis ganham em excelência quando as pessoas trabalham em pequenos grupos, e não individualmente. Em 2006, a American Psychological Association – APA [Associação Americana de Psicologia] mostrou, em artigo no *Journal of Personality and Social Psychology*, que grupos de três, quatro e cinco pessoas resolvem problemas de alta complexidade melhor e mais rapidamente do que alguém que trabalhe sozinho.[2] Um estudo com 760 pessoas na University of Illinois em Urbana-Champaign comparou grupos de diferentes tamanhos para determinar quanto tempo cada um levaria para encontrar as respostas certas para um problema. Esse estudo, e outros que a ele se seguiram, revelaram que os grupos de dois não parecem ter massa crítica suficiente, e que aqueles formados por mais de cinco membros geralmente se tornam muito inoperantes para resolver bem os problemas mais complicados.

Segundo o autor Antony Jay, em seu livro *The Corporate Man*, historicamente, o tamanho ideal de um grupo é de mais ou menos dez pessoas.[3] Jay afirma que os grupos pequenos são eficientes por conta dos milhares de anos em que os seres humanos foram bem-sucedidos no trabalho conjunto como caçadores em grupos de *aproximadamente* dez pessoas.

Em 1998, o dr. J. Dan Rothwell, professor de comunicações no Cabrillo College, também demonstrou que as decisões tomadas por pequenos grupos eram superiores às tomadas por um só pessoa. Rothwell descobriu que, para resolver problemas difíceis com eficiência, um grupo deveria ser formado por três pessoas, no mínimo, mas que o tamanho máximo dependia do grau de dificuldade da tarefa.[4]

Mais tarde, pesquisas dos drs. Tata e Anthony mostraram que o aumento do tamanho dos grupos gera mais discussão e aprofundamento, mas também tem um efeito colateral limitador: Quanto mais pessoas eram acrescentadas a um grupo, mais opiniões e ideias divergentes eram eliminadas. No que diz respeito à tolerância diante da dissidência, tudo indica que os grupos pequenos são melhores do que os grandes.

As desvantagens dos grupos grandes também foram confirmadas um ano depois, pelos drs. Harris e Sherbloom, quando eles descobriram que os grupos maiores geralmente levavam alguns participantes a "pegar carona" nos resultados alheios, quando não à "indolência social" de membros que em nada contribuíam para a tomada de decisões.

Portanto, qual será o tamanho ideal de um grupo que tem a tarefa de resolver problemas complexos? Tudo indica que podemos falar em *mais de três e menos de dez*.

Parece evidente que o aumento das probabilidades de encontrar soluções inovadoras pode resultar simplesmente do trabalho conjunto em pequenos "grupos neurais" de quatro a nove pessoas. Imagine o impacto sobre a qualidade de nossas decisões se os júris fossem reduzidos a grupos de quatro a nove membros, ou se as diretorias de corporações e empresas sem fins lucrativos também trabalhassem em grupos menores. E o que dizer do tamanho das subcomissões do governo, da diminuição do número de alunos por sala de aula ou do número de autoridades que participam das conversações de paz?

Contudo, é possível que em nenhuma outra área o tamanho dos grupos desempenhe um papel tão importante como no mundo atual dos negócios. O tamanho dos grupos talvez seja a maneira mais fácil de explicar o que leva empresas iniciantes a superar gigantes corporativos em inovação e estratégia, apesar do fato de esses gigantes disporem de muito mais recursos com os quais poderiam, inclusive, esmagar seus pequenos rivais.

As grandes corporações, porém, estão sobrecarregadas por obstáculos como burocracia, protocolos, políticas, procedimentos, pessoal, silos e demissões, o que geralmente as deixa tão ineficientes quanto um halterofilista que tenta furiosamente esmagar uma mosca. Por outro lado, as empresas recém-criadas, mais ágeis, apresentam mais criatividade, desenvolvimento mais rápido e operações mais enxutas e articuladas, pois as pessoas trabalham em pequenos grupos em cada minuto de cada dia. De bolsos vazios, com equipamentos inferiores e poucos especialistas em suas equipes, essas empresas iniciantes realizam aquilo que se tornou impossível aos grandes conglomerados, comprovando inúmeras vezes que o tamanho dos grupos é superior à quantidade de recursos.

Por esse motivo, as grandes corporações começaram recentemente a considerar a hipótese de aquisição de empresas recém-criadas como uma estratégia crucial para se manterem na liderança. Embora as grandes empresas talvez não consigam se organizar eficientemente em grupos menores, elas dispõem dos meios e recursos para comprar as inovações criadas por pequenas companhias, como demonstrou a gigante farmacêutica Johnson & Johnson.

Entre 1995 e 2004, a Johnson & Johnson adquiriu 51 empresas menores.[5] No momento, a J&J opera mais de duzentas subsidiárias independentes – não divisões ou departamentos, mas, sim, empresas menores, com independência operacional. Além disso, o apetite por aquisições continua a crescer. Por quê? Um rápido exame dos medicamentos mais vendidos da J&J esclarece tudo. Dos cinco mais lucrativos, só dois foram desenvolvidos nas instalações físicas da própria empresa. Os outros quatro foram adquiridos de empresas menores.

O lendário Google vem seguindo o mesmo caminho.[6] Apesar da reputação de ser uma das empresas mais inovadoras do mundo, entre 2001 e 2009, o Google adquiriu 53 empresas menores (mais ou menos sete por ano) para manter seu alto padrão. A exemplo da J&J, a maior parte das receitas do Google resulta do atendimento às necessidades do cliente por meio de aquisição. Até um inovador como o Google foi incapaz de fazer com que seus vastos recursos, seu pessoal, sua tecnologia e suas parcerias superassem o desempenho de concorrentes menores, porém mais ágeis.

Embora já se tenha comprovado que grupos formados por três a dez pessoas inovam mais e lidam melhor com a complexidade do que os grupos maiores, cabe perguntar: que impacto teria sobre outros tipos de organização o trabalho com "grupos neurais" de quatro a nove membros? De que modo isso influenciaria as futuras reuniões de cúpula, as equipes de resgate e as principais ligas esportivas? E o que dizer do número de alunos por salas de aula?

É interessante notar que, cerca de vinte anos atrás, o renomado programa Student/Teacher Achievement Ratio – STAR [Índice de Progresso nas Relações Aluno/Professor], do Tennessee, revelou que "depois de um ano, os alunos das classes de pré-escola menores (13-17 alunos) estavam cerca de um mês à frente daqueles das classes maiores (22-25 alunos) e, no caso do ensino fundamental, os alunos das classes menores estavam adiantados em cerca de dois meses".[7]

Novamente, os grupos menores também parecem aprender mais e melhor. Por que, então, não tentar reduzir o tamanho das turmas para quatro a nove crianças (o tamanho ideal, segundo a pesquisa)? Não fica difícil defender a ideia de que muitos dos nossos problemas de educação pública estariam resolvidos se não fizéssemos nada além de introduzir programas de aptidão cerebral na grade curricular alguns minutos por dia e diminuir o tamanho das turmas.

Em última análise, quando se trata de resolver problemas por meio do insight, deveríamos pensar como Goldilocks*: alguns grupos são "grandes demais", outros, "pequenos demais". E, no que diz respeito ao cérebro humano, os grupos de quatro a nove membros parecem estar na "medida certa".

Paralelepípedos e cognição

Você já se perguntou por que uma das coisas mais difíceis de ensinar a um robô é andar sobre duas pernas?

Acho que há um motivo para isso. Aparentemente, o ato simples de andar não parece ser tão simples assim.

O professor Florentin Wörgötter, da Universidade de Göttingen, na Alemanha, explica por que é tão difícil ensinar um robô a caminhar em terreno acidentado, como o das ruas pavimentadas com paralelepípedo: "A dificuldade está em liberar, no momento exato, um tipo de movimento que parece impulsionado a mola – e que é calculado em milissegundos – e

---

* O nome próprio Goldilocks ("cachinhos dourados") provém de um conto de fadas em que, durante um passeio na floresta, a garotinha Goldilocks se perde e vai parar em uma casa onde três pratos estão servidos à mesa. Um deles está muito quente, o outro, muito frio, mas ela acaba encontrando um terceiro prato com a temperatura ideal - nem quente demais, nem frio demais. O termo também é usado para designar uma zona habitável num sistema estelar com planetas, alguns dos quais talvez apresentem condições favoráveis ao surgimento da vida: são os chamados Planetas "Goldilock". (N. do T.)

amortecê-lo com igual precisão, para que o robô não se incline para a frente e caia. É muito difícil lidar com esses parâmetros".[8]

Wörgötter também reflete sobre o desafio apresentado por uma simples mudança de superfície: "Quando coisas mais difíceis estão em jogo – como uma mudança de terreno – é que o cérebro entra em cena e diz 'agora estamos passando do gelo para a areia, e tenho de mudar alguma coisa'".

Embora o cérebro humano interprete as mudanças de superfície e os ajustes do corpo com extraordinária rapidez, para um robô é extremamente difícil fazer os mesmos cálculos rapidamente sem cair. É por isso que caminhar ereto sobre superfícies irregulares é um ato grandioso do ponto de vista cognitivo. Nossos olhos têm de avaliar visualmente a altura e a profundidade do solo antes de dar cada passo e, na sequência imediata, fazer ajustes com extrema rapidez, como erguer o pé na altura certa, lançar o peso para a frente, mudar o centro de gravidade e a marcha e determinar a força necessária para movimentar um pé e pousar o outro da maneira certa. Cada passo dado precisa de um rápido conjunto de dados seguidos por um rápido processamento, uma solução de problemas instantânea e ação imediata, e tudo isso deve ser seguido por uma nova rodada de dados, processamento, solução de problemas, ajustes etc. É quase inacreditável que nosso cérebro faça todos esses cálculos sem sequer parar para pensar conscientemente sobre suas operações.

Nossos passos rápidos são uma das grandes maravilhas da evolução.

Do ponto de vista evolutivo, caminhar sobre superfícies irregulares ativa um sistema de ciclo fechado no cérebro humano que foi desenvolvido quando nos tornamos bípedes, cerca de um milhão de anos atrás. Com esse salto evolutivo, nosso cérebro começou a se desenvolver a uma velocidade sem precedentes. A partir daí, ao longo de milhões de anos, desenvolvemos os mecanismos necessários para processar uma quantidade gigantesca de dados imprescindíveis para nos transformar em organismos bípedes altamente especializados. Essa capacidade vem sendo aperfeiçoada há muito tempo, com grande empenho de nossa parte.

Mesmo hoje, os benefícios de caminhar sobre superfícies irregulares são surpreendentes: maior qualidade de equilíbrio, orientação espacial, memória, foco, tempo de reação e aptidão cognitiva geral. A informação sensorial que nos chega, em tempo real, dos pés e dos olhos, obriga o cérebro a fazer bilhões de cálculos em milissegundos, algo que equivale a exercitar todas as regiões do cérebro de uma só vez.

Portanto, um dos melhores exercícios cerebrais que podemos fazer é caminhar rapidamente sobre superfícies irregulares. Isso equivale a levar nosso cérebro à academia de ginástica para fazer levantamento de peso o dia inteiro.

Num estudo polêmico, o dr. Arthur Kramer, professor da University of Illinois, em Urbana, estudou os efeitos que o ato de caminhar produz nas aptidões cognitivas dos idosos. Depois de caminhadas por breves períodos de tempo durante seis meses, Kramer avaliou os avanços significativos na memória e na atenção. Embora as superfícies irregulares sejam mais apropriadas do que as outras, hoje temos fortes indícios de que andar sobre *qualquer* tipo de superfície tem vantagens cognitivas que não se limitam a estimular o fluxo sanguíneo para o corpo e o cérebro.[9] Segundo o dr. Michael Merzenich, a relação entre movimento e cognição não pode ser separada porque "o movimento é inextricavelmente controlado com base no feedback tanto do corpo quanto do cérebro". Isso significa simplesmente que nosso cérebro começa a fazer cálculos muito rápidos assim que começamos a caminhar sobre uma superfície irregular.

A ligação entre a locomoção de nosso corpo e o modo como percebemos e processamos os dados é inegável. Embora essa ligação possa ter sido criada há milhões de anos, na época em que o homem assumiu a postura ereta, as vantagens cognitivas do caminhar ainda são tão reais quanto foram para nossos ancestrais primitivos. Hoje sabemos que, além de produzir bem-estar, o caminhar também pode ser uma fonte de sabedoria.

O poder do novo

Há unanimidade de consenso entre neurocientistas e psicólogos quanto ao fato de que o cérebro humano funciona melhor quando é submetido a novos desafios.[10] Recentemente, descobrimos que o cérebro se beneficia de uma grande variedade de atividades ligadas à solução de problemas, como as palavras cruzadas e o sudoku. Também parece haver benefícios quando misturamos essas atividades: fazer palavras cruzadas durante algum tempo e depois passar para o sudoku; mais adiante, refazer todo o processo. O mesmo se aplica às tarefas do cotidiano: tentar uma nova rotina de trabalho, um novo esporte ou um novo passatempo. Sempre que nos concentramos no aprendizado de alguma coisa nova – qualquer coisa –, o cérebro ativa os neurotransmissores.

Não importa o tipo da nova atividade – tanto faz aprender a assar uma torta ou fazer cálculos –, pois, em cada caso, o cérebro precisa que os neurotransmissores transfiram e armazenem novas informações. Isso acontece porque, quando aprendemos alguma coisa nova, nosso cérebro cria novos "circuitos" biológicos que desafiam os circuitos antigos aos quais habitualmente recorríamos. De repente, estamos criando mais opções e mais caminhos à escolha do cérebro.

Com o tempo, a busca de novos circuitos torna-se o novo "normal"; o cérebro se habitua a criar novos circuitos em benefício próprio. O aprendizado bem-sucedido tem uma certa dinâmica associada a esse processo: quanto mais o cérebro aprende, mais quer aprender. A vontade de aprender torna-se habitual.

A esse respeito, a aptidão cerebral tem muito em comum com a aptidão física. Quanto mais nos exercitamos, mais substâncias químicas de efeito semelhante ao da morfina são liberadas no cérebro. Esse laço de realimentação positivo faz com que queiramos nos exercitar ainda mais.

Contudo, quando exercitamos os mesmos músculos várias vezes, os músculos que ignoramos acabam por se atrofiar pela falta de uso. É por isso que os treinadores físicos experientes mudam regularmente a rotina de exercícios. Eles querem dar a *todos* os músculos do corpo a oportunidade de trabalhar para melhorar nosso condicionamento geral – e não apenas o de algumas áreas.

O mesmo se aplica ao nosso cérebro. Quando misturamos exercícios físicos regularmente e, desse modo, assumimos novos desafios, beneficiamos diferentes áreas do nosso cérebro. Como no caso da aptidão física geral, quanto mais áreas trabalharmos, melhores serão os resultados. Esse é o motivo pelo qual os programas de aptidão cerebral bem concebidos são tão eficazes.

Precisa de algumas dicas para facilitar essa mistura?

Mike Logan, consultor educacional na Illinois State University, oferece algumas sugestões fáceis:

> Se você é destro, use a mão esquerda para as atividades do dia a dia (ou vice-versa). Comece por escovar os dentes com a mão esquerda e pratique até ficar perito. Depois, tente passar para tarefas mais complexas, como comer. A mudança de atividades simples leva nosso cérebro a fazer mudanças positivas. Pense que milhões de neurônios terão adquirido novas habilidades quando você finalmente souber controlar a outra mão![11]

Em termos de atividades comerciais, organizações sociais e governos, a variedade também prepara o terreno para o pensamento por insight.

O melhor exemplo de uma organização governamental na vanguarda do conhecimento da relação entre variedade e cognição vem do último lugar em que alguém poderia pensar: dos Correios dos Estados Unidos.

O Serviço Postal dos Estados Unidos é uma organização de alta eficiência que, por alguns centavos, processa milhões e milhões de itens específicos todos os dias. Cada setor de trabalho é extremamente arregimentado e rotineiro. Surpreendentemente, porém, a rotatividade dos funcionários é baixa e a taxa de erros por cada transação é praticamente inexistente.

Os Correios talvez não sejam um baluarte do pensamento inovador, mas são muito sensíveis aos efeitos que a rotina exerce sobre o cérebro humano. Pesquisas mostram que as funções extremamente repetitivas, como selecionar e enviar correspondência, podem rapidamente resultar em tédio, erros, baixa moral e alta rotatividade dos funcionários.

Contudo, há cerca de dez anos, os Correios dos Estados Unidos desenvolveram um modo inovador de introduzir variedade nos serviços a fim de eliminar os riscos associados às tarefas rotineiras. Como essas tarefas não variam muito de um lugar para outro, esse fato apresentava uma oportunidade única: os empregados poderiam trocar de função com outros que vivem em outras partes do país por breves períodos de tempo, com praticamente nenhum comprometimento da produtividade.

Além de evitar todas as armadilhas associadas ao tédio, o programa oferecia um segundo benefício: um estímulo ao recrutamento. A troca de empregos tornou-se rapidamente um dos privilégios para os funcionários do serviço postal: a perspectiva de viajar e a diversidade sem sacrificar a segurança no emprego. Além disso, segundo os funcionários que usaram o programa, mudar de localidade era muito divertido. Embora suas tarefas continuassem exatamente as mesmas, eles passavam por novas experiências em cada novo lugar para onde iam: novos colegas de trabalho, novos vizinhos, uma nova mercearia e assim por diante. O programa de trocas foi a solução ideal para um trabalho cansativo, imutável e repetitivo – um trabalho que, se fosse feito de outro modo, teria um forte potencial para grandes erros e rotatividade incessante.

Algumas grandes corporações oferecem programas semelhantes, mas, em termos gerais, à medida que os trabalhos se tornam altamente especializados, muitas empresas se mantêm apegadas à ideia de que a repetição resulta em maior produtividade. Tendo em vista as provas já existentes, não fica claro por que esse meme ainda persiste. Se o pensamento por insight depende da criação de novas conexões cerebrais, então a mudança de rotina e a redução da uniformidade ao mínimo necessário são coisas que não apenas mantêm os empregados interessados, mas também levam esse tipo de pensamento para a linha de frente.

Como diz Mike Logan, a oportunidade de introduzir mais variedade e ensinamentos em nossa vida cotidiana existe, seja qual for nosso tipo de trabalho. Pode ser tão simples como usar a mão esquerda em vez da direita, novas palavras durante o dia, uma escrivaninha para trabalhar em pé ou, ainda, resolver um sudoku durante o café da manhã. A variedade estimula novos circuitos, e é disso que o insight mais precisa.

Treinamento, cérebro e lucros

A aptidão cerebral talvez seja um campo recente, mas não se discute mais se os produtos criados por neurocientistas como o dr. Michael Merzenich oferecem ou não uma vantagem cognitiva. Hoje, esses produtos são adotados por uma nova leva de academias de ginástica em todo o mundo, bem como por um número cada vez maior de escolas públicas e particulares.

Na verdade, o governo japonês está tão convencido de que a aptidão cerebral é uma arma crucial contra o aumento da complexidade que o país foi o primeiro a investir uma fortuna – US$ 350 milhões – em novas ferramentas cognitivas destinadas a armar a próxima geração.[12] Os líderes japoneses não só acreditam que a aptidão cerebral dará a seus cidadãos uma grande vantagem na economia mundial, mas também veem esse sistema como uma garantia fundamental contra o Alzheimer, a loucura e outras doenças cognitivas associadas ao envelhecimento.

O governo japonês sabe das coisas.

Preparar a mente humana para a solução de problemas complexos oferece a maior vantagem socioeconômica possível em todos os campos e todas as atividades. A esse respeito, o governo japonês encara os avanços cognitivos como uma vantagem estratégica de longo prazo e como um imperativo na questão da saúde. Com tantos estudos que apontam para uma relação direta entre vinte a sessenta minutos de exercícios de aptidão cerebral por dia e os avanços obtidos em termos de saúde, solução de problemas, orientação espacial, memória, tempo de reação e concentração, a prática de um exercício diário para o cérebro é "moleza", nas palavras de um colega meu.

De volta ao recreio

Muitas pesquisas já foram feitas sobre os benefícios de distanciar-se periodicamente de um problema para vê-lo a partir de uma nova perspectiva. Um dos aspectos interessantes do pensamento por insight é que todas as pessoas que tiveram grandes e súbitos "estalos" dizem ter se sentido "travadas" um pouquinho antes de seu momento "ahá!". Elas dão de encontro com uma barreira cognitiva que as impede de fazer as novas conexões necessárias para a solução do problema. Contudo, no momento em que se afastam um pouco, ficam descontraídas e começam a pensar em outras coisas, eis que a resposta aparece repentinamente, como se saísse do nada.

Hoje, muitos estudos mostram a relação importante entre a "brincadeira" descontraída e a cognição entre as crianças dos cursos de educação infantil. Num estudo de 1977, Saltz, Dixon e Johnson demonstraram que as horas de recreio tinham um efeito fantástico nos testes de inteligência, pois estimulavam a criatividade, o uso do vocabulário e a solução espontânea de problemas.[13] Numa pesquisa mais recente, o dr. Anthony Pellegrini, professor de psicologia na University of Minnesota, e Robyn Holmes, da Monmouth University, constataram o efeito positivo das horas de recreação sobre o aprendizado: "As crianças ficam menos concentradas nas tarefas escolares durante os períodos longos em que permanecem sentadas, o que não acontece nos períodos mais breves".[14]

A pesquisa de Pellegrini e Holmes revela que crianças aprendem e desempenham melhor nas aulas que logo após o recreio. Eles também apontam que os períodos mais breves de estudo concentrado funcionam melhor do que os períodos longos, sem intervalos. Em estudos semelhantes, Japão e Taiwan confirmam que a instrução é mais bem-sucedida quando os períodos de aprendizagem são "relativamente curtos" e "intensos", e que "há intervalos frequentes entre esses períodos de atividade". De fato, na China, tornou-se comum oferecer períodos de recreação no sistema escolar a cada cinquenta minutos, para facilitar a concentração e o aprendizado em sala de aula.

Além disso, os benefícios dos períodos de recreação não se aplicam somente às crianças que estão assimilando conteúdo e aprendendo a resolver problemas. Muitos estudos confirmam que os mesmos benefícios ocorrem quando intervalos frequentes são programados no ambiente de trabalho, sobretudo quando a atividade de alguém requer longos períodos de atenção concentrada.

Portanto, não surpreende que pareça haver relação entre os recreios, a descontração e o pensamento por insight.

Sabemos que há uma razão para que algumas de nossas melhores ideias nos ocorram quando acordamos de manhã ou quando estamos tomando banho, dirigindo ou simplesmente sentados, sem fazer nada. Em geral, quando voltamos de férias curtas, os problemas que antes pareciam intratáveis tornam-se de repente solúveis. Quantas vezes nos sentimos bloqueados, depois nos levantamos, esticamos as pernas e fazemos uma caminhada, só para voltar ao ponto de partida e descobrir que estávamos errados?

Há algo em comum em histórias como a de Jackson Pollock, cujos respingos de tinta o levaram a recriar o abstracionismo norte-americano, ou a de Richard Feynman, Prêmio Nobel de Física que costumava rabiscar anotações em guardanapos de bares cujas garçonetes serviam de ***topless***.[15] Em cada uma, a descoberta por insight acontecia enquanto a pessoa estava descontraída, com a mente a vagar, dando-lhe a liberdade de fazer novas conexões e descobrir soluções até então desconhecidas.

Descobrimos que o cérebro humano é muito mais passível de fazer uma descoberta revolucionária quando está produzindo ondas alfa – o tipo de onda que ocorre quando estamos meditando. "A fase de relaxamento é crucial", diz o dr. Mark Jung-Beeman, neurocientista cognitivo da Northwestern University, observando que temos nossas melhores ideias quando estamos sonolentos.[16]

Segundo o dr. Joydeep Bhattacharya, psicólogo da Goldsmiths University de Londres, um dos indicadores do pensamento por insight e o surgimento de ondas alfa no hemisfério direito do cérebro.[17] Essas ondas alfa permitem que o cérebro humano reaja a novas ideias e informações ao estimular a mente a "vaguear". Graças a sofisticados instrumentos de mensuração, o dr. Bhattacharya hoje consegue prever quando o pensamento por insight ou visão súbita ocorrerá, tendo descoberto que os participantes resolviam quebra-cabeças intuitivos "muitos (no máximo oito) segundos antes da resposta comportamental".

O insight precisa que a mente esteja em estado de relaxamento e em paz com a vida. A dra. Karuna Subramaniam, da University of California, San Francisco, juntamente com Kounios, Parrish e Jung-Beeman, descobriu o seguinte: "Os participantes com boa disposição de ânimo resolviam mais problemas e especificamente usavam mais o insight do que aqueles que não estavam muito bem-humorados. (...) A boa disposição de espírito altera a atividade preparatória no CCA (córtex cingulado anterior), permitindo que os participantes entrem em processos capazes de levar à solução de problemas por insight."

O que todos esses cientistas estão tentando nos dizer? Em geral, tornamo-nos nosso pior inimigo quando o que está em jogo é a utilização do pensamento por insight.

É muito parecido com tentar dormir quando sabemos que amanhã faremos uma apresentação importante. Quanto mais o tempo passa e o tempo para dormir vai ficando menor, mais ansiosos ficamos enquanto tentamos nos obrigar a relaxar e pegar no sono. Um dilema parecido se aplica ao insight. De nada adiantam as tentativas de uma pessoa de ter um insight a todo custo. Na verdade, quanto mais tentarmos fazer isso, mais distantes ficaremos do estado de relaxamento e menos provável será a ocorrência de um insight.

Pressão, estresse, autocrítica, atitudes negativas e mau humor são coisas que inibem a solução de problemas por insight. Contudo, como elas estão sob nosso controle, alguns procedimentos simples nos permitem aumentar nossa capacidade de lidar com a complexidade – por exemplo, descontrair a mente e criar um estado de espírito positivo e otimista para que os insights possam aflorar à superfície. Isso pode significar a abordagem de questões complexas logo depois de descansar, meditar, fazer ioga ou uma pequena caminhada. Também pode significar ouvir música, tomar uma ducha quentinha ou simplesmente ficar sentado sem fazer nada. Qualquer coisa que fizermos para "desemaranhar" a mente e deixá-la em estado de relaxamento será bom para o insight.

Dispersões prejudiciais

As pesquisas mostraram que o cérebro se "prepara" milissegundos antes de recorrer ao insight para a solução de um problema.[18] Durante essa preparação, ele tenta deliberadamente eliminar qualquer tipo de dispersão interna ou externa para poder vaguear sem perturbações e, assim, concentrar-se na busca de novas associações significativas. Ao contrário do pensamento criativo, que pode ou não ser produtivo, o insight é um método muito exato de resolver problemas complexos. Por esse motivo, durante esse processo, o cérebro quer fazer duas coisas aparentemente contraditórias: buscar livremente novas conexões e eliminar implacavelmente as opções que não funcionem.

Além do relaxamento, o insight é facilitado quando pensamentos irrelevantes sobre fatos passados e futuros são eliminados, criando aquilo que o dr. John Kounios, professor da Drexel University, chama de "tábula rasa". Em seu artigo científico de 2006, "The Prepared Mind", Kounios escreveu que "o CCA [córtex cingulado anterior] pode estar envolvido na eliminação dos pensamentos irrelevantes, como os devaneios ou as lembranças da tentativa anterior, permitindo, assim, que as pessoas ataquem o problema seguinte como se o fizessem a partir de uma 'tábula rasa'. Essa explicação pressupõe que, como o processamento do insight é mais suscetível à interferência interna do que o processamento que dele prescinde, isso exige uma maior supressão de todo e qualquer pensamento irrelevante".

Nesse sentido, a meditação e outras atividades que ajudam a trazer a mente para o "presente" aumentam as oportunidades de resolver pro-blemas por meio do insight.

Por um lado, alguém pode dizer que Wag Dodge e John Saar estavam enfrentando uma enorme dispersão de ideias quando tiveram seus insights. Em ambos os casos, um inferno escaldante aproximava--se rapidamente. Por outro lado, o desastre iminente pode ter obrigado esses dois homens a concentrar-se no seu problema e excluir todos os outros pen-samentos. É evidente que, quando nossa vida está em perigo, quaisquer outras preocupações são afastadas para que nos concentremos ao máximo naquilo que realmente interessa no momento.

Ainda há poucos estudos sobre o papel que o perigo desempenha na criação do insight, mas, com base no que os neurocientistas têm observado em seus laboratórios, o insight ocorre depois de um período de focalização e concentração extremas. Portanto, quer estejamos na situação de enfrentar algum perigo, quer disponhamos do tempo necessário para pensar calmamente, o fato é que a preparação para o insight parece exigir, realmente, a eliminação de todo e qualquer obstáculo físico e mental.

Colaborar com a complexidade

Uma das maneiras infalíveis de diminuir o grau de complexidade é parar com a obsessão de adquirir e fazer coisas. Quando optamos deliberadamente por acrescentar coisas a nossa vida o tempo todo – mais objetivos, atividades, necessidades, ambições, produtos etc. –, tornamo-nos cúmplices inconscientes da complexidade.

Por exemplo, quando compramos uma casa de férias, raramente nos damos conta de que também duplicamos o número de banheiros que podem ter vazamentos, quintais que precisam ser regados, contas que devem ser pagas. Quando compramos mais um carro, acontece a mesma coisa: o dobro de trocas de óleo, pneus e pagamentos de seguro. E o que dizer daquele minimercado em que guardamos um monte de coisas de que poderemos precisar algum dia? E aqueles armários abarrotados na garagem, ou o guarda-roupa dos filhos, para não falar nas gavetas em que não cabe mais nada? Também é preciso lembrar das atividades extraescolares das crianças e da quantidade de deveres de casa que elas precisam fazer todos os dias. Somem-se a isso dois empregos para conseguir pagar as contas e o dinheiro que deve ser poupado se quisermos ter uma boa aposentadoria, mandar os filhos para a universidade ou viajar nas férias. Nossa vida ficou tão atarefada, congestionada e complicada que, evidentemente, não temos mais tempo para pensar.

Chegou a hora de dar tempo ao tempo.

O fato de termos um número cada vez maior de produtos, tecnologias, oportunidades e ofertas à nossa disposição não significa que precisemos correr para comprar tudo isso. Na verdade, podemos dizer que ter coisas demais contribui tanto quanto ter *coisas de menos* para o rápido aumento do impasse em que nos encontramos.

Num meio em que há excesso de opções, decisões, informações e exigências impostas à cognição, convém usar de sensatez acerca da complexidade que, ainda que involuntariamente, parecemos procurar. Quando tomamos a decisão de simplificar nossa vida, também criamos tempo e espaço para pensar com concentração e propósito. Num mundo complexo, o tempo de olhar para trás e tentar ter uma visão mais abrangente da realidade, o tempo para examinar mais criteriosamente nossas opções, o tempo para tomar decisões mais objetivas e o tempo de respirar são necessidades para nossa sobrevivência.

Comer, dormir e exercitar-se

Com o tempo, aprendemos que a dieta alimentar, o repouso e os exercícios têm um papel crucial em quase todos os aspectos da vida. Por isso, não surpreende que também tenhamos descoberto que esses hábitos influenciam o aprimoramento do insight.

Comecemos pela dieta. Alguns alimentos são melhores para o cérebro do que outros? Pesquisas recentes parecem apontar nessa direção. Nossa dieta age exatamente como a qualidade do combustível que colocamos em nosso carro. O combustível barato pode ser um desastre quando chega ao fluxo sanguíneo, diminuindo a quantidade do sangue que flui para o cérebro. Além disso, o desempenho dos neurotransmissores no cérebro depende do que comemos, pois eles (os neurotransmissores) são formados por aminoácidos, e esses, por sua vez, provêm das proteínas de nossa dieta (carnes, peixes e queijos).

Portanto, a prioridade para se obter o máximo desempenho cerebral é consumir quantidades suficientes de proteína todos os dias.[19] Em termos cognitivos, os insights exigem muito do cérebro humano, motivo pelo qual convém alimentar nossos neurotransmissores com combustível de boa qualidade – as proteínas – se quisermos que nosso pensamento seja dinâmico e tenha grande vitalidade.

Depois vêm os antioxidantes, provenientes de alimentos como o mirtilo, o chá verde e as nozes, que combatem as lesões celulares que produzem déficit cognitivo. Precisamos de células saudáveis para a criação de novos circuitos e, como já dissemos aqui, quanto mais circuitos forem criados, mais propício ao insight se tornará nosso cérebro.

Além disso, o chocolate amargo de boa qualidade é conhecido por ativar a produção de dopamina, que tem impacto direto tanto sobre a memória como sobre a aprendizagem e, desse modo, também pode dar ao cérebro o estímulo necessário ao surgimento do insight.

Finalmente, já se comprovou que os ácidos graxos ômega-3 provenientes dos peixes (de água fria, como o salmão selvagem, não criado em cativeiro) inibem a inflamação das células cerebrais. Como o cérebro humano tem mais de 60% de gordura, a insuficiência de ômega-3 leva à depressão, à perda da memória e a deficiências de aprendizagens – conhecidos obstáculos ao insight.

Muitos livros recentes sugerem que certos alimentos são melhores para a saúde do cérebro do que outros. E, ano após ano, os cientistas e nutricionistas aprendem mais sobre a mistura ideal de combustíveis necessários ao pensamento. Até o momento, porém, os alimentos fundamentais parecem não ter mudado muito, seja qual for o especialista de sua preferência: manter um nível elevado de proteínas, antioxidantes e ácidos graxos ômega-3; comer chocolate de boa qualidade de vez em quando; tomar um multivitamínico (com complexo B e potássio) todos os dias e tomar bastante água.

E o que dizer sobre os exercícios físicos?

Repetindo, a boa saúde física tem um papel importante na agilidade do cérebro em lidar com problemas complexos.[20] As crianças que passam o dia sentadas à frente do computador, da televisão ou dos *video games* estão passando longe dos benefícios cognitivos trazidos por exercícios como caminhar sobre superfícies irregulares, brincar fora de casa e interagir com outras crianças.

Alimentos associados ao bom funcionamento do cérebro

- Mirtilo (blueberry), oxicoco (Cranberry), framboesa (Raspberry) e amora-preta (Blackberry)
- Abacate, cenoura, tomate e berinjela
- Espinafre, couve, alface-romana, couve-de-bruxelas e brócolis
- Salmão selvagem, sardinha e arenque
- Semente de girassol, semente de gergelim, semente de linhaça e semente de abóbora
- Noz, avelã, castanha-do-pará, amêndoa, castanha de caju e amendoim
- Aveia
- Arroz integral
- Pão integral
- Pipoca
- Cevada
- Feijão-preto, feijão-de-lima, feijão carioquinha, feijão comum, grão-de-bico, feijão-branco, ervilha e lentilha
- Melão, manga, damasco, mamão, laranja, ameixa, uva moscatel e cereja
- Infusão de chá verde
- Chocolate amargo
- Água (oito copos por dia)
- Sálvia
- Ovos
- Molho de curry

As pesquisas mostram que a pessoa sedentária, que passa muito tempo repetindo as mesmas tarefas, torna-se dependente dos mesmos circuitos cerebrais, o que impede a criação de novos circuitos. Portanto, além do fato de essas atividades reduzirem o suprimento de sangue do cérebro, as crianças ficam menos familiarizadas com a criação de novos circuitos e com o pensamento inovador.

O dr. Michael Merzenich assim descreve o dano causado ao cérebro humano pela falta de diversidade: "O viciado em TV ou em jogos eletrônicos tem um déficit de aprendizagem motora e agilidade mental quando o que está em jogo é a elaboração de respostas a informações ao que o cérebro está vendo".[21]

O primeiro e evidente motivo pelo qual os exercícios físicos têm impacto sobre o insight é o fato de eles aumentarem o fluxo sanguíneo para o cérebro. As pesquisas indicam que a prática regular de exercícios facilita a produção de novas células cerebrais e influencia positivamente as áreas responsáveis pela aprendizagem e pela memória (o hipocampo).

Resumindo: quando aumentamos o fluxo sanguíneo por meio de exercícios físicos, também estamos aprimorando o fluxo de ideias. O fluxo sanguíneo é tão crucial para o funcionamento do cérebro humano que os cientistas estão prestes a descobrir que seu aumento pode reverter os efeitos do envelhecimento do corpo e da mente. Segundo o dr. Michael Merzenich, num estudo preliminar na University of California, San Francisco, há indícios promissores de que ratos mais velhos, que perderam a agilidade física para subir por cordas e estão começando a apresentar sintomas de doenças cognitivas, têm esses problemas resolvidos através do aumento do fluxo sanguíneo para o cérebro. De repente, eles começam a se movimentar como ratos bem mais jovens, e os problemas associados à demência precoce desaparecem, em alguns casos.

Contudo, *a aptidão cognitiva requer a aquisição de novos conhecimentos, de modo que a melhor maneira de exercitar nosso cérebro consiste em fazer exercícios físicos que incorporem novas experiências sensoriais*. Isso significa que correr ou andar de bicicleta por uma trilha acidentada traz mais vantagens cognitivas do que simplesmente fazer as mesmas caminhadas todos os dias. Significa também que a ginástica coletiva deixou de ser a forma de exercício ideal. Em termos cognitivos, sair para caminhar ou praticar algum esporte é uma excelente maneira de ativar novos neurotransmissores que, por sua vez, preparam o terreno para o pensamento intuitivo.

Por último, chegamos ao tema sobre o qual tanto se fala atualmente: o sono.

Num estudo de 2002, mostrou-se que 75% dos norte-americanos têm problemas de sono várias noites por semana, e que 37% admitem que esse problema interfere em sua vida diária.[22] Isso talvez explique o número de clínicas para distúrbios do sono que surgiram nos Estados Unidos ape-nas em uma década.

A privação do sono tem um efeito profundo sobre o lobo frontal, a área responsável pela solução de problemas complexos e pelo insight. Sem o descanso, o cérebro não tem tempo para consolidar informações, o que torna o aprendizado extremamente difícil. Isso é apenas outro modo de dizer aquilo que já sabemos: quando não dormimos o suficiente, não conseguimos nos concentrar. Nossa capacidade de resolver problemas fica muito reduzida.

Em resumo, o descanso adequado (de seis a oito horas por noite), muita alimentação para o cérebro e a prática de exercícios físicos são maneiras comprovadas de aumentar o processamento cognitivo associado à complexidade. Portanto, se quisermos aumentar nossa probabilidade de pensar por insight, precisamos dar ao nosso cérebro o combustível, o descanso e o exercício de que ele precisa.

Nadar em águas límpidas

O impacto que a alteração da química cerebral provoca no cérebro não foi devidamente estudado para podermos chegar a conclusões bem fundamentadas. A esse respeito, portanto, só posso errar por excesso de zelo. Todos sabem que os antidepressivos são atualmente a medicação mais receitada nos Estados Unidos. Segundo o Centers for Disease Control and Prevention, cerca de 118 milhões de receitas de antidepressivos foram prescritas em 2005.[23] Entre 1995 e 2002, estima-se que o uso de antidepressivos tenha aumentado cerca de 48%.

Infelizmente, essa tendência mostra-se praticamente invariável na maioria dos países industrializados. Os medicamentos que alteram o comportamento se tornaram, sem grande alarido, uma epidemia internacional.

Contudo, os fármacos são apenas um tipo de medicação, e não podem ser vistos como os únicos culpados pelas alterações químicas no cérebro. Medicamos com *junk food*, álcool, exercícios, maconha, televisão e, às vezes, até com o trabalho. Todas essas formas de medicação têm impacto sobre a química cerebral. Coma um donut recheado e encha seu cérebro de açúcar e gordura. Tome uma cerveja e faça seu cérebro reagir ao álcool. Fique perto de um fumante e seu cérebro receberá uma dose de nicotina por tabela.

É fácil provar o que o álcool ou o tabaco fazem à química cerebral, mas bem mais difícil provar como longos períodos diante da televisão ou horas seguidas de trabalho afetam nossa capacidade de resolver problemas. O efeito é mais nebuloso. Contudo, a despeito do modo como optamos por nos medicar, uma coisa é certa: *estamos confiando em meios artificiais de alteração de nosso humor e de nossa orientação no meio ambiente*.

A partir dessa constatação, é importante entender melhor como os antidepressivos e outras formas populares de medicação influenciam a evolução do cérebro humano. Por exemplo, na última década, a depressão foi associada a um desequilíbrio químico no cérebro. Quando nos sentimos deprimidos ou ansiosos, as substâncias químicas chamadas dopamina, seratonina e norepinefrina, que agem como neurotransmissores no cérebro, encontram-se em desequilíbrio. Os antidepressivos destinam-se a recuperar o equilíbrio químico e, desse modo, melhorar nosso estado de espírito.

Como há cada vez mais provas de que o bom humor aumenta a probabilidade de pensar por insight, muitos acreditam que uma nova geração de "pílulas de felicidade" produzirão mais momentos "ahá!", levando a novas descobertas revolucionárias. Por mais estranho que pareça, porém, o aumento de neurotransmissores químicos causado pelos antidepressivos parece não ter quase nenhum efeito sobre o aumento da eficácia do lobo frontal. Isso significa que, aparentemente, as substâncias químicas destinadas a nos tornar mais felizes e descontraídos não fazem nada para aumentar nossa capacidade de resolver problemas complexos ou estimular o insight.

Portanto, se os antidepressivos parecem não estimular o insight, isso nos deixa com apenas duas possibilidades: ou a alteração de nossa química cerebral inibe a evolução do insight, ou não tem absolutamente nenhuma função a desempenhar nesse processo.

Enquanto não houver evidências clínicas que confirmem uma ou outra alternativa, minha sugestão é que procuremos, sempre que possível, resistir à tentação de mudar artificialmente a química cerebral – seja por meio de álcool, maconha, antidepressivos ou até mesmo da Aspirina. Enquanto não compreendermos perfeitamente bem o impacto dos medicamentos sobre o desenvolvimento do raciocínio complexo, por que não adotar uma abordagem do tipo "melhor prevenir do que remediar"?

Sabendo disso, quais são as alternativas naturais à medicação com bebidas alcoólicas, cigarros, trabalho e remédios?

Quando se trata de depressão, há fortes indícios de que muitos casos moderados, sazonais ou episódicos podem ser tratados com alguns procedimentos simples. Por exemplo, sabe-se que o exercício produz endorfinas no cérebro. Estudos clínicos indicam que uma grande porcentagem de pessoas diagnosticadas com depressão se sentem melhor e mais motivadas quando começam a se exercitar regularmente. Os mesmos resultados já foram relatados nos casos em que uma pessoa aumenta sua interação social ou começa a fazer terapia.

Embora não haja como saber quantas pessoas diagnosticadas com depressão clínica podem ser realmente curadas sem tomar medicamentos, custa a crer que um quarto da população dos Estados Unidos precise deles para mudar sua química cerebral. Para muitos, a Mãe Natureza oferece um remédio igualmente poderoso e duradouro. Quando respeitamos a capacidade que o cérebro tem de fazer seus próprios ajustes químicos, estamos permitindo que ele continue a evoluir sem interferências – boas, ruins ou indiferentes.

Imagine

Imagine, por apenas um segundo, um mundo onde os líderes de governo reduzissem seus gabinetes a um pequeno grupo de quatro a nove pessoas; em que os agricultores recebessem subsídios para cultivar "alimentos para o cérebro", que então seriam muito baratos e levariam ao aumento do preço dos alimentos de alto teor calórico, cheios de gordura e aditivos químicos; onde as empresas acabassem com as horas extras e exigissem que seus empregados dormissem sete horas por noite. Imagine um mundo em que as companhias de seguros pagassem a seus clientes para que eles fizessem exercícios físicos e cursos de arte, ou que voltassem para os bancos escolares, em vez de pagarem por medicamentos para pressão arterial, depressão, ansiedade, diabetes. Imagine um mundo onde cada empresa tivesse um daqueles antigos "sinais de recreio", determinando aos funcionários que parassem de trabalhar, se afastassem de suas mesas e tentassem descontrair; onde cada dia não fosse cheio de atividades e não houvesse mais gavetas e armários abarrotados de quinquilharias; onde andar em chão de terra fosse preferível a dirigir um carro, e fazer um exercício de aptidão cerebral por dia fosse tudo de que precisássemos para pôr fim à loucura e a uma imensidão de outras doenças.

Os neurocientistas atuais estão aprendendo que um mundo assim faz muito mais sentido do que aquele em que estamos vivendo. Eles já sabem, há algum tempo, que a chave da sobrevivência de nossa espécie está guardada nos recessos do cérebro humano: o que é bom para a cognição não é bom apenas para a perpetuação da espécie, mas também para outras formas de vida e para o planeta. Quanto mais nos empenharmos em superar o limite cognitivo, mais provável será que teremos êxito no embate com os desafios que temos pela frente.

Cognição, Espécie, Planeta. São coisas inextricavelmente ligadas.

Nas antigas civilizações, os termos de sua existência eram ditados pela mão lenta e deliberada da evolução. Por mais rapidamente que elas pudessem progredir, a evolução de seu cérebro acabava ficando para trás. Era apenas uma questão de tempo para que a disparidade as alcançasse. Hoje, porém, o homem moderno tem a capacidade de ver dentro do cérebro e, finalmente, entender como ele funciona – estamos no limiar de fazer a descoberta mais importante desde que os seres humanos se tornaram mamíferos, formaram grupos sociais e descobriram a locomoção bípede: o insight, quando *solicitado e necessário*.

Quanto mais aprendemos sobre o poder dessa capacidade cognitiva rara e extraordinária, mais nos damos conta de que é possível transpor o abismo que separa o ritmo irregular em que o cérebro humano pode evoluir da velocidade com que geramos e descobrimos a complexidade. Ao trazer o insight de suas profundezas e fazê-lo reivindicar o lugar que por direito lhe cabe na história humana, o homem moderno pode superar uma limitação cognitiva em que esteve preso, num padrão repetitivo de ascensão e colapso, por milhões de anos. Podemos dar o próximo passo.

— 13 —

No limite

"Portanto, se entendi bem, você está dizendo que, se um homem de Neandertal caísse hoje de paraquedas em Times Square, ele não se daria bem?"

"Exatamente."

"Da mesma maneira, se você nos colocasse em uma máquina do tempo e nos enviasse para um futuro a 5 milhões de anos do nosso tempo presente, nosso cérebro também iria ter problemas?"

"É provável que sim."

"Tudo que você está dizendo é que a evolução é realmente muito, muito lenta, de modo que nosso cérebro acaba ficando para trás?"

"Sim."

"Mais ou menos como se Lucy tentasse pegar chocolates numa esteira rolante para colocá-los numa caixa. A esteira começa a acelerar e, de repente, ela não consegue pegá-los com a rapidez necessária."

"Bem, mais ou menos..."

"E então as coisas começam a fugir rapidamente ao controle, a menos que encontremos um jeito de diminuir a velocidade da esteira ou de pegar os chocolates mais rapidamente."

"O ideal seria fazer as duas coisas. Alguns dos chocolates estão começando a cair no chão."

NA MANHÃ DE 29 DE AGOSTO DE 2004, tive um insight importante. Eu estava a caminho do hospital por conta do nascimento do meu sobrinho Ben, quando comecei a pensar sobre o que realmente entendemos da vida – não nas coisas em que *acreditamos*, mas naquelas que já foram comprovadas.

A primeira coisa que me veio à mente foi a evolução.

Há mais de um século, cientistas de todo o mundo vêm desenterrando provas físicas encontradas bem abaixo da crosta do planeta, e também nas profundezas da biologia molecular do DNA, que comprovam que os princípios da evolução regem toda a vida, tanto em grande âmbito quanto em um pequeno âmbito. *Hoje, sabemos, com absoluta certeza, que todo organismo, de formigas a elefantes, evolui de acordo com as leis da seleção natural.*

Portanto, parece curioso que, ao falarmos sobre a evolução, sempre o fazemos no passado. Tratamos a evolução como se fosse algo que só dissesse respeito a nossos ancestrais pré-históricos. Todavia, o fato é que todos nós estamos evoluindo agora – neste exato minuto –, no momento em que escrevo estas palavras.

Por que será que achamos tão difícil inserir a evolução no tempo presente? Quando foi que a discussão sobre o ponto em que nos encontramos no *continuum* da transformação biológica se transformou num assunto controverso? *O que aconteceu para que um princípio fundamental da ciência se tornasse sinônimo de ateísmo? Determinismo? Liberalismo?*

Desde a publicação de *A origem das espécies*, de Charles Darwin, sempre tivemos uma relação ambivalente com a evolução. Quase todos nós estamos dispostos a reconhecer sua importância no passado, mas aparentemente não a consideramos importante para nossos problemas atuais. Parece estranho que não encontremos nenhuma relação entre o princípio mais importante que rege toda a vida na Terra e os problemas extremamente complexos que nos ameaçam durante tantas gerações, como o aquecimento global, o terrorismo, a pobreza, os vírus pandêmicos, a ameaça nuclear, a crise financeira global e a decadência da educação pública.

Por que isso acontece?

Será possível que tenhamos marginalizado a evolução porque, uma vez admitido o fato de que ainda estamos evoluindo, também teremos de admitir que *o ser humano não tem como progredir mais rapidamente do que a evolução permite*? Isso significaria que os seres humanos têm restrições biológicas que reduzem os tipos de problemas que podemos resolver.

Restrições biológicas?

Ninguém quer ouvir falar nisso.

Ainda assim, isso não altera os fatos. Em algum ponto, a complexidade e a magnitude dos problemas que uma civilização tem de resolver simplesmente extrapolam nossas capacidades biológicas. O ponto em que a complexidade e a evolução colidem é o *limite cognitivo*, e essa foi a causa do desaparecimento de todas as civilizações avançadas desde que a humanidade existe.

Essa constatação é assustadora.

Mas admito que, antes de chegar a essa constatação, nunca pensei em Lucy na linha de montagem.

E, no entanto, a metáfora é perfeita.

Quando não conseguimos desenvolver novas capacidades cognitivas com a rapidez necessária, muitos comportamentos irracionais tendem a se manifestar.

Primeiro, começamos a pôr chocolates na boca e nos bolsos, tentando esconder o problema. Mas a esteira rolante acelera cada vez mais, e os doces continuam a chegar.

Depois, quando não conseguimos mais comer ou esconder os chocolates, congelamos. Ficamos travados, e os chocolates começam a cair cada vez mais rapidamente no chão.

Por fim, somos obrigados a desligar a esteira rolante e fechar a fábrica. Com alguma sorte, algum tempo depois, nos reorganizaremos, abriremos a fábrica sob nova direção e recomeçaremos tudo de novo.

Aí, as coisas voltarão a correr bem – durante algum tempo. Mas a esteira rolante começará a ganhar velocidade novamente e...

A natureza criou uma solução nobre para o nosso quebra-cabeça: uma extraordinária capacidade de resolver problemas, que fica nos recessos mais profundos do nosso cérebro e se chama insight. A descoberta recente do insight não é menos admirável do que a súbita percepção de que tudo que precisamos fazer é segurar a caixa na extremidade da esteira rolante e deixar os chocolates caírem, um por um.

Desse modo, por mais que a esteira acelere, conseguiremos fazer nosso trabalho.

Hoje, pela primeira vez na história, os neurocientistas conseguem ver o que se passa dentro do cérebro humano e testemunhar as grandiosas possibilidades oferecidas pelo insight. Eles reconhecem que o insight é espontâneo e raro, mas que também se trata do único antídoto cognitivo que conhecemos e que talvez nos permita enfrentar a complexidade.

Contudo, além de termos descoberto o insight, também somos a primeira civilização que dispõe dos conhecimentos, da tecnologia e dos recursos para interromper esse padrão. Antes de nós, nenhuma civilização teve semelhante controle sobre seu meio ambiente, nem tantas ferramentas a sua disposição para alterar o curso da ascensão humana e do colapso humano. E isso significa que nenhuma outra civilização teve tantos motivos para se sentir otimista.

A esse respeito, a última palavra é do visionário Paul Hawken:

> A poetisa Adrienne Rich escreveu: 'Tanta coisa foi destruída. Devo compartilhar meu destino com aqueles que, geração após geração, obstinadamente, sem nenhum poder extraordinário, reconstituem o mundo.' Não poderia haver melhor descrição. A humanidade vem se unindo. Está reconstituindo o mundo,

> e suas ações estão ocorrendo em salas de aula, fazendas, florestas, vilarejos, campus universitários, empresas, campos de refugiados, desertos, na indústria da pesca e nas favelas.[1]

De posse de nossa compreensão do colapso, a civilização moderna permitirá que a evolução ocupe seu lugar de direito no século XXI? Conseguiremos resgatar o equilíbrio entre conhecimento e crença e permitir que grandes insights curem os males que afligem a civilização? Responderemos ao chamado claro e ruidoso que a Matraca do Vigilante faz soar na calada da noite?

Agradecimentos

Em 1676, Isaac Newton escreveu, em uma carta endereçada a Robert Hooke: "Se eu enxerguei mais longe, foi por estar em pé, sobre os ombros de gigantes". Eu também fui generosamente alçada aos ombros de mentes muito superiores à minha.

Começo por expressar minha profunda gratidão à obra de Charles Darwin e às obras dos drs. E. O. Wilson, James Watson e Richard Dawkins, sem as quais *Superando os supermemes* não teria sido possível. Seus insights sobre evolução, sociobiologia, conformidade e teoria dos memes foram os pontos – minha única contribuição foi ligar uns aos outros.

Quero agradecer aos drs. Michael Merzenich, Steven Chu, Charles Townes, Philip Brownell, John Ratey e John Sumser, por seus conselhos; a Leon e Sylvia Panetta, do Panetta Institute, e a Neil Patterson, da E. O. Wilson Biodiversity Foundation; e aos drs. John Kounios e Mark Jung-Beeman, cujas pesquisas revolucionárias no campo do insight nos permitem olhar para o futuro com grande otimismo.

Nunca conseguirei pagar minha dívida de gratidão para com Arthur Klebanoff, presidente da Scott Meredith Agency, cuja visão, liderança e cujo tino comercial são responsáveis, em grande parte, pelo sucesso do livro. Tenho uma dívida semelhante para com a equipe da Vanguard Press e do Perseus Books Group, particularmente com Roger Cooper e Rick Joyce, por eles terem tido a coragem de adotar as ideias defendidas pelo livro e disponibilizar os recursos necessários a sua publicação.

Um agradecimento especial a duas das maiores editoras que um escritor pode ter do seu lado, Dana Benningfield e Christine Marra, cuja experiência editorial foi indispensável. Também sou muito grata a Sandi Mendelson e David Nelson, que "compraram" a mensagem e, incansavelmente, fizeram soar a matraca para transmiti-la ao mundo.

Agradeço a minha família, Sam, Mat, Michael e Shelly, por seu amor incondicional. E minha mais profunda gratidão vai para meus amigos que nunca se permitiram um momento de dúvida: Brigitte, Jane, Rosy, Kitty, Joy, Francine, Cheryl, Mary e Sharon. Um agradecimento especial a Michael Geary por ele ter ajudado no Afeganistão quando não pude estar presente.

E por último, mas não menos importante, um agradecimento a meu companheiro Tonka. Sua respiração imperturbável e serena, enquanto dormia sob minha mesa de trabalho, sempre me ajudou a manter os pés na terra.

Sugestões de leitura

Superando os supermemes é uma obra que abrange história, biologia, neurociência, teoria dos memes e estudos sobre a complexidade. Para mim, portanto, a variedade dos textos lidos é mais importante do que a leitura centrada em obras específicas. O ponto de partida deve ser a leitura das obras originais de Charles Darwin, para que se possa partir de uma base sólida.

Bar-Yam, Yaneer. *Making Things Work*. Cambridge, MA: Knowledge Press, 2004.

Blackmore, Susan. *The Meme Machine*. Nova York: Oxford University Press, 1999.

Brodie, Richard. *The Virus of the Mind*. Seattle, WA: Integral Press, 2009.

Carter, Rita. *The Human Brain Book*. Nova York: DK Publishing, 2009.

Darwin, Charles. The Descent of Man. Nova York: The Penguin Group, 2007.

_____. *The Expression of Emotions in Man and Animals*. Nova York: Oxford University Press, 1998.

_____. *On the Origin of Species*. Nova York: Sterling Publishing, 2008.

_____. *The Voyage of the Beagle*. Washington, D.C.: National Geographic Society, 2009.

Dawkins, Richard. *The Extended Phenotype*. Nova York: Oxford University Press, 1999.

_____. *The Selfish Gene*. Nova York: Oxford University Press, 2006.

Diamond, Jared. *Collapse*. Nova York: Viking Penguin, The Penguin Group, 2005.

Darwin, Charles. *Guns, Germs, and Steel*. Nova York: W.W. Norton & Company, 1999.

Hawkins, Jeff. *On Intelligence*. Nova York: Times Books, 2004.

Lilla, Mark. *The Stillborn God*: Religion, Politics, and the Modern West. Nova York: Alfred A. Knopf, Random House, 2007.

Mann, Charles C. *1941*. Nova York: Vintage Books, Random House, 2006.

Pinker, Steven. *The Stuff of Thought*. Nova York: The Penguin Group, 2007.

Rousseau, Jean-Jacques. *The Social Contract*. Tradução inglesa de Maurice Cranston. Nova York: Penguin Group, Penguin Classics Various Editions, 1968-2007.

Schwartz, Glenn M.; John J. Nichols. *After Collapse*. Tucson: The University of Arizona Press, 2006.

Sweeney, Michael S. *Brain: The Complete Mind*. Washington D.C.: National Geographic Society, 2009.

Toffler, Alvin. *Future Shock*. Nova York: Bantam Books, Random House, 1984.

Wright, Robert. *The Moral Animal*. Nova York: Vintage Books, Random House, 1994.

Wilson, Edward O. *Consilience*. Nova York: Alfred A. Knopf, 1998.

______. *The Future of Life*. Nova York: Vintage Books, Random House, 2002.

______. *On Human Nature*. Cambridge, MA: Harvard University Press, 2004.

______. *Sociobiology*. Cambridge, MA: Belknap Press of Harvard University Press, 2000.

Notas

Introdução

1. Entrevista com o dr. E. O. Wilson, Harvard University, Cambridge, MA, 1° de julho de 2009.

2. Charles Darwin, *On the Origin of Species* (Nova York: Sterling, 2008).

3. James D. Watson, *The Double Helix* (Nova York: Touchstone, 2001).

Robert C. Olby, *The Path to The Double Helix: The Discovery of DNA* (Mineola, NY: Dover, 1994).

4. Edward O. Wilson, *Sociobiology: The Synthesis* (Cambridge, MA: Belknap Press, 2000.)

5. Richard Dawkins, *The Selfish Gene* (Nova York: Oxford University Press, 2006).

6. David E. Weisberg, *The Engineering Design Revolution* (Englewood, CO: www.cadhistory.net, 2008).

Peter Petre, "How GE Bobbled the Factory of the Future", *Fortune*, 11 de novembro de 1985.

Capítulo 1 - Um padrão de complexidade e colapso: por que as civilizações se movem em espiral

1. Yaneer Bar-Yam, *Making Things Work* (Cambridge, MA: Knowledge Press, 2004).

Site do Departamento de Estado dos Estados Unidos: www.state.gov/s/c+/other/des/1230085.htm.

2. Matthew Markowitz, "The Mayans, Climate Change, and Conflict", *ICE Case Studies*, n. 112 (2003), http://www1.american.edu/ted/ice/maya.htm.

Charles C. Mann, 1491 (Nova York: Vintage, 2006).

Glenn Welker, "Mayan Civilization", http://www.indians.org/welker/maya.htm.

Patrick L. Barry, "The Rise and Fall of the Mayan Empire", 6 de janeiro de 2001, http://www.firstscience.com/home/articles/origins/the-rise-and-fall-of-the-mayan-empire_1387.html.

David L. Webster, *The Fall of the Ancient Maya* (Nova York: Thames and Hudson, 2002).

Michel Lemonick, "Mysteries of the Mayans", http://www.indians.org/welker/maya.htm.

"Collapse: Why Do Civilizations Fail?", http://www.learner.org/interactives/collapse/mayans.html.

Stefan Lovegren, "Climate Change Killed Off Mayan Civilization, Study Says", *National Geographic News*, 13 de março de 2003.

John Ness, "Fall of the Mayan", *Newsweek*, 24 de março de 2003.

Elin C. Danien e Robert J. Sharer, *New Theories on the Ancient Maya* (Filadélfia: University Museum, University of Pennsylvania, 1992).

Joseph Tainter, *The Collapse of Complex Societies* (Cambridge: Cambridge University Press, 1990).

David Freidel e Linda Schele, *A Forest of Kings: The Untold Story of the Ancient Maya* (Nova York: HarperPerennial, 1992).

Heather Irene McKillop, *The Ancient Maya: New Perspectives* (Nova York: Norton, 2006). "Mayan History", http://www.crystalinks.com/mayanhistory.html.

3. Steve Connor, "How Drought Helped Driving a Long-Lost Civilization to Extinction", *The Independent*, 14 de março de 2003.

4. Michael Lemonick, "Mysteries of the Mayans", http://www.indians.org/welker/maya.htm.

5. Michael D. Coe, *Breaking the Mayan Code* (Londres: Thames and Hudson, 1992).

6. Jared Diamond, *Collapse* (Nova York: Viking Penguin, 2005).

7. John Stanton, "Evolutionary Cognitive Neuroscience", *Dissident Voice*, 30 de junho de 2007.

8. Nicholas Wade, "Researchers Say Human Brain Is Still Evolving", *The New York Times*, 8 de setembro de 2005.

William H. Calvin, Terrence Deacon, Ralph L. Holloway, Richard G. Klein, Steven Pinker, John Tooby, Endel Tulving e Ajit Varki, "The Evolution of the Human Brain" (Center for Human Evolution, atas do seminário n. 5, Bellevue, Washington, 19-20 de março de 2005), http://www.futurefoundation.org/programs/che_wrk5.htm.

"Human Brain Evolution Was a 'Special Event'", *HHMI Research News*, 29 de dezembro de 2004, http://www.hhmi.org/news/pdf/lahn3.pdf.

Jane Bradbury, "Molecular Insights into Human Brain Evolution", *PLoS Biology* 3(3) (2005).

Kate Melville, "Evolution of the Human Brain Unique", *Scienceagogo*, 29 de dezembro de 2004, http://www.scienceagogo.com/news/20041129182724data_trunc_sys.shtml.

George F. Striedter, *Principles of Brain Evolution* (Sunderland, MA: Sinauer Associates, 2004).

Christopher Willis, *The Runaway Brain: The Evolution of Human Uniqueness* (Nova York: Basic Books, 1994).

Mihail C. Roco e Carlo D. Montemagno, *The Coevolution of Human Potential and Converging Technologies* (Nova York: New York Academy of Science, 2004).

Robert J. Sternberg e Janet E. Davidson, *The Nature of Insight* (Cambridge, MA: MIT Press, 1995).

9. Yaneer Bar-Yam, *Making Things Work* (Cambridge, MA: Knowledge Press, 2004).

10. A.W. Kruglanski e D. M. Webster, "Motivated Closing of the Mind: 'Seizing' and 'Freezing'", *Psychological Review* (1996).

W. Kruglanski, D. M. Webster e A. Klem, "Motivated Resistance and Openness to Persuasion in the Presence or Absence of Prior Information", *Journal of Personality and Social Psychology* 65(5) (novembro de 1993).

M. Mitchell Waldrop, *Complexity: The Emerging Science at the Edge of Order and Chaos* (Nova York: Simon and Schuster, 1992).

Melanie Mitchell, *Complexity: A Guided Tour* (Nova York: Oxford University Press, 2009).

John J. Miller e Scott E. Page, *Complex Adaptive Systems: An Introduction to Computational Models of Social Life* (Princeton, NJ: Princeton University Press, 2007).

Robert Geyer e Samir Rihani, *Complexity and Public Policy: A New Approach to 21st Century Politics, Policy, and Society* (Nova York: Routledge, 2010).

Len Fisher, *The Perfect Swarm: The Science of Complexity in Everyday Life* (Nova York: Basic Books, 2009).

Linda Elder e Richard Paul, "Critical Thinking in a World of Accelerating Change and Complexity", *Social Education*, 1° de dezembro de 2008.

Arthur Whimbey e Jack Lockhead, *Problem Solving and Comprehension* (Mahwah: Lawrence Erlbaum, 1999).

John H. Holland, *Hidden Order: How Adaptation Builds Complexity* (Nova York: Basic Books, 1996).

Bryan K. Hanks e Katheryn M. Linduff, *Social Complexity in Prehistoric Eurasia: Monuments, Metals, and Mobility* (Nova York: Cambridge University Press, 2009).

N. Jausovec e K. Bakracevic, *Creative Research Journal* 8(1) (janeiro de 1995).

G. A. Miller, "The Magical Number Seven, Plus or Minus Two: Some Limits on Our Capacity for Processing Information", *Psychological Review* 63(2) (1956).

11. R. E. Petty e J. A. Krosnick, *Attitude Strength: Antecedents and Consequences* (Mahwah, NJ: Lawrence Erlbaum, 1995).

A. R. Pratkanis, S. J. Breckler e A. J. Greenwald, *Attitude Structure and Function* (Hillsdale, NJ: Lawrence Erlbaum, 1989).

S. Budner, "Intolerance of Ambiguity as a Personality Variable", *Journal of Personality* 30(2) (1962).

D. Apter, *Ideology and Discontent* (Nova York: Free Press, 1964).

E. De St. Aubin, "Personal Ideology Polarity", *Journal of Personality* 71(1) (1996).

H. J. Eysenck e G. D. Wilson, *The Psychological Basis of Ideology* (Lancaster, Reino Unido: MTP Press, 1978).

D. L. Hamilton e T. L. Rose, "Illusory Correlation and the Maintenance of Stereotypical Beliefs", *Journal of Personality and Social Psychology* 39(5) (1980).

D. T. Miller e M. Ross, "Self-Serving Biases in the Attribution of Causality: Fact or Fiction?", *Psychological Bulletin* 82(2) (1975).

12. Entrevista com Neil Patterson, presidente, E. O. Wilson Biodiversity Foundation, Papillon House, Carmel, CA, 30 de julho de 2009.

13. Staffora Beer, David Whittaker e Brian Eno, *Think Before You Think: Social Complexity and Knowledge of Knowing* (Charlbury, Reino Unido: Wavestone Press, 2009).

David J. Kinden, *The Accidental Mind: How Brain Evolution Has Given Us Love, Memory, Dreams, and God* (Cambridge, MA: Belknapf Press, 2008).

C. M. Hann, *When History Accelerates: Essays on Rapid Social Change and Creativity* (Londres, Athlone Press, 1994).

Sandra D. Mitchell, *Unsimple Truths: Science, Complexity, and Policy* (Chicago: University of Chicago Press, 2009).

Joseph Tainter, *The Collapse of Complex Societies* (Cambridge: Cambridge University Press, 1990).

Alvin Toffler, *Future Shock* (Nova York: Bantam Books, 1984).

Glenn M. Schwartz e John J. Nichols, *After Collapse* (Tucson: University of Arizona Press, 2006).

M. Mitchell Waldrop, *Complexity: The Emerging Science at the Edge of Order and Chaos* (Nova York: Simon and Schuster, 1992).

Melanie Mitchell, *Complexity: A Guided Tour* (Nova York: Oxford University Press, 2009).

John J. Miller e Scott E. Page, *Complex Adaptive Systems: An Introduction to Computational Models of Social Life* (Princeton, NJ: Princeton University Press, 2007).

Len Fisher, *The Perfect Swarm: The Science of Complexity in Everyday Life* (Nova York: Basic Books, 2009).

John H. Holland, *Hidden Order: How Adaptation Builds Complexity* (Nova York: Basic Books, 1996).

Robert Geyer e Samir Rihani, *Complexity and Public Policy: A New Approach to 21st Century Politics, Policy, and Society* (Nova York: Routledge, 2010).

Linda Elder e Richard Paul, "Critical Thinking in a World of Accelerating Change and Complexity", *Social Education*, 1º de dezembro de 2008.

Arthur Whimbey e Jack Lochhead, *Problem Solving and Comprehension* (Mahwah, NJ: Lawrence Erlbaum, 1999).

Bryan K. Hanks e Katheryn M. Linduff, *Social Complexity in Prehistoric Eurasia: Monuments, Metals, and Mobility* (Nova York: Cambridge University Press, 2009).

N. Jausovec e K. Bakracevic, *Creativity Research Journal* 8(1) (janeiro de 1995).

G. A. Miller, "The Magical Number Seven, Plus or Minus Two: Some Limits on Our Capacity for Processing Information", *Psychological Review* 63(2) (1956).

14. Elizabeth Hill Boone e Elizabeth P. Benson, "Ritual Human Sacrifice in Mesoamerica" (Conferência em Dumbarton Oaks, Washington, DC, 13-14 de outubro de 1979).

David Roberts, "Exploring the Place of Fright", *National Geographic*, julho-agosto de 2001.

Vera Tiesler e Andrea Cucina, orgs., *New Perspectives on Human Sacrifice and Ritual Body Treatments in Ancient Maya Society* (Nova York: Springer, 2008).

Matthew Markowitz, "The Mayans, Climate Change, and Conflict", *ICE Case Studies*, n. 112 (2003), http://www1.american.edu/ted/ice/maya.htm.

Charles C. Mann, 1491 (Nova York: Vintage, 2006).

Glenn Welker, "Mayan Civilization", http://www.indians.org/welker/maya.htm.

Patric L. Barry, "The Rise and Fall of the Mayan Empire", 6 de janeiro de 2001, http://www.firstscience.com/home/articles/origins/the-rise-and-fall-of-the-mayan-empire_1387.html.

David L. Webster, *The Fall of the Ancient Maya* (Nova York: Thames and Hudson, 2002).

Michael Lemonick, "Mysteries of the Mayans", http://www.indians.org/welker/maya.htm. "Collapse: Why Do Civilizations Fail?" http://www.learner.org/interactives/collapse/mayans.html.

Stefan Lovegren, "Climate Change Killed Off Mayan Civilization, Study Says", *National Geographic News*, 13 de março de 2003.

John Ness, "Fall of the Mayan", *Newsweek*, 24 de março de 2003.

Elin C. Danien e Robert J. Sharer, *New Theories on the Ancient Maya* (Filadélfia: University Museum, University of Pennsylvania, 1992).

Joseph Tainter, *The Collapse of Complex Societies* (Cambridge: Cambridge University Press, 1990).

David Freidel e Linda Schele, *A Forest of Kings: The Untold Story of the Ancient Maya* (Nova York: HarperPerennial, 1992).

Heather Irene McKillop, *The Ancient Maya: New Perspectives* (Nova York: Norton, 2006).

Terje Tvedt e Terje Oestigaard, orgs., *A History of Water*, Série II, Vol. I: Idea of Water from Ancient Societies to the Modern World (Londres: I.B. Tauris, 2009).

Tony Allan e Tom Lowenstein, *Gods of Sun and Sacrifice: Aztec and Maya Myth* (Londres: Duncan Baird, 1999).

William James, *The Will to Believe* (Nova York: Book Jungle, 2009).

David Joralemon, *Ritual Blood-Sacrifice Among the Ancient Maya*, Parte I (Pebble Beach, CA: Robert Louis Stevenson School, 1974).

Alex Okeowo, "Portal to Maya Underworld Found in Mexico?", *National Geographic News*, 22 de agosto de 2008.

15. Mark Stevenson, "Archaeologists Unearth Evidence of Human Sacrifice", *Associated Press*, 22 de janeiro de 2005.

16. Marty Greenberg, Reed Hogan e Andrew Houshouder, "Mayan Ruins of Belize", http://www4.samford.edu/schools/artsci/biology/belize/mayan.html.

David M. Pendergast, *Lamanai Stela 9: The Archaeological Context, Research Reports on Ancient Maya Writing 20* (Relatórios de Pesquisa sobre a Antiga Escrita Maia 20) (Washington, DC: Center for Maya Research, 1988).

Elizabeth Hill Boone e Elizabeth P. Benson, "Ritual Human Sacrifice in Mesoamerica" (Conferência em Dumbarton Oaks, Washington, DC, 13-14 de outubro de 1979).

David Roberts, "Exploring the Place of Fright", *National Geographic*, julho-agosto de 2001.

Lamanai Archaeological Project, Indian Church, Belize, http://www.csms.ca/Lamanai%20Field%20School.htm.

Vera Tiesler e Andrea Cucina, orgs., *New Perspectives on Human Sacrifice and Ritual Body Treatments in Ancient Maya Society* (Nova York: Springer, 2008).

Matthew Markowitz, "The Mayans, Climate Change, and Conflict", *ICE Case Studies*, n. 112 (2003), http://www1.american.edu/ted/ice/maya.htm.

Charles C. Mann, *1491* (Nova York: Vintage, 2006).

Glenn Welker, "Mayan Civilization", http://www.indians.org/welker/maya.htm.

Patrick L. Barry, "The Rise and Fall of the Mayan Empire", 6 de janeiro de 2001, http://www.firstscience.com/home/articles/origins/the-rise-and-fall-of-the-mayan-empire_1387.html.

David L. Webster, *The Fall of Ancient Maya* (Nova York: Thames and Hudson, 2002).

Michael Lemonick, "Mysteries of the Mayans", http://www.indians.org/welker/maya.htm. "Collapse: Why Do Civilizations Fail?" http://www.learner.org/interactives/collapse/mayans.html.

Stefan Lovegren, "Climate Change Killed Off Mayan Civilization, Study Says", *National Geographic News*, 13 de março de 2003.

John Ness, "Fall of the Mayan", *Newsweek*, 24 de março de 2003.

Elin C. Danien e Robert J. Sharer, *New Theories on the Ancient Maya* (Filadélfia: University Museum, University of Pennsylvania, 1992).

Joseph Tainter, *The Collapse of Complex Societies* (Cambridge: Cambridge University Press, 1990).

David Freidel e Linda Schele, *A Forest of Kings: The Untold Story of the Ancient Maya* (Nova York: HarperPerennial, 1992).

Heather Irene McKillop, *The Ancient Maya: New Perspectives* (Nova York: Norton, 2006).

Tony Allan e Tom Lowenstein, *Gods of Sun and Sacrifice: Aztec and Maya Myth* (Londres: Duncan Baird, 1999).

Alex Okeowo, "Portal to Maya Underworld Found in Mexico?", *National Geographic News*, 22 de agosto de 2008.

17. Suzanna Goldenberg, "Obama's Energy Secretary Outlines Dire Climate Change Scenario", *The Guardian*, 4 de fevereiro de 2009.

Norris Hundley, *The Great Thirst* (Berkeley and Los Angeles: University of California Press, 2001).

Mark Reisner, *Cadillac Desert* (Nova York: Penguin, 1987).

Dorothy Green, *Managing Water* (Berkeley and Los Angeles: University of California Press, 2007).

David Carle, *Introduction to Water in California* (Berkeley and Los Angeles: University of California Press, 2009).

W. Dragoni e B. S. Sukhja, "Climate Change and Groundwater", publicação especial da *Geological Society of London*, n. 288 (15 de maio de 2008).

Michael Collier e Robert H. Webb, *Floods, Droughts, and Climate Change* (Tucson: University of Arizona Press, 2002).

Steven Solomon, *Water: The Epic Struggle for Wealth, Power, and Civilization* (Nova York: HarperCollins, 2002).

18. "California Lawmakers Again Fail to Reach Water Deal", *Associated Press*, 11 outubro de 2009.

19. Entrevista com E. O. Wilson, Harvard University, Cambridge, MA, 1º de julho de 2009.

20. Josh Clark, "How Can Adrenaline Help You Lift a 3,500-Pound Car?", http://health.howstuffworks.com/adrenaline-strength.htm.

C. D. Marsden e S. J. C. Meadows, "The Effect of Adrenaline on the Contractions of Human Muscle", *Journal of Physiology* 207(2) (1970).

Ben Martin, "Fight or Flight", 9 de fevereiro de 2006, http://psychcentral.com/lib/2006/fight-or-flight/.

21. Nicholas D. Kristof, "When Our Brains Short-Circuit", *New York Times*, 1º de julho de 2009.

22. Joseph Tainter, *The Collapse of Complex Societies* (Cambridge: Cambridge University Press, 1990).

Benjamin Isaac, *The Invention of Racism in Classical Antiquity* (Princeton, NJ: Princeton University Press, 2004).

Adrian N. Sherwin-White, *Racial Prejudice in Imperial Rome* (Cambridge: Cambridge University Press, 2010).

Adrian Goldsworthy, *How Rome Fell* (New Haven, CT: Yale University Press, 2009).

Donald Kagan, *The End of the Roman Empire: Decline or Transformation?* (Lexington, MA: Heath, 1992).

Bryan Ward-Perkins, *The Fall of Rome* (Nova York: Oxford University Press, 2005).

G. W. Bowersock, "The Vanishing Paradigm of the Fall of Rome", *Bulletin of the American Academy of Arts and Sciences*, maio de 1996.

Peter Heather, *The Fall of the Roman Empire* (Nova York: Oxford University Press, 2006).

23. Richard Stone, "Divining Angkor", *National Geographic*, julho de 2009.

Claude Jacques e Philippe LaFond, *The Khmer Empire: Cities and Sanctuaries from the 5th to the 13th Century* (Bangcoc: River Books, 2007).

Brian M. Fagan, *The Little Ice Age: How Climate Made History* (Nova York: Basic Books, 2001).

Capítulo 2 - Um Presente da Evolução: O Avanço Extraordinário da Neurociência

1. Jonah Lehrer, "The Eureka Hunt", *New Yorker*, 28 de julho de 2008.

Richard C. Rothermel, "Man Gulch Fire: A Race That Couldn't Be Won", *General Technical Report INT-29* (Washington, DC: U.S. Department of Agriculture, Forest Service, maio de 1993).

Rob Schrepfer e Michael Useem, *Wag Dodge: Leadership Through Innovation or the Evolution of a Failed Leader?* (Chapel Hill, NC: Duke School of Business, Leadership Development Initiative, 2003).

Art Jukkala e Ted Putnam, "Forest Fire Shelters Save Lives", *Fire Management Notes* 47(2) (1986).

Laurence Gonzales, *Deep Survival: Who Lives, Who Dies, and Why* (Nova York: Norton, 2003).

C.C. Wilson, "Fatal and Near Fatal Forest Fires: The Common Denominators", *International Fire Chief* 43(9) (1977).

Doug Campbell e Bruce Schubert, "The Art of Wildland Firefighting" (Ojai, CA: Working Paper, 2009).

2. Richard C. Rothermel, "Man Gulch Fire: A Race That Couldn't Be Won", *General Technical Report INT-29* (Washington, DC: U.S. Department of Agriculture, Forest Service, maio de 1993).

Richard C. Rothermel e Robert W. Mutch, "Behavior of the Life-Threatening Butte Fire", *Fire Management Notes* 47(2) (1986).

3. Mary Lou Decosterd, *Right Brain/Left Brain Leadership: Shifting Style for Maximum Impact* (Westport, CT: Praeger, 2008).

Michael S. Sweeney, *Brain, the Complete Mind: How It Developed, How It Works, and How to Keep It Sharp* (Washington, DC: National Geographic Society, 2009).

Steven Pinker, *The Stuff of Thought* (Nova York: Penguin, 2007).

Jeff Hawkins, *On Intelligence* (Nova York: Times Books, 2004).

Rita Carter, *The Human Brain Book* (Nova York: DK Publishing, 2009).

John Ratey, *A User's Guide to the Brain: Perception, Attention, and the Four Theaters of the Brain* (Nova York: Vintage, 2002).

Walter J. Freeman, *How Brains Make Up Their Minds* (Nova York: Columbia University Press, 2001).

M. R. Bennett e P. M. S. Hacker, *The History of Cognitive Neuroscience* (Malden, MA: Wiley-Blackwell, 2008).

John Driver, Patrick Haggard e Tim Shallice, orgs., *Mental Processes in the Human Brain* (Nova York: Oxford University Press, 2008).

Michael Gazzaniga, Richard Ivry e George R. Mangun, *Cognitive Neuroscience: The Biology of the Mind* (Nova York: Norton, 2008).

Richard S. J. Frackowiak, Karl J. Friston, Christopher D. Frith e Raymond J. Dolan, *Human Brain Function* (Nova York: Academic Press, 1997).

Mark Furman e Fred P. Gallo, *The Neurophysics of Human Behavior: Brain, Mind, Behavior, and Information* (Boca Raton, FL: CRC Press, 2000).

C. J. Shatz, "The Developing Brain", *Scientific American*, setembro de 1992.

B. R. Buchsbaum, S. Greer, W. L. Chang e K. F. Berman, "Meta-analysis of Neuro-imaging Studies of the Wisconsin Card-Sorting Task and Component Processing", *Human Brain Mapping* 25(1) (2005).

Nancy C. Andreasen, *The Creating Brain: The Neuroscience of Genius* (Washington, DC: Dana Press, 2005).

4. J. S. Winston e B. A. Strange et alii, "Automatic and Intentional Brain Responses During Evaluation of Trustworthiness of Faces", *Nature Neuroscience*, 19 de fevereiro de 2002.

James V. Haxby e Elizabeth Hoffman et alii, "The Distributed Human Neural System for Face Perception", *Trends in Cognitive Science* 4(6) (2000).

David Livington Smith, *Why We Lie: The Evolutionary Roots of Deception and the Unconscious Mind* (Nova York: St. Martin's Griffin, 2007).

Entrevista com o dr. E. O. Wilson, Harvard University, Cambridge, MA, 1° de julho de 2009.

Kim Sterelny, *From Mating to Morality: Evaluating Evolutionary Psychology* (Nova York: Psychology Press, 2003).

5. Steven Spielberg, diretor, e Jeff Nathanson, roteirista, *Catch Me If You Can* ("Prenda-me se for Capaz"), Dreamworks Pictures, 2002.

Stan Redding e Frank W. Abagnale, *Catch Me If You Can: The True Story of a Real Fake* (Nova York: Broadway Books, 2000).

6. Jerry Swartz, "The Conscious 'Pop': A Nonconscious Processing Framework for Problem Solving" (Cold Spring Harbor, NY: Cold Spring Harbor Laboratory, New Frontiers in Studies of the Unconscious, 9 de abril de 2007).

K. J. Gilhooly e P. Murphy, "Differentiating Insight from Non-insight Problems", *Thinking and Reasoning* 11(3) (2005).

Jonah Lehrer, "The Eureka Hunt", *New Yorker*, 28 de julho de 2008.

A. J. K. Pols, "Insight in Problem Solving", http://www.phil.uu.nl/preprints/ckiscripties/SCRIPTIES/18_pols.pdf.

Jing Luo e Guenther Knoblich, "Studying Insight Problem Solving with Neuroscientific Methods", Science Direct 42(1).

John Kounios e Mark Jung-Beeman, "Brain Activity Differs for Creative and Noncreative Thinkers", *ScienceDaily*, 29 de outubro de 2007.

M. Jung-Beeman, E. M. Bowden, J. Haberman, J. L. Frymiare, S. Liu-Arambel et alii, "Neural Basis of Solving Problems with Insights", *PLoS*, abril de 2004.

David Rock e Jeffrey Schwartz, "The Neuroscience of Leadership", *Strategy + Business* 43 (2006).

Jeffrey Schwartz e Sharon Begley, *The Mind and the Brain: Neuroplasticity and the Power of Mental Force* (Nova York: ReganBooks, 2002).

Jeffrey Schwartz, Henry P. Stapp e Mario Beauregard, "Quantum Physics in Neuroscience and Psychology: A Neurophysical Model of the Mind-Brain Interaction", *Proceedings of the Royal Society B: Biological Sciences* 360 (1458) (29 de junho de 2005).

Kalina Christoff, Justin M. Ream e John D. E. Gabrieli, "Neural Basis os Spontaneous Thought Processes", *Cortex* 40(4) (2004).

J. Kounios, J. L. Frymiare, E. M. Bowden, J. I. Fleck, K. Subramaniam, T. B. Parnish e M. Jung--Beeman, "The Prepared Mind: Neural Activity Prior to Problem Presentation Predicts Subsequent Solution by Sudden Insight", *Psychological Sciences* 17(10) (2006).

A. Dijksterhuis, "A Theory of Unconscious Thought", *Perspectives on Psychological Science* 1(2) (2006).

A. Dijksterhuis, "Think Different: The Merits of Unconscious Thought in Preference Development and Decision Making", *Journal of Personality and Social Psychology* 87(5) (2004).

A. Dijksterhuis, L. Nordgren e R. Van Baaren, "On Making the Right Choice: The Deliberation--Without-Attention Effect", *Science* 311(5763) (2006).

Jennifer Dorfman, Victor A. Shames e John F. Kihlstrom, "Intuition, Incubation, and Insight: Implicit Cognition in Problem Solving", in *Implicit Cognition*, org. Geoffrey Underwood (Nova York: Oxford University Press, 1996).

Jonathan W. Schooler e Joseph Melcher, "The Ineffability of Insight", in *The Creative Cognition Approach*, org. Steven M. Smith, Thomas B. Ward e Ronald A. Fink (Cambridge, MA: MIT Press, 1995).

John Kounios, Jessica I. Fleck, Deborah L. Green, Lisa Payne, Jennifer L. Stevenson, Edward M. Bowden e Mark Jung-Beeman, "The Origins of Insight in Resting-State Brain Activity" (Filadélfia: Department of Psychology, Drexel University, 18 de julho de 2007).

Yun Chu, *Human Insight Problem Solving: Performance, Processing and Phenomenology* (Saarbrücken, Alemanha: VDM Verlag, 2009).

Dianna Amorde e Christine Frank, *Aha! Moments: When Intellect and Intuition Collide* (Boston: Inspired Press, 2009).

Martin Gardner, *Aha! Insight* (Nova York: Freeman, 1978).

Robert J. Sternberg e Janet E. Davidson, *The Nature of Insight* (Cambridge, MA: MIT Press, 1995).

Robert J. Sternberg e Talia Bem-Zeev, *Complexity Cognition: The Psychology of Human Thought* (Nova York: Oxford University Press, 2001).

J. G. P. Bargh, A. Lee-Chai, A. Barndollar e R. Trotschel, "The Automated Will: Non-conscious Activation and Pursuit of Behavioral Goals", *Journal of Personality and Social Psychology* 81(6) (2001).

A. M. Achim, M. C. Bertrand, A. Montoya, A. K. Malla e M. Lepage, "Medial Temporal Lobe Activation During Associate Memory Encoding for Arbitrary and Semantically Related Objects", *Brain Research* 1161 (2007).

C. Stough, org., *Neurobiology of Exceptionality* (Nova York: Kluwer Academic, 2005).

P. I. Ansburg, *Current Psychology* 19(2) (2000), http://www.springerlink.com/content/0flnnd5rjdk3ucy1/.

P. I. Ansburg e R. L. Dominowski, *Journal of Creative Behavior* (2000).

Baker-Sennett e S. J. Ceci, *Journal of Creative Behavior* (1996).

E. M. Bowden e M. J. Beeman, *Psychological Science* (1998).

E. P. Chronicle, Y. C. Omerod e J. N. MacGregor, *Quarterly Journal of Experimental Psychology Section A – Human Experimental Psychology* 54A(3) (2001).

Robert J. Sternberg e Janet E. Davidson, *The Nature of Insight* (Cambridge, MA: MIT Press, 1995).

A. Kaplan e H. A. Simon, "In Search of Insight", *Cognitive Psychology* 22(3) (1990).

G. Knoblich, S. Ohlsson, H. Haider e D. Rhebius, *Journal of Experimental Psychology: Learning, Memory, and Cognition*, 1999.

R. S. Lockhart, M. Lamon e M. L. Gick, *Memory and Cognition*, 1988.

N. R. F. Maier, "Reasoning in Humans II: The Solution of a Problem and Its Appearance in Consciousness", *Journal of Comparative Psychology* 13 (1931).

Richard E. Mayer, *Thinking, Problem Solving, and Cognition* (Nova York: Freeman, 1992).

J. Metcalfe, Journal of Experimental Psychology: Learning, Memory, and Cognition 12(2) (1986).

J. Metcalfe e D. Wiebe, *Memory and Cognition* 15(3) (1987).

N. Mori, *Japanese Psychological Research* (1996).

A. Del Cul, S. Baillet e S. Dehaene, *PLoS Biology* (2007).

P. Haggard e B. Libel, *Journal of Consciousness Studies* (2001).

Sandkuhler S. Bhattacharya, "Deconstructing Insight: EEG Correlates of Insightful Problem Solving", *PLoS ONE* 3(1) (2008).

Jonathan W. Schooler e Joseph Melcher, "The Ineffability of Insight" (trabalho apresentado no encontro anual da Psychonomic Society, Washington, DC, 1993).

R. S. Siegler, "Unconscious Insights", *Current Directions in Psychological Science* 9(3) (2000).

R. W. Smith e J. Kounios, "Sudden Insight", *Journal of Experimental Psychology: Learning, Memory, and Cognition* 22(6) (1996).

R. W. Weisberg, *Journal of Experimental Psychology: Learning, Memory, and Cognition* (1992).

M. J. Beeman e E. M. Bowden, *Memory and Cognition* 28(7) (2000).

E. M. Bowden e M. J. Beeman, *Psychological Science* 9(6) (1998).

E. M. Bowden e M. Jung-Beeman, "Aha! Insight Experience Correlates with Solution Activation in the Right Hemisphere", *Psychonomic Bulletin and Review* 10(3) (2003).

E. M. Bowden, M. Jung-Beeman, J. Fleck e J. Kounios, "New Approaches to Demystifying Insights", *Trends in Cognitive Sciences* 9(7) (2005).

Nancy C. Andreasen, *The Creating Brain: The Neuroscience of Genius* (Washington, DC: Dana Press, 2005).

E. Angelakis, J. F. Lubar, S. Stathopoulou e J. Kounios, "Peak Alpha Frequency: An Electroencephalographic Measure of Cognitive Preparedness", *Clinical Neurophysiology* 115(4) (2004).

M. Jung-Beeman, E. M. Bowden, J. Haberman, J. L. Frymiare, S. Arambel-Liu e R. Greenglatt, "Neural Activity When People Solve Problems with Insigth", *PLoS Biology* 2(4) (2004).

J. Kounios, A. M. Osman e D. E. Meyer, "Structure and Process in Semantic Memory: New Evidence Based on Speed-Accuracy Decomposition", *Journal of Experimental Psychology* 116(1) (1987).

S. Lang, N. Kanngieger, P. Jaskowski, H. Haider, M. Rose e R. Verleger, "Precursors of Insight in Event-Related Brain Potentials", *Journal of Cognitive Neuroscience* 18(12) (2006).

A. Newell e H. A. Simon, *Human Problem Solving* (Englewood Cliffs, NJ: Prentice Hall, 1972).

K. Christoff e J. D. E. Gabrieli, "The Frontopolar Cortex and Human Cognition", *Psychobiology* 28(2) (2000).

Geoffrey Underwood, org., *Implicit Cognition* (Nova York: Oxford University Press, 1996).

7. Charles Darwin, *The Descent of Man* (Nova York: Penguin, 2007).

Charles Darwin, *The Expression of the Emotions in Man and Animals* (Nova York: Oxford University Press, 1998).

Chris Stringer e Peter Andrews, *The Complete World of Human Evolution* (Nova York: Thames and Hudson, 2005).

Gregory Cochran e Henry Harpending, *The 10,000 Year Explosion: How Civilization Accelerated Human Evolution* (Nova York: Basic Books, 2009).

John Cartwright, *Evolution and Human Behavior: Darwinian Perspectives on Human Nature* (Cambridge, MA: MIT Press, 2000).

Eva Jablonka e Marion J. Lamb, *Evolution in Four Dimensions: Genetic, Epigenetic, Behavioral, and Symbolic Variation in the History of Life* (Cambridge, MA: MIT Press, 2005).

Michael J. Behe, *The Edge of Evolution: The Search for the Limits of Darwinism* (Nova York: Free Press, 2008).

Christopher Scarre, *The Human Past: World Prehistory and the Development of Human Societies* (Nova York: Thames and Hudson, 2005).

Timothy Goldsmith e William F. Zimmerman, *Biology, Evolution, and Human Nature* (Nova York: Wiley, 2000).

Philip Clayton e Jeffrey Schloss, *Evolution and Ethics: Human Morality in Biological and Religious Perspectives* (Grand Rapids, MI: Eerdmans, 2004).

Bruce H. Lipton e Steve Bhaerman, *Spontaneous Evolution: Our Positive Future* (and a Way to Get There from Here) (Carlsbad, CA: Hay House, 2009).

Richard Restak, *The New Brain: How the Modern Age Is Rewiring Your Minds* (Emmaus, PA: Rodale, 2004).

Mihail C. Roco e Carlo D. Montemagno, *The Coevolution of Human Potential and Converging Technologies* (Nova York: New York Academy of Science, 2004).

Robert J. Sternberg e Janet E. Davidson, *The Nature of Insight* (Cambridge, MA: MIT Press, 1995).

Harold Jerison, *Evolution of the Brain and Intelligence* (Nova York: Academic Press, 1973).

8. Entrevista com o doutor Philip Brownell, Oregon State University, Corvallis, OR, 9 de maio de 2009.

9. "Human Brain Evolution Was a 'Special Event'", *HHMI Research News*, 29 de dezembro de 2004, http://www.hhmi.org/news/pdf/lahn3.pdf.

10. Jonah Lehrer, "The Eureka Hunt", New Yorker, 28 de julho de 2008.

11. J. Kounios, et. al. "The Prepared Mind: Neural Activity Prior to Problem Presentation Predicts Subsequent Solution by Sudden Insight", *Psychological Sciences* 17(10) (2006).

J. Kounios, Jessica I. Fleck, Deborah L. Green, Lisa Payne, Jennifer L. Stevenson, Edward M. Bowden e Mark Jung-Beeman, "The Origins of Insight in Resting-State Brain Activity" (Filadélfia: Department of Psychology, Drexel University, 18 de julho de 2007).

Jerry Swartz, "The Conscious 'Pop': A Nonconscious Processing Framework for Problem Solving" (Cold Spring Harbor, NY: Cold Spring Harbor Laboratory, New Frontiers in Studies of the Unconscious, 9 de abril de 2007).

K. J. Gilhooly e P. Murphy, "Differentiating Insight from Non-insight Problems", *Thinking and Reasoning* 11(3) (2005).

Jonah Lehrer, "The Eureka Hunt", *New Yorker*, 28 de julho de 2008.

A. J. K. Pols, "Insight in Problem Solving", http://www.phil.uu.nl/preprints/ckiscripties/SCRIPTIES/18_pols.pdf.

Jing Luo e Guenther Knoblich, "Studying Insight Problem Solving with Neuroscientific Methods", *Science Direct* 42(1).

J. Kounios e Mark Jung-Beeman, "Brain Activity Differs for Creative and Noncreative Thinkers", *ScienceDaily*, 29 de outubro de 2007.

M. Jung-Beeman, E. M. Bowden, J. Haberman, J. L. Frymiare, S. Liu-Arambel et alii, "Neural Basis of Solving Problems with Insights", *PLoS*, abril de 2004.

David Rock e Jeffrey Schwartz, "The Neuroscience of Leadership", *Strategy + Business* 43 (2006).

Jeffrey Schwartz e Sharon Begley, *The Mind and the Brain: Neuroplasticity and the Power of Mental Force* (Nova York: ReganBooks, 2002).

Jeffrey Schwartz, Henry P. Stapp e Mario Beauregard, "Quantum Physics in Neuroscience and Psychology: A Neurophysical Model of the Mind-Brain Interaction", *Proceedings of the Royal Society B: Biological Sciences* 360 (1458) (29 de junho de 2005).

Kalina Christoff, Justin M. Ream e John D. E. Gabrieli, "Neural Basis os Spontaneous Thought Processes", *Cortex* 40(4) (2004).

J. Kounios, J. L. Frymiare, E. M. Bowden, J. I. Fleck, K. Subramaniam, T. B. Parnish e M. Jung-Beeman, "The Prepared Mind: Neural Activity Prior to Problem Presentation Predicts Subsequent Solution by Sudden Insight", *Psychological Sciences* 17(10) (2006).

A. Dijksterhuis, "A Theory of Unconscious Thought", *Perspectives on Psychological Science* 1(2) (2006).

A. Dijksterhuis, "Think Different: The Merits of Unconscious Thought in Preference Development and Decision Making", *Journal of Personality and Social Psychology* 87(5) (2004).

A. Dijksterhuis, L. Nordgren e R. Van Baaren, "On Making the Right Choice: The Deliberation-Without-Attention Effect", *Science* 311(5763) (2006).

Jennifer Dorfman, Victor A. Shames e John F. Kihlstrom, "Intuition, Incubation, and Insight: Implicit Cognition in Problem Solving", in *Implicit Cognition*, org. Geoffrey Underwood (Nova York: Oxford University Press, 1996).

Jonathan W. Schooler e Joseph Melcher, "The Ineffability of Insight", in *The Creative Cognition Approach*, org. Steven M. Smith, Thomas B. Ward e Ronald A. Fink (Cambridge, MA: MIT Press, 1995).

Yun Chu, *Human Insight Problem Solving: Performance, Processing and Phenomenology* (Saarbrücken, Alemanha: VDM Verlag, 2009).

Dianna Amorde e Christine Frank, *Aha! Moments: When Intellect and Intuition Collide* (Boston: Inspired Press, 2009).

Martin Gardner, *Aha! Insight* (Nova York: Freeman, 1978).

Robert J. Sternberg e Janet E. Davidson, *The Nature of Insight* (Cambridge, MA: MIT Press, 1995).

Robert J. Sternberg e Talia Bem-Zeev, *Complexity Cognition: The Psychology of Human Thought* (Nova York: Oxford University Press, 2001).

J. G. P. Bargh, A. Lee-Chai, A. Barndollar e R. Trotschel, "The Automated Will: Non-conscious Activation and Pursuit of Behavioral Goals", *Journal of Personality and Social Psychology* 81(6) (2001).

A. M. Achim, M. C. Bertrand, A. Montoya, A. K. Malla e M. Lepage, "Medial Temporal Lobe Activation During Associate Memory Encoding for Arbitrary and Semantically Related Objects", Brain Research 1161 (2007).

C. Stough, org., Neurobiology of Exceptionality (Nova York: Kluwer Academic, 2005).

P. I. Ansburg, Current Psychology 19(2) (2000), http://www.springerlink.com/content/0flnnd5rjdk3ucy1/.

P. I. Ansburg e R. L. Dominowski, *Journal of Creative Behavior* (2000).

Baker-Sennett e S. J. Ceci, *Journal of Creative Behavior* (1996).

E. M. Bowden e M. J. Beeman, *Psychological Science* (1998).

E. P. Chronicle, Y. C. Omerod e J. N. MacGregor, *Quarterly Journal of Experimental Psychology Section A – Human Experimental Psychology* 54A(3) (2001).

Knoblich, S. Ohlsson, H. Haider e D. Rhebius, *Journal of Experimental Psychology: Learning, Memory, and Cognition*, 1999.

R. S. Lockhart, M. Lamon e M. L. Gick, *Memory and Cognition*, 1988.

N. R. F. Maier, "Reasoning in Humans II: The Solution of a Problem and Its Appearance in Consciousness", *Journal of Comparative Psychology* 13 (1931).

Richard E. Mayer, *Thinking, Problem Solving, and Cognition* (Nova York: Freeman, 1992).

J. Metcalfe, *Journal of Experimental Psychology: Learning, Memory, and Cognition* 12(2) (1986).

J. Metcalfe e D. Wiebe, *Memory and Cognition* 15(3) (1987).

N. Mori, *Japanese Psychological Research* (1996).

A. Del Cul, S. Baillet e S. Dehaene, *PLoS Biology* (2007).

P. Haggard e B. Libel, *Journal of Consciousness Studies* (2001).

Sandkuhler S. Bhattacharya, "Deconstructing Insight: EEG Correlates of Insightful Problem Solving", *PLoS ONE* 3(1) (2008).

Jonathan W. Schooler e Joseph Melcher, "The Ineffability of Insight" (trabalho apresentado no encontro anual da Psychonomic Society, Washington, DC, 1993).

R. S. Siegler, "Unconscious Insights", *Current Directions in Psychological Science* 9(3) (2000).

R. W. Smith e J. Kounios, "Sudden Insight", *Journal of Experimental Psychology: Learning, Memory, and Cognition* 22(6) (1996).

R. W. Weisberg, *Journal of Experimental Psychology: Learning, Memory, and Cognition* (1992).

M. J. Beeman e E. M. Bowden, *Memory and Cognition* 28(7) (2000).

E. M. Bowden e M. J. Beeman, *Psychological Science* (1998).

E. M. Bowden e M. Jung-Beeman, "Aha! Insight Experience Correlates with Solution Activation in the Right Hemisphere", *Psychonomic Bulletin and Review* 10(3) (2003).

E. M. Bowden, M. Jung-Beeman, J. Fleck e J. Kounios, "New Approaches to Demystifying Insights", *Trends in Cognitive Sciences* 9(7) (2005).

Nancy C. Andreasen, *The Creating Brain: The Neuroscience of Genius* (Washington, DC: Dana Press, 2005).

Angelakis, J. F. Lubar, S. Stathopoulou e J. Kounios, "Peak Alpha Frequency: An Electroencephalographic Measure of Cognitive Preparedness", *Clinical Neurophysiology* 115(4) (2004).

M. Jung-Beeman, E. M. Bowden, J. Haberman, J. L. Frymiare, S. Arambel-Liu e R. Greenglatt, "Neural Activity When People Solve Problems with Insigth", *PLoS Biology* 2(4) (2004).

J. Kounios, A. M. Osman e D. E. Meyer, "Structure and Process in Semantic Memory: New Evidence Based on Speed-Accuracy Decomposition", *Journal of Experimental Psychology* 116(1) (1987).

S. Lang, N. Kanngieger, P. Jaskowski, H. Haider, M. Rose e R. Verleger, "Precursors of Insight in Event-Related Brain Potentials", *Journal of Cognitive Neuroscience* 18(12) (2006).

A. Newell e H. A. Simon, *Human Problem Solving* (Englewood Cliffs, NJ: Prentice Hall, 1972).

K. Christoff e J. D. E. Gabrieli, "The Frontopolar Cortex and Human Cognition", *Psychobiology* 28(2) (2000).

Geoffrey Underwood, org., *Implicit Cognition* (Nova York: Oxford University Press, 1996).

12. "Plans for New Reactor Worldwide", janeiro de 2010, http://world-nuclear.org/info/default.aspx?id=416&terms=%E2%9CPlans+for=New+Reactor+Worldwide.

U.S. Nuclear Reactors (Washington, DC: Energy Information Administration, 2008).

U.S. DOE budgets figures from Global Energy Network Institute Web site: http://www. geni. org/globalenergy/library/technical- articles/generation/nuclear/scientificamerican/obama-budget-increases-funding-for-energy-research-and-nuclear-power/index.shtml.

"Obama Budget Increases Funding for Energy Research and Nuclear Power", *Scientific American*, 2 de fevereiro de 2010.

Robert Vandenbosch e Susanne E. Vandenbosch, *Nuclear Waste Stalemate: Political and Scientific Controversies* (Salt Lake City: University of Utah Press, 2007).

Helen Caldicott, *Nuclear Power Is Not the Answer* (Nova York: New Press, 2007).

Michio Kaku, *Nuclear Power: Both Sides* (Nova York: Norton, 1989).

Steven D. Thomas, *The Realities of Nuclear Power: International Economic and Regulatory Experience* (Nova York: Cambridge University Press, 2010).

Brice Smith, *Insurmountable Risks: The Dangers of Using Nuclear Power to Combat Global Climate Change* (Muskegon, MI: RDR Books, 2006).

13. "Nuclear Power in Canada", abril de 2010, http://www.world-nuclear.org/info/inf49a_Nuclear_Power_in_Canada.html.

Roger G. Steed, *Nuclear Power in Canada and Beyond* (Renfrew, Ontário: General Store Publishing House, 2007).

14. "Nuclear Power in France", http://www.world-nuclear.org/info/inf40.html.

Gabrielle Hecht e Michel Callan, *The Radiance of France: Nuclear Power and National Identity After WWII* (Cambridge, MA: MIT Press, 2009).

15. "China Plans to Build 40 New Nuclear Reactors in Next 15 Years", 7 de abril de 2005, http://www.spacewar.com/2005/05047024531.vn97m 1 hl.html.

16. Jon Stewart, *The Daily Show*, 21 de julho de 2009.

17. Dana Hull, "Art Rosenfeld, the 'Godfather' of Energy Efficiency", *San Jose Mercury*, 27 de dezembro de 2009.

Felicity Barringer, "White Roofs Catch on as Energy Cost Cutters", *New York Times*, 29 de julho de 2009.

18. Steven D. Levitt e Stephen J. Dubner, *SuperFreakonomics: Global Cooling, Patriotic Prostitutes, and Why Suicide Bombers Should Buy Life Insurance* (Nova York: Harper-Collins, 2009).

Richard Harris, "Scientists Debate Shading Earth as Climate Fix", *National Public Radio*, 16 de junho de 2009.

Ken Caldeira, *Geoengineering to Shade Earth* (Washinton, DC: Worldwatch Institute, 2009).

Jeff Goodell, "Can Dr. Evil Save the World?", *Rolling Stones*, 16 de novembro de 2006.

Capítulo 3 - A supremacia dos supermemes: O poder das crenças

1. Isabella Rossellini entrevista Dean Kamen, Iconoclast, Sundance Channel, 16 de novembro de 2006.

Steve Kemper, *Code Name Ginger: The Story Behind Segway and Dean Kamen's Quest to Invent a New World* (Boston: Harvard Business Press, 2003).

Jim Sidanius e Felicia Pratto, "The Inevitability of Oppresion and the Dynamics of Social Dominance", em *Prejudice, Politics, and the American Dilemma*, org. Paul Sniderman, Philip E. Tetlock e Edward C. Carmines (Palo Alto, CA: Stanford University Press, 1993).

2. Richard Dawkins, *The Selfish Gene* (Nova York: Oxford University Press, 2006).

Robert Aunger, *The Electric Meme: A New Theory of How We Think* (Nova York: Free Press, 2002).

Alan Grafen e Mark Ridley, *Richard Dawkins: How a Scientist Changed the Way We Think* (Nova York: Oxford University Press, 2007).

Susan Blackmore, *The Meme Machine* (Nova York: Oxford University Press, 1999).

Richard Brodie, *Virus of the Mind: The New Science of the Mind* (Seattle: Integral Press, 1996).

Leigh Hoyle, *Genes, Memes, Culture and Mental Illness: Toward an Integrative Model* (Nova York: Springer, 2010).

Aaron Lynch, *Thought Contagion* (Nova York: Basic Books, 1998).

Kate Distin, *The Selfish Meme: A Critical Reassessment* (Nova York: Cambridge University Press, 2004).

Robert Aunger, *Darwinizing Culture: The Status of Memetics as Science* (Nova York: Oxford University Press, 2001).

Stephen Shennan, *Genes, Memes, and Human History: Darwinian Archaeology and Cultural Evolution* (Nova York: Thames and Hudson, 2003).

H. Keith Henson e Arel Lucas, *Memes, Evolution, and Creationism* (publicação do autor, 1989), http://operatingthetan.com/1990-memes.txt.

3. Susan Blackmore, *The Meme Machine* (Nova York: Oxford University Press, 1999).

Richard Dawkins, "Prefácio" a *The Meme Machine*, de Susan Blackmore (Nova York: Oxford University Press, 1999).

4. Richard Dawkins, *The Selfish Gene* (Nova York: Oxford University Press, 1989).

5. Richard Brodie, *Virus of the Mind: The New Science of the Meme* (Seattle: Integral Press, 1996).

6. Elizabeth Hill Boone e Elizabeth P. Benson, "Ritual Human Sacrifice in Mesoamerica" (Conferência em Dumbarton Oaks, Washington, DC, 13-14 de outubro de 1979).

David L. Webster, *The Fall of the Ancient Maya* (Nova York: Thames and Hudson, 2002).

Michel Lemonick, "Mysteries of the Mayans", http://www.indians.org/welker/maya.htm.

John Ness, "Fall of the Mayan", *Newsweek*, 24 de março de 2003.

Elin C. Danien e Robert J. Sharer, *New Theories on the Ancient Maya* (Filadélfia: University Museum, University of Pennsylvania, 1992).

Richard Dawkins, *The Selfish Gene* (Nova York: Oxford University Press, 2006).

Robert Aunger, *The Electric Meme: A New Theory of How We Think* (Nova York: Free Press, 2002).

Alan Grafen e Mark Ridley, *Richard Dawkins: How a Scientist Changed the Way We Think* (Nova York: Oxford University Press, 2007).

Susan Blackmore, *The Meme Machine* (Nova York: Oxford University Press, 1999).

Richard Brodie, *Virus of the Mind: The New Science of the Mind* (Seattle: Integral Press, 1996).

Leigh Hoyle, *Genes, Memes, Culture and Mental Illness: Toward an Integrative Model* (Nova York: Springer, 2010).

Aaron Lynch, *Thought Contagion* (Nova York: Basic Books, 1998).

Kate Distin, *The Selfish Meme: A Critical Reassessment* (Nova York: Cambridge University Press, 2004).

Robert Aunger, *Darwinizing Culture: The Status of Memetics as Science* (Nova York: Oxford University Press, 2001).

Stephen Shennan, *Genes, Memes, and Human History: Darwinian Archaeology and Cultural Evolution* (Nova York: Thames and Hudson, 2003).

David Roberts, "Exploring the Place of Fright", *National Geographic*, julho-agosto de 2001.

Vera Tiesler e Andrea Cucina, orgs., *New Perspectives on Human Sacrifice and Ritual Body Treatments in Ancient Maya Society* (Nova York: Springer, 2008).

Matthew Markowitz, "The Mayans, Climate Change, and Conflict", *ICE Case Studies*, n. 112 (2003), http://www1.american.edu/ted/ice/maya.htm.

Charles C. Mann, *1491* (Nova York: Vintage, 2006).

Glenn Welker, "Mayan Civilization", http://www.indians.org/welker/maya.htm.

Patrick L. Barry, "The Rise and Fall of the Mayan Empire", 6 de janeiro de 2001, http://www.firstscience.com/home/articles/origins/the-rise-and-fall-of-the-mayan-empire_1387.html.

"Collapse: Why Do Civilizations Fail?" http://www.learner.org/interactives/collapse/mayans.html.

Stefan Lovegren, "Climate Change Killed Off Mayan Civilization, Study Says", *National Geographic News*, 13 de março de 2003.

Joseph Tainter, *The Collapse of Complex Societies* (Cambridge: Cambridge University Press, 1990)

David Freidel e Linda Schele, *A Forest of Kings: The Untold Story of the Ancient Maya* (Nova York: HarperPerennial, 1992).

Heather Irene McKillop, *The Ancient Maya: New Perspectives* (Nova York: Norton, 2006).

Charles C. Mann, 1491 (Nova York: Vintage, 2006).

Terje Tvedt e Terje Oestigaard, orgs., *A History of Water*, Série II, Vol. I: Idea of Water from Ancient Societies to the Modern World (Londres: I.B. Tauris, 2009).

Tony Allan e Tom Lowenstein, *Gods of Sun and Sacrifice: Aztec and Maya Myth* (Londres: Duncan Baird, 1999).

7. Walker Wakefield e Austin Evans, *Heresies of the High Middle Ages* (Nova York: Columbia University Press, 1991).

Andre Vauchez, *The Laity in the Middle Ages: Religious Beliefs and Devotional Practices* (South Bend, IN: University of Notre Dame Press, 1996).

Regine Pernoud e Anne Englund Nash, *Those Terrible Middle Ages: Debunking the Myths* (San Francisco: Ignatius Press, 2000).

Richard Gameson e Henriett Leyser, *Belief and Culture in the Middle Ages, Studies Presented to Henry Mayr-Harting* (Nova York: Oxford University Press, 14 de junho de 2001).

Edward Peters, *Heresy and Authority in Medieval Europe* (Filadélfia: University of Pennsylvania Press, 1980).

Alister E. McGrath, *Heresy: A History of Defending the Truth* (Nova York: HarperOne, 2009).

John H. Holland, *Hidden Order: How Adaptation Builds Complexity* (Nova York: Basic Books, 1996).

Staffora Beer, David Whittaker e Brian Eno, *Think Before You Think: Social Complexity and Knowledge of Knowing* (Charlbury, Reino Unido: Wavestone Press, 2009).

David J. Kinden, *The Accidental Mind: How Brain Evolution Has Given Us Love, Memory, Dreams, and God* (Cambridge, MA: Belknapf Press, 2008).

C. M. Hann, *When History Accelerates: Essays on Rapid Social Change and Creativity* (Londres, Athlone Press, 1994).

Sandra D. Mitchell, *Unsimple Truths: Science, Complexity, and Policy* (Chicago: University of Chicago Press, 2009).

Joseph Tainter, *The Collapse of Complex Societies* (Cambridge: Cambridge University Press, 1990).

Richard Dawkins, *The Selfish Gene* (Nova York: Oxford University Press, 2006).

Robert Aunger, *The Electric Meme: A New Theory of How We Think* (Nova York: Free Press, 2002).

Alan Grafen e Mark Ridley, *Richard Dawkins: How a Scientist* Changed the Way We Think (Nova York: Oxford University Press, 2007).

Susan Blackmore, *The Meme Machine* (Nova York: Oxford University Press, 1999).

Richard Brodie, *Virus of the Mind: The New Science of the Mind* (Seattle: Integral Press, 1996).

Leigh Hoyle, *Genes, Memes, Culture and Mental Illness: Toward an Integrative Model* (Nova York: Springer, 2010).

Aaron Lynch, *Thought Contagion* (Nova York: Basic Books, 1998).

Kate Distin, *The Selfish Meme: A Critical Reassessment* (Nova York: Cambridge University Press, 2004).

Robert Aunger, *Darwinizing Culture: The Status of Memetics as Science* (Nova York: Oxford University Press, 2001).

Stephen Shennan, *Genes, Memes, and Human History: Darwinian Archaeology and Cultural Evolution* (Nova York: Thames and Hudson, 2003).

8. David J. Leinweber, *Nerds on Wall Street: Math, Machines, and Wired Markets* (Hoboken, NJ: Wiley, 2009).

9. Entrevista com John Spence Weir, San Ramon, CA, 1997.

10. Entrevista com Richard A. Arnold, Carmel, CA, 2003.

Entrevista com o biólogo Jeffrey Norman, Carmel, CA, 2003-2004.

M. Lambert, Miriam Surhone, T. Timpledon e Susan f. Marseken, *Smith's Blue Butterfly, Maritime Coast Range Ponderosa Pine Forests, Monterey Bay, Overpopulation, Highway, Carnonera Creek, Invasive Plant* (Beau-Bassin, Ilhas Maurício: Betascript, 2010).

Richard Arnold, "Low-Effect Habitat Conservation Plan for the Smith's Blue Butterfly, Wildcat Line Property, Carmel Highlands, Monterey Country, Califórnia, março de 1999," http://www.fws.gov/ventura/endangered/hconservation/hcp/hcfiles/Sarment/Low%20effect%20HCP%20for%20Sarment%20Parcel.pdf.

Zander Associates, "Biological Resources of the Del Monte Forest: Special-Status Species" (Relatório preparado para a Pebble Beach Company, julho de 2001).

Harold A. Mooney, J. Hall Cushman, Ernesto Medina, Osvaldo Esala e Ernest-Detlef Schultz, *Functional Role of Biodiversity: A Global Perspective* (Nova York: Wiley, 1996).

Joseph Zbilut, *Unsustainable Singularities and Randomness: Their Importance in the Complexity of Physical, Biological, and Social Sciences*, http://science.niuz.biz/ebooks-t136212.html?s=5fdee0fd1c3ea106d63f9c496a79215d&amp.

Ray Kurzwell, *The Singularity is Near: When Humans Transcend Biology* (Nova York: Penguin, 2006).

11. Bar-Yam, Yaneer. *Making Things Work*. Cambridge, MA: Knowledge Press, 2004.

12. Isabella Rossellini entrevista Dean Kamen, Iconoclast, Sundance Channel, 16 de novembro de 2006.

13. Steven Spielberg, diretor, e Jeff Nathanson, roteirista, *Catch Me If You Can* (*Prenda-me se For Capaz*), Dreamworks Pictures, 2002.

Stan Redding e Frank W. Abagnale, *Catch Me If You Can: The True Story of a Real Fake* (Nova York: Broadway Books, 2000).

14. Matthew Franklin, "G20 Leaders Call for Global Economics Enforcer", *The Australian*, 3 de abril de 2009.

Serge Latouche, *The Westernization of the World: The Significance, Scope, and Limits of the Drive Towards Global Uniformity* (Cambridge: Polity Press, 1996).

Rudolf Steiner e Christopher Houghton Budd, *Economics: The World as One Economy* (Canterbury, Reino Unido: New Economy, 1996).

"IFRS Promotes Greater Transparency and Uniformity", *The Star*, 20 de abril de 2009.

William Greider, *One World Ready or Not: The Manic Logic of Global Capitalism* (Nova York: Touchstone, 1998).

Mark B. Smith, *History of the Global Stock Market: From Ancient Rome to Silicon Valley* (Chicago: University of Chicago Press, 2003).

George Akerlof e Robert J. Shiller, *Animal Spirits: How Human Psychology Drives the Economy and Why It Matters or Global Capitalism* (Princeton, NJ: Princeton University Press, 2010).

15. "Fear Grips Global Stock Markets", *BBC*, 10 de outubro de 2008.

"Global Stock Markets Plunge", *World Watch*, outubro de 2007.

Pan Pylas, "World Stock Markets Tumble amid Fears of Slow Global Growth", *Daily Star*, 27 de janeiro de 2010.

Kevin Sullivan e Edward Cody, "World's Stock Market Plunge", *Washington Post*, 7 de outubro de 2008.

"Stock Markets Plunge Worldwide", *CBS News*, 21 de janeiro de 2008.

Melvin Porter, *Financial Crises: A Detailed View on Financial Crises Between 1929 and 2009* (Scotts Valley, CA: CreateSpace, 2009).

"Can the World Stop the Slide?" *Time*, 4 de fevereiro de 2008.

16. Richard Brodie, *Virus of the Mind: The New Science of the Meme* (Seattle: Integral Press, 1996).

Capítulo 4 - Oposição Irracional: O Primeiro Supermeme

1. Michelle Garcia, "Thousands in Manhattan Protest War", *Washinton Post*, 21 de março de 2004.

2. Jenifer Warren, "CA: Prisoners Sue to Limit State Prison Populations", *Los Angeles Times*, 16 de novembro de 2006.

Don Thompson, "Judges Tentatively Order California Inmate Release", *Associated Press*, 9 de fevereiro de 2009.

Carol F. Williams, "Federal Judges Order California to Release 43,000 Inmates", *Los Angeles Times*, 5 de agosto de 2009.

Arnold Schwarzenegger, "Overcrowding State of Emergency Proclamation" (Sacramento: Gabinete do Governador, 4 de outubro de 2006).

Jennifer Steinhauer, "California to Address Prison Overcrowding with Giant Building Program", *New York Times*, 27 de abril de 2007.

Alison Stateman, "California's Prison Crisis: Be Very Afraid", *Time*, 14 de agosto de 2009.

Bert Useemand e Anne Morrison Piehl, *Prison State: The Challenge of Mass Incarceration* (Nova York: Cambridge University Press, 2008).

Mike Hough, Rob Allen e Enver Solomon, *Tackling Prison Overcrowding: Build More Prisons? Sentence Fewer Offenders?* (Bristol, Reino Unido: Policy Press, 2008).

James Austin, *The Growing Imprisonment of California* (Oakland, CA: National Council on Crime and Delinquency, 1986).

Franklin E. Zimring e Gordon Hawkins, *Prison Population and Criminal Justice in California* (Berkeley: Institute of Governmental Studies Press, University of California, 1992).

"The Problem of Prison Overcrowding and Its Impact on the Criminal Justice System" (audiência perante o Subcommittee on Penitentiaries and Corrections, Congress, 95th Cong., 1st sess., 13 de dezembro de 1977).

3. Mike Rhodes, "What Have Prisons Done to the Valley?" (audiência pública em Fresno, Califórnia, 27 de fevereiro de 2005), www.paglen.or/carceral/pdfs/craig_gilmore.pdf.

Rachael McGrath, "Group Rallies Opposition to Proposed Camarillo Prison Site", *Ventura County Star*, 8 de junho de 2008.

Evelyn Nieves, "Storm Raised by Plan for a California Prison", *New York Times*, 27 de agosto de 2000.

4. U.S. Department of Justice, "Criminal Offenders Statistics" (Washington, DC: U.S. Department of Justice, outubro de 2009).

5. Números extraídos do site do Bureau of Justice Statistics: http://www.ojp.usdoj. gov/bjs/pub/ascii/spe96.txt.

6. Hans J. Eysenck, *The Psychology of Politics* (Londres: Routledge and Kegan Paul, 1954).

Michael A. Milburn, *Persuasion and Politics: The Social Psychology of Public Opinion* (Pacific Grove, CA: Brooks-Cole/Wadsworth, 1991).

Jeffrey M. Jones, "Obama Approval Continues to Show Party, Age, Race Gaps" *Gallup Website*, 11 de maio de 2010, http://www.gallup.com/poll/127481/obama-approval-continues-show-party-age-race-gaps.aspx.

7. David Rock e Jeffrey Schwartz, "The Neuroscience of Leadership", *Strategy + Business 43* (2006).

Charles K. Ogden, *Opposition: A Linguistic and Psychological Analysis* (Bloomington: Indiana University Press, 1967).

8. Michael S. Sweeney, *Brain, the Complete Mind: How It Developed, How It Works, and How to Keep It Sharp* (Washington, DC: National Geographic Society, 2009).

Steven Pinker, *The Stuff of Thought* (Nova York: Penguin, 2007).

Jeff Hawkins, *On Intelligence* (Nova York: Times Books, 2004).

Rita Carter, *The Human Brain Book* (Nova York: DK Publishing, 2009).

John Ratey, *A User's Guide to the Brain: Perception, Attention, and the Four Theaters of the Brain* (Nova York: Vintage, 2002).

Walter J. Freeman, *How Brains Make Up Their Minds* (Nova York: Columbia University Press, 2001).

M. R. Bennett e P. M. S. Hacker, *The History of Cognitive Neuroscience* (Malden, MA: Wiley--Blackwell, 2008).

Jon Driver, Patrick Haggard e Tim Shallice, orgs., *Mental Processes in the Human Brain* (Nova York: Oxford University Press, 2008).

Michael Gazzaniga, Richard Ivry e George R. Mangun, *Cognitive Neuroscience: The Biology of the Mind* (Nova York: Norton, 2008).

Richard S. J. Frackowiak, Karl J. Friston, Christopher D. Frith e Raymond J. Dolan, *Human Brain Function* (Nova York: Academic Press, 1997).

Patrick McNamara, *The Neuroscience of Religious Experience* (Nova York: Cambridge University Press, 2009).

Mary Lou Decosterd, *Right Brain/Left Brain Leadership: Shifting Style for Maximum Impact* (Westport, CT: Praeger, 2008).

Michael S. Sweeney, *Brain, the Complete Mind: How It Developed, How It Works, and How to Keep It Sharp* (Washington, DC: National Geographic Society, 2009).

Mark Furman e Fred P. Gallo, *The Neurophysics of Human Behavior: Brain, Mind, Behavior, and Information* (Boca Raton, FL: CRC Press, 2000).

9. David Rock e Jeffrey Schwartz, "The Neuroscience of Leadership", *Strategy + Business 43* (2006).

10. Daniel Philip Todes, Pavlov, *Ivan: Exploring the Animal Machine* (Nova York: Oxford University Press, 2000).

B. F. Skinner, *About Behaviorism* (Nova York: Vintage, 1974). [*Sobre o Behaviorismo*, publicado pela Editora Cultrix, São Paulo, 1982.]

B. F. Skinner, *Beyond Freedom and Dignity* (Indianápolis, IN: Hackett, 1971).

Kerry W. Buckley, *Mechanical Man: John B. Watson and the Beginning of Behaviorism* (Nova York: Guilford Press, 1984).

Paul Naour, E. O. Wilson e B. F. Skinner, *A Dialogue Between Sociobiology and Radical Behaviorism* (Nova York: Springer, 2009).

11. Quoteland.com. novembro de 2009.

Capítulo 5 - A personalização da culpa: O segundo supermeme

1. "Suspect Charged in Airline Bombing Attempt," *CBS/Associated Press*, 26 de dezembro de 2006.

Anahad O'Connor e Eric Schmidt, "U.S. Says Passenger Tried to Detonate Device", *New York Times*, 26 de dezembro de 2006.

2. Peter Baker e Carl Hulse, "U.S. Had Early Ssigns of a Terror Plot, Obama Says", *New York Times*, 29 de dezembro de 2009.

Susan Davis, "A Guide to the Blame Game Following Failed Terror Attack", *Washington Wire*, 30 de dezembro de 2009.

Debbie Schlussel, "Why Is Hillary Clinton Escaping Flight 253 Blame?" 30 de dezembro de 2009, www.debbieschlussel.com/15050/hey-maybe-one-day-shell-come-up-with-her-own-ideas/.

Jeff Zeleny e Helen Cooper, "Obama Says Plot Could Have Been Disrupted," *New York Times*, 5 janeiro de 2010.

Peter Baker, "Obama Cites 'Systemic Failure' in U.S. Security", *New York Times*, 29 dezembro 2009.

Bartholomew Elias, *Airport and Aviation Security: U.S. Policy and Strategy in the Age of Global Terrorism* (Boca Raton, FL: Auerbach, 2009).

Kathleen M. Sweet, *Aviation and Airport Security: Terrorism and Safety Concerns* (Boca Raton, FL: CRC Press, 2008).

J. E. Dittes, "Impulsive Closure as a Reaction to Failure-Induced Threat", *Journal of Abnormal and Social Psychology* 63(3) (1961).

3. John D. Stohl, Matthew Dolan, Jeffrey McCracken, Josh Mitchell, "Big Three Seek $34 Billion Aid", *Wall Street Journal*, 3 de dezembro de 2008.

Brian Ross e Joseph Rhee, "Big Three CEOs Flew Private Jets to Plead for Public Funds", *ABC News*, 19 de novembro de 2008.

Dana Mibank, "Auto Exects Fly Corporate Jets to D.C., Tin Cups in Hand", *Washington Post*, 20 de novembro de 2008.

Micheline Maynard, *End of Detroit: How the Big Three Lost Their Grip on the American Car Market* (Nova York: Broadway Business, 2004).

4. Ken Besinger e Jim Buzzanghere, "General Motors CEO Rick Wagoner to Step Down", *Los Angeles Times*, 30 de março de 2009.

"Obama Fires GM's CEO", *Associated Press*, 29 de março de 2009.

Paul Tharp e Andy Geller, "Obama 'Fires' GM Boss", *New York Post*, 30 de março de 2009.

J. E. Dittes, "Impulsive Closure as a Reaction to Failure-Induced Threat", *Journal of Abnormal and Social Psychology* 63(3) (1961).

5. Karen Frefield, "AIG Gives Connectcut's Blumenthal Data on Bonuses," 21 de março de 2009, www.bloomberg.com/apps/news?pid=20601087&sid=aqoxOvvxmRMU.

David Cho e Brady Dennis, "Bailout King AIG Still to Pay Millions in Bonuses", *Washington Post*, 15 de março de 2009.

Ronald Shelp e Al Ehrbar, *Fallen Giant: The Amazing Story of Hank Greenberg and the History of AIG* (Hoboken, NJ: Wiley, 2009).

Andrew Spencer, *Tower of Thieves: Inside AIG's Culture of Corporate Creed* (Nova York: Brick Tower Books, 2009).

American International Group, Inc., Background Report, www.choicelevel.com.

J. E. Dittes, "Impulsive Closure as a Reaction to Failure-Induced Threat", *Journal of Abnormal and Social Psychology* 63(3) (1961).

6. Kenneth Musante, "AIG Chief Slashes Salary to $1", *CNNMoney*, 25 de novembro de 2008.

7. Anne Szustek, "AIG's Federal Bailout Funds Now Total $152.5 Billion", *Associated Press*, 10 de novembro de 2008.

Jonathan Weisman, Sudeep Reddy, Liam Pleven, "Political Heat Sears AIG", *Wall Street Journal*, 17 de março de 2009.

8. John LaRosa, "The U.S. Market for Self-Improvement Products and Services", www.prweb-direct.com/releases/2006/9/prweb440011.htm.

9. Allie Firestone, "Eyes on the Prize: Using Willpower to Your Advantage", divinecaroline.com, http://partners.realgirlsmedia.com/22189/90383-eyes-prize-using-willpower-advantage/3.

10. "Waste Recycling: Data, Maps, and Graphs", http://space-age-recycle-solutions.com/facts_pages.htm.

R. W. Beck, "U.S. Recycling Economic Information Study" (Washington, DC: National Recycling Coalition, julho de 2001).

Mitchell Young, *Garbage and Recycling: Opposing Viewpoints* (San Diego, CA: Greenhaven Press, 2007).

Jennifer Carless, *Taking Out the Trash: A No-Nonsense Guide to Recycling* (Washington, DC: Island Press, 1992).

Frank Aakerman, *Why Do We Recycle? Markets, Values, and Public Policy* (Washington, DC: Island Press, 1996).

11. Robert D. Hormars, Testimony of Robert D. Hormars, Vice Chairman of Goldman Sachs (International) before Committee on Finance, U. S. Senate, 29 de março de 2006.

Steven Kamin, Mario Marazzi e John W. Schindler, "Is China 'Exporting Deflation'?" *Federal Reserve Board*, n. 791 (janeiro de 2004).

Derek Scissors, "U.S.-China Trade: Do's and Don'ts for Congress" (Washington, DC: Heritage Foundation, 20 de julho de 2009).

Craig K. Elwell, Marc Labonte e Wayne M. Morrison, "Is China a Threat to U.S. Economy?" (Washington, DC: Congressional Research Service Report for Congress, 23 de janeiro de 2007).

12. Lee Ferran, "O's Heavy-Skinny Oprah Cover Shows Weight Contrast", *ABC News Online*, 10 de dezembro de 2008, http://abcnews.go.com/GMA/Diet/story?id=6431388&page=1.

Oprah Winfrey, "How Did I Let This Happen Again?" O, the Oprah Magazine, janeiro de 2009.

13. Holly L. Roberts, "Obesity in U.S. Children", www.livestrong.com/article/103926-cause-obesity-children/.

CDC, "Obesity Prevalence 25 Percent or Higher in 32 States" (Washington, DC: Centers for Disease Control and Prevention, 8 de julho de 2009.

Morgan Spurlock, *Super Size Me*, distribuído por Samuel Goldwyn, Roadside Attractions, 7 de maio doe 2004.

Peter Kopelman, Ian Caterson e William Dietz, *Clinical Obesity in Adults and Children* (Hoboken, NJ: Wiley-Blackwell, 2009).

Lisa Tartamella, Elaine Herscher e Chris Woolston, *Generation Extra Large: Rescuing Our Children from the Epidemic of Obesity* (Nova York: Basic Books, 2006).

14. Theresa Maher, "America's Obesity Crisis: Any Solutions?" *News Locale*, 29 de agosto de 2007.

15. Stephen Mennell, Ann Murcott e Anneke van Otterloo, *The Sociology of Food: Eating, Diet, and Culture* (Thousand Oaks, CA: Sage, 1992).

Entrevista com o dr. E. O. Wilson, Harvard University, Cambridge, MA, 1° de julho de 2009.

John Ratey, apresentação na Renaissance Conference, Monterey, CA, 4 de setembro de 2009.

Entrevista com John Ratey, Cambridge, MA, 8 de outubro de 2009.

Charles Darwin, *The Descent of Man* (Nova York: Penguin, 2007).

Charles Darwin, *The Expression of the Emotions in Man and Animals* (Nova York: Oxford University Press, 1998).

Chris Stringer e Peter Andrews, *The Complete World of Human Evolution* (Nova York: Thames and Hudson, 2005).

Gregory Cochran e Henry Harpending, *The 10,000 Year Explosion: How Civilization Accelerated Human Evolution* (Nova York: Basic Books, 2009).

John Cartwright, *Evolution and Human Behavior: Darwinian Perspectives on Human Nature* (Cambridge, MA: MIT Press, 2000).

Michael J. Behe, *The Edge of Evolution: The Search for the Limits of Darwinism* (Nova York: Free Press, 2008).

Timothy Goldsmith e William F. Zimmerman, *Biology, Evolution, and Human Nature* (Nova York: Wiley, 2000).

Nicholas Wade, "Researchers Say Human Brain Is Still Evolving", *New York Times*, 8 de setembro de 2005.

William H. Calvin, Terrence Deacon, Ralph L. Holloway, Richard G. Klein, Steven Pinker, John Tooby, Endel Tulving e Ajit Varki, "The Evolution of the Human Brain" (Center for Human Evolution, atas do seminário nº 5, Bellevue, Washington, 19-20 de março de 2005), http://www.futurefoundation.org/programs/che_wrk5.htm.

"Human Brain Evolution Was a 'Special Event,'" *HHMI Research News*, 29 de dezembro de 2004, http://www.hhmi.org/news/pdf/lahn3.odf.

Jane Bradbury, "Molecular Insights into Human Brain Evolution," *PLoS Biology* 3(3) (2005).

Kate Melville, "Evolution of the Human Brain Unique", *Scienceagogo*, 29 de dezembro de 2004, http://www.scienceagogo.com/news/20041129182724data_trunc_sys.shtml.

George F. Striedter, *Principles of Brain Evolution* (Sunderland, MA: Sinauer Associates, 2004).

Christopher Willis, *The Runaway Brain: The Evolution of Human Uniqueness* (Nova York: Basic Books, 1994).

16. John Ratey e Eric Hagerman, *Spark: The Revolutionary New Science of Exercise and the Brain* (Nova York: Little, Brown, 2008).

Frawley Bridwell, "Study Shows Link Between Morbid Obesity, Low IQ in Toddlers" (Gainesville: Faculdade de Medicina da University of Florida, agosto de 2008).

Paul Thompson, Cyrus A. Rako, "Brain Structure and Obesity", *Human Brain Mapping* 31(3) (março de 2010).

Theresa Maher, "America's Obesity Crisis: Any Solutions?" *News Locale*, 29 de agosto de 2007.

17. B. F. Skinner, *Beyond Freedom and Dignity* (Indianápolis, IN: Hackett, 1971).

B. F. Skinner, *About Behaviorism* (Nova York: Vintage, 1974).

Daniel Philip Todes, *Pavlov, Ivan: Exploring the Animal Machine* (Nova York: Oxford University Press, 2000).

Kerry W. Buckley, *Mechanical Man: John B. Watson and the Beginning of Behaviorism* (Nova York: Guilford Press, 1984).

Paul Naour, E. O. Wilson e B. F. Skinner, *A Dialogue Between Sociobiology and Radical Behaviorism* (Nova York: Springer, 2009).

18. David Gurteen, Hampshire, Reino Unido, 2009.

Capítulo 6 - Falsas analogias: O terceiro supermeme

1. "Medical Humor: Heart Disease Explained", e-jokes.net.

2. James Burrows, Glen Charles e Les Charles, *Cheers*, Paramount Television for NBC, 1982-1993.

3. Charlene Laino, "Cell Phones Disrupt Teens' Sleep", *CBS News*, 9 de junho de 2008.

4. Michael Marsh, Malcolm Whitehead e John Stevenson, *HRT and Cardiovascular Disease* (Londres: Martin Dunitz, 1996).

P. Collins e C. M. Beale, *The Cardioprotective Role of HRT: A clinical Update* (Nova York: Informa Healthcare, novembro de 2004).

Mayer Eisenstein, *Unavoidably Dangerous: Medical Hazards of Synthetized HRT* (CMI Press, 2002).

S. Chew e S. C. Ng, "Hormone Replacement Therapy (HRT) and Ischemic Heart Disease", *Singapore Medical Journal* 164(9) (2002).

Andrea Genazzani, *Hormone Replacement Therapy and Cardiovascular Disease: The Current Status of Research and Practice* (Pearl River, Nova York: Parthenon, 2001).

Elizabeth Siegel Watkins, *The Estrogen Elixir: A History of Hormone Replacement Therapy in America* (Baltimore, MD: Johns Hopkins University Press, 2007).

Pesquisa do Grupo CNW: http://cnwmr.com/nss-folder/automotiveenergy.

Matt Power, "Don't Buy That New Prius..." *Wired Magazine*, 19 de maio de 2008.

5. Jonathan Mueller, "Headlines of Public Press Articles", jonathan.mueller.faculty.noctrl.edu/100/correlation_or_causation.htm.

6. U.S. Census Bureau, "State and County Quick Facts: California Population" (Washington, DC: U.S. Census Bureau, 2007).

7. Thomas Toch, *In the Name of Excellence: The Struggle to Reform the Nation's Schools*, Why It's Failing, and What Should Be Done (Nova York: Oxford University Press, 1991).

Jerry Wartgow, *Why School Reform Is Failing and What We Need to Do About It: 10 Lessons from the Trenches* (Lanham, MD: Rowman and Littlefield Education, 2007).

Emily Forrest Cataldi, Jennifer Laird, Angelina Kewal Ramani e Chris Chapman, *High School Dropout and Completion Rates in the United States: 2007* (Washington, DC: United States Department of Education, 2007).

Elaine K. McEwan, *Angry Parents, Failing Schools: What's Wrong with the Public Schools and What You Can Do About It* (Tunbridge Wells, Reino Unido: Shaw Books, 2000).

Phillip Kaufman, Jin Y. Kwon, Steve Klein, MRP Associates e Christopher Chapman, *Dropout Rates in the United States, 2000* (Washington, DC: National Center for Education Statistics, 2000).

Samuel L. Blumenfeld, *The Whole Language/OEB Fraud: The Shocking Story of How America is Being Dumbed Down by Its Own Education System* (Boulder, CO: Paradigm Publishers, 1995).

Robert J. Manley, *Designing School Systems for All Students: A Tool Box to Fix America's Schools* (Lanham, MD: Rowman and Littlefield Education, 2009).

Hank Kraychir, *Destruction of the Education Monster: The Destruction of America's Public School System* (CreateSpace 2008).

8. Stanley Kurtz, "Deflating Grading Inflation", *National Review*, 27 de setembro de 2006.

"National Trends in Grade Inflation: American Colleges and Universities", 14 de março de 2009, www.gradeinflation.com.

Valene Johnson, *Grade Inflation: Crisis in College Education* (Nova York: Springer, 2003).

Lester H. Hunt, *Grade Inflation: Academic Standards in Higher Education* (Albany: Editora da State University of New York, 2009).

9. Mary H. Sarafolean, PhD, "Depression in School-Age Children and Adolescents: Characteristics, Assessment and Prevention", HealthPlace.com, 2 de janeiro de 2009. "Teen Suicide Rate: Highest in 15 Years", *Science Daily,* 8 de setembro de 2007.

Kevin Johnson, "Cities Grapple with Crimes by Kids", *USA Today,* 12 de julho de 2006.

10. Yaneer Bar-Yam, *Making Things Work* (Cambridge, MA: Knowledge Press, 2004).

11. Kimery Wiltshire, "Climate Change of Western Water: Field Analysis Synopsis", 1º out. 2008, www.exloco.org/projects/Carpe_Diem_Oct_2008_Situation_Overview.pdf.

Akima Sumi, Kensule Fukushi e Ai Hiramatsu, orgs., *Adaptation and Mitigation Strategies for Climate Change* (Tóquio: Springer, 2010).

Adam Zachary Rose, *The Economics of Climate Change Policy: International, National, and Regional Mitigation Strategies* (Cheltenham, Reino Unido: Edward Elgar, 2009).

Andrew Jordan, David Huitema, Harro Van Asselt e Tim Rayner, *Climate Change Policy in the European Union: Confronting the Dilemmas of Mitigation and Adaptation?* (Cambridge: Cambridge University Press, 2010).

Roy W. Spencer, *Climate Confusion: How Global Warming Hysteria Leads to Bad Science, Pandering and Misguided Policies That Hurt the Poor* (Nova York: Encounter Books, 2010).

12. A. J. McEvily, *Reverse Engineering Gone Wrong: A Case Study* (Maryland Heights, MO: Elsevier, 4 de março de 2005).

Frederic P. Miller, Agnes F. Vandome e John McBrewster, *False Dilemma: Fallacy, Dichotomy, Wishful Thinking, Collectively Exhaustive Events, Mutually Exclusive Events, Fuzzy Logic, Principle of Ambivalence, Correlative-Based Fallacies, Degree of Truth* (Beau Bassin, Ilhas Maurício: Alphascript, 2009).

13. www.wikipedia.com.

http://stats.wikimedia.org/reportcard/.

Frederic Miller, Agnes F. Vandome e John McBrewster, *Criticism of Wikipedia* (Beau Bassin, Ilhas Maurício: Alphascript, 2009).

Andrew Lih, *The Wikipedia Revolution: How a Bunch of Nobodies Created the World's Greatest Encyclopedia* (Nova York: Hyperion, 2009).

14. David Weir, "Fact-Checking Alan Greespan", 26 de outubro de 2007, http://hotweir.blogspot.com/2007/10/fact-checking-alan-greenspan.html.

15. Variantes desta citação foram atribuídas ao financista norte-americano Bernard M. Baruch, ao secretário de Defesa James R. Schlesinger e ao senador por Nova York Daniel Patrick Moynihan.

Capítulo 7 - Pensamento em silo: O quarto supermeme

1. Alvin Powell, "Wilson, Watson Reflect on Past Trials, Future Directions", *Harvard-Science*, 10 de setembro de 2009

James Watson e Edward Wilson, entrevistas no Sanders Theater, Harvard University, Cambridge, MA, 9 de setembro de 2009.

Entrevista com o dr. E. O. Wilson, Harvard University, Cambridge, MA, 1º de julho de 2009.

2. Steve Sailer, "James Watson as a Leader", Isteve.blogspot.com, 22 de outubro de 2007.

3. Edward O. Wilson, *Consilience* (Nova York: Knopf, 1998).

4. Carol Kinsey Goman, "Tearing Down Business 'Silos'", www.sideroad.com.

Patrick Lencioni, *Silos, Politics, and Turf Wars: A Leadership Fable About Destroying the Barriers That Turn Colleagues into Competitors* (San Francisco: Jossey-Bass, 2006).

Hunter Hastings e Jeff Saperstein, *Bust the Silos: Opening Your Organization to Growth* (BookSurge.com, 2009).

"Collaborating Across Silos" (Boston: Harvard Business Review, 6 de julho de 2009).

5. www.healthypeople.gov/data/2010prog/focus01/.

6. Joyce Frieden, "Coordinated Care Would Cut Medicare Readmissions", *Internal Medicine News*, 15 de outubro de 2009.

Danny Chun, "New System Reduces Hospital Readmissions for Congestive Heart Failure Patients", EurekAlert.org, 27 de novembro de 1996, http://www.scienceblog.com/community/older/1996/A/199600563.html.

Jennifer Silverman, "Malpractice Crisis Prompts More Referrals to ER: Instead of Office Treatment", *Pedriatic News*, julho de 2005.

Mary Brophy, Marcus Bello e Marisol Bello, "More Discharged Patients Are Returning via the ER", *USA Today*, 9 de setembro de 2009.

Michael Pistoria, "Readmissions: A Wake Up Call", *Family Practice News*, junho de 2009.

James J. Holloway e J. William Thomas, "Factors Influencing Readmission Risk: Implications for Quality Monitoring", *Health Care Financing Review*, 1º de janeiro de 1989.

Barbara Silliman, *You and the Broken American Healthcare System* (Bloomington, IN: Author House, 2008).

Selvoy M. Fillerup, *Chronic Crisis: Critical Care for America's Collapsing Healthcare System* (Gilbert, AZ: Acacia, 2007).

Lawrence Wolper, *Health Care Administration: Planning, Implementing, and Managing Organized Delivery Systems*, 4. ed. (Sudbury, MA: Jones and Bartlett, 2004).

Josei Marila Paganini, *Quality and Efficiency of Hospital Care: The Relationship Between Structure, Process, and Outcome* (Washington, DC: Pan American Health Organization, 1993).

7. Stephen F. Jenks, M. D., M. P. H., Mark V. Williams, M. D., Eric A. Coleman, M. D., M. P. H., "Rehospitalizations among Patients in the Medicare Fee-for-Service Program", *New England Journal of Medicine*, 2 de abril de 2009.

8. Duke Helfand, "Congress Opens Investigation into Anthem Blue Cross", *Los Angeles Times*, 10 de fevereiro de 2010.

Stephanie Condon, "Obama Administration Blasts Anthem Blue Cross Rate Hikes", *CBS News*, 8 de fevereiro de 2010.

Erica Werner, "Anthem Asked to Justify Rate Hike in California", *San Francisco Examiner*, 9 de fevereiro de 2010.

9. Jim Peron, "Ranking the U.S. Healthcare System", *Foundation for Economic Education*, novembro de 2007.

"The World Health Organization's Ranking of the World's Health Systems", www.geographic.org.

10. Saul Kaplan, "Innovators, Break Down Those Silos", *Business Week*, 8 de fevereiro de 2010.

11. "For the Common Good: The Economic Impact of Monterey County's Nonprofit Industry", Monterey Count Board of Supervisors, Departament of Social and Employment Services, congresso realizado em 21 de abril de 2009.

12. Anthony Boadle e Will Durham, "Doctors Group Complains Haiti Supplies Diverted", *Reuters Alertnet*, 19 de janeiro de 2010.

Philip Dru, "Doctors Without Borders in Haiti: Why Couldn't They Land?" NWOTruth.com, 18 de janeiro de 2010, http://nwotruth.com/doctors-without-borders-in-haiti-why-couldn't-they-land/.

Madhuri Dey, "Haiti Flight Logs Reveal Chaotic Supplies", Thaindian.com, 19 de fevereiro de 2010, http://www.thaindian.com/newsportal/world/haiti-flight-logs-reveal-chaotic-supplies_1000323046html.

13. Carol Kinsey Goman, "Tearing Down Business 'Silos'", www.sideroad.com.

14. NOVA 1/1/07, "The Bonobo in All of Us", 29/9/2005. Entrevista feita no Columbus Zoo com Sue Western, roteirista de *Bonobo: Missing in Action* (a versão da BBC de The Last Great Ape), e publicada por Peter Tyson, editor-chefe da *NOVA Online*, http://www.pbs.org/wgbh/nova/beta/evolution/bonobo all us.html.

15. Aidan Sammons, www.psychlotron.org.uk.

16. Philip L. White e Michael L. White, "Why Do People Create Nationalities?" *Nationality, The History of a Social Phenomenon* (Seção B), pp. 83-104 (21), http://nationalityinworldhistory.net/ch2B.html.

17. Aidan Sammons, www.psychlotron.org.uk/resources/environmental/A2_OCR_env_territory.pdf.

18. www.history.nasa.gov, www.jobmonkey.com/governmentjobs/work-for-nasa.html.

19. Entrevista com o cientista-chefe da NASA, Dan Rasky, Carmel, CA, setembro de 2009.

Brian Berger, "Report Urges U.S. to Pursue Space-Based Solar Power", *Space.com*, 12 de outubro de 2007, www.space.com/businesstechnology/071012-pentagon-space-solar-power.html.

G. I. A. e I. Umarov, Solar Energy (tradução técnica da NASA TTF-16, ISS, 1975).

Nick Allen, "NASA Launches Space-Based Solar Observatory", *Daily Telegraph*, 11 de fevereiro de 2010.

Comissão de Avaliação da Estratégia da NASA para Investimentos em Energia Solar no Espaço, Conselho Diretivo de Engenharia Aeronáutica e Espacial, Divisão de Engenharia e Ciências Físicas, e Conselho Nacional de Pesquisa, "Laying the Foundation for Space Solar Power: An Assessment of NASA's Space Solar Power Investment Strategy" (Washington, DC: National Academies Press, 2001).

Conselho Diretivo de Engenharia Aeronáutica e Espacial e Conselho Nacional de Pesquisa, "Solar Power Investment Strategy" (Washington, DC: National Academies Press, 30 de outubro de 2001).

Painel de Energia Solar NSF/NASA, "An Assessment of Solar Energy as National Energy Resource" (1° de janeiro de 1972).

Terrestrial Energy Generation Base don Space Solar Power: A Feasible Concept or Fantasy? (seminário patrocinado pelo Programa de Tecnologia e Desenvolvimento do MIT, Cambridge, MA, 14-16 de maio de 2007).

Jonathan Marshall, "Space Solar Power: The Next Frontier?", 13 de abril de 2009, www.next100.com/2009/04/space-solar-power-the-next-fro.php.

"Japan to Beam Solar Power from Space on Lasers", *Fox News*, 9 de novembro de 2009.

Peter E. Glaser, "Power from the Sun: Its Future", *Science*, 22 de novembro de 1968.

P. E. Glaser, O. E. Maynard, J. Mackovciak e E. L. Ralph, *Feasibility Study of a Satellite Solar Power Station* (Cambridge, MA: Arthur D. Little, fevereiro de 1974).

John C. Mankins, "A Fresh Look at Space Solar Power: New Architectures, Concepts and Technologies", texto da IAF no IAF-97-R.2.03, http://www.spacefuture.com/archive/a_fresh_look_at_space_solar_power_new_architectures_concepts_and_technologies.shtml.

W. C. Brown, "The History of Power Transmission by Radio Waves", IEEE Transactions on Microwave Theory and Techniques 32(9) (setembro de 1984).

N. M. Komerath e N. Boechler, "The Space Power Grid" (trabalho apresentado no 57º Congresso da Federação Internacional de Astronáutica, Valência, Espanha, em outubro de 2006).

N. Shinohara, "Wireless Power Transmission for Solar Power Satellite" (Space Solar Power Workshop, Georgia Institute of Technology, Atlanta, GA).

Rice University, compilação, Solar Power Satellite Offshore Rectenna Study, Relatório Final (Houston: Rice University, novembro de 1980).

"Researchers Beam 'Space' Solar Power in Hawaii", 12 de setembro de 2008, www.wired.com/wiredscience/2008/09/visionary-beams/.

20. Michael D. Lemonick, "Solar Power from Space: Moving Beyond Science Fiction", *Yale Environment 360*, 13 de agosto de 2009.

21. Edward O. Wilson, *Consilience* (Nova York: Knopf, 1998).

22. Saul Kaplan, "Innovators, Break Down Those Silos", *BusinessWeek*, 8 de fevereiro de 2010.

Capítulo 8 - Economia radical: O quinto supermeme

1. Brian Braiker, "Big Problem, Neat Solution", *NewsWeek*, 5 de abril de 2008.

Isabella Rossellini, entrevista com Dean Kamen, Iconoclast, *Sundance Channel*, 16 de novembro de 2006.

Allan J. Organ, *The Regenerator and the Stirling Engine* (Nova York: Wiley, 1997).

William R. Martini, *Stirling Engine Design Manual* (Honolulu: University Press of the Pacific, 2004).

Theodore Finkelstein e Allan Organ, *Air Engines: The History, Science, and Reality of the Perfect Engine* (Nova York: ASME Press, 2004).

Matthew R. Freije, *Disinfecting Potable Water Systems* (Solana Beach, CA: HC Information Resources, 2004).

Terrold J. Troyan e Sigurd P. Haber, *Treatment of Microbial Contaminants in Potable Water Supplies: Technologies and Costs* (Norwich, NY: William Andrew, 1991).

2. Reece Ray, *The Sun Betrayed* (Boston: South End Press, 1999).

Michael Silverstein, *The Once and Future Resource: A History of Solar Energy* (Environmental Design and Research Center, 1977).

Karl W. Boer, *The Fifty Year History of the International Solar Energy Society* (Boulder, CO: American Solar Energy Society, 2005).

Solar Energy Institute, *Webster's Timeline History, 1979-2000* (San Diego: Icon Group International, 2009).

Raul Lopez-Aguilar, Bernardo Murillo-Amador e Guadalupe Rodriguez-Quezada, *Hydroponic Green Fodder (HFG): An Alternative for Cattle Food Production in Arid Zones* (Recife, Brasil: Associação Interciência, 16 de setembro de 2009).

"IFF Breaks New Ground in Hydroponics Research", *Household and Personal Products Industry*, 28 de julho de 2005.

3. R. W. Belk e M. Wallendorf, "The Sacred Meanings of Money", *Journal of Economic Psychology* 11 (1999).

Herb Goldberg e Robert T. Lewis, *Money Madness: The Psychology of Saving, Spending, Loving, and Hating Money* (Issaqua, WA: Wellness Institute, janeiro de 2000).

Michael Argyle e Adrian Furnham, *The Psychology of Money* (Nova York: Routledge, 1998).

Cele C. Otnes e Tina M. Lowrey, orgs., *Contemporary Consumption Rituals: A Research Anthology* (Mahwah, NJ: Lawrence Erlbaum, 2004).

C. B. Burgogyne e D. A. Routh, *Journal of Economic Psychology*, 1991.

Nigel Dodd, *The Sociology of Money: Economics, Reason, and Contemporary Society* (Nova York: Continuum, 1994).

Paul W. Glimcher, *Decisions, Uncertainty, and the Brain: The Science of Neuroeconomics* (Cambridge, MA: MIT Press, 2003).

Richard H. Thaler, *The Winner's Curse: Paradoxes and Anomalies of Economic Life* (Princeton, NJ: Princenton University Press, 1992).

Viviana A. Rotman Zelizer, *The Social Meaning of Money: Pin Money, Pay Checks, Poor Relief, and Other Currencies* (Princeton, NJ: Princeton University Press, 1997).

B. G. Garruthers e W. N. Espeland, "Money, Meaning, and Morality", *American Behavioral Scientist* 41(10) (1998).

Thomas Crump, *The Phenomenon of Money* (Londres: Routledge e Kegan Paul, 1981).

Marc Shell, *Money, Language, and Thought* (Berkeley e Los Angeles: University of California Press, 1982).

Philip A. Slater, *Wealth Addiction* (Nova York: Dutton, 1980).

4. Lisa Smith, "Marriage, Divorce, and the Dotted Line", www.investopedia.com/articles/pf/06/prenuptialagreements.asp.

Jan Pahl, *Money and Marriage* (Nova York: Macmillan, 1989).

5. Jim Dwyer, "A Clothing Clearance Where More Than Just the Prices Have Been Slashed", *New York Times*, 5 de janeiro de 2010.

Entrevista com o dr. E. O. Wilson, Harvard University, Cambridge, MA, 1o de julho de 2009.

6. Apresentação de Steven D. Levitt e Stephen J. Dubner na sede do Yahoo, Sunnyvale, Califórnia, 28 de julho de 2005.

Sarah F. Brosnan, Mark F. Grady, Susan P. Lambeth, Steven J. Schapiro e Michael J. Beran, "Chimpanzee Autarky", *PLoS ONE* 3(1) (29 de dezembro de 2007).

E. G. Lea e Paul Webley, *Money as Tool, Money as Drug: The Biological Psychology of a Strong Incentive* (Cambridge: Cambridge University Press, 2005).

K. G. Duffy, R. W. Wrangham e J. B. Silk, "Male Chimpanzees Exchange Political Support for Mating Opportunities", *Current Biology* 17(15) (2007).

Jeffrey R. Stevens, "The Selfish Nature of Generosity: Harassment and Food Sharing in Primates", *The Royal Society*, 29 de outubro de 2003.

S. F. Brosnan e F. B. M. de Waal, *Journal of Comparative Psychology* 118 (2004).

C. W. Hyatt e W. D. Hopkins, *Behavioral Processes* (N.p.: Elsevier, 1998).

Frans de Waal, *Chimpanzee Politics: Power and Sex Among Apes* (Londres: Jonathan Cape, 1982).

V. Dufour, E. H. M. Sterk, M. Pele e B. Thierry, "Chimpanzee (Pan Troglodytes) Anticipation of Food Return: Coping with Waiting Time in an Exchange Task", *Journal of Comparative Psychology* 121(2) (2007).

S. F. Brosnan e F. B. M. de Waal, "A Simple Ability to Barter in Chimpanzees, Pan Troglodytes", Primates 46(3) (2007).

S. F. Brosnan e F. B. M. de Waal, "Monkeys Reject Unequal Pay", *Nature* 425 (2003).

C. Sousa e T. Matsuwasa, "The Use of Tokens as Rewards and Tools by Chimpanzees (Pan Troglodytes)", *Animal Cognition* 4(3-4) (2001).

S. F. Brosnan e F. B. M. de Waal, "Socially Learned Preferences for Differentially Rewarded Tokens in the Brown Capuchin Monkey, Cebus Apella", *Journal of Comparative Psychology* 118(2) (2004).

7. Richard Dawkins, *The Selfish Gene* (Nova York: Oxford University Press, 2006).

John R. Krebs e Richard Dawkins, *Animal Signals: Mind Reading and Manipulation, em Behavioral Ecology: An Evolutionary Approach*, org. John R. Krebs e Nicholas B. Davies, 2. ed. (Oxford: Blackwell, 1984).

Kenneth E. Boulding, *Evolutionary Economics* (Thousand Oaks, CA: Sage, 1981).

Robert H. Frank, "If 'Homoeconomicus' Could Choose His Ownw Utility Function, Would He Want One with a Conscience?" *American Economic Review* 79 (junho de 1989).

Kurt Dopfer, org., *The Evolutionary Foundation of Economics* (Cambridge: Cambridge University Press, 2006).

Michael Shermer, *The Mind of the Market: How Biology and Psychology Shape Our Economic Lives* (Nova York: Holt Paperbacks, 2006).

J. Stanley Metcalfe, *Evolutionary Economics and Creative Destruction* (Nova York: Routledge, 1998).

Arthur Gandolfi, Anna Gandolfi e David Barash, *Economics as an Evolutionary Science: From Utility to Fitness* (Edison, NJ: Transaction, 2002).

Daniel Friedman, *Morals and Markets: An Evolutionary Account of the Modern World* (Nova York: Palgave Macmillan, 2008).

Jason Potts, *The New Evolutionary Microeconomics: Complexity, Competence, and Adaptive Behavior* (Cheltenham, Reino Unido: Edward Elgar, 2001).

Peter Koslowski, *Sociobiology and Bioeconomics: The Theory of Evolution in Biological and Economic Theory* (Nova York: Springer, 1999).

Sunny Y. Auyand, *Foundations of Complex-System Theories in Economics, Evolutionary Biology, and Statistical Physics* (Cambridge: Cambridge University Press, 1999).

Charles Darwin, *The Descent of Man* (Nova York: Penguin, 2007).

Charles Darwin, *The Expression of the Emotions in Man and Animals* (Nova York: Oxford University Press, 1998).

Chris Stringer e Peter Andrews, *The Complete World of Human Evolution* (Nova York: Thames and Hudson, 2005).

Gregory Cochran e Henry Harpending, *The 10,000 Year Explosion: How Civilization Accelerated Human Evolution* (Nova York: Basic Books, 2009).

John Cartwright, *Evolution and Human Behavior: Darwinian Perspectives on Human Nature* (Mendham, Reino Unido: Bradford/MIT Press, 2000).

Eva Jablonka e Marion J. Lamb, *Evolution in Four Dimensions: Genetic, Epigenetic, Behavioral, and Symbolic Variation in the History of Life* (Cambridge, MA: MIT Press, 2005).

Michael J. Behe, *The Edge of Evolution: The Search for the Limits of Darwinism* (Nova York: Free Press, 2008).

Christopher Scarre, *The Human Past: World Prehistory and the Development of Human Societies* (Nova York: Thames and Hudson, 2005).

Timothy Goldsmith e William F. Zimmerman, *Biology, Evolution, and Human Nature* (Nova York: Wiley, 2000).

Philip Clayton e Jeffrey Schloss, *Evolution and Ethics: Human Morality in Biological and Religious Perspective* (Grand Rapids, MI: Eerdmans, 2004).

Bruce H. Lipton e Steve Bhaerman, *Spontaneous Evolution: Our positive Future (and a Way to Get There from Here)* (Carlsbad, CA: Hay House, 2009).

Richard Restak, *The New Brain: How the Modern Age Is Rewiring Your Mind* (Emmaus, PA: Rodale, 2004).

Mihail C. Roco e Carlo D. Montemagno, *The Coevolution of Human Potential and Convergin Technologies* (Nova York: New York Academy of Science, 2004).

Robert J. Sternberg e Janet E. Davidson, *The Nature of Insight* (Cambridge, MA: MIT Press, 1995).

8. Terry Burnham e Jay Phelan, *Mean Genes: From Sex to Money to Food: Taming Our Primal Instincts* (Nova York: Perseus, 2000).

Terence Burnham e Brian Hare, *Engineering Human Cooperation: Does Involuntary Neural Activation Increase Public Goods Contribution* (publicação do autor, junho de 2005).

Terence C. Burnham, "Essays on Genetic Evolution and Economics" (tese de doutorado, Committee of Business Economics, Harvard University, 1997), www.bookpump.com/dps/pdf-b/5856429b.pdf.

S. E. G. Lea, Roger M. Tarpy e Paul Webley, *The Individual in the Economy: A Textbook of Economic Psychology* (Cambridge: Cambridge University Press, 1987).

John Foster e Werner Holzi, *Applied Evolutionary Economics and Complex Systems* (Cheltenham, Reino Unido: Edward Elgar, 2004).

9. Niall Ferguson, *The Ascent of Money: A Financial History of the World* (Nova York: Penguin, 2008).

Carol Schwalberg, *From Cattle to Credit Cards: The History of Money* (Nova York: Penguin, 2008).

John Kenneth Galbraith, *Money: Whence It Came, Where It Went* (Boston: Houghton Mifflin, 2001).

Glyn Davies, *A History of Money: From Ancient Times to the Present Day* (Cardiff, Reino Unido: University of Wales Press, 2002).

William N. Goetzmann, *Financing Civilization*, http://viking.som.yale.edu/will/finciv/chapter1.htm.

"The History ofo Credit", Myvesta.org/history.

Carl Menger, "The Origin of Money" (Greenwich, CT: Committee for Monetary Research and Education, 1984).

Charles F. Horne, *The Code of Hammurabi* (Forgotten Books, 2007).

10. Leah Theis, United States Census Bureau, Statistical Abstracts, 651: Relation ofo GDP, GNP, Net National Product, National Income, Personal Income, Disposable Personal Income, and Personal Savings (Washington, DC: U.S. Census Bureau, 2008).

Federal Reserve, "Consumer Credit" (Washington, DC: Federal Reserve Statistical Release, 8 de setembro de 2008).

Mark Brinker, "Credit Card Debt Statistics" (Clinton Township, MI: Hoffman, Brinker e Roberts, agosto de 2008), www.hoffmanbrinker.com/credit-card-debt-statistics.html.

Ben Woolsey e Matt Schultz, "Credit Card Industry Facts, Debt Statistics 2006-2008", Creditcards.com, 2008, www.creditcards.com/credit-card-news/credit-card-industry-facts-personal-debt-statistics-127.php.

Lloyd Klein, *It's in the Cards: Consumer Credit and the American Experience* (Westport, CT: Praeger, 1999).

Robert D. Manning, *Credit Card Nation: The Consequences of America's Addiction to Credit* (Nova York: Basic Books, 2001).

Matty Simmons, *The Credit Card Catastrophe: The 20th Century Phenomenon That Changed the World* (Ft. Lee, NJ: Barricade Books, 1995).

Robert H. Scott III, "Credit Card Use and Abuse: A Veblenian Analysis." *Journal of Economic Issues*, 13 de junho de 2007.

Lawrence M. Ausubel, "Credit Card Default, Credit Card Profits, and Bankruptcy", *American Bankruptcy Law Journal*, primavera de 1997.

"U. S. Savings Rate Hits Lowest Level Since 1933", *Associated Press*, 30 de janeiro de 2006.

Donna Boundy, *When Money Is the Drug: The Compulsion for Credit, Cash, and Chronic Debt* (Nova York: Harper, 1993).

T. Newton, "Credit and Civilization", *British Journal of Sociology* 54(3) (2003).

11. United States National Debt Clock, http//www.brillig.com/debt-clock/.

Shayne C. Kavanaugh, "Examining the Increasing Level of Federl Debt", *Government Finance Review*, 3 de abril de 2009.

Brian W. Cashell, "The Federal Government Debt: Its Size and Economic Significance" (Washington, DC: Serviço de Pesquisas do Congresso, 7 de julho de 2009.

William Bonner e Addison Wiggin, *The New Empire of Debt: The Rise and Fall of an Epic Financial Bubble*, 2. ed. (Hoboken, NJ: Wiley, 2009).

Robert E. Wright, *One Nation Under Debt: Hamilton, Jefferson, and the History of What We Owe* (Nova York: McGraw-Hill, 2008).

Andrew L. Yarrow, *Forgive Us Our Debt: The Intergenerational Dangers of Fiscal Irresponsibility* (New Haven, CT: Yale University Press, 2008).

Donna Bound, *When Money Is the Drug: The Compulsion for Credit, Cash, and Chronic Debt* (Nova York: Harper, 1993).

12. Kevin Hassett, "D is for Deficit: Guess Who's to Blame for State Budget Problems?" *Wall Street Journal*, 6 de outubro de 2003.

"State Surplus or Deficit per Household, Fiscal Year 2006" (Washington, DC: The Tax Foundation).

Elizabeth Hill, "2008-09 Overview of the Governor's Budget" (Sacramento: Legislative Analyst's Office, 14 de janeiro de 2008).

Frank Keegan, "Economists: State Deficits Could Stall Recovery", Watchdog.com, 12 de novembro de 2009, http://watchdog.org/486/economists-state-deficits-could-stall-recovery/.

Collin Berr, "More and More States on Budget Brink", *CNNMoney*, 5 de janeiro de 2010.

Sarah Burrows, "Of 36 States Facing Deficits This Year, 22 Are Increasing Spending", *CNS News*, 17 de dezembro de 2008, http://www.cnsnews.com/news/article/40908.

Donna Boundy, *When Money Is the Drug: The Compulsion for Credit, Cash, and Chronic Debt* (Nova York: Harper, 1993).

13. http://personalmoneystore.com/moneyblog/2009/02/25/legalizing-marijuana-fix-californias-economy.

Alison Stateman, "Can Marijuana Help Rescue California's Economy?", *Time*, 13 de março de 2009.

Elizabeth Fairchild, "Could Legalizing Marijuana Fix California's Economy?", *Personal Money Store*, 5 de fevereiro de 2009.

Joyce D. Henry, "Senator T. Milton Strett's Tax Plan for Uniform Commercial Crops of Marijuana" (1983).

Kenneth W. Clements e Xueyan Zhao, *Economics and Marijuana: Consumption, Pricing, and Legalisation* (Cambridge: Cambridge University Press, 2009).

Lisa Leff, "Legalizing Marijuana Would Cause Prices to Plummet", *Huffington Post*, 7 de julho de 2010.

14. Jennifer Washburn, *University, Inc.: The Corporate Corruption of Higher Education* (Nova York: Basic Books, 2006).

Derek Curtis Bok, *Universities in the Marketplace: The Commercialization of Higher Education* (Princeton, NJ: Princeton University Press, 2004).

Burton H. Weisbrod, Jeffrey P. Bailou e Evelyn D. Asch, *Mission and Money: Understanding the University* (Nova York: Cambridge University Press, 2008).

Condoleeza Rice, "Rice Outlines Budget Pressures for Fiscal Year 1998", *Stanford News Service*, 10 de dezembro de 1996.

David Stauth, "Budget Pressure Raise Research Funding Concerns", *Oregon State University News and Communications*, fevereiro de 1997.

Robert Reinhold, "Budget Cuts Jar University of California", *New York Times*, 21 de janeiro de 1991.

Justin Harris, "Donations to Universities May Decline in Next Two Years", *The State News*, 16 de março de 2009.

Aldo Geuna, *The Economics of Knowledge Production: Funding and Structure of University Research* (Cheltenham, Reino Unido: Edward Elgar, 1999).

James D. Savage, *Funding Science in America: Congress, Universities, and the Politics of Academic Pork Barrel* (Cambridge: Cambridge University Press, 2000).

Becky Gillette, "As Public Funding Erodes, Universities Change", *Mississippi Business Journal*, 4 de julho de 2006.

M. Gulbrandsen e J. C. Smeby, "Industry Funding and University Professor's Research Performance", *Research Policy* 34(6) (agosto de 2005).

"Non-Federal R&D Funding for U.S. Universities Increases", *Instrument Business Outlook*, 16 de novembro de 2009.

David L. Kirp, Elizabeth Popp Berman, Jeffrey T. Holman e Patrick Roberts, *Shakespeare, Einstein, and the Bottomline: The Marketing of Higher Education* (Cambridge, MA: Harvard University Press, 2004).

John C. Knapp e David J. Siegel, orgs., *The Business of Higher Education* (Santa Barbara: Praeger, 2009).

15. American Society for Engineering Education, compilação, "Intellectual Property: Universities, Corporations, and Finding a Common Ground", 13 de fevereiro de 2006, www.asee.org/activities/organizations/councils/edc/2006ÍP-Paper/IPWhitePaper-WEB.pdf.

16. Neal Pattison e Luke Warren, autores principais, orientação de Ben Peck e Frank Clemente, "Drug Industry Profits: Hefty Pharmaceutical Company Margins Dwarf All Other Industries" (Washington, DC: Public Citizen's Congress Watch, 2003), www.citizen.org/documents/Pharma_Report.pdf.

Linda Marsa, *Prescription for Profits: How the Pharmaceutical Industry Bankrolled the Unholy Marriage Between Science and Business* (Nova York: Scribner, 1997).

Scott Hensley, "Follow the Money: Drug Prices Rise at a Faster Clip, Placing Burden on Consumers", *Wall Street Journal*, 15 de abril de 2003.

Leonard Weber, *Profits Before People: Ethical Standards and the Marketing of Prescription Drugs* (Bloomington: Indiana University Press, 2006).

Duncan Reekie e Michael H. Weber, *Profits, Politics, and Drugs* (Teaneck, NJ: Holmes and Meier, 1979).

17. Jon Swartz e Michelle Kessler, "Microsoft, Google Cook Up Deal", *San Francisco*, 3 de novembro de 2003.

John Markoff e Andrew Ross Sorkin, "Microsoft and Google – Partners or Rivals?" *New York Times*, 31 de outubro de 2003.

18. "List of Known Terrorist Organizations" (Washington, DC: Center for Defensee Information, 2009).

"National Strategy for Combating Terrorism" (Washington, DC: U.S. Department of State, fevereiro de 2003).

"Country Reports on Terrorism" (Washington, DC: Department of State, Office of the Coordinator for Counterterrorism, abril de 2003).

"28 Groups on the U.S. Department of State's Designated Foreign Terrorist Organization List", www.fbi.gov/publications/terror/terrorism2002_2005.htm.

Audrey Cronin, "The FTO List and Congress: Sanctioning Designated Foreign Terrorist Organizations" (Washington, DC: Congressional Research Service, 30 de dezembro de 2009).

19. Mark Lilla, *The Stillborn God: Religion, Politics, and the Modern West* (NY: Vintage, 2008). Ver também o artigo de Lilla em www.nytimes.com/2007/08/19/magazine/19Religion-t.html?pagewanted=1&r_r=1.

20. Mark Lilla, "The Politics of God", *New York Times Magazine*, 19 de agosto de 2007.

21. Timur Kuran, "The Genesis of Islamic Economics: A Chapter in the Politics of Muslim Identity", *Social Research* 64(2) (verão de 1997).

Sohrab Behdad, "Property Rights in Contemporary Islamic Economic Thought: A Critical Perspective", *Review of Social Economy* 47(2) (1989).

Sean S. Costigan e David Gold, orgs., *Terrornomics* (Burlington, VT: Ashgate, 2007).

Eli Berman, *Radical, Religious, and Violent: The New Economics of Terrorism* (Cambridge, MA: MIT Press, 2009).

Muhammad Abdul-Rauf, *A Muslim's Reflections on Democratic Capitalism* (Washington, DC: American Enterprise Institute, fevereiro de 1984).

M. Umer Chapra, *Islam and the Economic Challenge* (Leicester, Reino Unido: Islamic Foundation, 1992).

Timur Kuran, "The Economic System in Contemporary Islam Thought: Interpretation and Assessment", *International Journal of Middle Eastern Sstudies* 18 (1986).

Sayyid Abu'l-A'la Mawdudi, *The Economic Problem of Man and Its Islamic Solution* (Lahore, Paquistão: Islamic Publications, 1978).

Sayyid Abu'l-A'la Mawdudi, "The Rudiments of Islamic Philosophy of Economics", em *Selected Speeches and Writings of Mawlana Mawdudi*, vol. 1, tradução inglesa de S. Zakir Aijaz (Karachi, Paquistão: International Islamic Publishers, 1981).

Vikas Mishra, *Hinduism and Economic Growth* (Cambridge: Cambridge University Prerss, 1962).

Maxine Rodinson, *Islam and Capitalism* (Nova York: Pantheon, 1973).

Daryush Shayegan, *Cultural Schizophrenia: Islamic Societies Confronting the West* (Londres: Sagi, 1992).

Muhammad Nejatullah Siddqui, *Muslim Economic Thinking: A Survey of Contemporary Literature* (Markfield, Reino Unido: Islamic Foundation, 1981).

Timur Kuran, "The Logic of Financial Westernization in the Middle East", *Journal of Economic Behavior and Organization* 59 (abril de 2005).

Mohammed Aslam Haneef, *Contemporary Islamic Economy Thought: A Selected Comparative Analysis* (Kuala Lumpur, Malásia: Ikraq, 1995).

Timur Kuran, "On the Notion of Economic Justice in Contemporary Islamic Thought", *International Journal of Middle East Studies* 21 (1989).

Syed Nawab Haider Naqvi, *Islam Economics and Society* (Londres: Kegan Paul International, 1994).

Alan Richards e John Waterbury, *A Political Economy of the Middle East* (Boulder: Westview Press, 1996).

Muhammad Baqir Al-Sadr, *Iqtsaduna: Our Economics* (Teerã, Irã: Tehran World Organization for Islamic Services, 1982).

Timur Kuran, "Islamic Economics and Islamic Subeconomy", *Journal of Economic Perspectives* (Outono de 1995).

Timur Kuran, "Religious Economics and the Economics of Religion", *Journal of Institutional and Theoretical Economics*, dezembro de 1994.

Conversa com Timur Kuran, *USC Magazine*, 18 de dezembro de 2006.

Timur Kuran, "Islam and Economic Underdevelopment: An Old Puzzle Revisited", *Journal of Institutional and Theoretical Economics*, março de 1997.

22. Ayn Rand, *Atlas Shrugged* (Nova York: Penguin, 1999).

23. www.wisdomquotes.com.

Capítulo 9 - Superando os supermemes: Soluções racionais num mundo irracional

1. Paul Hawken, "The Class of 2009 Commencement Address", University of Portland, Portland, Oregon, 3 de maio de 2009, transcrição oficial, http://www.up.edu/commencement/default.aspx?cid=9456.

Paul Hawken, *Blessed Unrest: How the Largest Movement in History Is Restoring Grace, Justice, and Beauty to the World* (Nova York: Penguin, 2008).

2. Mike Price, "Galileo, Reconsidered", *Smithsonian*, 12 de agosto de 2008.

Bertolt Brecht, *Life of Galileo* (Nova York: Penguin, 2008).

David Brewster, *The Martyrs of Science, or the Lives of Galileo, Tycho Brahe, and Kepler* (Whitefish, MT: Kessinger, 1844).

Andrea Frova e Mariapiera Marenzana, *Thus Spoke Galileo: The Great Scientist's Ideas and Their Relevance to the Present Day*, tradução inglesa de James H. McManus (Nova York: Oxford University Press, 2006).

Hal Hellman, *Great Feuds in Science: Ten of the Liveliest Disputes Ever* (Nova York: Wiley, 1999).

Thomas S. Kuhn, *The Structure of Scientific Revolutions* (Chicago: University of Chicago Press, 1996).

Jim Sidanius e Felicia Pratto, "The Inevitability of Oppression and the Dynamics of Social Dominance", em *Prejudice, Politics, and the American Dilemma*, org. Paul Sniderman, Philip E. Tetlock e Edward C. Carmines (Palo Alto, CA: Stanford University Press, 1993).

3. Dorothy Hinshaw Patent, *Charles Darwin: The Life of a Revolutionary Thinker* (Nova York: Holiday House, 2001).

David Quammen, *The Reluctant Mr. Darwin: An Intimate Portrait of Charles Darwin and the Making of His Theory of Evolution* (Nova York: Norton, 2006).

Charles Van Doren, *A History of Knowledge: Past, Present, and Future* (Nova York: Ballantine Books, 1982).

Lyanda Lynn Haupt, *Pilgrim on the Great Bird Continent: The Importance of Everything and Other Lessons from Darwin Lost Notebooks* (Nova York: Little, Brown, 2006).

Michael Ruse, *Charles Darwin* (Hoboken, NJ: Wiley-Blackwell, 2008).

Laura Fermi e Gilberto Bernardini, *Galileo and the Scientific Revolution* (Nova York: Basic Books, 1961).

Robert J. Sternberg e Janet E. Davidson, *The Nature of Insight* (Cambridge, MA: MIT Press, 1995).

Jim Sidanius e Felicia Pratto, "The Inevitability of Oppresion and the Dynamics of Social Dominance", em *Prejudice, Politics, and the American Dilemma*, org. Paul Sniderman, Philip E. Tetlock e Edward C. Carmines (Palo Alto, CA: Stanford University Press, 1993).

4. Steven Krivit, "The Cold Fusion Short Story", *New Energy Times*, 5 de janeiro de 2007.

Malcolm W. Browne, "Physicists Debunk Claim of a New Kind of Fusion", *New York Times*, 3 de maio de 1989.

"Cold Fusion Is Hot Again", *60 Minutes*, 19 de abril de 2009, http://www.cbsnews.com/stories/2009/04/17/60minutes/main4952167.shtml?tag=contentMain;contentBody.

Jim Sidanius e Felicia Pratto, "The Inevitability of Oppresion and the Dynamics of Social Dominance", em *Prejudice, Politics, and the American Dilemma*, org. Paul Sniderman, Philip E. Tetlock e Edward C. Carmines (Palo Alto, CA: Stanford University Press, 1993).

5. Carol J. Loomis, "Warren Buffett Gives Away His Fortune", *Fortune*, 25 de junho de 2006.

Alessandro Della Bella, "Bill Gates' Foundation Pledges $10 Billion for Vaccines", *Associated Press*, 29 de janeiro de 2010.

Michael Kinsey e Conor Clarke, *Creative Capitalism: A Conversation with Bill Gates, Warren Buffett, and Other Economic Leaders* (Nova York: Simon and Schuster, 2009).

Joel L. Fleishman, *The Foundation: A Great American Secret; Howw Private Wealth Is Changing the World* (Nova York: PublicAffairs, 2009).

Marc Benioff e Carlye Adler, *The Business of Changing the World: Twenty Great Leaders on Strategic Corporate Philanthropy* (Nova York: McGraw-Hill, 2006).

6. Muhammad Yunus, *Creating a World Without Poverty: Social Business and the Future of Capitalism* (Nova York: PublicAffairs, 2007).

"Profile: Dr. Muhammad Yunus", *Bangladesh News*, 14 de outubro de 2006.

Muhammad Yunus, *Banker to the Poor: The Autobiography of Muhammad Yunus* (Lake Havasu City, AZ: London Bridge, 2000).

"Introduction to Grameen Bank", *Grameen-infor.org*, 11 de fevereiro de 2010, www.grameen-info.org/index.php?option=com_content&task=view&id=26&Itemid=175.

"Banker' to the Poor' Gives New York Woman a Boost", *Reuters*, 23 de abril de 2006.

Stefan Lovegreen, "Nobel Peace Prize Goes to Micro-Loan Pioneers", *National Geographic News*, 13 de outubro de 2006.

7. Muhammad Yunus, *Creating a World Without Poverty: Social Business and the Future of Capitalism* (Nova York: PublicAffairs, 2007).

8. Sue Wheat, "Small Loans Empower", *grameen-info.org*, www.grameen.info.org/dialogue/dialogue31/small loan.htm.

Sue Wheat, "The Future of Microfinance: Banking the Unbankable" (reportagem, Londres: Panos, 1996).

Beatriz Armendariz e Jonathan Morduch, The Economics of Microfinance (Cambridge, MA: MIT Press, 2007).

Jurriaan Kamp, Small Change: How Fifty Dollars Can Change the World (Nova York: Cosimo, 2006).

C. K. Prahalad, The Fortune at the Bottom of the Pyramid: Eradicating Poverty Through Profits (Upper Saddle River, NJ: Wharton School, 2006).

Alex Counts, Small Loans, *Big Dreams: How Nobel Prize Winner Muhammad Yunus and Microfinance Are Changing the World* (Hoboken, NJ: Wiley, 2008).

Suresh Sundaresan, org., *Microfinance: Emerging Trends and Challenges* (Cheltenham, Reino Unido: Edward Elgar, 2009).

9. Muhammad Yunus, *Creating a World Without Poverty: Social Business and the Future of Capitalism* (Nova York: PublicAffairs, 2007), pp. 47-48.

10. Muhammad Yunus, *Creating a World Without Poverty: Social Business and the Future of Capitalism* (Nova York: PublicAffairs, 2007).

Grameen Bank, site oficial: http://www.grameen.com/index.php?option=com_content&task=view&id=26&Itemid=175.

11. Douglas V. Gnazzo, "Money Part VIII: Fractional Reserve Lending", 10 de maio de 2006, www.321gold.com/editorials/gnazzo/gnazzo051906.html.

Joshua N. Feinman, Jana Deschler e Christoph Hinkelmana, "Reserve Requirements: History, Current Practice, and Potential Reform", *Federal Reserve Bulletin*, 1° de junho de 1993.

Frederic P. Miller, Agnes F. Vandome e John McBrewster, *Fractional Reserve Banking* (Beau Bassin, Ilhas Maurício: Alphascript, 2009).

Z. Nuri, "Fractional Reserve Banking as Economic Parasitism: A Scientific, Mathematical, and Historical Expose, Critique, and Manifesto" (2008).

Conselho Administrativo do Federal Reserve System, "The History of Reserve Requirements in the United States", Federal Reserve Bulletin 25 (novembro de 1938).

FED de Nova York, site oficial: http://www.newyorkfed.org/aboutthefed/fedpoint/fed45.html

12. Federal Reserve, "Consumer Credit" (Washington, DC: Federal Reserve Statistical Release, 8 de setembro de 2008.

Mark Brinker, "Credit Card Debt Statistics" (Clinton Township, MI: Hoffman, Brinker e Roberts, agosto de 2008).

Ben Woolsey e Matt Schultz, "Credit Card Industry Facts, Debt Statistics 2006-2008", Creditcards.com, 2008, www.creditcards.com/credit-card-news/credit-card-industry-facts-personal-debt-statistics-127.php.

Lucia F. Dunn e Taehyung Kim, "An Empirical Investigation of Credit Card Default" (Columbus: Department of Economics, Ohio State University, agosto de 1999).

Capítulo 10 - Consciência e ação: Uma abordagem tática

1. "I Am Awake", www.sinc.sunysb.edu.

2. Pallab Chatterjee, "Short Product Life Cycles Demand Innovation Through Business Supply Chain Leader."

Faiborz Ghadar, "Shorter Product Life Cycles Dictate New Global Marketing Rules" (University Park: Pennsylvania State Smeal Center for Global Business Studies).

Robert G. Cooper, *Winning at New Products: Accelerating the Process from Idea to Launch* (Nova York: Basic Books, 2001).

Dave Brock, "Technology Companies Must Follow the Fashion Leaders!" (Mission Viejo, CA: Partners in Excellence, 2008).

Clayton M. Christensen, *The Innovator's Dilemma: The Revolutionary Book That Will Change the Way You Do Business* (Nova York: Harper Paperbacks, 2010).

Art Bell, *The Quickening: Today's Trends, Tomorrow's World* (New Orleans: Paper Chase, 1998).

Martin Ford, *The Light's in the Tunnel: Accelerating Technology and the Economy of the Future* (CreateSpace, 2009).

Michael J. Mauboussim e Alexander Schay, "Innovations and Markets: How Innovation Affects the Investing Process", para a Credit Suisse First Boston Corporation, 12 de dezembro de 2000.

F. G. Patterson, Jr., "Life Cycles for System Acquisition", George Mason University, Fairfax, VA.

3. Barry Leonard, "Developing the Mitigation Plan: Identifying Mitigation Actions and Implementing Strategies", 31 de outubro de 2003, http://www.eeri.org/mitigation/resource-library/policy-and-community-planners/fema-localstate-guides/developing-the-mitigation-plan-identifying-mitigation-actions-and-implementing-strategies-fema-386-3.

Stephen S. Benham, *Actionable Strategies Through Integrated Performance, Process, Project, and Risk Management* (Norwood, MA: Artech House, 2008).

Tom Culhane, "Water Rights and Mitigation in Washington" (Seventh Washington Hydrogeology, *Symposium, Greater Tacoma Convention and Trade Center, Tacoma*, WA, 29 de abril de 2009).

Jody Freeman e Charles Kolstad, orgs., *Moving to Markets in Environmental Regulation: Lessons from Twenty Years of Experience* (Nova York: Oxford University Press, 2006).

Norris Hundley, *The Great Thirst* (Berkeley e Los Angeles: University of California Press, 2001).

Michael Collier e Robert H. Webb, *Floods, Droughts, and Climate Change* (Tucson: University of Arizona Press, 2002).

Steven Solomon, *Water: The Epic Struggle for Wealth, Power, and Civilization* (Nova York: HarperCollins, 2010).

4. The Checklist Manifesto

Atul Gawande, *The Checklist Manifesto: How to Get Things Right* (Nova York: Metropolitan Books, 2009).

Philip K. Howard, "Problems with Protocols", *Wall Street Journal*, 21 de janeiro de 2010.

5. Atul Gawande, *The Checklist Manifesto: How to Get Things Right* (Nova York: Metropolitan Books, 2009).

6. Howard Zinn, *A People's History of the United States*, 1492-Present (Nova York: HarperPerennial, 2005).

David M. Kennedy, *The American People in World War II* (Nova York: Oxford University Press, 1999).

Tom Brokaw, *The Greatest Generation* (Nova York: Dell, 1998).

Tom Brokaw, *An Album of Memories: Personal Histories from the Greatest Generation* (Nova York: Random House, 2002).

James L. Stokesbury, "World War II", *World Book Advanced. World Book*, 2010. Web. 16 de julho de 2010.

"Brief History of World War Two Advertising Campaigns War Loans and Bonds", *Duke University Libraries*, Digital Collections, http://library.duke.edu/digitalcollections/adaccess/warbonds.html.

7. Michael Gurau, "In Baseball and Venture Capital, Success is Batting .300", *New Hampshire Business Review*, 27 de setembro de 2007.

Entrevistas com David Prend, diretor, *Rockport Capital Partners*, Palo Alto, CA, 2008-2009.

Tommi Rasila, "In Search of the Optimal Venture-to-Capital (V2C) Business Model" (Tampere, Finlândia: Tampere University of Technology).

John R. M. Hand, *Determinants of the Returns to Venture Capitalists* (Chapel Hill, NC: 5 de janeiro de 2004).

Thomas Reuters, *2009 Venture Capital Yearbook* (Arlington, VA: National Venture Capital Association, 2009).

Geoffrey H. Smart, *What Makes a Successful Venture Capitalist?* (Chicago: Ignite Group, 2000).

Fred Wilson, "Why Early-Stage Venture Investments Fail", unionsquareventures.com, 30 de novembro de 2007, http://unionsquareventures.com/2007/11/why-early-stage.php.

Gavin C. Reid, *Risk Appraisal and Venture Capital in High Technology New Ventures* (Nova York: Routledge, 2007).

Michael Carusi e Prayeen Gupta, *The Ways of the VC* (Boston: Aspatore Books, 2003).

Inside CRM Editors, "Failures – Exposed, Reflected Upon, Considered: The 20 Worst Venture Capital Investments of All Time", fail92fail.wordpress.com, 8 de novembro de 2008, http://fail92fail.wordpress.com/2008/11/08/the-20-worst-venture-capital-investment-of-all-time.

Ruthann Quindlen, *Confessions of a Venture Capitalist: Inside the High-Stakes World of Start-Up Financing* (Nova York: Warner Books, 2001).

Vários autores, *Green Venture Capital: Leading VCs on Analyzing Greentch Market Opportunities, Evaluating Investment Potential and Risks and Predicting the Future for Green Investing* (Boston: Aspatore Books, 2009).

8. Nick Nuttall, "Overfishing: A Threat to Marine Biodiversity", www.un.org/events/ten/stories/06/story.asp?storyID=80.

Andrew Rosenberg, "Overfishing", *Science and Technology*, 30 de julho de 2003.

Peter Weber, "Oceans in Peril (Overfishing and Other Problems)", *Earth Action Network*, 28 jul. 2005.

Carl Safina, "Where Have All the Fishes Gone?", *Science and Technology*, 28 de julho de 2005.

"Overfishing", www.greenpeace.org.

R. Kunzig, "Twilight of the Cod", *Discover Magazine*, abril de 1995.

James Owen, "Overfishing Is Emptying World's Rivers, Lakes, Experts Warn", *National Geographic News*, 1º de dezembro de 2005.

"Only 50 Years Left for Sea Fish", *BBC News*, 2 de novembro de 2006.

"Peruvian Anchovy Case: Anchovy Depletion and Trade", www.american.edu/TED/anchovy.htm.

Charles Clover, *End of the Line: How Overfishing Is Changing the World and What We Eat* (Londres: Ebury Press, 2004).

Suzanne Iudicello, *Nuchael L. Weber e Robert Wieland, Fish, Markets, and Fishermen: The Economics of Overfishing* (Washington, DC: Island Press, 1999).

9. "Overfishing", www.greenpeace.org.

10. Center for American Progress, site oficial, Cronologia da Guerra do Iraque: http://thinkprogress.org/iraq-timeline/.

Departamento de Estado, site oficial: http://history.state.gov/departmenthistory/people/powell-colin-luther.

Centro de Notícias da ONU. "Powell presents US case to Security Council of Iraq's failure to disarm." 5 de fevereiro de 2003. Site oficial: http://www.un.org/apps/news/story.asp?NewsID=6079&Cr=iraq&Cr1=inspect.

11. Entrevista com Charles Townes, University of California, Berkeley, Berkeley, 2009.

Charles H. Townes, *How the Laser Happened* (Nova York: Oxford University Press, 1999).

Registros do Comitê de Aconselhamento Científico do Presidente dos Estados Unidos, 1957-1961, www.aip.org/history/nbl/icos.html.

Richard L. Garwin, "Presidential Science Advising" (Cambridge, MA: Harvard University, Kennedy School of Government. Submetido à apreciação de Technology and Society, 5 de setembro de 1979).

Richard Garwin, "How the Mighty Have Fallen," *Nature*, 14 de outubro de 2007.

William T. Golden, *Science Advice to the President* (Oxford: Pergamon, 1994).

David Dickson, *The New Politics of Science* (Chicago: University of Chicago Press, 1984).

Daniel S. Greenberg, John Maddox e Steve Shapin, *The Politics of Pure Science* (Chicago: University of Chicago Press, 1999).

William T. Golden, *Science and Technology Advice to the President, Congress, and Judiciary* (Piscataway, NJ: Transaction, 1994).

Heather Douglas, *Science, Policy, and the Value-Free Ideal* (Pittsburgh: University of Pittsburgh Press, 2009).

M. Granger Morgan e John Peha, *Science and Technology Advice for Congress* (Washington, DC: RFF Press, 2003).

Benjamin P. Greene, *Eisenhower, Science Advice, and the Nuclear Test-Ban Debate 1945-1963* (Palo Alto, CA: Stanford University Press, 2006).

Capítulo 11 - Transpor o vazio: A criação de cérebros melhores

1. Barry L. Beyerstein, "Do We Really Use Only 10 Percent of Our Brains?", *Scientific American*, 8 de março de 2004.

Sergio Della Sala, *Mind Myths: Exploring Popular Assumptions About the Mind and Brain* (Chichester, Reino Unido: Wiley, 1999).

Barry L. Beyerstein, *The Skeptical Inquirer*, www.csicop.org/author/barrylbeyerstein.

Daniel Druckman e John A. Sets, *Enhancing Human Performance: Issues, Theories, and Techniques* (Washington, DC: National Academic Press, 1988).

Shawn Smith, "Do We Really Use Only 10% of Our Brains?", ironshrink.com, 16 de abril de 2007, www.ironshrink.com/articles.php?artID=070416_ten-percent_of_my_brain.

William James, *On Vital Reserves: The Energies of Men, the Gospel of Relaxation* (Nova York: Henry Holt, 1922).

2. Alvaro Fernandez, "Cognitive Training and Brain Fitness Computer Programs: Interviews with Dr. Elkhonon Goldberg", *Scientific American*, 8 de dezembro de 2006.

Elkhonon Goldberg, *The Executive Brain: Frontal Lobes and the Civilized Mind* (Nova York: Oxford University Press, 2001).

3. Entrevista por telefone com Lisa Schoonerman, 2008.

Entrevista com o dr. Michael Merzenich, *University of California Medical Center*, Keck Center, San Francisco, 2009.

Kelly Greene, "The Latest in Mental Health: Working Out at the 'Brain Gym'", *Wall Street Journal*, 28 de março de 2009.

Gordy Slack, "Brains of Steel", *San Francisco Magazine*, março de 2009.

Kathleen Phalen Tomaselli, "Steps to a Nimble Mind: Physical and Mental Exercise Help Keep the Brain Fit", amednews.com, 11 de novembro de 2008, www.ama-assn.org/amednews/2008/11/17/hlsa1117.htm.

Alvaro Fernandez e Elkhonon Goldberg, *The SharpBrains Guide to Brain Fitness: 18 Interviews with Scientists, Practical Advice, and Product Reviews to Keep Your Brain Sharp* (San Francisco, CA: SharpBrains, 2009).

4. Kelly Greene, "The Latest in Mental Health: Working Out at the 'Brain Gym'", *Wall Street Journal*, 28 de março de 2009.

5. Entrevista com o dr. Michael Merzenich, University of California Medical Center, Keck Center, San Francisco, 2009.

Gordy Slack, "Brains of Steel", *San Francisco Magazine*, março de 2009.

Michael Merzenich, *Studies on Functional Outcomes of Brain Fitness* (San Francisco: PositScience, 2009).

Apresentação de Michael Merzenich na Oregon State University, Corvallis, 1º de maio de 2009.

Michael Merzenich, *Brain Speed Test Results* (San Francisco: PositScience, 2009).

Katherine Ellison, "Video Games vs. the Aging Brain", *Discover Magazine*, 21 de maio de 2007.

Kaspar Mossman, "Brain Trainers: A Workout for the Mind", *Scientific American*, abril de 2009.

Simon J. Evans e Paul R. Burghardt, *BrainFit for Life: A User's Guide to Life-Long Brain Health and Fitness* (Milan, MI: River Pointe, 2008).

6. Entrevista com o dr. Michael Merzenich, University of California Medical Center, Keck Center, San Francisco, 2009.

7. Gordy Slack, "Brains of Steel", *San Francisco Magazine*, março de 2009.

8. Michael Merzenich, *Studies on Functional Outcomes of Brain Fitness* (San Francisco: PositScience, 2009).

Michael Merzenich, comentário sobre "An Insight for Successful Aging", On the Brain, 25 de abril de 2008, http://merzenich.positscience.com/?p=152.

Kathleen Phalen Tomaselli, "Steps to a Nimble Mind: Physical and Mental Exercise Help Keep the Brain Fit", *amednews.com*, 11 de novembro de 2008, www.ama-assn.org/amednews/2008/11/17/hlsa1117.htm.

9. National Institute on Aging, compilação, "The Changing Brain in Health and Aging: ACTIVE Study May Provide Clues to Help Older Adults Stay Mentally Sharp", 27 de outubro de 2009, www.nia.nih.gov/Alzheimers/Publication/Unraveling/Part1/changing.htm.

Michael Merzenich, comentário sobre "An Insight for Successful Aging", *On the Brain*, 25 de abril de 2008, http://merzenich.positscience.com/?p=152.

Karlene Ball, "Speed Training with Older Adults: Who Benefits, for How Long, and in What Ways?" (National Institute on Aging Symposium on Cognitive Training for Older Adults, Bethesda, MD, 29 de fevereiro de 2004).

Michael Marsiske, "Considering the Transfer Question in Cognitive Interventions: Three Studies and Conceptual Considerations" (National Institute on Aging Symposium on Cognitive Training for Older Adults, Bethesda, MD, 29 de fevereiro de 2004).

Sherry Willis, "Cognitive Training on Reason Ability Within a Longitudinal Context" (National Institute on Aging Symposium on Cognitive Training for Older Adults, Bethesda, MD, 29 de fevereiro de 2004).

George Rebok, "Training Memory Abilities in Older Adults: In Search of Model Methods" (National Institute on Aging Symposium on Cognitive Training for Older Adults, Bethesda, MD, 29 de fevereiro de 2004).

John Dunlosky, "Training Metacognitive Skills to Enhance Learning" (National Institute on Aging Symposium on Cognitive Training for Older Adults, on Bethesda, MD, 29 de fevereiro de 2004).

Wendy Rogers, "Training a System Mental Representation: Understanding Transfer of Training in the Context of Enhanced Activities of Daily Living" (National Institute on Aging Symposium on Cognitive Training for Older Adults, on Bethesda, MD, 29 de fevereiro de 2004).

Sara Czaja, "Training and the Acquisition of Real World Functional Tasks" (National Institute on Aging Symposium on Cognitive Training for Older Adults, on Bethesda, MD, 29 de fevereiro de 2004).

Kathleen Phalen Tomaselli, "Steps to a Nimble Mind: Physical and Mental Exercise Help Keep the Brain Fit", *amednews.com*, 11 de novembro de 2008, www.ama-assn.org/amednews/2008/11/17/hlsa1117.htm.

Daniel Druckman e John A. Swets, *Enhancing Human Performance: Issues, Theories, and Technologies* (Washington, DC: National Academy Press, 1988).

Alvaro Fernandez, "Cognitive Training and Brain Fitness Computer Programs: Interviews with Dr. Elkhonon Goldberg", *Scientific American*, 8 de dezembro de 2006.

National Institute on Aging, compilação, "The Changing Brain in Health and Aging: ACTIVE Study May Provide Clues to Help Older Adults Stay Mentally Sharp", 27 de outubro de 2009, www.nia.nih.gov/Alzheimers/Publication/Unraveling/Part1/changing.htm.

Jake Dunagan, "Pumping Up the Brain: Reflections on the SharpBrains Virtual Summit", *Scientific American*, 9 de fevereiro de 2010.

Lawrence J. Whalley, *The Aging Brain* (Nova York: Columbia University Press, 2003).

Patrick R. Hop e Charles V. Mobbs, *Functional Neurobiology of Aging* (San Diego: Academic Press, 2000).

William Jagust e Mark D'esposito, *Imaging the Aging Brain* (Nova York: Oxford University Press, 2009).

10. Kelly Greene, "The Latest in Mental Health: Working Out at the 'Brain Gym'", *Wall Street Journal*, 28 de março de 2009.

Richard Restak, *The New Brain: How the Modern Age Is Rewiring Your Mind* (Emmaus, PA: Rodale, 2004).

National Institute on Aging, compilação, "The Changing Brain in Health and Aging: ACTIVE Study May Provide Clues to Help Older Adults Stay Mentally Sharp", 27 de outubro de 2009, www.nia.nih.gov/Alzheimers/Publication/Unraveling/Part1/changing.htm.

Michael Merzenich, *Studies on Functional Outcomes of Brain Fitness* (San Francisco: PositScience, 2009).

Michael Merzenich, comentário sobre "An Insight for Successful Aging", On the Brain, 25 de abril de 2008, http://merzenich.positscience.com/?p=152.

Apresentação de Michael Merzenich na Oregon State University, Corvallis, 1º de maio de 2009.

11. Michael Merzenich, *On the Brain: About Brain Plasticity* (San Francisco: PositScience, 16 de abril de 2008).

Michael Merzenich, "On Rewiring the Brain" (palestra na TED Conference, Monterey, CA, 26 de fevereiro de 2004).

Erin Clifford, "Neural Plasticity: Merzenich, Taub, and Grenough", *The Harvard Brain 6(1)* (1999).

J. E. Black e W. T. Grenough, *Neurobiology of Learning and Memory* (San Diego: Academic Press, 1998).

D. V. Buonomano e Michael Merzenich, "Cortical Plasticity: From Synapses to Maps", *Annual Review of Neuroscience* 21 (março de 1998).

M. Merzenich, J. H. Kaas, J. Wall, R. J. Nelson, M. Sur e D. Felleman, "Topographic Reorganization of Somasensory Cortical Areas 3b and 1 in Adult Monkeys Following Restricted Deafferentation", *Neuroscience* 8(1) (janeiro de 1983).

J. P. Rausjecker, "Compensatory Plasticity and Sensory Substitution in the Cerebral Cortex", *Trends in Neuroscience* 18(1) (1995).

G. H. Recanzone, C. E. Schreiner e Michael Merzenich, "Plasticity in the Frequency Representation of Primary Auditory Cortex Following Training in Adult Owl Monkeys", *Journal of Neuroscience* 13(1) (1993).

"Harnessing the Brain's Plasticity Key to Treating Neurological Damage", *Science Daily*, 27 de fevereiro de 2007.

Ginger Campbell, "Michael Merzenich on Neuroplasticity", *Brain Science*, podcast, Episódio 54, 13 de fevereiro de 2009.

Wotjek Chodzko-Zajko, Arthur Kramer e Leonard Poon, orgs., *Enhancing Cognitive Functioning and Brain Plasticity* (Champaign, IL: Human Kinetics, 2009).

Brian Kolb, *Brain Plasticity and Behavior* (Filadélfia: Psychology Press, 1995).

Guido Filogamo, Antonia Vernadakis, Fulvia Gremo e Alain M. Privat, *Brain Plasticity: Development and Aging* (Nova York: Plenum Press, 1997).

Kathleen Phalen Tomaselli, "Steps to a Nimble Mind: Physical and Mental Exercise Help Keep the Brain Fit", *amednews.com*, 11 de novembro de 2008, www.ama-assn.org/amednews/2008/11/17/hlsa1117.htm.

Barbara Strauch, "How to Train the Aging Brain", *The New York Times*, 29 de dezembro de 2009.

Norman Doidge, *The Brain That Changes Itself: Stories of Personal Triumph from the Frontiers of Brain Science* (Nova York: Penguin, 2007).

12. Apresentação de Michael Merzenich na Oregon State University, Corvallis, 1º de maio de 2009.

13. Gordy Slack, "Brains of Steel", *San Francisco Magazine*, março de 2009.

14. Gordy Slack, "Brains of Steel", *San Francisco Magazine*, março de 2009.

15. J. Kounios, J. L. Frymiare, E. M. Bowden, J. I. Fleck, K. Subramaniam, T. B. Parnish e M. Jung-Beeman, "The Prepared Mind: Neural Activity Prior to Problem Presentation Predicts Subsequent Solution by Sudden Insight", *Psychological Sciences* 17(10) (2006).

16. Apresentação de Michael Merzenich na Oregon State University, *Corvallis*, 1º de maio de 2009.

Entrevista com o dr. Michael Merzenich, University of California Medical Center, Keck Center, San Francisco, 2009.

Michael Merzenich, *Studies on Functional Outcomes of Brain Fitness* (San Francisco: Posit-Science, 2009).

Ginger Campbell, "Michael Merzenich on Neuroplasticity", *Brain Science* (podcast), Episódio 54, 13 de fevereiro de 2009.

Michael Merzenich, "On Rewiring the Brain" (palestra na TED Conference, Monterey, CA, 26 de fevereiro de 2004).

Diversos estudos de casos, *Scientific Learning Corporation*, www.scilearn.com.

"Cumberland County School District See 'Amazing Results' for All Types of Students Using Fast Forward Software", *Scientific Learning Corporation*, www.scilearn.com/alldocs/mktg/10214CumberlandCS.pdf.

Judy Willis, *Research-Based Strategies to Ignite Student Learning: Insights from a Neurologist and Classroom Teacher* (Alexandria, VA: Association for Supervision and Curriculum Development, 30 de agosto de 2006).

Antonio M. Bahiro, Kurt W. Fischer e Pierre J. Léna, *The Educated Brain: Essays in Neuroeducation* (Nova York: Cambridge University Press, 2008).

M. Layne Kalbfleisch, "Getting to the Heart of the Brain: Using Cognitive Neuroscience to Explore the Nature of Human Ability and Performance", *Roeper Review*, 2 de dezembro de 2008.

John Geake, *The Brain at School: Educational Neuroscience in the Classroom* (Maidenhead, Reino Unido: Open University Press, 2009).

17. Apresentação de Michael Merzenich na Oregon State University, Corvallis, 1° de maio de 2009.

Entrevista com o dr. Michael Merzenich, University of California Medical Center, Keck Center, San Francisco, 2009.

Mary Ann Petrillo, "Jackson County (MS) School District Selected as National Reference Site", comunicado à imprensa da Scientific Learning Corporation, 2 de fevereiro de 2007, http://www.scilearn.com/company/news/news-releases/20070208.php.

18. Kalina Christoff, Alan Gordon e Rachelle Smith, "The Role of Spontaneous Thought in Human Cognition" em *Neuroscience of Decison Making*, org. por Oshin Vartanian e David R. Mandel (Nova York: Psychology Press, s/d).

A. M. Achim, M. C. Bertrand, A. Montoya, A. K. Malla e M. Lepage, "Medial Temporal Lobe Activation During Associate Memory Encoding for Arbitrary and Semantically Related Objects", *Brain Research* 1161 (2007).

N. C. Andreasen, D. S. O'Leary, T. Cizadlo, S. Arnot, K. Rezai, G. L. Watkins, L. L. Ponto e R. D. Hichwa, "Remembering the Past: Two Facets of Episodic Memory Explored with Positron Emission Tomography", *American Journal of Psychiatry* 152(11) (1995).

19. Hemai Parthasarathy, "Imagining the Brain: Solving Problems Through Insights", *PLoS Biology* 1(4) (13 de abril de 2004).

E. M. Bowden, M. Jung-Beeman, J. Fleck e J. Jounios, "New Approaches to Demystifying Insight", *Trends in Cognitive Sciences* 9(7) (2005).

Dianna Amorde e Christine Frank, *Aha! Moments: When Intellect and Intuition Collide* (Boston: Inspired Press, 2009).

A. J. K. Pols, "Insight in Problem Solving," http://www.phil.uu.nl/preprints/ckiscripties/SCRIPTIES/018_pols.pdf.

Jing Luo e Guenther Knoblich, "Studying Insight Problem Solving with Neuroscientific Methods", *Science Direct*, 7 de dezembro de 2006.

Jonah Lehrer, "The Eureka Hunt," *New Yorker*, 28 de julho de 2008.

"Brain Activity Differs for Creative and Noncreative Thinkers", *Science Daily*, 29 de outubro de 2007.

"Neural Basis of Solving Problems with Insight", *PLoS Biology* 2(4) (2004).

David Rock e Jeffrey Schwartz, "The Neuroscience of Leadership", *Strategy + Business* 43 (2006).

Jeffrey Schwartz e Sharon Begley, *The Mind and the Brain: Neuroplasticity and the Power of Mental Force* (Nova York: ReganBooks, 2002).

Jeffrey Schwartz, Henry P. Stapp e Mario Beauregard, "Quantum Physics in Neuroscience and Psychology: A Neurophysical Model of the Mind-Brain Interaction", *Proceedings of the Royal Society B: Biological Sciences* 360 (1458) (29 de junho de 2005).

Kalina Christoff, Justin M. Ream e John D. E. Gabrieli, "Neural Basis os Spontaneous Thought Processes", *Cortex* 40(4) (2004).

J. Kounios, J. L. Frymiare, E. M. Bowden, J. I. Fleck, K. Subramaniam, T. B. Parnish e M. Jung-Beeman, "The Prepared Mind: Neural Activity Prior to Problem Presentation Predicts Subsequent Solution by Sudden Insight", *Psychological Sciences* 17(10) (2006).

A. Dijksterhuis, “A Theory of Unconscious Thought”, *Perspectives on Psychological Science* 1(2) (2006).

Jennifer Dorfman, Victor A. Shames e John F. Kihlstrom, “Intuition, Incubation, and Insight: Implicit Cognition in Problem Solving”, in *Implicit Cognition*, org. Geoffrey Underwood (Nova York: Oxford University Press, 1996).

Jonathan W. Schooler e Joseph Melcher, “The Ineffability of Insight”, in *The Creative Cognition Approach*, org. Steven M. Smith, Thomas B. Ward e Ronald A. Fink (Cambridge, MA: MIT Press, 1995).

John Kounios, Jessica I. Fleck, Deborah L. Green, Lisa Payne, Jennifer L. Stevenson, Edward M. Bowden e Mark Jung-Beeman, “The Origins of Insight in Resting-State Brain Activity” (Filadélfia: Department of Psychology, Drexel University, 18 de julho de 2007).

Yun Chu, *Human Insight Problem Solving: Performance, Processing and Phenomenology* (Saarbrücken, Alemanha: VDM Verlag, 2009).

Martin Gardner, *Aha! Insight* (Nova York: Freeman, 1978).

Robert J. Sternberg e Janet E. Davidson, *The Nature of Insight* (Cambridge, MA: MIT Press, 1995).

Robert J. Sternberg e Talia Bem-Zeev, *Complexity Cognition: The Psychology of Human Thought* (Nova York: Oxford University Press, 2001).

P. I. Ansburg, *Current Psychology* 19(2) (2000), http://www.springerlink.com/content/0flnnd5rjdk3ucy1/.

P. I. Ansburg e R. L. Dominowski, *Journal of Creative Behavior* (2000).

Baker-Sennett e S. J. Ceci, *Journal of Creative Behavior* (1996).

E. M. Bowden e M. J. Beeman, *Psychological Science* (1998).

E. P. Chronicle, Y. C. Omerod e J. N. MacGregor, *Quarterly Journal of Experimental Psychology Section A – Human Experimental Psychology* 54A(3) (2001).

Robert J. Sternberg e Janet E. Davidson, *The Nature of Insight* (Cambridge, MA: MIT Press, 1995).

C. A. Kaplan e H. A. Simon, “In Search of Insight”, *Cognitive Psychology* 22(3) (1990).

G. Knoblich, S. Ohlsson, H. Haider e D. Rhebius, *Journal of Experimental Psychology: Learning, Memory, and Cognition*, 1999.

R. S. Lockhart, M. Lamon e M. L. Gick, *Memory and Cognition*, 1988.

N. R. F. Maier, “Reasoning in Humans II: The Solution of a Problem and Its Appearance in Consciousness”, *Journal of Comparative Psychology* 13 (1931).

Richard E. Mayer, *Thinking, Problem Solving, and Cognition* (Nova York: Freeman, 1992).

J. Metcalfe, *Journal of Experimental Psychology: Learning, Memory, and Cognition* 12(2) (1986).

J. Metcalfe e D. Wiebe, *Memory and Cognition* 15(3) (1987).

N. Mori, *Japanese Psychological Research* (1996).

A. Del Cul, S. Baillet e S. Dehaene, *PLoS Biology* (2007).

P. Haggard e B. Libel, *Journal of Consciousness Studies* (2001).

Sandkuhler S. Bhattacharya, "Deconstructing Insight: EEG Correlates of Insightful Problem Solving", *PLoS ONE* 3(1) (2008).

Jonathan W. Schooler e Joseph Melcher, "The Ineffability of Insight" (trabalho apresentado no encontro anual da Psychonomic Society, Washington, DC, 1993).

R. S. Siegler, "Unconscious Insights", *Current Directions in Psychological Science* 9(3) (2000).

R. W. Smith e J. Kounios, "Sudden Insight", *Journal of Experimental Psychology: Learning, Memory, and Cognition* 22(6) (1996).

R. W. Weisberg, *Journal of Experimental Psychology: Learning, Memory, and Cognition* (1992).

M. J. Beeman e E. M. Bowden, *Memory and Cognition* 28(7) (2000).

E. M. Bowden e M. J. Beeman, *Psychological Science* 9(6) (1998).

E. M. Bowden e M. Jung-Beeman, "Aha! Insight Experience Correlates with Solution Activation in the Right Hemisphere", *Psychonomic Bulletin and Review* 10(3) (2003).

E. M. Bowden, M. Jung-Beeman, J. Fleck e J. Kounios, "New Approaches to Demystifying Insights", *Trends in Cognitive Sciences* 9(7) (2005).

Nancy C. Andreasen, *The Creating Brain: The Neuroscience of Genius* (Washington, DC: Dana Press, 2005).

E. Angelakis, J. F. Lubar, S. Stathopoulou e J. Kounios, "Peak Alpha Frequency: An Electroencephalographic Measure of Cognitive Preparedness", *Clinical Neurophysiology* 115(4) (2004).

M. Jung-Beeman, E. M. Bowden, J. Haberman, J. L. Frymiare, S. Arambel-Liu e R. Greenglatt, "Neural Activity When People Solve Problems with Insigth", *PLoS Biology* 2(4) (2004).

J. Kounios, A. M. Osman e D. E. Meyer, "Structure and Process in Semantic Memory: New Evidence Based on Speed-Accuracy Decomposition", *Journal of Experimental Psychology* 116(1) (1987).

S. Lang, N. Kanngieger, P. Jaskowski, H. Haider, M. Rose e R. Verleger, "Precursors of Insight in Event-Related Brain Potentials", *Journal of Cognitive Neuroscience* 18(12) (2006).

A. Newell e H. A. Simon, *Human Problem Solving* (Englewood Cliffs, NJ: Prentice Hall, 1972).

K. Christoff e J. D. E. Gabrieli, "The Frontopolar Cortex and Human Cognition", *Psychobiology* 28(2) (2000).

Geoffrey Underwood, org., *Implicit Cognition* (Nova York: Oxford University Press, 1996).

Z. Chen e Daehler, "External and Internal Instantiation of Abstract Information Facilitates Transfer in Insight Problem Solving", *Contemporary Educational Psychology* 25(4) (2000).

T. C. Kershaw e S. Ohlsson, "Training for Insight: The Case of the Nine-Dot Problem" (trabalho apresentado no 23º Encontro Anual da Cognitive Science Society, Edimburgo, Escócia, 1-4 de agosto de 2001).

M. Weith e B. D. Burns, "Motivation in Insight Versus Incremental Problem Solving" (trabalho apresentado no 23º Encontro da Cognitive Science Society, University of Pennsylvania, Filadélfia, PA, 13-15 de agosto de 2000).

20. Karuna Subramaniam, John Kounios, B. Todd e Mark Jung-Beeman, "A Brain Mechanism for Facilitation of Insight by Positive Affect", *Journal of Cognitive Neuroscience* 21(3) (2009).

21. J. Kounios, J. L. Frymiare, E. M. Bowden, J. I. Fleck, K. Subramaniam, T. B. Parnish e M. Jung-Beeman, "The Prepared Mind: Neural Activity Prior to Problem Presentation Predicts Subsequent Solution by Sudden Insight", *Psychological Sciences* 17(10) (2006).

A. J. K. Pols, "Insight in Problem Solving", http://www.phil.uu.nl/preprints/ckiscripties/SCRIPTIES/018_pols.pdf.

Jing Luo e Guenther Knoblich, "Studying Insight Problem Solving with Neuroscientific Methods", *Science Direct*, 7 de dezembro de 2006.

22. J. Kounios, J. L. Frymiare, E. M. Bowden, J. I. Fleck, K. Subramaniam, T. B. Parnish e M. Jung-Beeman, "The Prepared Mind: Neural Activity Prior to Problem Presentation Predicts Subsequent Solution by Sudden Insight", *Psychological Sciences* 17(10) (2006).

G. Dreisbach e T. Goschke, "How PA Modulates Cognitive Control: Reduced Perseveration at the Cost of Increased Distractability", *Journal of Experimental Psychology: Learning, Memory, and Cognition* 30(2) (2004).

Karuna Subramaniam, John Kounios, B. Todd e Mark Jung-Beeman, "A Brain Mechanism for Facilitation of Insight by Positive Affect", *Journal of Cognitive Neuroscience* 21(3) (2009).

Kalina Christoff, Alan Gordon e Rachelle Smith, "The Role of Spontaneous Thought in Human Cognition", em *Neuroscience of Decision Making*, org. por Oshin Vartanian e David R. Mandel (Nova York: Psychology Press, s/d).

John Kounios, Jessica I. Fleck, Deborah L. Green, Lisa Payne, Jennifer L. Stevenson, Edward M. Bowden e Mark Jung-Beeman, "The Origins of Insight in Resting-State Brain Activity" (Filadélfia: Department of Psychology, Drexel University, 18 de julho de 2007).

Hemai Parthasarathy, "Imagining the Brain: Solving Problems Through Insights", *PLoS Biology* 1(4) (13 de abril de 2004).

E. M. Bowden, M. Jung-Beeman, J. Fleck e J. Jounios, "New Approaches to Demystifying Insight", *Trends in Cognitive Sciences* 9(7) (2005).

Dianna Amorde e Christine Frank, *Aha! Moments: When Intellect and Intuition Collide* (Boston: Inspired Press, 2009).

A. J. K. Pols, "Insight in Problem Solving", http://www.phil.uu.nl/preprints/ckiscripties/SCRIPTIES/018_pols.pdf.

Jing Luo e Guenther Knoblich, "Studying Insight Problem Solving with Neuroscientific Methods", *Science Direct*, 7 de dezembro de 2006.

Jonah Lehrer, "The Eureka Hunt", *New Yorker*, 28 de julho de 2008.

"Brain Activity Differs for Creative and Noncreative Thinkers", *Science Daily*, 29 de outubro de 2007.

"Neural Basis of Solving Problems with Insight", *PLoS Biology* 2(4) (2004).

David Rock e Jeffrey Schwartz, "The Neuroscience of Leadership", *Strategy + Business* 43 (2006).

Jeffrey Schwartz e Sharon Begley, *The Mind and the Brain: Neuroplasticity and the Power of Mental Force* (Nova York: ReganBooks, 2002).

Jeffrey Schwartz, Henry P. Stapp e Mario Beauregard, "Quantum Physics in Neuroscience and Psychology: A Neurophysical Model of the Mind-Brain Interaction", *Proceedings of the Royal Society B: Biological Sciences* 360 (1458) (29 de junho de 2005).

Kalina Christoff, Justin M. Ream e John D. E. Gabrieli, "Neural Basis os Spontaneous Thought Processes", *Cortex* 40(4) (2004).

A. Dijksterhuis, "A Theory of Unconscious Thought", *Perspectives on Psychological Science* 1(2) (2006).

Jennifer Dorfman, Victor A. Shames e John F. Kihlstrom, "Intuition, Incubation, and Insight: Implicit Cognition in Problem Solving", in *Implicit Cognition*, org. Geoffrey Underwood (Nova York: Oxford University Press, 1996).

Jonathan W. Schooler e Joseph Melcher, "The Ineffability of Insight", in *The Creative Cognition Approach*, org. Steven M. Smith, Thomas B. Ward e Ronald A. Fink (Cambridge, MA: MIT Press, 1995).

Yun Chu, *Human Insight Problem Solving: Performance, Processing and Phenomenology* (Saarbrücken, Alemanha: VDM Verlag, 2009).

Martin Gardner, *Aha! Insight* (Nova York: Freeman, 1978).

Robert J. Sternberg e Janet E. Davidson, *The Nature of Insight* (Cambridge, MA: MIT Press, 1995).

Robert J. Sternberg e Talia Bem-Zeev, *Complexity Cognition: The Psychology of Human Thought* (Nova York: Oxford University Press, 2001).

P. I. Ansburg, *Current Psychology*, 2000.

P. I. Ansburg e R. L. Dominowski, *Journal of Creative Behavior*, 2000.

Baker-Sennett e S. J. Ceci, *Journal of Creative Behavior* (1996).

E. M. Bowden e M. J. Beeman, *Psychological Science* (1998).

E. P. Chronicle, Y. C. Omerod e J. N. MacGregor, *Quarterly Journal of Experimental Psychology Section A – Human Experimental Psychology* 54A(3) (2001).

Robert J. Sternberg e Janet E. Davidson, *The Nature of Insight* (Cambridge, MA: MIT Press, 1995).

C. A. Kaplan e H. A. Simon, "In Search of Insight", *Cognitive Psychology* 22(3) (1990).

G. Knoblich, S. Ohlsson, H. Haider e D. Rhebius, *Journal of Experimental Psychology: Learning, Memory, and Cognition*, 1999.

R. S. Lockhart, M. Lamon e M. L. Gick, *Memory and Cognition*, 1988.

N. R. F. Maier, "Reasoning in Humans II: The Solution of a Problem and Its Appearance in Consciousness", *Journal of Comparative Psychology* 13 (1931).

Richard E. Mayer, *Thinking, Problem Solving, and Cognition* (Nova York: Freeman, 1992).

J. Metcalfe, *Journal of Experimental Psychology: Learning, Memory, and Cognition* 12(2) (1986).

J. Metcalfe e D. Wiebe, *Memory and Cognition* 15(3) (1987).

N. Mori, *Japanese Psychological Research* (1996).

P. Haggard e B. Libel, *Journal of Consciousness Studies* (2001).

Sandkuhler S. Bhattacharya, "Deconstructing Insight: EEG Correlates of Insightful Problem Solving", *PLoS ONE* 3(1) (2008).

Jonathan W. Schooler e Joseph Melcher, "The Ineffability of Insight" (trabalho apresentado no encontro anual da Psychonomic Society, Washington, DC, 1993).

R. S. Siegler, "Unconscious Insights", Current Directions in Psychological Science 9(3) (2000).

R. W. Smith e J. Kounios, "Sudden Insight", *Journal of Experimental Psychology: Learning, Memory, and Cognition* 22(6) (1996).

R. W. Weisberg, *Journal of Experimental Psychology: Learning, Memory, and Cognition* (1992).

M. J. Beeman e E. M. Bowden, *Memory and Cognition* 28(7) (2000).

E. M. Bowden e M. J. Beeman, *Psychological Science* 9(6) (1998).

E. M. Bowden e M. Jung-Beeman, "Aha! Insight Experience Correlates with Solution Activation in the Right Hemisphere", *Psychonomic Bulletin and Review* 10(3) (2003).

E. M. Bowden, M. Jung-Beeman, J. Fleck e J. Kounios, "New Approaches to Demystifying Insights", *Trends in Cognitive Sciences* 9(7) (2005).

Nancy C. Andreasen, *The Creating Brain: The Neuroscience of Genius* (Washington, DC: Dana Press, 2005).

E. Angelakis, J. F. Lubar, S. Stathopoulou e J. Kounios, "Peak Alpha Frequency: An Electroencephalographic Measure of Cognitive Preparedness", *Clinical Neurophysiology* 115(4) (2004).

M. Jung-Beeman, E. M. Bowden, J. Haberman, J. L. Frymiare, S. Arambel-Liu e R. Greenglatt, "Neural Activity When People Solve Problems with Insight", *PLoS Biology* 2(4) (2004).

J. Kounios, A. M. Osman e D. E. Meyer, "Structure and Process in Semantic Memory: New Evidence Based on Speed-Accuracy Decomposition", *Journal of Experimental Psychology* 116(1) (1987).

S. Lang, N. Kanngieger, P. Jaskowski, H. Haider, M. Rose e R. Verleger, "Precursors of Insight in Event-Related Brain Potentials", *Journal of Cognitive Neuroscience* 18(12) (2006).

A. Newell e H. A. Simon, *Human Problem Solving* (Englewood Cliffs, NJ: Prentice Hall, 1972).

K. Christoff e J. D. E. Gabrieli, "The Frontopolar Cortex and Human Cognition", *Psychobiology* 28(2) (2000).

Geoffrey Underwood, org., *Implicit Cognition* (Nova York: Oxford University Press, 1996).

23. J. Kounios, J. L. Frymiare, E. M. Bowden, J. I. Fleck, K. Subramaniam, T. B. Parnish e M. Jung-Beeman, "The Prepared Mind: Neural Activity Prior to Problem Presentation Predicts Subsequent Solution by Sudden Insight", *Psychological Sciences* 17(10) (2006).

24. "Human Brain Evolution Was a 'Special Event'", *HHMI Research News*, 29 de dezembro de 2004, http://www.hhmi.org/news/pdf/lahn3.pdf.

Richard Restak, *The New Brain: How the Modern Age Is Rewiring Your Mind* (Emmaus, PA: Rodale, 2004).

William H. Calvin, Terrence Deacon, Ralph L. Holloway, Richard G. Klein, Steven Pinker, John Tooby, Endel Tulving e Ajit Varki, "The Evolution of the Human Brain" (Center for Human Evolution, atas do seminário n. 5, Bellevue, Washington, 19-20 de março de 2005).

Jane Bradbury, "Molecular Insights into Human Brain Evolution", *PLoS Biology* 3(3) (2005).

Kate Melville, "Evolution of the Human Brain Unique", *Scienceagogo*, 29 de dezembro de 2004, http://www.scienceagogo.com/news/20041129182724data_trunc_sys.shtml.

George F. Striedter, *Principles of Brain Evolution* (Sunderland, MA: Sinauer Associates, 2004).

Christopher Willis, *The Runaway Brain: The Evolution of Human Uniqueness* (Nova York: Basic Books, 1994).

Richard Dawkins, *The Selfish Gene* (Nova York: Oxford University Press, 2006).

John R. Krebs e Richard Dawkins, *Animal Signals: Mind Reading and Manipulation*, em *Behavioral Ecology: An Evolutionary Approach*, org. John R. Krebs e Nicholas B. Davies, 2a ed. (Oxford: Blackwell, 1984).

Kenneth E. Boulding, *Evolutionary Economics* (Thousand Oaks, CA: Sage, 1981).

Robert H. Frank, "If 'Homoeconomicus' Could Choose His Ownw Utility Function, Would He Want One with a Conscience?", *American Economic Review 79* (junho de 1989).

Kurt Dopfer, org., *The Evolutionary Foundation of Economics* (Cambridge: Cambridge University Press, 2006).

Michael Shermer, *The Mind of the Market: How Biology and Psychology Shape Our Economic Lives* (Nova York: Holt Paperbacks, 2006).

J. Stanley Metcalfe, *Evolutionary Economics and Creative Destruction* (Nova York: Routledge, 1998).

Arthur Gandolfi, Anna Gandolfi e David Barash, *Economics as an Evolutionary Science: From Utility to Fitness* (Edison, NJ: Transaction, 2002).

Daniel Friedman, *Morals and Markets: An Evolutionary Account of the Modern World* (Nova York: Palgave Macmillan, 2008).

Jason Potts, *The New Evolutionary Microeconomics: Complexity, Competence, and Adaptive Behavior* (Cheltenham, Reino Unido: Edward Elgar, 2001).

Peter Koslowski, *Sociobiology and Bioeconomics: The Theory of Evolution in Biological and Economic Theory* (Nova York: Springer, 1999).

Sunny Y. Auyand, *Foundations of Complex-System Theories in Economics, Evolutionary Biology, and Statistical Physics* (Cambridge: Cambridge University Press, 1999).

Charles Darwin, *The Descent of Man* (Nova York: Penguin, 2007).

Charles Darwin, *The Expression of the Emotions in Man and Animals* (Nova York: Oxford University Press, 1998).

Chris Stringer e Peter Andrews, *The Complete World of Human Evolution* (Nova York: Thames and Hudson, 2005).

Gregory Cochran e Henry Harpending, *The 10,000 Year Explosion: How Civilization Accelerated Human Evolution* (Nova York: Basic Books, 2009).

John Cartwright, *Evolution and Human Behavior: Darwinian Perspectives on Human Nature* (Mendham, Reino Unido: Bradford/MIT Press, 2000).

Eva Jablonka e Marion J. Lamb, *Evolution in Four Dimensions: Genetic, Epigenetic, Behavioral, and Symbolic Variation in the History of Life* (Cambridge, MA: MIT Press, 2005).

Michael J. Behe, *The Edge of Evolution: The Search for the Limits of Darwinism* (Nova York: Free Press, 2008).

Christopher Scarre, *The Human Past: World Prehistory and the Development of Human Societies* (Nova York: Thames and Hudson, 2005).

Timothy Goldsmith e William F. Zimmerman, *Biology, Evolution, and Human Nature* (Nova York: Wiley, 2000).

Philip Clayton e Jeffrey Schloss, *Evolution and Ethics: Human Morality in Biological and Religious Perspective* (Grand Rapids, MI: Eerdmans, 2004).

Bruce H. Lipton e Steve Bhaerman, *Spontaneous Evolution: Our positive Future* (and a Way to Get There from Here) (Carlsbad, CA: Hay House, 2009).

Richard Restak, *The New Brain: How the Modern Age Is Rewiring Your Mind* (Emmaus, PA: Rodale, 2004).

Mihail C. Roco e Carlo D. Montemagno, *The Coevolution of Human Potential and Convergin Technologies* (Nova York: New York Academy of Science, 2004).

Robert J. Sternberg e Janet E. Davidson, *The Nature of Insight* (Cambridge, MA: MIT Press, 1995).

25. Serendip, compilação, "Brain Size and Evolution – Where We Are... So as to See Where We Might Go Next", http://serendip.brynmawr.edu/bb/brain evolution.

26. Entrevista com Jerry Lauch, Louisville Sleep Disorders Center, Carmel, CA, 2009.

"Got a Problem? Think About It Overnight", *US News and World Report*, 9 de junho de 2009.

A. Dijksterhuis e T. Meurs, "Where Creativity Resides: The Generative Powers of Unconscious Thought", Consciousness and Cognition 15(1) (março de 2006).

A. Dijksterhuis, "A Theory of Unconscious Thought", *Perspectives on Psychological Science* 1(2) (2006).

Howard Shevrin, James A. Bond, Linda A. Grakel, Richard K. Hertel e William Williams, *Conscious and Unconscious Processes: Psychodynamic, Cognitive, and Neurophysiological Convergences* (Nova York: Guilford Press, 1996).

Dan J. Stein, *Cognitive Science and the Unconscious* (Washington, DC: American Psychiatric Press, 1997).

Gerd Gigerenzer, *Gut Feelings: The Intelligence of the Unconscious*, narrado por Dick Hill (Old Saybrook, CT: Tantor Media Audio Books, 2007).

Geoffrey Underwood, org., *Implicit Cognition* (Nova York: Oxford University Press, 1996).

Ernest Hartman, *Dreams and Nightmares: The New Theory on the Origin and Meaning of Dreams* (Nova York: Plenum Press, 1998).

27. Boris Sidis e William James, *The Psychology of Suggestion: A Research into the Subconscious Nature of Man and Society* (Whitefish, MT: Kessinger, 1896).

Sigmund Freud, *The Interpretation of Dreams* (Nova York: Random House, 1950).

Liliane Frey-Rohn, *From Freud to Jung: A Comparative Study of the Psychology of the Unconscious* (Nova York: C.C. Jung Foudation Books, 2001).

28. Entrevista com John Saar, John Saar Real Estate, Carmel, CA, 2008.

"Big Sur Fire Rages On", KVSP.org/fire/sur.html, 1º de julho de 2008.

"California's Continuing Fires", Boston.com/big picture, 7 de julho de 2008, www.boston.com/bigpicture/2008/07/californias_continuing_fires.html.

29. Jonah Lehrer, "The Eureka Hunt", *New Yorker*, 28 de julho de 2008.

30. Correspondência com William A. Futrell, 4 de junho de 2009.

Capítulo 12 - Evocar o Insight: Condições que Levam à Cognição

1. Robert Roy Britt, "Is Einstein the Last Great Genius?" *LiveScience.com*, 5 de dezembro de 2008, www.livescience.com/culture/081205-science-genius-einstein.html.

John Horgan, *The End of Science: Facing the Limits of Knowledge in the Twilight of the Scientific Age* (Nova York: Broadway Books, 1997).

2. Patrick R. Laughlin, Erin C. Hatch, Jonathan S. Silver e Lee Both, "Groups Perform Better Than the Best Individuals on Letters and Numbers Problems: Effect of Group Size", *Journal of Personality and Social Psychology* 90(4) (2006).

Nancy K. Napier, *Insight: Encouraging Aha! Moments for Organizational Success* (Westport, CT: Greenwood, 2010).

John R. Katzenbach e Douglas K. Smith, *The Discipline of Teams: A Mindbook-Workbook for Delivering Small Group Performance* (Nova York: Wiley, 2001).

James R. Larson Jr., *In Search of Synergy in Small Group Performances* (Londres: Psychology Press, 2009).

Charles Day, "Right-Sizing the Table", *Association Management*, 28 de julho de 2005.

Earl A. Alluisi, *The Measurement of Small Group Performance in a Restrictive Environment* (Lockheed, GA: Human Factors Research Department, 1962).

Francis L. Ulschak, *Small Group Problem Solving: An Aid to Organizational Effectiveness* (Reading, MA: Addison-Wesley, 1981).

G. W. Hill, "Group Versus Individual Performance: Are N + 1 Heads Better Than One?", *Psychological Bulletin* 91(3) (1982).

D. W. Taylor e W. L. Faust, "Twenty Questions: Efficiency in Problem-Solving as a Function of Group Size", *Journal of Experimental Psychology* 44 (1952).

E. J. Thomas e C. F. Fink, "Models of Group Problem Solving", *Journal of Abnormal and Social Psychology* 63 (1) (julho de 1961).

3. Antony Jay, *Corporation Man* (Nova York: Pocket Books, 1973).

4. J. Dan Rothwell, *In Mixed Company: Small Group Communications*, 3. ed. (Nova York: Harcourt Brace College, 1998).

Manny Robertson, "Group Decision-Making Process", *University of Kentucky*, www.uky.edu.

Nathan Zook, "If You're Working in a Big Group, You're Fighting Human Nature", 24 de abril de 2008, http://37signals.com/svn/posts/995-if-youre-working-in-a-big-group-youre-fighting-human-nature.

Eugene M. Lewitt e Linda Schuurman Baker, "Class Size", *The Future of Children: Financing Schools* 7(3) (inverno de 1997).

"Class Size Reduction: A Proven Reform Strategy" (Washington, DC: National Education Association Policy and Practice Department, 2009).

Patrick R. Laughlin, Erin C. Hatch, Jonathan S. Silver e Lee Both, "Groups Perform Better Than the Best Individuals on Letters and Numbers Problems: Effect of Group Size", *Journal of Personality and Social Psychology* 90(4) (2006).

John R. Katzenbach e Douglas K. Smith, *The Discipline of Teams: A Mindbook-Workbook for Delivering Small Group Performance* (Nova York: Wiley, 2001).

James R. Larson Jr., *In Search of Synergy in Small Group Performances* (Londres: Psychology Press, 2009).

Charles Day, "Right-Sizing the Table", *Association Management*, 28 de julho de 2005.

Earl A. Alluisi, *The Measurement of Small Group Performance in a Restrictive Environment* (Lockheed, GA: Human Factors Research Department, 1962).

Francis L. Ulschak, *Small Group Problem Solving: An Aid to Organizational Effectiveness* (Reading, MA: Addison-Wesley, 1981).

Nancy K. Napier, *Insight: Encouraging Aha! Moments for Organizational Success* (Westport, CT: Greenwood, 2010).

5. Stephanie Saul, "Market Place: Buyer's Remorse is Causing Some Palpitations at Johnson", *New York Times*, 3 de novembro de 2005.

Arlene Weintraub, "Johnson and Johnson's Next Baby?", *BusinessWeek*, 18 de junho de 2007.

Neal Chatigny, Kevin Higginbotham, John Walsh e Kyle Williams, "Growth Strategies in the Pharmaceutical Industry: Strategic Acquisitions", 29 de abril de 2003, www.mcafee.cc/Classes/BEM106/Papers/UTexas/2003/JandJ.pdf.

Matthew Herper, "For Drug Deals, Think Small", *Forbes*, 10 de fevereiro de 2003.

6. "List of acquisitions by Google" (SEO Consultants, 3 de julho de 2007).

Jess Chan, "Google's Acquisition Strategy", *fishtrain.com*, 13 de setembro de 2007, http://fishtrain.com/2007/09/13/googles-acquisition-strategy/.

Larry Dignan, Sam Diaz e Tom Steinert-Threlkeld, "Google's Acquisition Strategy Should Think Small and Mobile", *Blogs.zdnwwt.com*, 12 de abril de 2007, www.zdnet.com/blog/btl/googles-acquisition-strategy-should-think-small-and-mobile/48277.

Randall E. Stross, *Planet Google: One Company's Audacious Plan to Organize Everything We Know* (Nova York: Free Press, 2008).

7. Elizabeth Word, Helen Pate Bain, B. DeWayne Fulton, Jane Boyd Zaharias, Charles M. Achilles, Martha Nannette Lintz, John Folger e Carolyn Breda, "The State of Tennessee's Student/Teacher Achievement Ratio (STAR) Project: Final Summary, 1985-1990", www.misd.k12.wa.us/departments/superintendent/class_size/documents/STARReport.pdf.

Samuel L. Blumenfeld, *The Whole Language/OBE Fraud: The Shocking Story of How America Is Being Dumbed Down by Its Own Education System* (Boulder, CO: Paradigm Publishers, 1995).

Robert J. Manley, *Designing School Systems for All Students: A Tool Box to Fix America's Schools* (Lanham, MD: Rowman and Littlefield Education, 2009).

Hank Kraychir, *Destruction of the Education Monster: The Destruction of America's Public School System* (CreateSpace 2008).

Richard Rothstein, *Lawrence Misitel, Jennifer King Rice e Eric A. Hanushek*, "The Class Size Debate" (Washington, DC: Economic Policy Institute, 27 de junho de 2002).

John W. Alspaugh, "The Relationship Between School Size, Student-Teacher Ratio, and School Efficiency" (Project Innovation, 28 de julho de 2005).

J. D. Finn e C. M. Achilles, "Answers and Questions About Class Size: A Statewide Experiment", *American Educational Research Journal*, outono de 1990.

8. "Robot Unravels Mystery of Walking", *BBC News*, 12 de julho de 2007.

Kimberly Patch, "Humanoid Robots Walk Naturally", *Technology Research News*, 23 de fevereiro de 2005.

"Walk This Way: The Amazing Complexity of Getting Around", 16 de julho de 2007, www.livescience.com.animals/070716_walking_sidebar.html.

Mark Randall, *Adaptive Neural Control of Walking Robots* (Nova York: Wiley, 2001).

Craig Stanford, *Upright: The Evolutionary Key to Becoming Human* (Nova York: Houghton Mifflin, 2003).

Enric Celaya e Joseph M. Porta, "A Control Structure for the Locomotion of a Legged Robot on Difficult Terrain" (Barcelona, Espanha: Institut de Robòtica i Informàtica Industrial [IEEE Robotics and Automation Magazine 5(2) (1998)]).

Takashi Takuma e Koh Hosoda, "Terrain Negotiation of a Compliant Biped Robot Driven by Antagonistic Artificial Muscles", *Journal of Robotics and Mechatronics* 19(4) (2007).

9. Arthur Kramer, "Healthy Body, Healthy Mind? The Relationship Among Fitness, Cognition, Brain Structure, and Function" (National Institute on Aging Symposium on Cognitive Training for Older Adults, Bethesda, MD, 29 de fevereiro de 2004.

Michael Logan, "A User's Guide to Life-Long Brain Health and Fitness", askmikethecounselor2.com, http://brainfitness.boomja.com/index.php?ITEM=59007.

Oregon Research Institute, compilação, "Oregon Study Confirms Health Benefits of Cobblestone Walking for Older Adults", *Science Daily*, 30 de junho de 2005.

Mary Carmichael, "Exercise Does More Than Just Build Muscles", *Newsweek*, 19 de março de 2007.

Institutos Nacionais de Saúde (National Institutes of Health), "Lessons Learned from Couch Mice, Marathon Mice, and Men and Woman Who Like to Walk", 25 de novembro de 2008, www.nia.nih.gov/Alzheimers/ Publications/ADProgress2005/Part2/lessons.html.

N. Jausovec e K. Bakracevic, *Creativity Research Journal* 8(1) (janeiro de 1995).

10. Jane Brody, "Mental Reserves Keep Brains Agile", *New York Times*, 11 de dezembro de 2007.

"Lerning New Things Vital to Brain Healthy", *Sydney Morning Herald*, 18 de março de 2009.

"Use It or Lose It? Study Suggests Mentally Stimulating Activities May Reduce Alzheimer's Risk", 13 de fevereiro de 2002, www.prohealth.com/library/showarticle.cfm?libid=4475.

Joene Hendry, "Keeping the Aging Mind Active Cuts Dementia Risk", *Reuters*, 23 de setembro de 2009.

"Doing Crosswords Puzzles May Help Delay Alzheimer's Onset" (Nova York: Fisher Center for Alzheimer's Research Foundation, 5 de junho de 2010).

"14 Scientifically (Research-)Proven Ways to Boost Brain Power", emedexpert.com.

"83 Unique Exercises to Keep Your Brain Alive", emedexpert.com.

Caroline Latham, "Improve Brain Health Now: Easy Steps", *SharpBrains*, 11 de abril de 2009, www.sharpbrains.com/blog/2007/04/11/easy-steps-to-improve-your-brain-health- now/.

Michael Logan, "A User's Guide to Life-Long Brain Health and Fitness", askmikethecounselor2.com, http://brainfitness.boomja.com/index.php?ITEM=59007.

John Ratey e Eric Hagerman, *Spark: The Revolutionary New Science of Exercise and the Brain* (Nova York: Little, Brown, 2008).

Frawley Bridwell, "Study Shows Link Between Morbid Obesity, Low IQ in Toddlers" (Gainesville: College of Medicine, University of Florida, agosto de 2008).

Kathleen Phalen Tomaselli, "Steps to a Nimble Mind: Physical and Mental Exercise Help Keep the Brain Fit", *amednews.com*, 11 de novembro de 2008, www.ama-assn.org/amednews/2008/11/17/hlsa1117.htm.

11. Michael Logan, "A User's Guide to Life-Long Brain Health and Fitness", askmikethecounselor2.com, http://brainfitness.boomja.com/index.php?ITEM=59007.

"83 Unique Exercises to Keep Your Brain Alive", emedexpert.com.

Kathleen Phalen Tomaselli, "Steps to a Nimble Mind: Physical and Mental Exercise Help Keep the Brain Fit", *amednews.com*, 11 de novembro de 2008, www.ama-assn.org/amednews/2008/11/17/hlsa1117.htm.

Entrevista da autora com funcionários dos Correios aposentados que originalmente participaram do programa.

12. Mitsuo Kawato, "Understanding the Brain by Creating the Brain: Toward Manipulative Neuroscience", http://rstb.royalsocietypublishing.org/content/3363/1500/2201.abstract.

Grace Wong, "Boom Times for Brain Training Games", *CNN*, 11 de dezembro de 2008.

"Ultimate Boomer Self-Employment: Becoming a Brain Trainer via PositScience", 17 de abril de 2008, Boomers.typepad/2008.

Alvaro Fernandez, "Brain Fitness and Exercise in Japan", SharpBrains, 21 de março de 2007, www.sharpbrains.com/blog/2007/03/21/brain-fitness-and-exercise-in-japan.

Dan Choi, "Japanese Doctors Recommend Brain Training for Seniors", *Joystiq*, 7 de março de 2006, www.joystiq.com/2006/03/07/japanese-doctors-recommend-brain-training-for-seniors/.

Go Hirano, "Brain Training and Mind Games: Interview with Japanese Expert", *SharpBrains*, 8 de dezembro de 2007.

Sean McCall, "English + Brain Science = A Japanese Clockwork Orange", *ESL Daily*, 27 de março de 2008.

Masao Ito, "Japanese Science Funding", *Science*, 16 de maio de 1997.

"Basic Research and Science in the Japanese Economy", ww.jei.org/AJAclass/ScienceR&D.pdf.

Hiromi Mizuno, *Science for the Empire: Scientific Nationalism in Modern Japan* (Palo Alto, CA: Stanford University Press, 2008).

13. E. Saltz, D. Dixon e J. Johnson, "Training disadvantaged preschoolers on various fantasy activities: Effects on cognitive functioning and impulse control", *Child Development* 48(2) (1977). (ERIC Journal Nº EJ164702).

Susan Ohanian, *What Happened to Recess and Why Are Our Children Struggling in Kindergarten?* (Nova York, McGraw-Hill, 2007).

John Ratey e Eric Hagerman, *Spark: The Revolutionary New Science of Exercise and the Brain* (Nova York: Little, Brown, 2008).

Frawley Bridwell, "Study Shows Link Between Morbid Obesity, Low IQ in Toddlers" (Gainesville: College of Medicine, University of Florida, agosto de 2008).

14. Anthony D. Pellegrini e Robyn M. Holmes, "The Role of Recess in Primary School", 16 de maio de 2005, http://udel.edu/~roberta/play/Pellegrini.pdf.

15. Matthew May, "Breakthrough by Taking Breaks", *American Express Open Forum*, 17 de setembro de 2009.

"83 Unique Exercises to Keep Your Brain Alive", emedexpert.com.

16. Kalina Christoff, Alan Gordon e Rachelle Smith, "The Role of Spontaneous Thought in Human Cognition", em *Neuroscience of Decision Making*, org. Oshin Vartanian e David R. Mandel (Nova York: Psychology Press, s/d).

Karuna Subramaniam, John Kounios, B. Todd e Mark Jung-Beeman, "A Brain Mechanism for Facilitation of Insight by Positive Affect", *Journal of Cognitive Neuroscience* 21(3) (2009).

B. R. Sheth, S. Sandkühler, J. Bhattacharya, "Posterior Beta and anterior gamma oscillations predict cognitive insight". *Journal of Cognitive Neuroscience*, 21(7) (julho de 2009): 1269-12-79.

John Kounios, Jessica I. Fleck, Deborah L. Green, Lisa Payne, Jennifer L. Stevenson, Edward M. Bowden e Mark Jung-Beeman, "The Origins of Insight in Resting-State Brain Activity" (Filadélfia: Department of Psychology, Drexel University, 18 de julho de 2007).

J. S. Antrobus, J. L. Singer e S. Greenberg, "Studies in the Stream of Consciousness: Experimental Enhancement and Suppression of Spontaneous Cognitive Processes", *Perceptual and Motor Skills* 23 (1966).

Entrevista com Jerry Lauch, *Louisville Sleep Disorders Center*, Carmel, CA, 2009.

A. Dijksterhuis e T. Meurs, "Where Creativity Resides: The Generative Powers of Unconscious Thought", *Consciousness and Cognition* 15(1) (março de 2006).

Howard Shevrin, James A. Bond, Linda A. Grakel, Richard K. Hertel e William Williams, *Conscious and Unconscious Processes: Psychodynamic, Cognitive, and Neurophysiological Convergences* (Nova York: Guilford Press, 1996).

Dan J. Stein, *Cognitive Science and the Unconscious* (Washington, DC: American Psychiatric Press, 1997).

Gerd Gigerenzer, *Gut Feelings: The Intelligence of the Unconscious*, narrado por Dick Hill (Old Saybrook, CT: Tantor Media Audio Books, 2007).

Geoffrey Underwood, org., *Implicit Cognition* (Nova York: Oxford University Press, 1996).

J. R. Binder, J. A. Frost, T. A. Hammeke, P. S. Bellgowan, S. Rao e Mand Cox, "Conceptual Processing During the Conscious Resting State: A Functional MRI Study", *Journal of Cognitive Science* 11(9) (1999).

17. Lee Holtz, "A Wandering Mind Heads Straight Toward Insight", *Wall Street Journal*, 19 de junho de 2009.

18. Karuna Subramaniam, John Kounios, B. Todd e Mark Jung-Beeman, "A Brain Mechanism for Facilitation of Insight by Positive Affect", *Journal of Cognitive Neuroscience* 21(3) (2009).

J. Kounios, J. L. Frymiare, E. M. Bowden, J. I. Fleck, K. Subramaniam, T. B. Parnish e M. Jung--Beeman, "The Prepared Mind: Neural Activity Prior to Problem Presentation Predicts Subsequent Solution by Sudden Insight", *Psychological Sciences* 17(10) (2006).

A. J. K. Pols, "Insight in Problem Solving", http://www.phil.uu.nl/preprints/ckiscripties/SCRIPTIES/18_pols.pdf.

Kalina Christoff, Alan Gordon e Rachelle Smith, "The Role of Spontaneous Thought in Human Cognition", em *Neuroscience of Decison Making*, org. por Oshin Vartanian e David R. Mandel (Nova York: Psychology Press, s/d).

John Kounios, Jessica I. Fleck, Deborah L. Green, Lisa Payne, Jennifer L. Stevenson, Edward M. Bowden e Mark Jung-Beeman, "The Origins of Insight in Resting-State Brain Activity" (Filadélfia: Department of Psychology, Drexel University, 18 de julho de 2007).

William James, *On Vital Reserves: The Energies of Men, the Gospel of Relaxation* (Nova York: Henry Holt, 1922).

Jerry Swartz, "The Conscious 'Pop': A Nonconscious Processing Framework for Problem Solving" (Cold Spring Harbor, NY: Cold Spring Harbor Laboratory, New Frontiers in Studies of the Unconscious, 9 de abril de 2007).

19. "Top 5 Brain Health Foods", *BrainReady*, CNN, 7 de maio de 2009.

David Zinczenko e Matt Goulding, "Best and Worst Brain Foods", *Men's Health*, 1º de novembro de 2009.

"Age and the Brain – Nature Brain Foods for Memory: Best Brain Food, Good Food for the Brain", www.add-adhd-helpcenter.com.

Brain Food (The Thinking Business, 2009).

"Weekley Curry May Fight Dementia", *BBC*, 3 de junho de 2009.

"14 Scientifically Proven Ways to Boost Brain Power", *Mindpower News*, 4 de março de 2010, www.mindpowernews.com/ProvenBrainPower.htm.

Lorraine Perretta e Oona Van den Berg, Brain Food: The Essential Guide to Boosting Brain Power (Nova York: Sterling, 2002).

"83 Unique Exercises to Keep Your Brain Alive", emedexpert.com.

20. Arthur F. Kramer, Kirk I. Erickson e Stanley J. Colcombe, "Exercise, Cognition, and the Aging Brain", *Journal of Applied Psychology*, 15 de junho de 2006.

John Ratey, apresentação na Renaissance Conference, Monterey, CA, 4 de setembro de 2009.

Entrevista com John Ratey, Cambridge, MA, 8 de outubro de 2009.

Terry McMorris, Philli Tomporowski e Michel Audiffren, *Exercise and Cognitive Function* (Hoboken, NJ: Wiley, 2009).

Waneen W. Spirduso, Leonard W. Poon e Wojtek Chodzko-Zajko, orgs., *Exercise and Its Mediating Effects on Cognition* (Champaign, IL: Human Kinetics, 2008).

John Ratey e Eric Hagerman, *Spark: The Revolutionary New Science of Exercise and the Brain* (Nova York: Little, Brown, 2008).

Frawley Bridwell, "Study Shows Link Between Morbid Obesity, Low IQ in Toddlers" (Gainesville: Faculdade de Medicina da University of Florida, agosto de 2008).

Arthur Kramer, "Healthy Body, Healthy Mind? The Relationship Among Fitness, Cognition, Brain Structure, and Function" (National Institute on Aging Symposium on Cognitive Training for Older Adults, Bethesda, MD, 29 de fevereiro de 2004.

Michael Logan, "A User's Guide to Life-Long Brain Health and Fitness", askmikethecounselor2.com, http://brainfitness.boomja.com/index.php?ITEM=59007.

Mary Carmichael, "Exercise Does More Than Just Build Muscles", *Newsweek*, 19 de março de 2007.

"14 Scientifically Proven Ways to Boost Brain Power", *Mindpower News*, 4 de março de 2010, www.mindpowernews.com/ProvenBrainPower.htm.

Kathleen Phalen Tomaselli, "Steps to a Nimble Mind: Physical and Mental Exercise Help Keep the Brain Fit", *amednews.com*, 11 de novembro de 2008, www.ama-assn.org/amednews/2008/11/17/hlsa1117.htm.

D. S. Albeck, K. Sano, G. E. Prewitt e L. Dalton, *Behavior Brain Research*, 2006.

S. J. Colcombe, A. F. Kramer, K. I. Erickson, P. Scalf, E. McAuley, N. J. Cohen, A. Webb, G. J. Gerome, D. X. Marquez e S. Elavsky, *Proceedings of National Academy of Sciences*, 2004.

C. Fabre, K. Charmi, P. Mucci, J. Masse-Biron e C. Prefaut, *Internal Sports Medicine*, 2002.

J. Farmer, X. Zhao, H. Van Praag, K. Wodtke, F.H. Gage e B. R. Christie, *Neuroscience*, 2004.

Y. P. Kim, H. Kim, M. S. Shin, H. K. Chang, M. H. Jang, M. C. Shin, S. J. Lee, H. H. Lee, J. H. Yoon, I. G. Jeong e C. J. Kim, *Neuroscience Letters*, 2004.

A. F. Kramer, S. J. Colcombe, K. I. Erickson e P. Paige, "Fitness Training and the Brain: From Molecules to Minds" (atas da Cognitive Aging Conference de 2006, Georgia Institute of Technology, Atlanta, GA, 2006).

K. Yaffe A. J. Fiocco, K. Lundquist, E. Vittinghoff, E. M. Simonsick, A. B. Newman, S. Satterfield, C. Rosano, S. M. Rubin, H. N. Ayonayon et alii, "Predictors of Maintaining Cognitive Function in Older Adults: The Health ABC Study", Neurology, 9 de junho de 2009.

J. D. Williamson, M. Espeland, S. B. Kritchevsky, A. B. Newman, A. C. King, M. Pahor, J. M. Guralnik, L. A. Pruitt e M. E. Miller, "Changes in Cognitive Function in a Randomized Trial of Physical Activity: Results of the Lifestyle Interventions and Independence for Elders Pilot Study", Journals of Gerontology, Series A, 2009.

K. I. Erickson e A. F. Kramer, "Aerobic Exercise Effects on Cognition and Neural Plasticity in Older Adults", *Sports Medicine*, 1° de janeiro de 2009.

21. Apresentação de Michael Merzenich na Oregon State University, Corvallis, 1° de maio de 2009.

Entrevista com o dr. Michael Merzenich, University of California Medical Center, Keck Center, San Francisco, 2009.

Michael Merzenich, "Does Exercise Make Kids Smarter?", *PositScience*, 30 de março de 2007, http://merzenich.positscience.com/2007/03/30/março-30-does-exercise-make-kids-smarter/.

22. Anastacia Mott Austin, "Americans Just Not Getting Enough Sleep, Study Shows", Buzzle.com, 6 de março de 2008, www.buzzle.cocm.

Centers for Disease Control, "Insufficient Rest or Sleep in Adults, United States, 2008", www.cdc.gov/mmwwr/preview/mmwrhtml/mm5842a2.htm.

U. Wagner, S. Gais, H. Haider, R. Verleger e J. Born, "Sleeping Inspires Insight", *Nature* 427 (22 de janeiro de 2004).

J. M. Ellenbogen, P. T. Hu, D. Payne, Titone e M. P. Walker, "Human Relational Memory Requires Time and Sleep", *Proceedings of the National Academy of Sciences* 104(18) (1° de maio de 2007).

S. Banks e D. F. Dinges, "Behavioral and Physiological Consequences of Sleep Restriction", *Journal of Clinical Sleep Medicine* 3(5) (2007).

Harvey R. Colten e Bruce M. Altevogt, orgs., *Sleep Disorders and Sleep Deprivation: An Unmet Public Health Problem* (Washington, DC: National Academies Press, 2006).

"Got a Problem? Think About It Overnight", *US News and World Report*, 9 de junho de 2009.

Jerry Swartz, "The Conscious 'Pop': A Nonconscious Processing Framework for Problem Solving" (Cold Spring Harbor, NY: Cold Spring Harbor Laboratory, New Frontiers in Studies of the Unconscious, 9 de abril de 2007).

Richard R. Bootzin, John F. Kihlstrom e Daniel L. Schacter, orgs., *Sleep and Cognition* (Washington, DC: American Psychological Association, janeiro de 1994).

Entrevista com Jerry Lauch, *Louisville Sleep Disorders Center*, Carmel, CA, 2009.

A. Dijksterhuis e T. Meurs, "Where Creativity Resides: The Generative Powers of Unconscious Thought," Consciousness and Cognition 15(1) (março de 2006).

Howard Shevrin, James A. Bond, Linda A. Grakel, Richard K. Hertel e William Williams, *Conscious and Unconscious Processes: Psychodynamic, Cognitive, and Neurophysiological Convergences* (Nova York: Guilford Press, 1996).

Dan J. Stein, *Cognitive Science and the Unconscious* (Washington, DC: American Psychiatric Press, 1997).

Gerd Gigerenzer, *Gut Feelings: The Intelligence of the Unconscious*, narrado por Dick Hill (Old Saybrook, CT: Tantor Media Audio Books, 2007).

Geoffrey Underwood, org., *Implicit Cognition* (Nova York: Oxford University Press, 1996).

"83 Unique Exercises to Keep Your Brain Alive", emedexpert.com.

H. Fiss, E. Kremer e J. Litchman, "The Mnemonic Function of Dreaming", *Sleep Research* 6(122) (1977).

M. J. Fosse, R. Fosse, J. A. Hobson e R. J. Stickgold, "Dreaming and Episodic Memory: A Dysfunctional Dissociation?", *Journal of Cognitive Neuroscience*, 2003.

Ernest Harman, *Dreams and Nightmares: The New Theory on the Origin and Meaning of Dreams* (Nova York: Plenum Press, 1998).

P. Maquet, "The Role of Sleep in Learning and Memory", *Science*, 2001.

23. Elizabeth Cohen, "CDC: Antidepressants Most Prescribed Drugs in United States", *CNN*, 2008.

Shankar Vedantam, "Antidepressants Use by U.S. Adults Soars", *Washington Post*, 3 de dezembro de 2004.

"Drug and Alcohol Rehab Industry Grows to 7.7 Billion This Year, with It 1 + Million Americans in Treatment", *Marketdata*, 30 de outubro de 2000.

Bobbie Hasselbring, "How Do Antidepressants Work?", *Health.discovery.com*, 5 de maio de 2009, http://health.discovery.com/centers/articles/articles.html?chrome=c09&article=LC_33&center=p06.

Jerome Yesavage, "Memory Training in Older Adults: Issues of Prediction of Response, Mild Impairment, and Interaction with Medications" (National Institute of Aging Symposium on Cognitive Training for Older Adults, Bethesda, MD, 29 de fevereiro de 2004).

Richard Bentall, *Doctoring the Mind: Is Our Treatment of Mental Illness Really Any Good?* (Nova York: New York University Press, 2009).

Dawson Hodges e Colin Burchfield, *Mind, Brain, and Drugs: An Introduction to Psychopharmacology* (Boston: Allyn and Bacon, 2005).

Joanna Moncrieff, *The Myth of a Chemical Cure: A Critique of Psychiatric Drug Treatment* (Nova York: Palgave MacMillan, 2009).

Elliot Valenstein, *Blaming the Brain: The Truth About Drugs and Mental Health* (Nova York: Free Press, 2002).

Capítulo 13 - No Limite

1. Paul Hawken, "The Class of 2009 Commencement Address", University of Portland, Portland, *OR*, 3 de maio de 2009, www.charityfocus.org.

Índice remissivo

Impressão e acabamento:
Orgrafic
Gráfica e Editora
tel.: 25226368